污水处理工艺与设备丛书

# 污水化学处理技术与设备

WUSHUI HUAXUE CHULI
JISHU YU SHEBEI

廖传华　李聃　廖佳凯　著

化学工业出版社

·北京·

## 内容简介

本书是"污水处理工艺与设备丛书"中的一个分册，主要介绍污水来源与分类、污水处理政策解读、污水中和技术与设备、污水离子交换技术与设备、污水化学沉淀技术与设备、污水常温氧化技术与设备、高温氧化技术与设备、场氧化技术与设备、还原技术与设备等内容，并分别针对各处理方法的技术原理、工艺过程及相关设备等进行了详细介绍，同时也分享了多个典型的化学法水处理工艺的工程案例。

本书可作为污水处理厂、污水处理站的管理人员与技术人员、环保公司的工程设计、调试人员、工业废水处理技术人员和科研人员等的参考用书，也可作为高等学校环境科学与工程、市政工程等相关专业师生的教材。

**图书在版编目（CIP）数据**

污水化学处理技术与设备/廖传华，李聃，廖佳凯著 . —北京：化学工业出版社，2023.7

（污水处理工艺与设备丛书）

ISBN 978-7-122-43199-8

Ⅰ.①污… Ⅱ.①廖…②李…③廖… Ⅲ.①污水处理-化学处理②污水处理设备 Ⅳ.①X703

中国国家版本馆 CIP 数据核字（2023）第 053783 号

---

责任编辑：卢萌萌　仇志刚　　　　　装帧设计：史利平
责任校对：李雨函

---

出版发行：化学工业出版社（北京市东城区青年湖南街 13 号　邮政编码 100011）
印　　装：北京天宇星印刷厂
787mm×1092mm　1/16　印张 17½　字数 424 千字　　2024 年 2 月北京第 1 版第 1 次印刷

---

购书咨询：010-64518888　　　　　售后服务：010-64518899
网　　址：http://www.cip.com.cn
凡购买本书，如有缺损质量问题，本社销售中心负责调换。

---

定　　价：128.00 元　　　　　　　　　　　　　　　　版权所有　违者必究

# 前　言

水是生命之源，人类的生存和发展一刻也离不开水。水是生态之基，是所有生态系统维系、发展和演进的基础性、关键性因子。水是生产之要，关系产业类型、布局和发展。水是生活之素，人类的生活时刻都离不开水，水事关系是重要的社会关系甚至是重要的国际关系之一，因此，水安全是国家安全体系的重要组成部分。然而，随着社会经济的快速发展、城市化进程的加快，由水污染加剧而导致的水资源供需矛盾更加突出，在我国，水资源已成为制约社会经济可持续发展的重要因素，水危机比能源危机更为严峻，结合我国现状，加强对污水的处理与回用，实现按质分级用水、减少污染物的排放，提高水环境的治理能力和水资源的保障能力，进而促进低碳社会的建设，已成为实现经济社会高质量发展的重要举措之一。

化学处理技术是通过外加物质或能量使污水中呈溶解状态的无机物和有机物发生化学反应而生成微毒、无毒的无机物，或者转化成容易与水分离的形态，从而达到处理的目的。其实质是通过采取不同的方法（包括投加药剂法、电化学法和光化学法三大类）实现电子的转移。污水的来源不同，其水质特性各异，适用的化学处理技术也不同。为此，本书根据污水中有毒有害物质的去除机理，将污水化学处理技术分为中和技术、离子交换技术、化学沉淀技术、氧化技术和还原技术，并从技术原理、工艺过程、过程设备三个方面对各种化学处理技术进行了系统介绍，以期为相关领域的技术与工程管理人员提供指导。

全书共分 8 章。第 1 章绪论，概述性地介绍了污水的来源、水质特性、对环境与人类健康的危害，并对化学处理技术进行了分类；第 2 章中和技术与设备，分别介绍了酸性污水和碱性污水的中和处理技术与相关设备；第 3 章离子交换技术与设备，分别对污水软化、除碱、除盐过程的技术与设备进行了介绍；第 4 章化学沉淀技术与设备，对通过添加各种化学药剂进行污水沉淀处理的技术与设备进行了介绍；第 5 章常温氧化技术与设备，分别介绍了空气氧化、臭氧氧化、过氧化氢氧化、 Fenton 氧化、氯氧化等通过添加氧化剂在常温条件下对污水进行氧化处理的技术与设备；第 6 章高温氧化技术与设备，分别介绍了焚烧、湿式空气氧化、超临界水氧化等通过添加氧化剂在高温条件下对污水进行氧化处理的技术与设备；第 7 章场氧化技术与设备，分别介绍了电化学、光化学、光催化、光电催化、超声、辐射、微波等通过外加场作用对污水进行氧化处理的技术与设备；第 8 章还原技术与设备，分别介绍了化学还原、电化学还原、光催化还原等污水还原处理技术与设备。

本书由南京工业大学廖传华、中海油研究总院有限责任公司李聃和南京三方化工设备监理有限公司廖佳凯著，其中第 1 章、第 6 章、第 7 章、第 8 章由廖传华著写；第 2 章、第 5 章由李聃著写，第 3 章、第 4 章由廖佳凯著写。全书最后由廖传华统稿并定稿。

本书的著写历时四年，虽经多次审稿、修改，但污水处理过程涉及的知识面广，由于作者水平有限，不妥及疏漏之处在所难免，恳请广大读者不吝赐教，作者将不胜感激。

# 目 录

**1** | **第 1 章　绪论**

1.1 ▶ 污水的来源与分类 ················································· 1
　　1.1.1　污水的来源 ················································· 1
　　1.1.2　污水的分类 ················································· 2

1.2 ▶ 污水的水质及危害 ··············································· 4
　　1.2.1　污水的水质 ················································· 4
　　1.2.2　污水的危害 ················································· 6

1.3 ▶ 污水处理政策解读 ··············································· 7
　　1.3.1　排放达标期 ················································· 7
　　1.3.2　水回用期 ··················································· 8
　　1.3.3　全组分利用期 ··············································· 9
　　1.3.4　资源化利用的方式 ········································· 11

1.4 ▶ 污水处理的方式与方法 ········································· 11
　　1.4.1　污水处理的原则 ··········································· 11
　　1.4.2　污水处理的方式 ··········································· 12
　　1.4.3　污水的处理方法 ··········································· 12

1.5 ▶ 污水化学处理技术与设备 ····································· 13
　　1.5.1　化学处理技术的适用条件 ································· 13
　　1.5.2　化学处理技术的分类 ····································· 13

**16** | **第 2 章　中和技术与设备**

2.1 ▶ 技术原理 ······················································· 16

2.2 ▶ 工艺过程 ······················································· 17
　　2.2.1　酸性污水的中和 ··········································· 17
　　2.2.2　碱性污水的中和 ··········································· 22

2.3 ▶ 过程设备 ······················································· 22
　　2.3.1　加药设备 ··················································· 22
　　2.3.2　中和设备 ··················································· 26
　　2.3.3　碱性污水中和设备 ········································· 30

31 | **第 3 章　离子交换技术与设备**

　　**3.1 ▶ 技术原理** …………………………………… 31
　　　　3.1.1　交换反应平衡 ……………………………… 31
　　　　3.1.2　交换反应速率 ……………………………… 33
　　　　3.1.3　交换反应特性 ……………………………… 34
　　　　3.1.4　软化除盐原理 ……………………………… 36

　　**3.2 ▶ 工艺过程** …………………………………… 37
　　　　3.2.1　软化工艺 …………………………………… 37
　　　　3.2.2　软化除碱工艺 ……………………………… 37
　　　　3.2.3　除盐工艺 …………………………………… 39
　　　　3.2.4　污水处理流程 ……………………………… 41

　　**3.3 ▶ 过程设备** …………………………………… 44
　　　　3.3.1　离子交换器 ………………………………… 44
　　　　3.3.2　再生系统 …………………………………… 61
　　　　3.3.3　除二氧化碳器 ……………………………… 62
　　　　3.3.4　离子交换装置的设计 ……………………… 63


65 | **第 4 章　化学沉淀技术与设备**

　　**4.1 ▶ 技术原理** …………………………………… 65
　　　　4.1.1　沉淀反应 …………………………………… 65
　　　　4.1.2　影响因素 …………………………………… 66

　　**4.2 ▶ 工艺过程** …………………………………… 67
　　　　4.2.1　过程分类 …………………………………… 67
　　　　4.2.2　工艺流程 …………………………………… 76

　　**4.3 ▶ 过程设备** …………………………………… 77
　　　　4.3.1　加药设备 …………………………………… 77
　　　　4.3.2　混合设备 …………………………………… 77
　　　　4.3.3　反应设备 …………………………………… 81
　　　　4.3.4　沉淀设备 …………………………………… 87
　　　　4.3.5　清泥设备 …………………………………… 99


106 | **第 5 章　常温氧化技术与设备**

　　**5.1 ▶ 空气氧化技术及设备** ……………………… 106
　　　　5.1.1　技术原理 …………………………………… 106
　　　　5.1.2　工艺过程 …………………………………… 109

5.1.3　过程设备 ·················································· 110

5.2 ▶ 臭氧氧化技术与设备 ································· **117**

5.2.1　技术原理 ·················································· 117

5.2.2　工艺过程 ·················································· 118

5.2.3　过程设备 ·················································· 120

5.3 ▶ 过氧化氢氧化技术与设备 ························· **127**

5.3.1　技术原理 ·················································· 127

5.3.2　工艺过程 ·················································· 128

5.3.3　过程设备 ·················································· 129

5.4 ▶ Fenton 氧化技术与设备 ···························· **130**

5.4.1　技术原理 ·················································· 130

5.4.2　工艺过程 ·················································· 131

5.4.3　过程设备 ·················································· 134

5.5 ▶ 氯氧化技术与设备 ································· **136**

5.5.1　液氯氧化技术与设备 ··························· 136

5.5.2　化合氯氧化技术与设备 ······················ 142

5.5.3　二氧化氯氧化技术与设备 ··················· 145

**152** ｜ **第 6 章　高温氧化技术与设备**

6.1 ▶ 焚烧技术与设备 ································· **152**

6.1.1　技术原理 ·················································· 152

6.1.2　工艺过程 ·················································· 153

6.1.3　过程设备 ·················································· 160

6.2 ▶ 湿式空气氧化技术与设备 ························· **165**

6.2.1　技术原理 ·················································· 165

6.2.2　工艺过程 ·················································· 169

6.2.3　过程设备 ·················································· 173

6.3 ▶ 超临界水氧化技术与设备 ························· **174**

6.3.1　技术原理 ·················································· 174

6.3.2　工艺过程 ·················································· 181

6.3.3　过程设备 ·················································· 192

**200** ｜ **第 7 章　场氧化技术与设备**

7.1 ▶ 电化学氧化技术与设备 ························· **200**

7.1.1　技术原理 ·················································· 200

7.1.2　工艺过程 ···················································· 201

7.1.3　过程设备 ···················································· 204

## 7.2 ▶ 光化学氧化技术与设备 ································· **212**

7.2.1　技术原理 ···················································· 213

7.2.2　工艺过程 ···················································· 215

7.2.3　过程设备 ···················································· 220

## 7.3 ▶ 光催化氧化技术与设备 ································· **221**

7.3.1　技术原理 ···················································· 221

7.3.2　工艺过程 ···················································· 224

7.3.3　过程设备 ···················································· 225

## 7.4 ▶ 光电催化氧化技术与设备 ······························ **234**

7.4.1　技术原理 ···················································· 234

7.4.2　工艺过程 ···················································· 235

7.4.3　过程设备 ···················································· 238

## 7.5 ▶ 超声氧化技术与设备 ···································· **239**

7.5.1　技术原理 ···················································· 239

7.5.2　工艺过程 ···················································· 241

7.5.3　过程设备 ···················································· 244

## 7.6 ▶ 辐射氧化技术与设备 ···································· **244**

7.6.1　技术原理 ···················································· 245

7.6.2　工艺过程 ···················································· 249

7.6.3　过程设备 ···················································· 258

## 7.7 ▶ 微波处理技术与设备 ···································· **259**

7.7.1　技术原理 ···················································· 259

7.7.2　工艺过程 ···················································· 259

7.7.3　过程设备 ···················································· 261

262 **第 8 章　还原技术与设备**

## 8.1 ▶ 化学还原技术与设备 ···································· **262**

8.1.1　技术原理 ···················································· 262

8.1.2　工艺过程 ···················································· 263

8.1.3　过程设备 ···················································· 266

## 8.2 ▶ 电化学还原技术与设备 ································· **266**

8.2.1　技术原理 ···················································· 266

8.2.2　工艺过程 ···················································· 266

8.2.3　过程设备 ···················································· 268

8.3 ▶ 光催化还原技术与设备 ……………………………… 270

    8.3.1 技术原理 ……………………………… 270

    8.3.2 工艺过程 ……………………………… 271

    8.3.3 过程设备 ……………………………… 271

272 | **参考文献**

# 第1章
# 绪　论

## 1.1　污水的来源与分类

水是人类社会生存和发展的重要物质保证。首先，水中含有生物所需的各种微量元素，是一切生命体维持生命本征和正常代谢所必需的物质，人类的日常生活（如做饭、洗漱等）、农作物的生长、动物的存活都离不开水。其次，水是一种重要的溶剂和能源载体，工农业生产、能源产业等皆需使用水资源。经过各种使用途径后，水或者被外界物质污染，或者温度发生变化，从而丧失了原有的功能，这种水称为污水或废水。从实质上讲，污水是指被外界物质或能量所污染的水，而废水的含义更接近于没有利用价值的水，从循环经济的角度看，完全没有利用价值的水基本不存在，因此，本书将各行各业中经各种使用途径后排出的被外界物质或能量污染后的水统称为污水，其实质是一种物质或能量的载体。

## 1.1.1　污水的来源

污水是人类日常生活和社会活动过程中废弃排出的水及径流雨水的总称，包括生活污水、工业污水、农业污水和流入排水管渠的径流雨水等。在实际应用过程中往往将人们生活过程中产生和排出的污水称为生活污水，如城市污水、农村污水，主要包括粪便水、洗涤水、冲洗水；将工农业生产等各种社会活动过程中产生的污水称为生产污水。

近几年我国每年的污水排放总量已达500多亿吨，并呈逐年上升的趋势，相当于人均排放40t，其中相当部分未经处理直接排入江河湖库。在全国七大水系中劣五类水体占三成左右，水体已经失去使用功能，成为有害的脏水。七大水体已普遍受到污染，其中辽河水系属严重污染，海河水系、淮河干流、黄河干流属重度污染，松花江水系属中度污染，长江水系，珠江水系次之。河流污染情况严峻，其发展趋势也令人担忧。从全国情况看，污染正从支流向干流延伸，从城市向农村蔓延，从地表向地下渗透，从区域向流域扩展。据检测，目前全国多数城市的地下水都受到了不同程度的点状和面状污染，且有逐年加重的趋势。在全国118个城市中，64%的城市地下水受到严重污染，33%的城市地下水受到轻度污染。从地区分布来看，北方地区地下水污染比南方地区更为严重。日益严重的水污染不仅降低了水体的使用功能，而且进一步加剧了水资源短缺的矛盾，很多地区由资源性缺水转变为水质性缺水，对我国正在实施的可持续发展战略带来了严重影响，而且还严重威胁到城市居民的饮水安全和人民群众的健康。

## 1.1.2 污水的分类

污水的分类方法很多。根据污染物的化学类别可分为有机污水和无机污水，前者主要含有机污染物，大多数具有生物降解性；后者主要含无机污染物，一般不具有生物降解性。本书根据污水的来源将其分为工业污水、城市污水和农村污水。

### 1.1.2.1 工业污水

工业污水是指工业企业生产过程中排出的污水，包括生产工艺污水、循环冷却水、冲洗污水以及综合污水。在一般情况下，"工业污水"和"工业废水"这两个术语经常混用，本书采用"工业污水"这一术语。设有露天设备的厂区初期雨水中往往含有较多的工业污染物，也应纳入工业污水的范畴。

由于各种工业生产的工艺、原材料、使用设备的用水条件等的不同，工业污水的性质千差万别。相比于生活污水，工业污水的水质水量差异大，具有浓度高、毒性大等特征，不易通过一种通用技术或工艺来治理，往往要求其在排出前在厂区内进行初步处理。

### 1.1.2.2 城市污水

城市污水是通过下水管道收集到的所有排水，是排入下水管道系统的各种生活污水、工业污水和城市降雨径流的混合水。生活污水是人们日常生活中排出的水，是从家庭，公共设施（饭店、宾馆、影剧院、体育场馆、机关、学校和商店等）和工厂的厨房，卫生间，浴室和洗衣房等生活设施中排放的水。降雨径流是由降水或冰雪融化形成的。对于分别敷设污水管道和雨水管道的城市，降雨径流汇入雨水管道；对于采用雨污合流排水管道的城市，可将降雨径流与城市污水一同加以处理，但雨水量较大时由于超过截流干管的输送能力或污水处理厂的处理能力，大量的雨污水混合液出现溢流，将对水体造成更严重的污染。

因城市功能、工业规模与类型的差异，在不同城市的城市污水中，工业污水所占的比重会有所不同，对于一般性质的城市，工业污水在城市污水中的比重大约为 $10\%\sim50\%$。

### 1.1.2.3 农村污水

农村污水是指农村居民生活和生产过程产生的污水的总称，根据来源可分为农民生活过程产生的农村生活污水和农业生产过程产生的农业污水。

**(1) 农村生活污水**

农村生活污水主要来源于农村居民的日常生活，包括生活洗涤污水、厨房清洗污水、冲厕污水等。农村生活污水水质比较简单，具有水量排放不规律、间歇性较强、生化性较好等特点。但由于农村居民居住比较分散、人口数量较大、密度较低、排放面源较大、收集较为困难，因此常规的城市生活污水处理模式就不能应用于农村。

1) 生活洗涤污水

是农村居民日常洗漱和衣物浆洗的排放水。有调查显示，92%的农村家庭一直使用洗衣粉，6%的家庭同时使用洗衣粉和肥皂，只有2%的家庭长期使用肥皂。洗涤用品的使用使洗涤污水含有大量化学成分，如洗衣粉的大量使用加重了磷负荷问题。

2）厨房清洗污水

是厨房操作后的排放水，多以洗碗水、涮锅水、淘米和洗菜水组成。淘米洗菜水中含有米糠、菜屑等有机物，其他污水中含有大量的动植物脂肪和钠、醋酸、氯等多种成分。由于生活水平的提高，农村肉类食品及油类使用增加，使生活污水中油类成分增加。

3）冲厕污水

随着农村经济水平的提高和社会主义新农村建设的推进，部分农村改水改厕后，使用了抽水马桶，产生了大量的冲厕污水。

**（2）农业污水**

农业污水是指农作物栽培、牲畜饲养、农产品加工等过程中排出的、影响人体健康和环境质量的污水。其来源主要有农田径流、饲养场污水、农产品加工污水。污水中含有各种病原体、悬浮物、化肥、农药、不溶解固体物和盐分等。农业污水数量大、影响面广。

1）农田径流

农田径流指雨水或灌溉水流过农田表面后排出的水流，是农业污水的主要来源。农田径流中主要含有氮、磷、农药等污染物。

① 氮：施用于农田而未被植物吸收利用或未被微生物和土壤固定的氮肥，是农田径流中氮素的主要来源。化肥以硝态氮和亚硝态氮形态存在时，尤其容易被径流带走。农田径流中的氮素还来自土壤的有机物、植物残体和施用于农田的厩肥等。一般土壤中全氮含量为 $0.075\% \sim 0.3\%$，以表土层厚 15cm 计，全氮含量为 $1500 \sim 6000 kg/hm^2$，每年矿化的氮约 $30 \sim 60 kg/hm^2$。不同地区和不同土壤上农田径流的含氮量有较大的差别，如英国田间排水中含铵态氮 0.5mg/L，硝态氮 17mg/L，每年径流量以 100mm 计，铵态氮为 $0.5 kg/hm^2$，硝态氮为 $17 kg/hm^2$。瑞典农田径流中含铵态氮 0.09mg/L，硝态氮 4.1mg/L。有些地区的硝态氮为 $20 \sim 40 mg/L$，甚至达 81.6mg/L。

② 磷：土壤中全磷含量为 $0.01\% \sim 0.13\%$，水溶性磷为 $(0.01 \sim 0.1) \times 10^{-6}$。土壤中的有机磷是不活动的，无机磷也容易被土壤固定。荷兰海相沉积黏土农田径流中含磷量约 0.06mg/L，从挖掘过泥炭的有机物质含量丰富的土壤流出的径流中含磷约 0.7mg/L，水稻田因渍水可使土壤中可溶性磷含量增加，每年失磷较多，约为 $0.53 kg/hm^2$。

土壤中的氮、磷等营养元素，可随水和径流中的土壤颗粒流失。大部分耕地含磷 $0.1\%$、氮 $0.1\% \sim 0.2\%$、碳 $1\% \sim 2\%$，因此，农田土壤侵蚀1mm，径流中有磷 $10 kg/hm^2$、氮 $10 \sim 20 kg/hm^2$ 和碳 $100 \sim 200 kg/hm^2$。

③ 农药：农田径流中农药的含量一般不高，流失量约为施药量的 5% 左右。如施药后短期内出现大雨或暴雨，第一次径流中农药含量较高。水溶性强的农药主要在径流的水相部分；吸附能力强的农药（如 2,4-D-三嗪等）可吸附在土壤颗粒上，随径流中的土壤颗粒悬浮在水中。

2）饲养场污水

农户饲养家畜家禽，就会产生冲圈水，这是饲养场污水的主要组成部分。另外，畜禽日常生活中产生的粪尿也是饲养场污水的重要组成部分。畜禽粪尿所含的 N、P 及生化需氧量（BOD）等浓度很高，冲圈水中的化学需氧量（COD）、$BOD_5$ 和悬浮固体（SS）浓度也很高。牲畜粪尿的排泄量大，有资料显示，一头猪产生的污水是一个人的 7 倍，而一头牛产生的污水则是一个人的 22 倍。

饲养场污水是农业污水的第二个来源，因含有大量的 N、P 等养分物质，可作为厩肥，大都采用面施的方法，但如果厩肥中所含的大量可溶性碳、氮、磷化合物在与土壤充分发生作用前就出现径流，就会造成比化肥更严重的污染。对于厩肥还没有完善的检测方法确定其营养元素的释放速度以推算合理的用量和时间，因此这类的径流污染是难以避免的。用未充分消毒灭菌的牲畜粪尿浇灌菜地和农田，会造成土壤污染；粪尿被雨水流冲到河溪塘沟，会造成饮用水源污染。在饲养场临近河岸和冬季土地冻结的情况下，这种污水对周围水生、陆生生态系统的影响更大。

3）农产品加工污水

农产品加工污水是指水果、肉类、谷物和乳制品等农产品的加工过程中排出的污水，是农业污水的第三个来源。发达国家的农产品加工污水量相当大，如美国食品工业每年排放污水约 25 亿吨，在各类污水中居第五位。

# 1.2 污水的水质及危害

污水的来源不同，水质不同，其物理、化学和生化性质也各异，了解污水的各种性质是选择合适处理处置方法的基础。

## 1.2.1 污水的水质

水质是指水与水中杂质或污染物共同表现的综合特性。水质指标表示水中特定杂质或污染物的种类和数量，是判断水质好坏、污染程度的具体衡量尺度。

### （1）工业污水的水质

由于各种工业生产的工艺、原材料、使用设备的用水条件等的不同，工业污水的性质千差万别。相比于生活污水，工业污水的水质水量差异很大，具有浓度高、毒性大等特征，不易通过一种通用技术或工艺来治理，往往要求其在排出前在厂内进行预处理。即使对于生产相同产品的同类工厂，由于所用原料、生产工艺、设备条件、管理水平等的差别，污水的水质也可能有所差异。几种工业行业污水的主要污染物和水质特点如表 1-1 所示。

表 1-1　几种工业行业污水的主要污染物和水质特点

| 行业 | 工厂性质/产品 | 主要污染物 | 水质特点 |
|---|---|---|---|
| 冶金 | 选矿、采矿、烧结、炼焦、金属冶炼、电解、精炼 | 酚、氰、硫化物、氟化物、多环芳烃、吡啶、焦油、煤粉、As、Pb、Cd、Mn、Cu、Zn、Cr、酸性洗涤水 | COD 较高，含重金属，毒性大 |
| 化工 | 化肥、纤维、橡胶、染料、塑料、农药、涂料、洗涤剂、树脂、炼油、蒸馏、裂解、催化、合成 | 酸、碱、盐类、氰化物、酚、苯、醇、醛、酮、三氯甲烷、油、农药、洗涤剂、多氯联苯、硝基化合物、胺类化合物、芳烃、Hg、Cd、Cr、As、Pb、S | BOD 高，COD 高，pH 变化大，含盐高，毒性强，含油量大，成分复杂，难降解 |
| 纺织 | 棉毛加工、纺织印染、漂洗 | 染料、酸碱、纤维物、洗涤剂、硫化物、硝基化合物 | 带色，毒性强，pH 变化大，难降解 |
| 造纸 | 制浆、造纸 | 黑液、碱、木质素、悬浮物、硫化物、As | 污染物含量高，碱性大，恶臭 |
| 食品加工 | 屠宰、肉类加工、油品加工、乳制品加工、蔬菜水果加工、酿酒、饮料生产 | 有机物、油脂、悬浮物、病原微生物 | BOD 高，易生物处理，恶臭 |

续表

| 行业 | 工厂性质/产品 | 主要污染物 | 水质特点 |
|------|--------------|-----------|----------|
| 机械制造 | 机械加工、热处理、电镀、喷漆 | 酸、油类、氰化物、Cr、Cd、Ni、Cu、Zn、Pb | 重金属含量高，酸性强 |
| 电子 | 电子器件原料、电信器材、仪器仪表 | 酸、氰化物、Hg、Cd、Cr、Ni、Cu | 重金属含量高，酸性强，水量小 |
| 电力 | 火力发电、核电站 | 冷却水热污染、火电厂冲灰、水中粉煤灰、酸性污水、放射性物质 | 水温高，悬浮物含量高，酸性，放射性 |

对工业污水也可以按其中所含主要污染物或主要性质分类，如酸性污水、碱性污水、含酚污水、含油污水等。对于不同特性的污水，可以有针对性地选择处理方法和处理工艺。

工业污水的总体特点是：

① 水量大，特别是一些耗水量大的行业，如造纸、纺织、食品加工、化工等。

② 污染物浓度高，许多工业污水所含污染物的浓度都超过了生活污水，有些污水，如造纸黑液、酿造废液等，有机物的浓度达到了几万甚至几十万 mg/L。

③ 成分复杂，有的污水含有重金属、酸碱、对生物有毒性的物质、难生物降解有机物等。

④ 带有颜色和异味。

⑤ 水温偏高。

**（2）城市污水的水质**

生活污水的水质特点是含有较高的有机物（如淀粉、蛋白质、油脂等）以及氮、磷等无机物，此外，还含有病原微生物和较多的悬浮物。相比于工业污水，生活污水的水质一般比较稳定，浓度较低。

由于城市污水中工业污水只占一定的比例，并且工业污水需要达到《污水排入城镇下水道水质标准》（GB/T 31962—2015）后才能排入城市下水道（超过标准的工业污水需要在工厂内经过适当的预处理，除去对城市污水处理厂运行有害或城市污水处理厂处理工艺难以去除的污染物，如酸、碱、高浓度悬浮物、高浓度有机物、重金属等），因此，城市污水的主要水质指标有着和生活污水相似的特性。

城市污水水质浑浊，新鲜污水的颜色呈黄色，随着在下水道中发生厌氧分解，颜色逐渐加深，最终呈黑褐色，污水中夹带的部分固体杂质，如卫生纸、粪便等，也分解或液化成细小的悬浮物或溶解物。

城市污水中含有一定量的悬浮物，悬浮物浓度一般在 $100 \sim 350 \text{mg/L}$ 范围内，常见浓度为 $200 \sim 250 \text{ml/L}$。悬浮物成分包括漂浮杂物、无机泥沙和有机污泥等。悬浮物中所含有机物大约占城市污水中有机物总量的 $30\% \sim 50\%$，主要来源是人类的食物消化分解产物和日用化学品，包括纤维素、油脂、蛋白质及其分解产物、氨氮、洗涤剂成分（表面活性剂、磷）等，居民生活与城市活动中所使用的各种物质几乎都可以在污水中找到其相关成分。其含量为：一般浓度范围为 $BOD_5$ 为 $100 \sim 300 \text{mg/L}$、COD 为 $250 \sim 600 \text{mg/L}$；常见浓度为 $BOD_5$ 为 $180 \sim 250 \text{mg/L}$、COD 为 $300 \sim 500 \text{mg/L}$。这些有机污染物的生物降解性较好，适于生物处理。由于工业污水中污染物的含量一般都高于生活污水，工业污水在城市污水中所占比例越大，有机物的浓度，特别是 COD 的浓度也越高。

城市污水中含有氮、磷等植物生长所需的营养元素。氮的主要存在形式是氨氮和有机氮，以氨氮为主，主要来自食物消化分解产物，浓度（以 N 计）一般范围是 $15\sim50\text{mg/L}$，常见浓度是 $30\sim40\text{mg/L}$。磷主要来自合成洗涤剂（合成洗涤剂中所含的聚合磷酸盐助剂）和食物消化分解产物，主要以无机磷酸盐形式存在，总磷浓度（以 P 计）一般范围是 $4\sim10\text{mg/L}$，常见浓度是 $5\sim8\text{mg/L}$。

城市污水中还含有多种微生物，包括病原微生物和寄生虫卵等。表 1-2 所示是典型的城市污水的水质。

表 1-2　典型的城市污水的水质　　　　　　　　（单位：mg/L）

| 指标 | 一般浓度范围 | 常见浓度范围 |
|---|---|---|
| 悬浮物 | 100～350 | 200～250 |
| COD | 250～600 | 300～500 |
| BOD$_5$ | 100～300 | 180～250 |
| 氨氮(以 N 计) | 15～50 | 30～40 |
| 总磷(以 P 计) | 4～10 | 5～8 |

**（3）农村污水的水质**

农村污水的水质具有以下特点：

① 分布散乱，农村村镇人口较少，分布广泛且分散，大部分没有污水排放管网。

② 农村生活污水浓度低，变化大。

③ 大部分农村生活污水的性质相差不大，水中基本不含重金属和有毒有害物质（但随着人们生活水平的提高，部分农村生活污水中可能含有重金属和有毒有害物质），含一定量的氮、磷，可生化性强。

④ 水质波动大，不同时段的水质不同。

⑤ 冲厕排放的污水水质较差，但可进入化粪池用作肥料。

# 1.2.2　污水的危害

无论是工业污水，还是城市污水和农村污水，其中都含有一定的污染组分，有的甚至含有有毒有害成分，因此已部分或全部失去了水原有的功能，而且会对周边环境和人体健康产生危害。

污水中有机物含量高，易腐烂，有强烈的臭味，并且含有寄生虫卵、致病微生物和铜、锌、铬、汞等重金属以及盐类、多氯联苯、二噁英、放射性核素等难降解的有毒有害物质，如不加以妥善处理，任意排放，将会造成二次污染。

**（1）对水体环境的影响**

污水未经处理或处理不达标而直接排放，会对受纳水体造成严重的破坏。污水中含有的有机组分和氮、磷等营养元素可导致受纳水体富营养化。富含有机组分的污水如长时间静置于水塘、坑洼，不仅将严重影响放置地附近的环境卫生状况（臭气、有害昆虫、含致病生物密度大的空气等），也可能使污染物由表面径流向地下径流渗透，引起更大范围的水体污染问题。污水中所含的有毒有害物质进入水体，会导致饮用水源被污染，在水生动植物体内富集，并随着食物链的迁移最终对人体健康造成影响。

**（2）对土壤环境的影响**

城市污水、农村生活污水和养殖污水中含有大量的 N、P、K、Ca 及有机物质，可以明显改变土壤的理化性质，增加氮、磷、钾的含量，同时可以缓慢释放许多植物所必需的微量元素，具有长效性。因此，富含有机组分的城市污水、农村生活污水和养殖污水是有用的生物资源，是很好的土壤改良剂和肥料。

工业污水中除含有对植物有益的成分外，还可能含有盐类、酚、氰、3,4-苯并芘、硫化物、重金属元素镉、铬、汞、镍、砷等多种有害物质。如果不经处理直接排放，就会由于渗滤作用进入土壤，从而对土壤的理化性质、持水性能、生长能力等造成相当严重的影响，还可造成大范围的土壤污染，破坏自然生态系统，使生态系统内的物种失去平衡。如受重金属元素污染后，表现为土壤板结、含毒量过高、作物生长不良，严重的甚至没有收成。

**（3）对大气环境的影响**

城市污水、农村生活污水和养殖污水中含有的病原微生物可通过多种途径进入大气，然后通过呼吸作用直接进入人体内，或通过吸附在皮肤或果蔬表面间接进入人体内，危害人类健康。

养殖污水中往往含有部分带臭味的物质，如硫化氢、氨、腐胺类等，任意排放会向周围散发臭气，对大气环境造成污染，不仅影响放置区周边居民的生活质量，也会给工作人员的健康带来危害。同时，臭气中的硫化氢等腐蚀性气体会严重腐蚀设备，缩短其使用寿命。另外，污水中的有机组分在缺氧环境，经微生物作用后会发生降解生成有机酸、甲烷等。甲烷是温室气体，其产生和排放会加剧气候变暖。

为了减轻或降低污水的危害，必须对产生的各类污水有针对地进行合适的处理处置。

# 1.3 污水处理政策解读

污水处理是指采用物理、化学、生物等手段，将污水中所含的对生产、生活不利的有害物质进行消除或转化，为适用特定用途而对水质进行一系列调理的过程。

随着国民经济的发展和对环境保护认知的提升，我国污水处理的发展经历了三个时期，按处理目标可分为：

① 以环境保护和水污染防治为目标的排放达标期。
② 以节水及水循环利用为目标的水回用期。
③ 以污水资源化利用为目标的全组分利用期。

## 1.3.1 排放达标期

在 2016 年以前的相当长的一段时间内，由于认识的错位，认为污水是一种废弃物，水体受污水污染后会造成严重的环境问题。为保护水体环境，必须对水体的污染严加控制。在此指导思想下，我国的污水处理是以环境保护和水污染防治为目标，主要方式是控制排放水质标准，以消除污染物及由污染物带来的危害。为了防止各类污水任意向水体排放，污染水环境，制订颁布的法律法规和政策性文件均以水质污染控制为目的，如《污水综合排放标准》（GB 8978—1996）、住房和城乡建设部发布的《污水排入城镇下水道水质标准》（GB/T 31962—2015）、国家环境保护总局和国家质量监督检验检疫总局发布的《城镇污水处理厂污染物排放标准》（GB/T 18918—2002）及相关的行业标准。这些标准都是针对污水处理排放的。

为了贯彻水污染防治和水资源开发利用的方针,提高城市污水利用率,做好城市节约用水工作,合理利用水资源,实现城市污水资源化,促进城市建设和经济建设的可持续发展,建设部于 2002 年 12 月 20 日发布了《城市污水再生利用》系列标准,包括《城市污水再生利用　分类》(GB/T 18919—2002)、《城市污水再生利用　城市杂用水水质》(GB/T 18920—2020)、《城市污水再生利用　景观环境用水水质》(GB/T 18921—2019),自 2003 年 5 月 1 日起实施。

此后,根据形势的发展,又陆续制订了《城市污水再生利用》系列的其他应用领域的标准,包括《城市污水再生利用　工业用水水质》(GB/T 19923—2005)、《城市污水再生利用　地下水回灌水质》(GB/T 19772—2005)、《城市污水再生利用　农田灌溉用水水质》(GB 20922—2007)、《城市污水再生利用　绿地灌溉水质》(GB/T 25499—2010)。所有这些标准,都是以水质控制为目标。

## 1.3.2　水回用期

随着国民经济的发展和人民生活水平的提高,对清洁环境的要求越来越高,因此环境保护和水污染防治工作也更加严格。同时,我国是一个严重缺水的国家,如何加强节水并实现水资源循环利用,是实现可持续发展战略的重要手段。针对这种情况,从 2016 年开始,我国陆续颁布了一系列的法律法规及污水处理政策(包括对已有法律标准的修订),对污水处理进行了规范,同时对环境保护及水污染防治提出了更加严格的标准,并且对节水及水循环利用提出了更高要求。表 1-3 为 2016～2019 年中国水处理行业相关政策一览表。

表 1-3　2016～2019 年中国水处理行业相关政策一览表

| 日期 | 发布单位 | 政策名称 | 内容 |
|---|---|---|---|
| 2019.4 | 国家发改委、水利部 | 《国家节水行动方案》 | 目标:到 2020 年,万元国内生产总值用水量、万元工业增加值用水量较 2015 年分别降低 23% 和 20%,规模以上工业用水重复利用率达到 91% 以上,农田灌溉水有效利用系数提高到 0.55 以上,全国公共供水管网漏损率控制在 10% 以下;到 2022 年,万元国内生产总值用水量、万元工业增加值用水量较 2015 年分别降低 30% 和 28%,农田灌溉水有效利用系数提高到 0.56 以上,全国用水总量控制在 6700 亿立方米以内;到 2035 年,全国用水总量控制在 7000 亿立方米以内 |
| 2018.10 | 全国人民代表大会常务委员会 | 《中华人民共和国循环经济促进法》(2018 年修订) | 企业应当发展串联用水系统和循环用水系统,提高水的重复利用率。企业应当采用先进技术、工艺和设备,对生产过程中产生的废水进行再生利用 |
| 2018.6 | 中共中央、国务院 | 《关于全面加强生态环境保护坚决打好污染防治攻坚战的意见》 | 明确了蓝天、碧水和净土保卫战的目标;到 2020 年,全国地级及以上城市空气质量优良天数比例达到 80% 以上;全国地表水 I～III 类水体比例达到 70% 以上,劣 V 类水体比例控制在 5% 以内;近岸海域水质优良比例达到 70% 左右;受污染耕地安全利用率达到 90% 左右 |
| 2018.1 | 生态环境部 | 《排污许可管理办法(试行)》 | 强化排污单位污染治理主体责任,要求纳入固定污染源排污许可分类管理名录的企业事业单位和其他生产经营者必须持证排污,无证不得排污,并通过建立企业承诺、自行监测、台账记录、执行报告、信息公开等制度,进一步落实持证排污单位污染治理主体责任 |

续表

| 日期 | 发布单位 | 政策名称 | 内容 |
|---|---|---|---|
| 2018.1 | 全国人民代表大会常务委员会 | 《中华人民共和国水污染防治法》 | 强化地方责任,突出饮用水安全保障,完善排污许可及总量控制、区域流域水污染联合防治等制度,加严水污染防治措施,加大对超标、超总量排放等的处理力度 |
| 2017.10 | 工业和信息化部 | 《工业和信息化部关于加快推进环保装备制造业发展的指导意见》 | 针对水污染防治装备,重点推广低成本高标准、低能耗高效率污水处理装备,燃煤电厂、煤化工等行业高盐废水的零排放治理和综合利用技术,深度脱氮脱磷与安全高效消毒技术装备,推进黑臭水体修复、农村污水治理、城镇及工业园区污水厂提标改造,以及工业及畜禽养殖、垃圾渗滤液处理等领域高浓度难降解污水治理应用示范 |
| 2017.8 | 环境保护部 | 《环境保护部关于推进环境污染第三方治理的实施意见》 | 以环境污染治理"市场化、专业化、产业化"为导向,推动建立排污者付费、第三方治理与排污许可证制度有机结合的污染防治新机制,引导社会资本积极参与,不断提升治理效率和专业化水平 |
| 2017.7 | 环境保护部 | 《工业集聚区水污染治理任务推进方案》 | 要求以硬措施落实"水十条"任务。对逾期未完成任务的省级及以上工业集聚区一律暂停审批和核准其增加水污染物排放的建设项目,并依规撤销园区资格 |
| 2017.4 | 科技部、环境保护部、住房城乡建设部、林业局、气象局 | 《"十三五"环境领域科技创新专项规划》 | 规定水环境质量改善和生态修复的重点任务:基于低耗与高值利用的工业污水处理技术、污水资源能源回收利用技术、高效地下水污染综合防控与修复技术、基于标准与效应协同控制的饮用水净化技术、流域生态水管理理论技术 |
| 2016.12 | 全国人民代表大会常务委员会 | 《中华人民共和国环境保护税法》 | 税务机关和环境保护机关建立涉税信息共享平台和工作配合机制,加强对环境保护税的征收管理。各级人民政府应当鼓励纳税人加大环境保护建设投入,对纳税人用于污染物自动监测设备的投资予以资金和政策支持 |
| 2016.11 | 国务院 | 《"十三五"生态环境保护规划》 | 实施最严格的环境保护制度;到 2020 年,主要污染物排放总量大幅减少;加强源头防控,夯实绿色发展基础,实施专项治理,全面推进达标排放与污染减排;全面推行"河长制";实现专项治理,实施重点行业企业达标排放限期改造;完善工业园区污水集中处理设施 |
| 2016.6 | 工业和信息化部 | 《工业绿色发展规划（2016—2020 年）》 | 加强节水减污。围绕钢铁、化工、造纸、印染、饮料等高耗水行业,实施用水企业水效领跑者引领行动,开展水平衡测试及水效对标达标,大力推进节水技术改造,推广工业节水工艺、技术和装备。强化高耗水行业企业生产过程和工序用水管理,严格执行取水定额国家标准,围绕高耗水行业和缺水地区开展工业节水专项行动,提高工业用水效率 |

## 1.3.3　全组分利用期

　　为持续打好污染防治攻坚战,系统推进污水处理领域补短板强弱项,推进污水资源化利用,促进解决水资源短缺、水环境污染、水生态损害问题,推动高质量发展、可持续发展,国家于 2020 年后又相继出台了一系列政策,把污水资源化利用摆在更加突出的位置,鼓励污水处理和污水资源化利用行业发展。表 1-4 为 2020 年后出台的中国污水处理行业相关政策一览表。

　　由此可以看出,污水的资源化利用将是我国污水处理的方向,今后的污水处理必须遵循资源化利用的原则。

表 1-4　2020 年后出台的中国污水处理行业相关政策一览表

| 发布时间 | 发布单位 | 政策名称 | 主要内容 |
|---|---|---|---|
| 2020.2 | 生态环境部 | 《关于做好新型冠状病毒感染的肺炎疫情医疗污水和城镇污水监管工作的通知》 | 部署医疗污水和城镇污水监管工作,规范医疗污水应急处理、杀菌消毒要求,防止新型冠状病毒通过粪便和污水扩散传播 |
| 2020.3 | 生态环境部 | 《排污许可证申请与核发技术规范　水处理通用工序》 | 加快推进固定污染源排污许可全覆盖,健全技术规范体系,指导排污单位水处理设施许可申请与核发工作 |
| 2020.4 | 国家发改委、财政部、住建部、生态环境部、水利部等五部门 | 《关于完善长江经济带污水处理收费机制有关政策的指导意见》 | 按照"污染付费、公平负担、补偿成本、合理盈利"的原则,完善长江经济带污水处理成本分担机制、激励约束机制和收费标准动态调整机制,健全相关配套政策,建立健全覆盖所有城镇、适应水污染防治和绿色发展要求的污水处理收费长效机制 |
| 2020.7 | 国家发改委、住建部 | 《城镇生活污水处理设施补短板强弱项实施方案》 | 明确到 2023 年,县级及以上城市设施能力基本满足生活污水处理需求。生活污水收集效能明显提升,城市市政雨污管网混错接改造更新取得显著成效。城市污泥无害化处置率和资源化利用率进一步提高。缺水地区和水环境敏感区域污水资源化利用水平显著提升 |
| 2020.9 | 生态环境部 | 《关于公开征求废止、修改部分生态环境规章和规范性文件意见的函》 | 拟废止 2 件规章、修改 2 件规章、废止 15 件规范性文件。其中原环保部发布的《关于加强城镇污水处理厂污泥污染防治工作的通知》(下称《通知》)因与《城镇排水与污水处理条例》不一致,拟予以废止,其中《通知》中规定的污水处理厂以贮存(即不处理处置)为目的将污泥运出厂界的,必须将污泥脱水至含水率 50% 以下的强制要求也废止 |
| 2020.12 | 生态环境部 | 《关于进一步规范城镇(园区)污水处理环境管理的通知》 | 城镇(园区)污水处理涉及地方人民政府(含园区管理机构)、向污水处理厂排放污水的企事业单位(以下简称运营单位)等多个方面,依法明晰各方责任是规范污水处理环境管理的前提和基础 |
| 2021.1 | 国家发改委等十部门 | 《关于推进污水资源化利用的指导意见》 | 到 2025 年,全国污水收集效能显著提升,县城及城市污水处理能力基本满足当地经济社会发展需要,水环境敏感地区污水处理基本实现提标升级;全国地级及以上缺水城市再生水利用率达到 25% 以上,京津冀地区达到 35% 以上;工业用水重复利用率、畜禽粪污和渔业养殖尾水资源化利用水平显著提升;污水资源化利用政策体系和市场机制基本建立。到 2035 年,形成系统、安全、环保、经济的污水资源化利用格局 |
| 2021.3 | 中共中央 | 《中华人民共和国国民经济和社会发展第十四个五年(2021—2025 年)规划和2035 年远景目标纲要》 | 构建集污水、垃圾、固废、危废、医废处理处置设施和监测监管能力为一体的环境基础设施体系,形成由城市向建制镇和乡村延伸覆盖的环境基础设施网络。推进城镇污水管网全覆盖,开展污水处理差别化精准提标,推广污泥集中焚烧无害化处理,城市污泥无害化处置率达到 90%,地级及以上缺水城市污水资源化利用率超过 25% |
| 2021.6 | 国家发改委、住建部 | 《"十四五"城镇污水处理及资源化利用发展规划》 | 到 2025 年,基本消除城市建成区生活污水直排口和收集处理设施空白区,全国城市生活污水集中收集率力争达到 70% 以上;城市和县城污水处理能力基本满足经济社会发展需要,县城污水处理率达到 95% 以上;水环境敏感地区污水处理基本达到一级 A 排放标准;全国地级及以上缺水城市再生水利用率达到 25% 以上,京津冀地区达到 35% 以上,黄河流域中下游地级及以上缺水城市力争达到 30%;城市和县城污泥无害化、资源化利用水平进一步提升,城市污泥无害化处置率达到 90% 以上;长江经济带、黄河流域、京津冀地区建制镇污水收集处理能力、污泥无害化处置水平明显提升 |

| 发布时间 | 发布单位 | 政策名称 | 主要内容 |
|---|---|---|---|
| 2022.6 | 工业和信息化部等六部委 | 《工业水效提升行动计划》 | 到 2025 年,全国万元工业增加值用水量较 2020 年下降 16%。重点用水行业水效进一步提升,钢铁行业吨钢取水量、造纸行业主要产品单位取水量下降 10%,石化化工行业主要产品单位取水量下降 5%,纺织、食品、有色金属行业主要产品单位取水量下降 15%。工业废水循环利用水平进一步提高,力争全国规模以上工业用水重复利用率达到 94% 左右。工业节水政策机制更加健全,企业节水意识普遍增强,节水型生产方式基本建立,初步形成工业用水与发展规模、产业结构和空间布局等协调发展的现代化格局 |

## 1.3.4　资源化利用的方式

根据污水中所含污染组分的性质及回用途径,污水资源化利用可分为三个方面:

**(1) 能源利用**

对于含有较高浓度有机污染组分的污水（称之为高浓有机污水）,其蕴含有大量的化学能,可采用焚烧、水热氧化等方式,在将污染组分转化去除的同时副产能量;也可采用水热气化、生物气化等方法回收可燃气、沼气等能源物质。

**(2) 物料利用**

污水物料利用就是将污水中所含的有利用价值的物料通过合理的手段进行分离,进而实现物料的循环利用。对于有机组分,常用的分离手段有精馏、萃取、化学沉淀、重力沉降、过滤和膜滤等;对于无机组分,常用的分离手段有蒸发浓缩、结晶、膜分离和化学沉淀等。

**(3) 水资源利用**

根据污水的水质特性,采用合适的方法进行处理后,基本去除了其中所含的污染物,已部分或全部恢复了水的使用功能,因此可将其有针对性的回用于农业、工业、生活、生态等,实现水资源回用,减少新鲜水的用量,缓解当地的水资源消耗压力。

# 1.4　污水处理的方式与方法

污水资源化处理的范畴包括:通过适当的处理工艺减少污水中有毒有害物质的数量及浓度直至达到排放标准;处理后排放水的循环和再利用等。

## 1.4.1　污水处理的原则

不同来源的污水,其水质不同,适用的处理方法不同,处理后排放水的去向也各异,无法采用统一的水质标准进行衡量,此时可根据具体情况对污水需处理的程度进行分级处理。

**(1) 一级处理**

污水的一级处理通常是采用较为经济的物理处理方法,包括格栅、沉砂、沉淀等,去除水中悬浮状固体颗粒污染物质。由于以上处理方法对水中溶解状和胶体状的有机物去除作用极为有限，污水的一级处理不能达到直接排入水体的水质要求。

**（2）二级处理**

污水的二级处理通常是在一级处理的基础上，采用生物处理方法去除水中以溶解状和胶体状存在的有机污染物质。对于城市污水和与城市污水性质相近的工业污水，经过二级处理一般可以达到排入水体的水质要求。

**（3）三级处理、深度处理或再生处理**

对于二级处理仍未达到排放水质要求的难于处理的污水的继续处理，一般称为三级处理。对于排入敏感水体或进行污水回用所需进行的处理，一般称为深度处理或再生处理。

## 1.4.2　污水处理的方式

根据污水的来源与水量规模，污水的处理方式有单独处理和合并处理两大方式。

**（1）单独处理**

单独处理是针对某一来源的污水，采用合适的方法单独对其进行处理。

1）工业污水单独处理

工业污水单独处理是在工厂内把工业污水处理到直接排入天然水体的污水排放标准，处理后的出水直接排入天然水体。这种方式需要在工厂内设置完整的工业污水处理设施，是一种分散处理方式。

2）城市污水单独处理

城市污水单独处理是将分散排放的城市污水经收集后，在城市污水处理厂处理到直接排入天然水体的污水排放标准，出水直接排入天然水体。这种方式需建设大、中型的污水处理厂，是一种集中处理方式。

**（2）合并处理**

工业污水与城市污水合并处理是将工业污水在工厂内处理达到排入城市下水道的水质标准，送到城市污水处理厂中与生活污水合并处理，出水再排入天然水体。这种处理方式能够节省基建投资和运行费用，占地少，便于管理，并且可以取得比工业污水单独处理更好的处理效果，是我国水污染防治工作中积极推行的技术政策。

对于已经建有城市污水处理厂的城市，污水产生量较小的工业企业应争取获得环保和城建管理部门的批准，在交纳排放费的基础上，将工业污水排入城市下水道，与城市污水合并处理。对于不符合排入城市管网水质标准的工业污水，需在工厂内进行适当的预处理，在达到相关水质标准后，再排入城市下水道。

对于尚未设立城市污水处理厂的城市中的工业企业和排放污水量过大或远离城市的工业企业，一般需要设置完整独立的工业污水处理系统，处理后的水直接排放或进行再利用。

## 1.4.3　污水的处理方法

污水因其中含有污染组分，已部分或全部丧失了其原有的使用功能，并会对受纳水体、土壤和大气造成污染，进而影响人类身体健康，因此在排放前必须进行处理。

根据处理的目的，污水处理可分为两种情况：

**（1）以达标排放为目的的处理方法**

这种方法是采用一定的方法和技术，将污水中的污染组分进行转化或分离，从而使处理后的排水水质达到相关的排放标准。

**（2）以资源回用为目的的处理方法**

这种方法是通过技术开发将污水中所含的污染组分进行转化或分离，实现变废为宝，同时使处理后的水部分或全部恢复原有的使用功能，实现水资源回用，从而取得良好的经济效益、环境效益和社会效益。这种方式就是污水的资源化利用。

污水的来源不同，其特征组分、水质特点各不相同，因此资源化利用的途径不同。但无论何种污水，实现资源化利用前必须根据水质特性进行相应的处理。根据处理过程的原理，采用的处理技术可分为物理处理技术、化学处理技术和生物处理技术。

# 1.5 污水化学处理技术与设备

化学处理技术是通过外加物质或能量使污水中呈溶解状态的无机物和有机物发生化学反应而生成微毒、无毒的无机物，或者转化成容易与水分离的形态，从而达到处理的目的。其实质是通过采取不同的方法（包括投加药剂法、电化学法和光化学法三大类）而实现电子的转移。

## 1.5.1 化学处理技术的适用条件

化学处理技术的最大优点是可将污水中的有害污染物最终转化为二氧化碳、水、无机小分子等无毒物质或毒性减弱的物质，而且适应范围广，无论是有机污染物还是无机污染物，都可通过在不同条件下采用适当的化学方法被去除，因此得到了广泛的应用。由于化学处理后出水水质较好，因此常将其作为二级处理的后处理，使出水达标排放。但化学处理技术的缺点是需要外加物质（氧化剂），有些化学反应还必须在一定的温度和压力条件下才能进行，需外加一定的能量，处理成本相对较高。因此，选用化学处理技术前必须判断污水中污染物质的组成及其赋存状态。

影响污水化学处理效果的因素主要有：a. 污染物的赋存状态（元素组成、分子结构）；b. 污染组分的浓度或含量。

## 1.5.2 化学处理技术的分类

根据污水中有毒有害物质的去除机理，污水化学法处理技术可分为中和技术、离子交换技术、化学沉淀技术、氧化技术和还原技术。各种污水化学处理技术的分类及特征比较如表 1-5 所示。

表 1-5　污水化学处理技术的分类及特征比较

| 技术类别 | 技术原理 | 操作过程 | 主要特征 |
| --- | --- | --- | --- |
| 中和技术 | 利用外加药剂改变污水的酸碱值 | 中和 | 需要根据污水的 pH 值外加相应的药剂 |
| 离子交换技术 | 通过固态的离子交换剂与污水进行离子交换，从而去除有害组分 | 离子交换 | 需要固态的离子交换剂 |

| 技术类别 | 技术原理 | | | 操作过程 | 主要特征 |
|---|---|---|---|---|---|
| 化学沉淀技术 | 通过外加沉淀剂使污水中的阳离子发生反应生成不溶物 | | | 化学沉淀 | 需要外加沉淀剂 |
| 氧化技术 | 利用外加氧化剂或场作用而使污水中的有毒有害成分发生氧化反应而去除 | 外加氧化剂氧化 | 常温氧化 | 空气氧化法 | 利用空气中的氧作氧化剂去除污水中的有机物和氨氮 |
| | | | | 臭氧氧化法 | 采用臭氧作氧化剂去除污水中的有机物 |
| | | | | 过氧化氢氧化法 | 采用过氧化氢作氧化剂除去污水中的有机物 |
| | | | | 芬顿氧化法 | 采用芬顿试剂($Fe^{2+}$和$H_2O_2$)作氧化剂去除污水中的有机物 |
| | | | | 氯氧化法 | 采用氯气作氧化剂去除污水中的有机物 |
| | | | 高温氧化 | 焚烧法 | 采用空气或富氧与污水中的有机物发生燃烧反应而去除 |
| | | | | 湿式氧化法 | 采用空气中的氧在亚临界条件下将污水中的有机物氧化 |
| | | | | 超临界水氧化法 | 采用空气或氧气在超临界条件下将水中的有机物氧化 |
| | | 场氧化 | | 电化学氧化 | 在直流电的作用下将污水中的有机物氧化而去除 |
| | | | | 光化学氧化 | 在光的作用下,将污水中的有机物氧化而去除 |
| | | | | 光催化氧化 | 在光和催化剂的作用下,将污水中的有机物氧化而去除 |
| | | | | 光电催化氧化 | 在光、电和催化剂的共同作用下,将污水中的有机物氧化 |
| | | | | 超声氧化 | 在超声波的作用下,将污水中的有机物氧化而去除 |
| | | | | 辐射氧化 | 在辐射源的辐照下,将污水中的有机物氧化而去除 |
| 还原技术 | 利用外加还原剂或场作用而使污水中的有毒有害物质发生还原反应而去除 | 化学还原 | | 还原反应 | 通过外加还原剂,使污水中的有害物质发生还原反应转化为无毒或毒性较小的物质 |
| | | 电化学还原 | | 电解还原 | 在直流电的作用下,使污水中的有害物质发生还原反应生成沉淀而去除 |

中和技术是通过外加药剂改变污水的 pH 值。这种方法主要用于调节污水的酸碱度,大多是采用"以废治废"的方法进行,即利用碱性废液中和酸性污水,利用酸性废液或含酸性气体的废气中和碱性污水,使中和后污水的 pH 值能达到排放标准或满足后续生产与处理的要求。

离子交换技术是采用固态离子交换树脂与污水进行同性离子置换,从而去除污水中有害组分。

　　化学沉淀技术是通过投加沉淀剂，使其与污水中的溶解性物质发生互换反应生成难溶于水的盐类，形成沉淀物，然后进行固液分离，从而除去污水中的污染物。

　　氧化技术是通过外加药剂或场作用而使污水中的有毒有害物质发生氧化反应而去除。根据氧化反应发生的条件和外加媒介的不同，氧化技术可细分为常温氧化技术、高温氧化技术和场氧化技术。

　　常温氧化技术是在常温条件下通过外加药剂或氧化剂而使污水中的有害组分发生氧化反应而去除的方法，主要包括空气氧化技术、臭氧氧化技术、过氧化氢氧化技术、芬顿（Fenton）氧化技术、氯氧化技术。虽然常温氧化技术具有反应条件温和、过程操作管理方便、设备投资少等优点，但同时存在反应速率慢、反应不彻底等缺点。

　　为了克服常温氧化技术的缺点，逐渐发展了高温氧化技术，即在高温条件下通过外加氧化剂而使污水中的有害组分发生氧化反应而去除。高温氧化技术大大提高了过程的反应速率和有害组分的去除效率。目前研究和应用的高温氧化技术主要有焚烧、湿式氧化技术和超临界水氧化技术，主要用于高浓度难降解有机污水的处理。

　　场氧化技术是在外加电、光、波的作用下，使污水中的有害组分发生氧化反应而去除。根据外加场作用的不同，场氧化技术可分为电化学氧化技术、光化学氧化技术、光催化氧化技术、光电催化氧化技术、超声氧化技术、辐射氧化技术等。

　　还原技术是通过外加药剂或场作用而使污水中的有毒有害物质发生还原反应而去除。添加药剂的还原技术通常称为化学还原技术，是使污水中的有毒有害物质发生化学还原反应转化为无毒或毒性较小的物质。在外加电场作用下发生还原反应的称为电化学还原技术，通常是采用电解池使污水中的有毒有害物质发生还原反应而去除。

# 第2章

# 中和技术与设备

在各工业行业中，因为要大量使用酸或碱，所以酸、碱性污水的排放十分普遍，尤其以酸性污水更为普遍。酸性污水中含有硫酸、硝酸、盐酸、氢氟酸等无机酸和乙酸、甲酸、柠檬酸等有机酸，pH值在1～2，含酸量可高达5%～10%；碱性污水中常含有氢氧化钠、碳酸钠、硫化钠、胺类等。无论从数量还是危害程度来讲，酸性污水的处理都要比碱性污水更为重要。

当污水中存在游离酸或碱时，可利用添加碱或酸使酸和碱相互进行中和反应生成盐和水，这种利用中和过程处理污水的方法称为中和法。

## 2.1 技术原理

中和处理的目的就是利用碱性或酸性药剂中和污水中过量的酸和碱，以及调整污水的酸碱度，使中和后的水呈中性或接近中性，以适应下一步处理和外排的要求。通常采用的污水中和方法有均衡法和pH值直接控制法。均衡法是以废治废使酸性和碱性污水相互中和最理想的方法，它通过测定酸碱污水相互作用的中和曲线求得两者的适宜配比，多余部分则另行处理。pH值直接控制法是利用添加中和剂来控制污水的pH，使污水中的有害离子（如重金属离子）在此pH值下以沉淀物的形式沉降，然后进行分离使污水得以净化。酸性污水的中和剂主要有石灰、石灰石、白云石、电石渣、苏打、苛性钠等，碱性污水的中和剂通常有硫酸、盐酸、烟道气。必须注意的是中和处理和pH值调节有着本质的区别。中和处理的目的是中和污水中过量的酸和碱，使中和后的污水呈中性或接近中性，以适应下一步处理和外排的要求，而pH值调节的目的是为了某种特殊要求，把污水的pH值调整到某一特定值或某一范围。如把pH值由中性或碱性调至酸性，称为酸化；如把pH值由中性或酸性调至碱性，称为碱化。

对于浓度较低的酸性污水或碱性污水，首先应考虑是否可能改进后处理工艺，如采用逆流漂洗技术，以提高污水中酸或碱的含量，为综合利用创造条件。如果无法提高酸或碱的浓度，由于回收成本高，一般就采用中和处理，达到中性后排放。

污水中的酸和碱一般按化学计量进行化学反应，化学反应方程式如下：

$$酸 + 碱 \longrightarrow 盐 + 水$$

或

$$H^+ + OH^- \longrightarrow H_2O$$

污水处理中出现下列情况时，需要进行中和处理：

**（1）污水排入受纳水体之前**

因为水生生物对 pH 值的变化十分敏感，因此在排放之前必须将污水调节到中性。

**（2）工业污水排入城市下水道系统之前**

对于排入设置二级污水处理厂的城市排水系统的工业污水，原则上应执行《污水排放综合标准》中的三级标准，即 pH 值应控制在 6～9 范围之内。因此在排入下水管道前，需要对酸、碱污水进行中和处理。

**（3）污水进入生物处理系统之前**

生物处理系统的 pH 值需维持在 6.5～8.5 的范围内，以确保最佳的生物活力。

用化学过程去除污水中的酸或碱，使其 pH 值达到中性左右的过程称为中和。处理含酸污水以碱性药剂为中和剂，处理含碱污水以酸性药剂为中和剂。中和药剂的用量按化学计量点或后续处理过程及排放所要求的 pH 值进行计算。另外，由于在污水中还存在有其他杂质，特别是酸性污水中往往含有一些重金属离子，这些杂质也会与酸或碱起作用，使反应复杂化，酸、碱的用量要比单纯酸、碱中和的计量要大。如水体中存在较多的 $Al^{3+}$ 等杂质时，由于反应过程中会有不溶性金属氢氧化物的生成，使得药剂用量比单纯酸、碱体系时大得多。

# 2.2　工艺过程

按 pH 值分，工业过程中产生的污水可分为酸性污水和碱性污水两种，相应的中和过程也分为两类：酸性污水的中和与碱性污水的中和。

## 2.2.1　酸性污水的中和

酸性污水的数量和危害比碱性污水大得多，因此工业过程中所见的中和过程大多用于酸性污水的处理，采用的方法主要有：用碱性污水或废渣中和、投药中和以及过滤中和。

**（1）碱性污水或废渣中和**

当有条件应用碱性污水或废渣进行中和处理时应优先考虑以废治废，既可以节省处理费用和药剂消耗，又简便实用。表 2-1 是中和 1kg 酸所需的碱性物质的量（理论计算值）。

表 2-1　中和 1kg 酸所需的碱性物质的量

| 酸类名称 | 中和 1kg 酸所需要碱性物质的量/kg | | | | | 酸类名称 | 中和 1kg 酸所需要碱性物质的量/kg | | | | |
|---|---|---|---|---|---|---|---|---|---|---|---|
| | CaO | Ca(OH)$_2$ | CaCO$_3$ | MgCO$_3$ | CaCO$_3$·MgCO$_3$ | | CaO | Ca(OH)$_2$ | CaCO$_3$ | MgCO$_3$ | CaCO$_3$·MgCO$_3$ |
| $H_2SO_4$ | 0.571 | 0.755 | 1.02 | 0.86 | 0.94 | $HNO_3$ | 0.445 | 0.59 | 0.795 | 0.668 | 0.732 |
| $H_2SO_3$ | 0.68 | 0.90 | 1.22 | 1.03 | 1.12 | $H_3PO_4$ | 0.86 | 1.13 | 1.53 | 0.86 | 1.4 |
| HCl | 0.770 | 1.01 | 1.37 | 1.15 | 1.29 | $CH_3COOH$ | 0.466 | 0.616 | 0.83 | 0.695 | 1.53 |

由于酸性污水的数量和危害比碱性污水大得多，因此处理后的出水应呈中性或弱碱性，即：

$$\Sigma Q_Z B_Z = \Sigma Q_S B_S \alpha K \qquad (2\text{-}1)$$

式中　$Q_Z$——碱性污水的流量，$m^3/h$；

　　　$B_Z$——碱性污水的浓度，$kg/m^3$；

$Q_S$——酸性污水的流量，$m^3/h$；

$B_S$——酸性污水的浓度，$kg/m^3$；

$\alpha$——药剂消耗比，即中和单位质量酸所需的碱量，见表 2-1；

$K$——反应不完全系数，一般取 $K=1.2\sim2.0$。

当进行中和反应的酸、碱浓度相当时，二者恰好完全中和，叫作中和反应的化学计量点。由于酸、碱相对强弱的不同，并考虑到生成盐的水解作用，化学计量点时的溶液可能呈中性（强酸和强碱中和），也可能呈酸性（强酸和弱碱中和）或碱性（强碱弱酸中和），pH 值的大小取决于所生成盐的水解度。

当酸、碱污水相互中和后仍达不到处理要求时，可再补加药剂进行处理。

酸、碱污水中和所用的设备一般是根据酸、碱污水的排放情况而确定。当酸、碱污水排放的水质、水量比较稳定并且酸和碱的含量又能相互平衡，或混合水需要水泵提升，或有相当长的出水管道可利用时，则不单独设置中和池。一般情况下，在酸、碱两种污水进行中和时，其水质、水量均不易保持稳定，会给操作带来困难，此时应设置两种污水的均化池分别对水质进行均化，均化后的酸、碱污水再进入中和池进行中和反应。当酸、碱污水的水质、水量变化很大，污水本身的酸、碱含量难以平衡时，则需要补加酸性或碱性中和剂。当出水水质要求很高，或污水中还含有其他的杂质、重金属离子时，连续流无法保证出水水质，较稳妥的方法是采用间歇式中和池，一般可设置两个，交替使用。

中和池的容积可按下式进行计算：

$$V=(Q_1+Q_2)t \tag{2-2}$$

式中　$V$——中和池的容积，$m^3$；

$Q_1$——酸性污水的设计流量，$m^3/h$；

$Q_2$——碱性污水的设计流量，$m^3/h$；

$t$——中和时间，h，一般取 $1\sim2h$。

利用碱性废渣中和酸性污水也是一种方便可行的方法，如电石渣中含有一定量的氢氧化钙 $(Ca(OH)_2)$，锅炉灰中含有 $2\%\sim20\%$ 的氧化钙，石灰氧化法的软化站中含有大量的碳酸钙等，将这些废渣投入到酸性污水或利用酸性污水喷淋废渣，均可取得一定的中和效果。

**(2) 投药中和**

投药中和可以处理任何浓度、任何性质的酸性污水，中和过程容易调节，容许水量变化范围较大，是应用最为广泛的一种中和方法。常用的药剂中和处理工艺流程如图 2-1 所示。污水量少时宜采用间歇式处理，污水量大时宜采用连续式处理。为获得稳定的中和处理效果，可采用多级式自动控制系统。

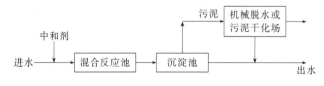

图 2-1　药剂中和处理工艺流程

中和药剂的选择，不仅要考虑药剂本身的溶解性、反应速率、成本、是否会带来二次污染、使用方法等因素，还要考虑中和产物的性质。

用于酸性污水的中和药剂有石灰（CaO）、石灰石（$CaCO_3$）、碳酸钠（$Na_2CO_3$）、氢氧化钠（NaOH）等，也可以利用其他工业行业、部门排出的废渣（主要成分为碳酸钠、氢氧化钠）等，因地制宜地中和处理酸性污水。

石灰价廉易得，对污水中的杂质具有混凝效果，是最常用的酸性污水中和剂，当酸性污水中的酸主要是盐酸、硫酸、硝酸时，常采用石灰作为中和剂。但沉渣量大，且脱水较困难；需用大型消解投配设备，卫生条件较差。采用石灰对酸进行中和的反应式为：

$$CaO + H_2O \Longrightarrow Ca(OH)_2 \tag{2-3}$$

$$2H^+ + Ca(OH)_2 \Longrightarrow 2H_2O + Ca^{2+} \tag{2-4}$$

当酸性污水中的酸主要是乙酸、碳酸等弱酸时，由于生成弱酸盐如碳酸盐的反应迟缓，中和反应时间长，一般采用氢氧化物中和。

$$2CH_3COOH + Ca(OH)_2 \Longrightarrow Ca(CH_3COO)_2 + 2H_2O \tag{2-5}$$

氢氧化钠、碳酸钠易贮存，溶解度大，反应迅速，渣量小，但价格较贵。

中和药剂的理论计算可以根据化学反应式及等物质的量规则求得，然后再考虑所用药剂或工业废料的纯度及反应效率，综合确定实际投加量。

石灰中和常采用湿投法，石灰的投加量可按下式进行计算：

$$G = \frac{QK}{1000\alpha}\left(c_s\alpha_s + \sum c_i \frac{E}{E_i}\right) \tag{2-6}$$

式中　$G$——中和药剂的消耗量，kg/h；

　　　$Q$——酸性污水的流量，$m^3/h$；

　　　$K$——反应不均匀系数（反应效率的倒数），一般取 1.1～1.2。用石灰中和硫酸时，干投为 1.4～1.5，湿投为 1.05～1.10。中和盐酸、硝酸时为 1.05；

　　　$\alpha_s$——中和剂的比耗量，酸、碱中和剂的比耗量可分别查表 2-2 和表 2-3；

　　　$\alpha$——药品纯度，以％计，一般生石灰中含有效 CaO 为 60％～80％，熟石灰中含 Ca(OH)$_2$ 为 65％～75％；

　　　$c_s$——污水中酸的质量浓度，mg/L；

　　　$E$——石灰的等物质量，其值为 28；

　　　$E_i$——金属离子的等物质量。

表 2-2　酸性中和剂的比耗量 $\alpha_s$

| 碱性物质 | 中和 1kg 碱所需要酸性物质的量/kg | | | | | | 碱性物质 | 中和 1kg 碱所需要酸性物质的量/kg | | | | | |
| --- | --- | --- | --- | --- | --- | --- | --- | --- | --- | --- | --- | --- | --- |
| | $H_2SO_4$ | | HCl | | HNO$_3$ | | | $H_2SO_4$ | | HCl | | HNO$_3$ | |
| | 100% | 98% | 100% | 36% | 100% | 65% | | 100% | 98% | 100% | 36% | 100% | 65% |
| NaOH | 1.22 | 1.24 | 0.91 | 2.53 | 1.57 | 2.42 | Ca(OH)$_2$ | 1.32 | 1.35 | 0.99 | 2.74 | 1.70 | 2.62 |
| KOH | 0.88 | 0.90 | 0.65 | 1.80 | 1.13 | 1.74 | NH$_3$ | 2.88 | 2.94 | 2.14 | 5.95 | 3.71 | 5.71 |

表 2-3　碱性中和剂的比耗量 $\alpha_s$

| 酸类名称 | 中和 1kg 酸所需要碱性物质的量/kg | | | | | 酸类名称 | 中和 1kg 酸所需要碱性物质的量/kg | | | | |
| --- | --- | --- | --- | --- | --- | --- | --- | --- | --- | --- | --- |
| | CaO | Ca(OH)$_2$ | CaCO$_3$ | MgCO$_3$ | CaCO$_3$·MgCO$_3$ | | CaO | Ca(OH)$_2$ | CaCO$_3$ | MgCO$_3$ | CaCO$_3$·MgCO$_3$ |
| $H_2SO_4$ | 0.57 | 0.755 | 1.02 | 0.86 | 0.94 | HNO$_3$ | 0.445 | 0.59 | 0.795 | 0.668 | 0.732 |
| HCl | 0.77 | 1.01 | 1.37 | 1.15 | 1.29 | CH$_3$COOH | 0.466 | 0.616 | 0.83 | 0.702 | |

如果酸性污水中只含有某一种酸时，中和药剂的消耗量可按下式计算：

$$G = \frac{Qc_s\alpha_s K}{1000\alpha} \tag{2-7}$$

碱性污水中和药剂的计算方法与酸性污水的相同。

实际上工业污水中所含的酸并非只有一种，不能直接用化学反应式进行计算，这时需要测定污水的酸碱度（用pH值表示），然后根据等物质的量原理进行计算。

若污水中氢离子的浓度$[H^+]$以mg/L计，可导得$[H^+]=10^{(3-pH)}$，则有：

$$G=28Q_s\left[10^{(3-pH)}+\sum\frac{c_i}{E_i}\right]\frac{K}{1000\alpha} \tag{2-8}$$

水中一些过量金属离子，如铅（$Pb^{2+}$）、锌（$Zn^{2+}$）、铜（$Cu^{2+}$）、镍（$Ni^{2+}$）等，中和后会生成金属的氢氧化物沉淀，其反应的通式为（以$M^{2+}$代表二价的金属离子）：

$$M^{2+}+Ca(OH)_2 \Longrightarrow M(OH)_2\downarrow+Ca^{2+} \tag{2-9}$$

计算中和药剂的投加量时，应增加与重金属化合产生沉淀的药剂量。例如：

$$FeSO_4+Ca(OH)_2 \Longrightarrow Fe(OH)_2\downarrow+CaSO_4\downarrow \tag{2-10}$$

补加的中和药剂数量可按化学当量计算。

采用石灰石中和硫酸时，产生石膏和放出$CO_2$：

$$H_2SO_4+CaCO_3 \Longrightarrow CaSO_4\downarrow+H_2O+CO_2\uparrow \tag{2-11}$$

由于生成的石膏溶解度小（温度在20℃时只有1.6g/L），因此当污水中的硫酸浓度大于2g/L时，将形成过饱和硫酸钙，尚未反应的石灰石表面将被石膏和二氧化碳所覆盖，影响中和效果。因此当污水中硫酸的浓度过大时，应将石灰石预先粉碎成0.5mm以下的颗粒再使用。另外，对进水的硫酸浓度限制大，需定期倒床，劳动强度大。

由于石灰不仅价格便宜，而且与水化合形成的氢氧化钙对污水中的杂质还具有凝聚作用，因此是中和酸性污水的首选药剂。但实际应用时，由于影响投药量的因素很多，最好通过实验确定石灰的用量。

石灰的投加方式可采用干投法和湿投法两种。干投法是根据污水中的含酸量将石灰直接投入到污水中。为了将石灰均匀地投放到污水中，一般设置石灰投配器。干投法设备简单，药剂投配容易，但是反应速率缓慢，反应不彻底，药剂的投放量为理论投放量的1.4~1.5倍，并且石灰还要进行破碎、筛分，劳动强度大，环境条件差。因此石灰中和酸性污水大多采用湿投法，其一般流程如图2-2所示。

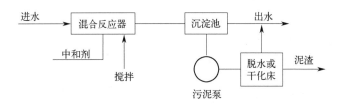

图2-2 酸性污水的湿法投药中和流程

石灰湿投法中和酸性污水的装置主要有石灰乳制备与投加设备、混合反应池和中和沉淀池。首先将石灰在消解槽内消解成40%~50%的浓度后，流入乳液槽，经搅拌配制成5%~10%浓度的氢氧化钙乳液，投入混合反应池供中和反应用。消解槽和乳液槽需用机械搅拌或水泵循环搅拌。在混合反应池中污水与石灰乳进行混合反应时也需要进行搅拌，以防止石灰渣在混合反应池内沉淀。混合反应池可采用隔板式或设搅拌器，容积按水力停留时间5min设计。中和沉淀池的池容按水力停留时间1~2h设计。中和沉淀产生的污泥体积为污水量的10%~15%，含水率为90%~95%，必须设置污泥脱水系统。

与干投法相比，湿投法的设备较多，但反应迅速彻底，药剂投加量少，为理论投加量的 1.05～1.1 倍。

工程上，一次性投药的中和处理效果远差于分批投药的中和处理效果，特别是酸碱度较大的污水。如果处理水量大时更应采取分批投药的方式，可设计两个或多个中和反应池或反应槽。

投药中和法有两种运行方式：

① 当污水量小或间歇排出时，可采用间歇式操作，并设置 2～3 个中和池交替工作。

② 当污水量大时，可采用连续式操作，并采取多级串联运行，以获得稳定可靠的中和效果。中和处理应尽可能采用自动投药控制系统。

如果中和反应过程中产生了不溶于水的固体产物，可以采用沉淀方法去除。沉渣量可根据试验确定，也可按下式计算：

$$G'=G(\varphi+e)+Q(S-C-d) \tag{2-12}$$

式中　$G'$——沉渣量，kg/h；

　　　$G$——中和药剂的消耗量，kg/h；

　　　$\varphi$——消耗单位药剂产生的盐量，kg/kg；

　　　$e$——单位药剂中的杂质含量，kg/kg；

　　　$Q$——酸性污水的流量，$m^3/h$；

　　　$S$——污水中的悬浮物浓度，$kg/m^3$；

　　　$C$——中和后溶于污水中的盐量，$kg/m^3$；

　　　$d$——中和后出水中的悬浮物浓度，$kg/m^3$。

### (3) 过滤中和

酸性污水的过滤中和就是使酸性污水流过碱性滤料（如石灰石、白云石、大理石等）时得到中和的方法，具有操作方便、运行费用低及劳动条件好等优点，但不适于浓度高的酸性污水，一般适用于含酸量不大于 2～3g/L、生成易溶盐的各种酸性污水的中和处理。同时，采用过滤中和时，要求对污水中的悬浮物、油脂等进行预处理，以防止堵塞。

滤料的选择与污水中含何种酸和含酸浓度密切相关。因滤料的中和反应发生在滤料表面，如生成的中和产物溶解度很小，就会沉淀在滤料表面形成外壳，影响中和反应的进一步进行。

酸性污水过滤中和常用的滤料有石灰石（$CaCO_3$）、大理石（$CaCO_3$）、白云石（$MgCO_3 \cdot CaCO_3$）等。表 2-4 为各种中和产物 20℃时在水中的溶解度。由表中数据可知，中和硝酸或盐酸时，所得的钙盐有较大的溶解度，因此可选用石灰石、大理石和白云石作中和滤料；而中和碳酸时，一般不宜选用含钙或镁的中和剂，所以滤料中和过程不适于处理这类酸性污水；当中和硫酸时，若采用石灰石作滤料，允许的最大硫酸浓度可根据硫酸钙的溶解度计算得出，如超过此浓度就会生成硫酸钙外壳，使中和反应终止，此时可用中和后的出水回流稀释原水。若采用白云石作滤料时，由于镁的溶解度很大，产生的沉淀较少，因此污水含硫酸浓度可以适当提高，不过白云石的反应速率比石灰石慢，影响了它的应用。

表 2-4　各种中和产物 20℃时在水中的溶解度

| 中和产物 | 硝酸钠 | 硝酸钙(水合物) | 氯化钠 | 氯化钙 | 碳酸钠 | 碳酸钙 | 碳酸镁 | 硫酸钠(水合物) | 硫酸钙 | 硫酸镁 |
|---|---|---|---|---|---|---|---|---|---|---|
| 溶解度/(g/L) | 880 | 1293 | 380 | 745 | 215 | 难溶 | 难溶 | 194 | 2.03 | 355 |

石灰石因其价格便宜、来源广泛，因此常用作酸性污水过滤中和的滤料。石灰与酸的

中和反应为

$$2H^+ + CaCO_3 \Longrightarrow H_2O + CO_2 \uparrow + Ca^{2+} \tag{2-13}$$

由于中和盐酸生成的氯化钙（$CaCl_2$）的溶解度高，石灰石可用于较高浓度盐酸污水的过滤中和。用石灰石中和硫酸时，由于石灰石与硫酸反应生成的石膏（$CaSO_4$）溶解度很小（在20℃时只有1.6g/L），会包覆在石灰石颗粒的表面而阻碍中和反应的继续进行。为防止在滤料表面形成不溶性的硬壳，当采用石灰石中和硫酸污水时，可采取下列对策：

① 控制污水的硫酸浓度在最大允许浓度范围之内，理论上允许中和硫酸的浓度为2~3g/L。如果污水中含有的硫酸浓度超过最大允许值，可回流中和后的出水，用于稀释原水。

② 可采取机械措施防止石膏（$CaSO_4$）沉积。

③ 当污水中硫酸浓度较高时，采用白云石作滤料要好于石灰石，因为用白云石作滤料与污水中的硫酸反应生成的硫酸镁易溶于水，而且生成的石膏也较少，仅为石灰石与硫酸反应时生成量的一半。但白云石的成本较高，反应速率较慢，因此水力停留时间较长。

过滤中和过程仅适用于酸性污水的中和处理。与石灰药剂过程相比，过滤中和过程具有操作方便、运行费用低及劳动条件好等优点，但不适于高浓度酸性污水的处理。

## 2.2.2 碱性污水的中和

对于碱性污水，最经济的方式是直接利用酸性污水或废弃的酸液进行中和。如果没有酸性污水或废酸液可以利用时，一般可采用商品酸中和或废酸气中和。最常用的是利用含工业酸性废气的烟道气进行中和。烟道气中含有14%~24%的二氧化碳，可以在碱性污水中和过程中利用。

# 2.3 过程设备

如前所述，中和在工业过程中大多用于酸性污水的处理，不同的处理对象需采用不同的中和过程，适用的中和设备也各异，但无论何种中和过程，其所用的设备主要包括两类：加药设备和中和设备。

## 2.3.1 加药设备

中和过程中使用的药剂包括固态、液态和气态三种类型，相应的药剂投加方法可分为干投法和湿投法，加药系统也可分为干式、湿式（液式）和气式加药三种形式。各种形式加药机的分类如图2-3所示。

### 2.3.1.1 药剂投加方法

药剂投加于水中可以采用干投法和湿投法。干投法是将固体药剂磨成粉末后直接投加到水中，其流程是：药剂输送→粉碎→提升→计量→加药混合。由于干投法的投配量难以控制，对机械设备要求高，劳动强度也大，这种方法目前使用较少。

湿投法是将药剂配制成一定浓度的溶液后再定量投加到水中，是目前最常用的方法。两种投药方法的比较见表2-5。

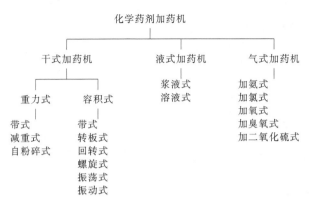

图 2-3　各种形式加药机的分类

表 2-5　干式与湿式投药方法的比较

| 方法 | 优点 | 缺点 |
|---|---|---|
| 干投法 | 1. 设备占地面积小；<br>2. 投配设备无腐蚀问题；<br>3. 药剂较为新鲜 | 1. 当用药量大时，需要一套粉碎药剂设备；<br>2. 当用药量小时，不易调节；<br>3. 药剂与水量不易调节；<br>4. 劳动条件差；<br>5. 不适用吸湿性药剂 |
| 湿投法 | 1. 容易与水充分混合；<br>2. 适用于各种药剂；<br>3. 投量易于调节；<br>4. 运行方便 | 1. 设备较复杂，占地面积大；<br>2. 设备易受腐蚀；<br>3. 当要求投药量突变时，投量调整较慢 |

湿法投配药剂溶液的调配方法及适用条件见表 2-6，各种投药方法的比较见表 2-7。

表 2-6　湿法投配药剂溶液的调配方法及适用条件

| 调配方法 | 适用条件 | 一般规定 |
|---|---|---|
| 水力 | 1. 易溶解的药剂；<br>2. 可利用给水系统的压力（约 $1.96 \times 10^5 Pa$），节省能耗 | 1. 药剂调配槽的容积约为药剂的 3 倍；<br>2. 系统水压需 $2 \times 10^5 Pa$ |
| 机械 | 各种水量和药剂 | 搅拌叶轮可用电机带动或水轮带动，桨板转速 $70\sim140 r/min$，设备防腐 |
| 压缩空气 | 较大水量和各种不同的药剂 | 鼓风强度 $8\sim10 L/(s \cdot m^2)$；管内气速 $10\sim15 m/L$；孔眼流速 $20\sim30 m/s$；孔眼 $3\sim4 mm$，不宜作较长时间的石灰乳连续搅拌 |

表 2-7　各种投药方法的比较

| 方式 | | 作用原理 | 优缺点 | 适用情况 |
|---|---|---|---|---|
| 重力投加 | | 建造高位药液池，利用重力作用把药剂投入加药点 | 优点：管理操作简单，投加安全可靠<br>缺点：必须建高位池 | 适用于中小型污水处理厂和自来水厂，输液管线不宜过长，以免沿程水力损失过大，防止在管线中絮凝 |
| 压力投加 | 水射器 | 利用高压水在水射器喷嘴处形成的负压将药液射入压力管 | 优点：设备简单，使用方便<br>缺点：效率较低，可能引起堵塞 | 适用于不同规模的污水处理厂和自来水厂，水射器来水压力应 $\geqslant 2.5 \times 10^5 Pa$ |
| | 加药泵 | 泵在溶液池内直接吸取药液，加入压力水管内 | 优点：可以定量投加，不受管压力所限<br>缺点：价格较贵，泵易堵塞，养护麻烦 | 适用于大中型污水处理厂和自来水厂 |

### 2.3.1.2 干法加药设备

采用干法投加药剂时，须配备药剂的粉碎设备，一般应具有投配 5kg/h 以上药剂的规模。

药剂投配设备主要有以下两种：

**（1）容量式投配设备**

容量式投配设备如图 2-4 所示，只限于粉状药剂，以容量计算，边投配边计量，稳定时，误差约 5%。

**（2）重力式投配设备**

重力式投配设备如图 2-5 所示，靠重力投加，边投配边计量，投配误差约 1% 左右。

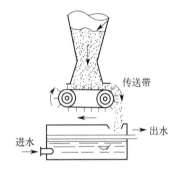

图 2-4 干式容量式投配设备

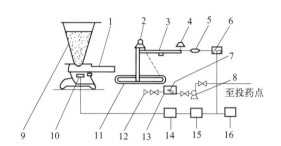

图 2-5 重力式干式连续投配设备

1—药剂输送器；2—传动电动机；3—磅秤；4—重锤；5—可动铁片；6—检验线圈；7—搅拌机；8—投配泵；9—漏斗；10—振动调节器；11—传送带；12—溶药用水；13—溶解槽；14—闸流管；15—相位变换部分；16—手动调节器

### 2.3.1.3 湿式加药设备

采用湿法投加药剂时，须首先将药剂配制成溶液，因此，湿式投配须配置一套溶解、搅拌、计量和投加设备。

**（1）药剂溶解池**

药剂是在溶解池中进行溶解的。为加速药剂的溶解，溶解池应有搅拌设备。常用的搅拌方式有机械搅拌、压缩空气搅拌和水泵搅拌。对无机盐类药剂的溶解池、搅拌设备和管配件，均应考虑防腐措施或用防腐材料。当使用硫酸铁药剂时，由于腐蚀性较强，尤其需要注意。

溶解池一般建于地面以下以便操作，池顶一般高出地面 0.2m 左右，其容积 $W_1$ 按下式计算：

$$W_1 = (0.2 \sim 0.3) W_2 \tag{2-14}$$

式中 $W_2$——溶液池容积。

将在溶解池完全溶解后的浓液送入溶液池，用清水稀释到一定浓度以备投加。溶液池的容积 $W_2$ 按下式计算：

$$W_2 = \frac{100 \alpha Q}{24 \times 1000 \times 1000 cn'} = \frac{\alpha Q}{417 cn'} \tag{2-15}$$

式中　$Q$——处理污水的流量，$m^3/h$；

$\alpha$——药剂最大投加量，$kg/m^3$；

$c$——药剂质量分数，无机药剂溶液一般用 $10\%\sim20\%$，有机高分子药剂溶液一般用 $0.5\%\sim1.0\%$；

$n'$——每日调制次数，一般为 $2\sim6$ 次。

**（2）药剂溶液计量设备**

药剂溶液计量设备多种多样，应根据具体情况选用，如孔口计量设备、转子流量计计量设备、三角堰计量设备等。

1）孔口计量设备

孔口计量设备是常用的简单计量设备，如图 2-6 所示。箱中的水位靠浮球阀保持恒定，在恒定液位下药液从出液管恒定流出。出液管装有苗嘴或孔板，分别如图 2-7 中的（a）和（b）所示。通过更换苗嘴或改变孔板的出口断面，可以调节加药量。

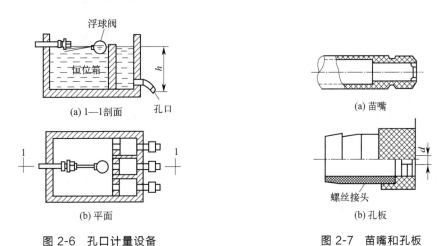

图 2-6　孔口计量设备　　　　　图 2-7　苗嘴和孔板

2）转子流量计计量设备

应根据投药量大小选择合适的转子流量计。

3）三角堰计量设备

三角堰计量设备如图 2-8 所示，适用于大、中流量药剂的计量。

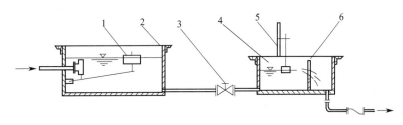

图 2-8　三角堰计量设备

1—浮球阀；2—恒位箱；3—调节阀；4—计量槽；5—浮球标尺；6—三角堰板

**（3）药剂溶液投加设备**

药剂溶液投加方式也有多种，如泵前重力投加、罐式投加、水射器投加、计量泵直接投加、虹吸式定量投加、石灰消化投加。

1）泵前重力投加

泵前重力投加可以采用图 2-9 所示的设备，直接将药剂溶液投入管道内或水泵吸水管的喇叭口处，具有投加安全可靠、操作简单等特点。

2）罐式投加

罐式投加的设备如图 2-10 所示，仅限于明矾和结晶碳酸钠的投加，药剂充填在罐内，并溶解成溶液，依水的流量按比例投加，投加量不够准确。

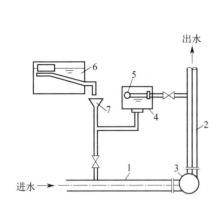

图 2-9 泵前重力投加设备

1—吸水管；2—出水管；3—水泵；4—水封箱；
5—浮球阀；6—溶液；7—漏斗

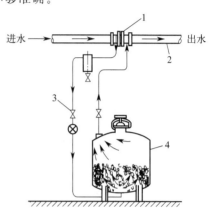

图 2-10 罐式投加设备

1—孔板；2—干管；3—控制阀门；4—药剂溶液罐

3）水射器投加

药剂溶液可采用如图 2-11 所示的水射器向压力管道内投加，设备简单，使用方便，但效率较低。水射器的结构如图 2-12 所示。

4）计量泵直接投加

如图 2-13 所示，用柱塞泵或螺杆泵定量投加，投药量可通过改变柱塞行程而控制。计量泵直接投加可不必另设计量设备，灵活方便，运行可靠，一般适用于大型城市给水厂和污水处理厂。

5）虹吸式定量投加

虹吸式定量投加设备如图 2-14 所示，是通过改变虹吸管进口和出口的高度差而实现投量控制。

6）石灰消化投加

石灰消化投加设备如图 2-15 所示。

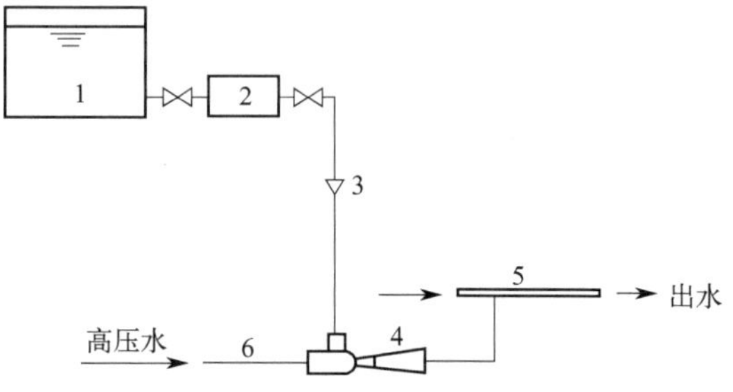

图 2-11 水射器投加方式

1—溶液池；2—投药箱；3—漏斗；4—水射器；
5—压水管；6—高压水管

## 2.3.2 中和设备

中和设备的作用是将加药设备供给的药剂与待处理的污水发生中和反应。目前工业过程中采用的中和设备主要有三种类型，即普通中和滤池（也称重力式中和滤池）、升流式膨胀中和滤池和滚筒式中和滤池。

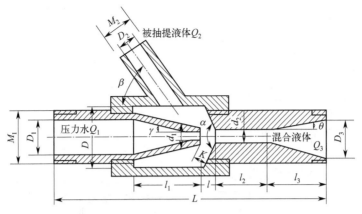

图 2-12　水射器结构图

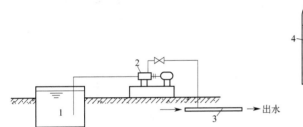

图 2-13　计量泵投加方式

1—溶液池；2—计量泵；3—压水管

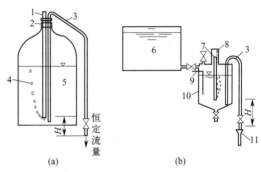

图 2-14　虹吸式定量投加设备

1—通气管；2—密封瓶口；3—虹吸管；4—空气泡；
5—药剂溶液；6—溶液箱；7—空气管；8—流量标尺；
9—液位报警器；10—密闭投药箱；11—漏斗

**（1）普通中和滤池**

普通中和滤池为固定床式。按水流方向可分为平流式和竖流式两种，目前多用竖流式。竖流式又可分为升流式和降流式，如图 2-16 所示。

普通中和滤池的滤料粒径较大，一般为 30～80mm，不能混有粉料杂质。当污水中含有可能堵塞滤料的杂质时，应进行预处理。普通中和滤池工作过程中滤料的消耗量可按下式计算：

$$G_f = KQ\alpha c \tag{2-16}$$

式中　$G_f$——滤料单位时间消耗量，kg/h；

$K$——系数，一般取 1.5；

$Q$——酸性污水的流量，$m^3/h$；

$\alpha$——药剂比耗量，kg/kg；

$c$——污水中酸的浓度，$kg/m^3$。

滤池的理论工作周期可按下式进行计算：

$$T = \frac{P}{G_f} \tag{2-17}$$

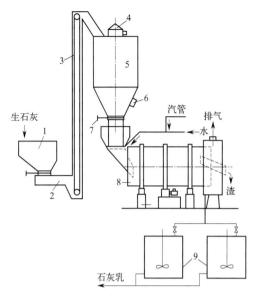

图 2-15　石灰消化投加设备

1—受料槽；2—电磁振动输送机；3—斗式提升机；
4—料仓过滤器；5—料仓；6—振动器；7—插板闸；
8—石灰消化机；9—搅拌罐

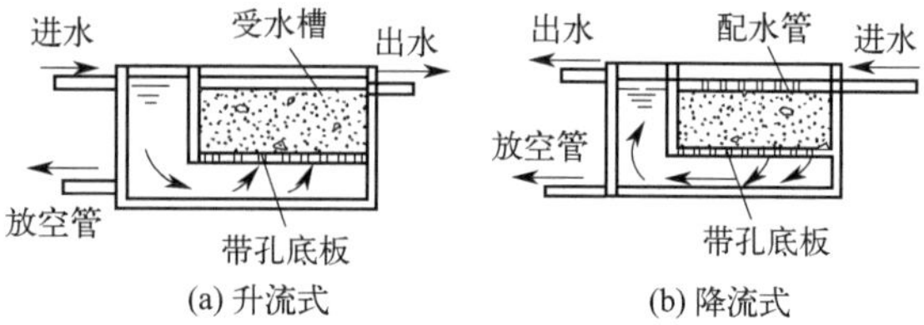

图 2-16　普通中和滤池

(a) 升流式　　　(b) 降流式

式中　$T$——滤池的理论工作周期，h；

　　　$P$——滤料装载量，kg；

　　　$G_f$——滤料单位时间消耗量，kg/h。

普通中和滤池的空塔滤速较低，一般小于 5m/h，当硫酸浓度较大时，易在颗粒表面结垢，且难清洗，会阻碍中和反应的进行，所以处理效果较差，现已很少采用。

**（2）升流式膨胀中和滤池**

升流式膨胀中和滤池的构造如图 2-17 所示。工作时污水从滤池的底部进入，由下往上流经滤层，在 60～70m/h 高流速的作用下，细粒径的滤料（0.3～3mm，平均 1.5mm）发生膨胀，滤料呈悬浮状态，因此即使是用石灰石中和硫酸污水，中和产生的硫酸钙和二氧化碳被高速水流带出池外，由于滤料的互相碰撞摩擦，也有利于生成的硫酸钙从滤料表面脱落，使中和过程不受阻碍。采用的滤料粒径较小，大大增加了表面积，因此中和时间也缩短了，有利于增加滤速。另外，滤床上部扩大，降低了污水流速，有利于细小滤料的沉降。

升流式膨胀中和滤池的滤料层在运转初期是 1m，滤料率为 50%，池池顶部的缓冲层为 0.5～0.8m，滤池底部的卵石托层厚 0.15～0.2m，粒径为 20～40mm，底部配水采用大阻力穿孔管配水系统，以均匀布水，穿孔管孔径为 9～12mm。出水采用多环溢流堰，使出水均匀。滤料在中和过程中不断消耗，因此要不断补充，可采用间歇加料，也可采用连续加料。一定时期后，当污水出水水质呈酸性，pH<4.2 时，应将滤料倒床，更换新料。

升流式膨胀中和滤池又可分为恒滤速和变滤速两种。恒滤速升流式膨胀中和滤池内的操作流速可保持恒定，操作管理较为方便，但缺点是下部大颗粒因不易膨胀而易产生结垢，上部的小颗粒易随水流失。为了使小粒径滤料不流失，并产生一定的涡流搅动，可将升流式膨胀中和滤池设计成变截面形式，上大下小，呈倒锥形，即为变滤速膨胀中和滤池。

图 2-18 所示为升流式变速膨胀中和滤池的构造示意图。由于中和塔的直径下小上大，

因此底部流速大，可使大颗粒滤料在高滤速（130～150m/h）条件下处于悬浮状态；上部流速小，保证未被作用的微小颗粒不流失。这样既可以避免产生的硫酸钙覆盖在滤料颗粒表面，又可以提高滤料的利用率，另外还可以提高进水的含酸量，而不产生堵塞现象。

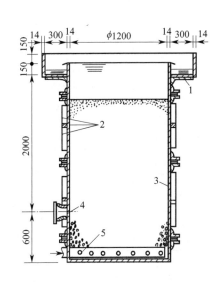

图 2-17　升流式膨胀中和滤池

1—排水槽；2—塑料板条加固；

3—硬聚氯乙烯板池壁；4—排渣孔；

5—穿孔管 DN50，孔径 $\phi$12mm

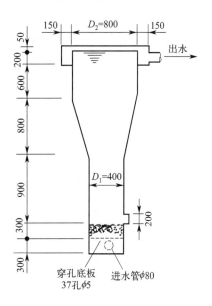

图 2-18　升流式变速膨胀中和滤池

变速升流式膨胀中和滤池的底部进水区采用小阻力或大阻力配水系统，石灰石或白云石滤料的直径为 0.5～3mm，层厚为 1.0～1.2m，下部滤速为 60～70m/h，上部滤速为 15～18m/h，滤床的膨胀率为 12%～20%，水力损失为 1～1.5m。进水硫酸浓度 4g/L，出水 pH 值大于 4.5 时，白云石滤料的耗量为 1.2t/t 酸。中和滤池的出水中含有大量的 $CO_2$ 气体，其 pH 值一般为 4.2～5.0。为使 pH 值达到中性，必须进行二氧化碳的吹脱处理。吹脱后出水的 pH 值可至 6～6.5。表 2-8 为某厂升流式膨胀中和滤池的设计参数，可供参数。

变速升流式膨胀中和滤池是目前使用最为广泛的过滤中和设备，其优点是：操作简单，处理费用低，出水稳定，工作环境好，沉渣远比石灰法少。缺点是：污水的硫酸浓度不能过高，需要定期倒床清除惰性残渣。另外，虽然处理污水的效果明显好于普通中和滤池和升流式膨胀中和滤池，但其建造费用也较高。

### (3) 滚筒式中和滤池

滚筒式中和滤池的构造如图 2-19 所示。滚筒用钢板制成，内衬防腐层，壁上有挡板，卧置，长度为筒直径的 6～7 倍。运行时酸性污水由滚筒的一端流入，由另一端流出。装在筒中的滤料体积占滚筒体积的一半，运行时随滚筒一起转动，使滤料相互碰撞，及时剥离由中和产物形成的覆盖层，可以加速中和反应速率。为避免中和剂流失，在滚筒出口处设有穿孔板。

滚筒式中和滤池的优点是能处理的污水含酸浓度可大大提高，尤其是能处理含硫酸浓度高的污水，而且中和剂也不必粉碎到很小的粒径，因此可使用大粒径中和滤料。但它的构造较复杂，动力费用高；单位横截面积的处理负荷率低，约为 36m³/(m²·h)；运转时有噪声。

表 2-8　某厂升流式膨胀中和滤池设计参数

| 名称 | 参数 | 规格 | 材料 | 说明 |
|---|---|---|---|---|
| 滤池 | 直径/m | 1.2 | 塑料 | |
| | 高度/m | 2.9 | | |
| | 垫层卵石直径/mm | 20～50 | 卵石 | |
| | 垫层高度/mm | 200 | | |
| | 滤料粒径/mm | 0.5～3 | 石灰石 | |
| | 滤料起始高度/mm | 600 | | |
| | 每次加料高度/mm | 300 | | |
| | 每次加料质量/kg | 510 | | |
| | 升流流速/(m/h) | 60 | | 实际运行滤速为 40～60m/h |
| | 工作水头/m | >2.5 | | |
| 布水管 | 干管直径/mm | 150 | 塑料或不锈钢 | 大阻力布水系统 |
| | 支管直径/mm | 50 | | |
| | 支管对数 | 7 | | |
| | 出水孔径/mm | 9～12 | | 双排交错排列,45°朝下 |
| | 出水孔孔距/mm | 40 | | |
| 环型集水槽 | 槽宽/m | 0.3 | 塑料 | |
| | 槽深/m | 0.4 | | |
| | 直径/mm | 200 | | |
| 进水阀 | 直径/mm | 200 | 衬胶 | |
| 反冲洗阀 | 直径/mm | 100 | 衬胶 | 清水反冲洗 |

## 2.3.3　碱性污水中和设备

对于碱性污水,最常用的是利用含工业酸性废气的烟道气进行中和。

利用烟道气中和碱性污水一般在喷淋塔中进行,如图 2-20 所示。喷淋塔可以是填料塔,也可是无填料塔,污水由塔顶布水器均匀喷入,烟道气则由塔底鼓入,两者在塔内逆流接触,完成中和过程,使碱性污水和烟道气都得到净化。也可将烟道气直接通入碱性污水池。烟道气中含有的二氧化碳（最高 14%）、二氧化硫、硫化氢等酸性组分可将污水中和至中性。此法的优点是把碱性污水的中和处理和废气的净化处理结合起来,处理成本低;缺点是沉渣量增大,处理后水中的悬浮物、硫化物、色度和 COD 均有较大增加,易引起二次污染,因此需进行补充处理后才能排放。

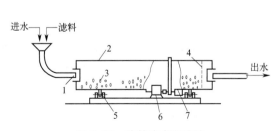

图 2-19　滚筒式中和滤池

1—进料口;2—滚筒;3—滤料;4—穿孔隔板;

5—支承轴;6—减速器;7—电机

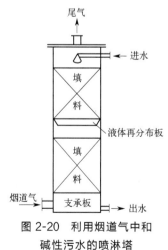

图 2-20　利用烟道气中和
碱性污水的喷淋塔

# 第3章

# 离子交换技术与设备

离子交换是利用带有可交换离子（阴离子或阳离子）的不溶性固体与溶液中带有同种电荷的离子进行置换而除去水中有害离子的单元操作。含有可交换离子的不溶性固体称为离子交换剂，其中带有可交换阳离子的交换剂称为阳离子交换剂；带有可交换阴离子的交换剂称为阴离子交换剂。离子交换技术具有如下特点：

① 离子交换操作是一种液-固非均相扩散传质过程，所处理的溶液一般为水溶液。

② 离子交换是水溶液中的被分离组分与离子交换剂中可交换离子进行离子置换反应的过程，且离子交换反应是定量进行的，即有1mol的离子被离子交换剂吸附，就必然有1mol的另一同性离子从离子交换剂中释放出来。

③ 离子交换剂在使用后，其性能逐渐消失，需经酸、碱再生后恢复使用，同时也将被分离组分洗脱出来。

④ 离子交换分离技术具有很高的分离选择性和浓缩倍数，操作方便，效果突出。

## 3.1 技术原理

在工业用水处理中，通过离子交换可以制取软化水、脱盐水和纯水；在工业污水处理中，离子交换法主要用于回收有用物质和贵重、稀有金属，如金、银、铜、镉、铬、锌等，也用于放射性污水和有机污水的处理。

### 3.1.1 交换反应平衡

离子交换反应是一个可逆过程，以 A 型树脂交换溶液中的 B 离子为例，动态平衡反应可用下式表示：

$$Z_B RA + Z_A B \rightleftharpoons Z_A RB + Z_B A \tag{3-1}$$

上式自左向右正向进行时为交换反应，而自右向左进行时为再生反应，离子交换对不同组分显示出的不同平衡特性，是离子交换分离的基础。

此交换反应达到动态平衡时，A 交换 B 的选择性系数 $K_A^B$ 为：

$$K_A^B = \frac{[RB]^{Z_A}(A)^{Z_B}}{[RA]^{Z_B}(B)^{Z_A}} = \left(\frac{A}{RA}\right)^{Z_B} / \left(\frac{B}{RB}\right)^{Z_A} \tag{3-2}$$

式中 $(i)$——$i$ 离子的活度；

$Z_A$——A 离子的价数；

$Z_B$——B 离子的价数。

显然，若 $K_A^B = 1$，则树脂对任一离子均无选择性；若 $K_A^B > 1$，树脂对 B 有选择性，数值越大，选择性越强；若 $K_A^B < 1$，树脂对 A 有选择性。

在稀溶液中，各种离子的活度系数接近于 1，式(3-2) 中的 (A) 和 (B) 均可用各自的摩尔浓度表示。若将树脂内液相中离子的活度系数的影响也归并入选择性系数 $K$ 中，则式(3-2) 可写为：

$$K = \frac{[RB]^{Z_A} [A]^{Z_B}}{[RA]^{Z_B} [B]^{Z_A}} \tag{3-3}$$

式中 $[i]$——$i$ 离子浓度。

设反应开始时，树脂中的可交换离子全部为 A，[A] 等于树脂的总交换容量 $q_0$（mmol/g 干树脂），[RB] = 0，水中 [B] = $c_0$（初始浓度，mmol/L），[A] = 0；当交换反应达到平衡时，水中 [B] 减小到 $c_B$，树脂上交换了 $q_B$ 的 B，即 [RB] = $q_B$，则树脂上的 [RA] = $q_0 - q_B$，水中的 [A] = $c_0 - c_B$。由式(3-3) 可得到：

$$K \left(\frac{q_0}{c_0}\right)^{Z_B - Z_A} = \frac{(1 - c_B/c_0)^{Z_B}}{(c_B/c_0)^{Z_A}} \frac{(q_B/q_0)^{Z_A}}{(1 - q_B/q_0)^{Z_B}} \tag{3-4}$$

式中，$q_0$、$c_0$ 和 $Z_A$、$Z_B$ 已知，只要测定溶液中的 [A] 或 [B]，即可由上式求得 $K$。

式(3-4) 适用于各种离子之间的交换。当 $Z_A = Z_B = 1$ 时，上式简化为：

$$\frac{q_B/q_0}{1 - q_B/q_0} = K \frac{c_B/c_0}{1 - c_B/c_0} \tag{3-5}$$

式中 $q_B/q_0$——树脂的失效率；

$c_B/c_0$——溶液中离子残留率。

若以 $q_B/q_0$ 为纵坐标，以 $c_B/c_0$ 为横坐标，作图可得某一 $K$ 值下的等价离子交换理论等温平衡线，如图 3-1 所示。

虽然实际等温平衡线因浓度的影响而与上述理论等温平衡线有一定的差别，但仍然可以利用平衡线图来判断交换反应进行的方向和大致程度以及估算去除一定量离子所需要的树脂量。

图 3-1 中，D 点表示初始状态，若 $K$ 为 0.5，则体系达到平衡时，D 点应移动到 $K$ 为 0.5 的平衡线上。根据树脂和溶液量的不同，平衡点应处在 $D_S$ 和 $D_R$ 两点之间，如 $D'$ 点。移动结果，$c_B/c_0$ 减小，$q_B/q_0$ 增大，反应 RA+B $\rightleftharpoons$ RB+A 向右进行。如果初始点为 $D''$，平衡时也移动到 $D'$ 点，则 $q_B/q_0$ 减小，$c_B/c_0$ 增大，反应向左进行（再生）。

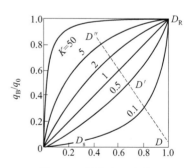

图 3-1 等价离子交换
理论等温平衡线

由图 3-1 可见，当 $q_B/q_0$ 相同时，$K$ 值越大，$c_B/c_0$ 越小，即水中目的离子浓度越低，交换效果越好。当 $K > 1$ 时，平衡线上的 $q_B/q_0 > c_B/c_0$，说明目的离子 B 易于交换到树脂上去，树脂对 B 有选择性，此种平衡称为有利平衡；反之，当 $K < 1$ 时，平衡线上的 $q_B/q_0 < c_B/c_0$，称不利平衡；当 $K = 1$ 时，称线性平衡。

## 3.1.2　交换反应速率

离子交换过程可以分为 5 个连续的步骤：

① 电解质离子由溶液向树脂表面扩散，穿过液膜至树脂表面。

② 电解质离子进入树脂内部的交联网孔，并在内孔中扩散至某一活性基团位置。

③ 电解质离子与交换剂上的可交换离子进行离子交换反应。

④ 交换下来的离子从树脂结构内部向外扩散。

⑤ 交换下来的离子扩散穿过液膜进入水流主体。

因上述第③步速率较快，而第①、②、④、⑤步即离子扩散过程的速率一般较慢，因此离子交换过程的速率主要取决于离子扩散速率。第②步和第④步是离子通过交换剂内部的孔道，即孔道扩散；第①步和第⑤步为液膜扩散。

根据 Fick 定律，液膜扩散速率可写成：

$$\frac{\mathrm{d}q}{\mathrm{d}t} = D° \frac{c_1 - c_2}{\delta} \tag{3-6}$$

式中　$c_1$、$c_2$——扩散界面层两侧的离子浓度，$c_1 > c_2$；

　　　　$\delta$——界面层厚度，相当于总扩散阻力的厚度；

　　　　$D°$——总扩散系数。

单位时间单位体积树脂内扩散的离子量是上述扩散速率与单位体积树脂表面积 $S$ 的乘积，即

$$\frac{\mathrm{d}q}{\mathrm{d}t} = D° \frac{c_1 - c_2}{\delta} S \tag{3-7}$$

式中的 $S$ 与树脂颗粒的有效直径 $\phi$、孔隙率 $\varepsilon$ 有关，

$$S = B \frac{1 - \varepsilon}{\phi} \tag{3-8}$$

式中，$B$ 是与粒度均匀程度有关的系数。由式（3-7）和式（3-8）可得：

$$\frac{\mathrm{d}q}{\mathrm{d}t} = \frac{D° B (c_1 - c_2)(1 - \varepsilon)}{\phi \delta} \tag{3-9}$$

据此，可以分析影响离子交换扩散速率的因素：

① 树脂的交联度越大，网孔越小，孔隙率越小，则内孔扩散越慢。大孔树脂的内孔扩散速率比凝胶树脂快得多。

② 树脂颗粒越小，由于内孔扩散距离缩短和液膜扩散表面积的增大，使扩散速率增快。研究表明，液膜扩散速率与粒径成反比，内孔扩散速率与粒径的高次方成反比。但颗粒不宜太小，否则会增加水流阻力，且在反洗时易流失。

③ 溶液离子浓度是影响扩散速率的重要因素，浓度越大，扩散速率越快。一般来说，在树脂再生时，$c_0 > 0.1\mathrm{mol/L}$，整个交换速率偏向受内孔扩散控制；而在交换制水时，$c_0 < 0.003\mathrm{mol/L}$，过程偏向受膜扩散控制。

④ 提高水温能使离子的动能增加，水的黏度减小，液膜变薄，因此有利于离子扩散。

⑤ 交换过程中的搅拌或流速提高，使液膜变薄，能加快液膜扩散，但不影响内孔扩散。

$$\delta \approx \frac{0.2 r_0}{1 + 70 v r_0} \tag{3-10}$$

式中    $r_0$——颗粒半径，m；

$v$——空塔流速，m/h。

⑥ 被交换离子的电荷数与水合离子的半径越大，内孔扩散速率越慢。试验证明，阳离子每增加一个电荷，其扩散速率就减慢到约为原来的 1/10。

根据上述对扩散速率影响因素的分析，E. Helfferich 提出判断扩散控制步骤的准数 $H_e$：

$$H_e = \frac{\left(\dfrac{dq}{dt}\right)'}{\left(\dfrac{dq}{dt}\right)} = \frac{\dfrac{D'}{r_0^2}}{\dfrac{Dc_0}{q_0\delta r_0}}(5+2\alpha) = \frac{D'q_0\delta}{Dc_0r_0}(5+2\alpha) \tag{3-11}$$

式中    $\left(\dfrac{dq}{dt}\right)' = \dfrac{D'}{r_0^2}$——内孔扩散速率；

$\left(\dfrac{dq}{dt}\right) = \dfrac{Dc_0}{q_0\delta r_0}$——液膜扩散速率；

$D$——液膜扩散系数；

$D'$——内孔扩散系数；

$\alpha$——分离系数，当 A、B 离子的价数相等时，$\alpha = 1/K$；

$K$——选择性系数。

当 $H_e \gg 1$ 时，过程为液膜扩散控制；当 $H_e \ll 1$ 时，过程为内孔扩散控制；当 $H_e = 1$ 时，两种扩散同时控制。判断速率控制步骤的目的是为工程上寻求强化传质的措施提供指导。根据上述分析，树脂高交换容量、低交联度（即 $D'$ 大）、小粒径、溶液低浓度，低速流（即 $\delta$ 大），均为倾向于液膜扩散控制的条件。

## 3.1.3  交换反应特性

离子交换反应具有如下特性：

### (1) 离子交换的选择性

离子交换树脂对于水中某种离子能选择交换的性能称为离子交换树脂的选择性。它和离子的种类、离子交换基团的性能、水中该离子的浓度有关。在天然水的离子浓度和温度条件下，离子的交换选择性有如下规律：

对于强酸性阳离子交换树脂，与水中阳离子交换的选择性次序为：

$$Fe^{3+} > Al^{3+} > Ca^{2+} > Mg^{2+} > K^+ = NH_4^+ > Na^+ > H^+$$

即，如采用 H 型（指树脂交换基团上的可交换离子为 $H^+$）强酸性阳离子交换树脂，树脂上的 $H^+$ 可以与水中以上排序在 $H^+$ 左侧的各种阳离子交换，使水中只剩下 $H^+$ 离子。如采用 Na 型（指树脂交换基团上的可交换离子为 $Na^+$）强酸性阳离子交换树脂，树脂上的 $Na^+$ 可以与水中以上排序在 $Na^+$ 左侧的各种阳离子交换，使水中只剩下 $Na^+$ 离子和 $H^+$ 离子。

对于弱酸性阳离子交换树脂，与水中阳离子交换的选择性次序为：

$$H^+ > Fe^{3+} > Al^{3+} > Ca^{2+} > Mg^{2+} > K^+ = NH_4^+ > Na^+$$

对于强碱性阴离子交换树脂，与水中阴离子交换的选择性次序为：

$$SO_4^{2-}>NO_3^->Cl^->HCO_3^->OH^->HSiO_3^-$$

即，如采用 OH 型（指树脂交换基团上的可交换离子为 OH⁻）强碱性阴离子交换树脂，树脂上的 OH⁻ 可以与水中以上排序在 OH⁻ 左侧的各种阴离子交换，使水中只剩下 OH⁻ 离子（实际上 $HSiO_3^-$ 也可以去除）。

对于弱碱性阴离子交换树脂，与水中阴离子交换的选择性次序为：

$$HSiO_3^->SO_4^{2-}>NO_3^->Cl^->HCO_3^->OH^-$$

**（2）离子交换的交换平衡与可逆性**

离子交换的过程是固相的离子交换剂中的离子与溶液中的溶质离子进行交换，交换过程是一种按化学计量比进行的可逆化学反应过程：

阳离子交换过程的化学反应式为：$R^-A^++B^+ \rightleftharpoons R^-B^++A^+$

阴离子交换过程的化学反应式为：$R^+C^-+D^- \rightleftharpoons R^+D^-+C^-$

式中　R——树脂本体；

A、C——树脂上可被交换的离子；

B、D——溶液中的交换离子。

在离子交换反应中，反应会向哪个方向进行主要取决于离子交换树脂对溶液中各离子的相对亲和力。利用树脂对各种离子不同的亲和力即选择性，可将溶液中某种杂质除去。

离子交换的过程通常可分为 5 个阶段：第一阶段，交换离子从溶液中扩散到颗粒表面；第二阶段，交换离子在树脂内部扩散；第三阶段，交换离子与结合在树脂活性基团上的交换离子发生反应；第四阶段，被交换下来的离子在树脂内部扩散；第五阶段，被交换下来的离子在溶液中扩散。

当正反应速率和逆反应速率相等时，溶液中各种离子的浓度就不再变化而达到平衡，即称为离子交换平衡，通常利用质量作用定律描述离子交换的平衡关系。例如，RH 与水中 $Na^+$ 的反应为

$$RH+Na^+ \rightleftharpoons RNa+H^+ \tag{3-12}$$

存在平衡关系式：

$$\frac{[RNa][H^+]}{[RH][Na^+]}=K_{H^+}^{Na^+} \tag{3-13}$$

式中的平衡常数 $K_{H^+}^{Na^+}$ 称为离子交换树脂的选择性系数。表 3-1 所列为 H 型强酸性阳离子交换树脂的选择性系数。

**表 3-1　H 型强酸性阳离子交换树脂的选择性系数**

| 离子种类 | $Li^+$ | $H^+$ | $Na^+$ | $NH_4^+$ | $K^+$ | $Mg^{2+}$ | $Ca^{2+}$ |
|---|---|---|---|---|---|---|---|
| 选择性系数 | 0.8 | 1.0 | 2.0 | 3.0 | 3.0 | 26 | 42 |

式（3-12）的反应，$K_{H^+}^{Na^+}=2.0$。对于用 RH 处理含有低浓度 $Na^+$ 的水，因水中 $[H^+]/[Na^+]<1$，但 $K_{H^+}^{Na^+}>1$，所以式（3-12）的反应向右进行，直至反应平衡时，$[RNa]/[RH]\gg1$，即大部分树脂从 H 型转化为 Na 型。此时如改用很高浓度的 $H^+$ 的溶液，如 3%～4% 的 HCl 通过上述已经交换饱和的树脂，则式（3-12）的反应被逆转向左进行，直至达到新的反应平衡时，$[RNa]/[RH]\ll1$，实现树脂的再生。

## 3.1.4　软化除盐原理

离子交换最主要的应用是水的软化除盐。软化处理的目的是去除水中产生硬度的钙离子（$Ca^{2+}$）和镁离子（$Mg^{2+}$），满足低压锅炉、印染工业、造纸工业等的用水要求（工业软化水），处理硬度超标的饮用水（过硬饮用水原水的软化）等。除盐处理的目的是去除水中的溶解离子，满足中高压锅炉、医药工业、电子工业等的用水要求（除盐水、纯水、高纯水等），满足饮用纯水的要求（饮用纯净水）等；某些只要求部分去除水中溶解离子、降低含盐量的除盐处理又称为淡化，如海水淡化、苦咸水淡化等。

**（1）离子交换软化**

用 Na 型强酸性阳离子交换树脂 RNa 中的 $Na^+$ 交换去除水中的 $Ca^{2+}$、$Mg^{2+}$，饱和的树脂再用 $5\%\sim8\%$ 的食盐 NaCl 溶液再生。软化反应的反应式见式(3-14)（以 $Ca^{2+}$ 为例，$Mg^{2+}$ 的反应形式完全相同），软化反应的离子组合见图 3-2 所示。

$$2RNa + Ca^{2+} \xrightleftharpoons[\text{再生}(5\%\sim8\%\text{NaCl})]{\text{软化}} R_2Ca + 2Na^+ \tag{3-14}$$

**（2）离子交换除盐**

先用 H 型强酸性阳离子交换树脂 RH 中的 $H^+$ 交换去除水中的所有金属阳离子（以符号 $M^{m+}$ 代表），饱和的树脂用 $3\%\sim4\%$ 的盐酸溶液再生；RH 出水吹脱除去由 $HCO_3^-$ 生成的 $CO_2$ 气体；再用 OH 型强碱性阴离子交换树脂 ROH 中的 $OH^-$ 交换去除水中的除 $OH^-$ 外的所有阴离子（以符号 $N^{n-}$ 代表），饱和的树脂用 $2\%\sim4\%$ 的 NaOH 溶液再生。最后所产生的 $H^+$ 与 $OH^-$ 合并为水分子。除盐的反应式见式(3-15)至式(3-17)，除盐处理的离子组合见图 3-3。

$$m\text{RH} + M^{m+} \xrightleftharpoons[\text{再生}(3\%\sim4\%\ \text{HCl})]{\text{用}H^+\text{交换水中其他金属阳离子}} R_mM + mH^+ \tag{3-15}$$

$$HCO_3^- + H^+ \Longrightarrow H_2CO_3 \Longrightarrow CO_2 \uparrow + H_2O \tag{3-16}$$

$$n\text{ROH} + N^{n-} \xrightleftharpoons[\text{再生}(2\%\sim4\%\ \text{NaOH})]{\text{用}OH^-\text{交换水中其他阴离子}} R_nN + nOH^- \tag{3-17}$$

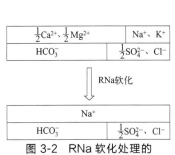

图 3-2　RNa 软化处理的
离子组合图

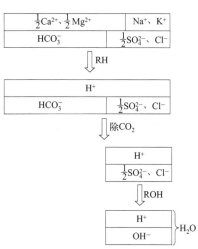

图 3-3　离子交换除盐处理的离子组合图

# 3.2　工艺过程

根据离子交换的目标，离子交换法的工艺过程可分为只去除硬度的软化工艺、同时去除硬度与碱度的软化除碱工艺、同时去除所有阳离子和阴离子的除盐工艺。

## 3.2.1　软化工艺

含有硬度成分（$Ca^{2+}$ 和 $Mg^{2+}$）的水常用 Na 型和 H 型离子交换器软化。如果原水碱度不高，软化的目的只是为了降低 $Ca^{2+}$ 和 $Mg^{2+}$ 的含量，则软化工艺可以采用单级或二级钠型强酸性阳离子交换树脂。单级钠离子交换软化一般适用于总硬度小于 5mmol/L 的原水，出水残余硬度小于 0.5mmol/L，可以达到低压锅炉补给水的水质要求。二级钠离子交换软化适用于进水碱度较低（一般小于 1mmol/L）的原水，出水残余硬度小于 0.05mmol/L，一般可以达到低中压锅炉补给水对硬度的要求。

该工艺的特点是：

① 去除碳酸盐硬度和非碳酸盐硬度。

② 出水的含盐量以 mmol/L 为单位，数值不变。

③ 出水碱度不变。

④ 出水的残余硬度比石灰软化工艺小。

## 3.2.2　软化除碱工艺

当原水碱度较高，必须在降低 $Ca^{2+}$ 和 $Mg^{2+}$ 的同时降低碱度，此时多采用 H-Na 离子器联合处理工艺。

**（1）氢-钠树脂（RH-RNa）软化除碱系统**

中高压锅炉对补给水的碱度有要求。含碱度的水进入锅炉后，在高温高压条件下，水中的重碳酸盐会被浓缩并发生分解和水解反应，使锅炉水中的苛性碱浓度大为增加，其反应式为：

$$2NaHCO_3 \Longrightarrow Na_2CO_3 + H_2O + CO_2 \uparrow \tag{3-18}$$

$$Na_2CO_3 + H_2O \Longrightarrow 2NaOH + CO_2 \uparrow \tag{3-19}$$

因此会造成锅炉水的碱性增加，产生锅炉水系统的碱腐蚀，增大排污率。而且由于蒸汽中 $CO_2$ 含量增加，会造成蒸汽和冷凝水系统的酸腐蚀。对于碱度高于 2mmol/L 的原水，需采用软化除碱系统。

该系统采用 RH-RNa 并联或串联，其中 RNa 采用钠型强酸性阳离子交换树脂，用 NaCl 再生；RH 采用同样的强酸性阳离子交换树脂，但是用 HCl 再生，再生后树脂为 H 型。除碱原理是用 RH 产生的 $H^+$ 中和水中的 $HCO_3^-$，反应过程见式(3-16)，所生成的游离 $CO_2$ 再用除二氧化碳器吹脱去除。

RH-RNa 并联和串联软化除碱系统的流程示意图分别如图 3-4 和图 3-5。

在设计运行中，通过 RH 离子交换器的水量比例关系如下：

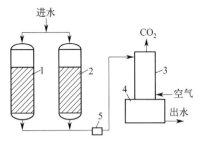

图 3-4　RH-RNa 并联软化除碱系统流程示意图

1—H 离子交换器；2—Na 离子交换器；
3—除 CO₂ 器；4—水箱；5—混合器

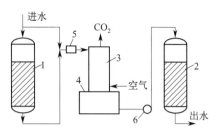

图 3-5　RH-RNa 串联软化除碱系统流程示意图

1—H 离子交换器；2—Na 离子交换器；3—除 CO₂ 器；
4—水箱；5—混合器；6—水泵

设通过 RH 离子交换器的水量为总处理水量的 $H\%$，原水的碱度（$HCO_3^-$）为 $A_原$，强酸根（$SO_4^{2-}$ 和 $Cl^-$）的总浓度为 $S$，系统出水的碱度为 $A_残$。为了避免混合后的软水呈酸性，在计算水量分配时，总是让混合后的软水仍带一点碱度，此碱度称为残余碱度，一般控制在 $0.3\sim0.7\,mmol/L$。

根据原水的碱度被 RH 出水的 $H^+$ 所中和的关系：

$$QA_原 - QH\%(A_原+S) = QA_残 \tag{3-20}$$

可以得到 RH-RNa 软化除碱系统流量分配的计算公式：

$$H\% = \frac{A_原 - A_残}{A_原 + S} \tag{3-21}$$

以上计算关系是 RH 交换器以漏 $Na^+$ 为运行终点的，如果以漏硬为运行终点，交换器还可能多运行一段时间。但在实际操作中，因所能再利用的容量有限，且此时混合水的碱度高，一般多以漏 $Na^+$ 为终点。

RH-RNa 串联软化除碱系统实际上是一个部分串联系统，因部分水量（$H\%Q$）经过了二级软化，出水水质比 RH-RNa 并联系统好，但所需 RNa 离子交换器因要处理全部水量，设备比 RH 大。

**（2）氢型弱酸性阳树脂和钠型强酸性阳树脂（$R_弱 H$-RNa）串联的软化除碱系统**

该系统采用氢型弱酸性阳离子交换树脂 $R_弱 H$ 作为第一级。根据弱酸性阳离子交换树脂的性质，$R_弱 H$ 只能去除水中的碳酸盐硬度，产生的 $CO_2$ 经除二氧化碳器脱气后，出水再经第二级的钠型强酸性阳离子交换树脂进行交换，除去水中的 $CaCl_2$、$MgCl_2$、$CaSO_4$、$MgSO_4$ 等非碳酸盐硬度。

该系统的特点是：

① 氢型弱酸性阳离子交换树脂容量大，容易再生，对于碳酸盐硬度较高的原水较为有利。

② 强酸性阳离子交换树脂（RH-RNa）需配水、混合，并且 RH 出水为酸性，对设备腐蚀性强。弱酸性阳离子交换树脂（$R_弱 H$-RNa）系统不需配水，$R_弱 H$ 出水不呈酸性，因此设备简单，运行可靠，树脂价格较贵，致使初期投资较大。

磺化煤是一种混合型离子交换剂，在上述系统中可取代弱酸性 H 型树脂。失效后用理论量的再生剂再生（贫再生），使上层的磺化煤再生为 H 型，而下层仍有相当量的 Ca、Mg、Na 型。运行时，当水流过上层时，所有阳离子都被交换，生成强酸和弱酸；当水流至下层时，水中的强酸发生交换，而碳酸不交换，结果只去除碳酸盐硬度，而非碳酸盐由 Na 交换器除去。

贫再生 H 型交换器的再生用 HCl 量 $G$（kg）可按下式计算：

$$G = \frac{36.5 E_A V}{1000} = \frac{36.5 Q (A_原 - A_残)}{1000}$$ (3-22)

式中    36.5——HCl 的等摩尔量（如用 $H_2SO_4$，则为 49）；

        $E_A$——磺化煤去除碱度时的工作交换容量，mol/L；

        $Q$——周期制水量，$m^3$；

$A_原$、$A_残$——进、出水碱度，mmol/L；

        $V$——磺化煤的体积，$m^3$。

## 3.2.3 除盐工艺

当需要对原水进行除盐处理时，则流程中既要有阳离子交换器，又要有阴离子交换器，以去除所有阳离子和阴离子。离子交换除盐的基本流程有：

① 一级复床：原水依次经过一次阳离子交换器和一次阴离子交换器组成的一级复床进行除盐，处理后出水的电导率可达 $10\mu S/cm$ 以下，$SiO_2 < 0.1mg/L$。

② 二级复床：当处理水质要求更高时，则需采用二级复床处理。

③ 一级复床-混合床。

④ 其他更为复杂的组合。

在以上工艺中，一级复床由阳离子交换单元、除二氧化碳器、阴离子交换单元三部分组成。对于二级复床系统，因第二级的阳离子交换树脂出水中已经没有多少二氧化碳了，因此不再设置除二氧化碳器。

除盐系统都采用强型树脂。弱碱性树脂只能交换强酸阴离子而不能交换弱酸阴离子（如硅酸根），也不能分离中性盐，但它们对 $OH^-$ 的吸附能力强，所以极易用碱再生，强碱或弱碱都能获得满意的再生效果，而且它抗有机污染的能力也比强碱性树脂强。因此对含强酸阴离子较多的原水，采用弱碱性树脂去除强酸阴离子，再用强碱性树脂去除其他阴离子，不仅可以减轻强碱性树脂的负荷，而且还可以利用再生强碱性树脂的废碱液来再生弱碱性树脂，既节省用碱量（25%～50%），又减少了废碱的排放量。

阳离子交换单元可以是一个或几个交换设备，例如可以用一个强酸性阳离子树脂交换器，也可由弱酸性阳离子交换树脂和强酸性阳离子交换树脂两个交换设备串联组合而成。

在一级复床中，总是阳离子交换树脂在前，阴离子交换树脂在后，这是因为：RH 出水中 $H_2CO_3$ 吹脱后可以降低 ROH 的去除负荷；如果先 ROH，因产生的 $OH^-$ 会生成 $CaCO_3$ 和 $Mg(OH)_2$ 沉淀析出物而阻塞树脂孔隙；ROH 在酸性条件下交换能力强，并能去除硅酸。

复床除盐的出水水质可达到初级纯水，如果要制取纯度更高的水，可续接混合床除盐。混合床是把阳离子交换树脂和阴离子交换树脂（体积比例一般为 1：2）装在一个交换器内，混合均匀后运行。水通过混床，同时完成阳、阴离子交换，即

$$RH + ROH + NaCl \longrightarrow RNa + RCl + H_2O$$

由于混合床消除了逆反应的影响，可使交换进行得更为彻底。混床的流速可选用 40～60m/h，出水的电导率达 $0.2\mu S/cm$ 以下，$SiO_2 < 20\mu g/L$。

混合床在再生前通过反冲洗，靠阴阳树脂的密度差把树脂分层，分别再生；然后在运行前用压缩空气把两种树脂进行搅拌，形成混合床。水从混合床中流过，相当于通过无数级复床。

根据原水水质和出水要求，可将各处理单元进行合理组合，构成离子交换除盐系统。

常用的固定床离子交换除盐系统及其出水水质和使用情况如表 3-2。

表 3-2　常用的固定床离子交换除盐系统

| 序号 | 系统 | 出水质量 | | 适用情况 | 备注 |
|---|---|---|---|---|---|
| | | 电导率/(μS/cm) | 二氧化硅/mg/L | | |
| 1 | H－D－OH | <10 | <0.1 | 中压锅炉补给水率高 | 当进水碱度<0.5mmol/L 或有石灰预处理时可考虑省去除二氧化碳器 |
| 2 | H－D－OH－$\frac{H}{OH}$ | <0.2 | <0.02 | 高压及以上汽包锅炉和直流炉 | 系统较简单,出水水质稳定 |
| 3 | $\frac{W}{H}$－H－D－OH | <10 | <0.1 | (1)同本表序号1系统 (2)碱度较高,过剩碱度较低 (3)酸耗低 | 当采用阳双层(双室)床,进口水的硬度与碱度的比值在1~1.5为宜。阳离子交换器串联再生 |
| 4 | $\frac{W}{H}$－H－D－OH－$\frac{H}{OH}$ | <0.2 | <0.02 | 同本表序号2、3系统 | 同本表序号3系统 |
| 5 | H－D－$\frac{W}{OH}$－OH | <1 | <0.02 | (1)适用于高含盐量水 (2)两级交换器均采用强型树脂 | (1)阴、阳离子交换器分别串联再生 (2)一级强碱性阴离子交换器可选用Ⅱ型树脂 |
| 6 | H－D－$\frac{W}{OH}$－OH－$\frac{H}{OH}$ | <0.2 | <0.02 | 同本表序号2、5系统 | 水质稳定,设备多 |
| 7 | $\frac{W}{H}$－H－D－$\frac{W}{OH}$－OH | <10 | ≪0.1 | (1)同本表序号1系统 (2)进水中有机物与强酸阴离子含量高时 | 阴离子交换器串联再生 |
| 8 | $\frac{W}{H}$－H－D－$\frac{W}{OH}$－OH－$\frac{H}{OH}$ | <1 | <0.02 | 进水中强酸性阴离子含量高且二氧化硅含量低 | |
| 9 | H－D－OH－H－OH | <0.2 | <0.02 | 同本表序号2、7系统 | 同本表序号7系统 |
| 10 | H－D－OH－H－OH－$\frac{H}{OH}$ | <10 | <0.1 | 进水碱度高,强酸根离子含量高 | 条件适合时,可采用双层(双室)床。阴阳离子交换器分别串联再生 |
| 11 | H－D－$\frac{W}{OH}$－$\frac{H}{OH}$ | <0.2 | <0.02 | 同本表序号2、10系统 | |

注：1. 表中所列均为顺流再生设备,当采用对流再生设备时,出水质量比表中所列的数据要高。

2. 离子交换树脂可根据进水有机物含量情况选用凝胶或大孔型树脂。

3. 表中符号：H—强酸性阳离子交换器；$\frac{W}{H}$—弱酸性阳离子交换器；OH—强碱性阴离子交换器；$\frac{W}{OH}$—弱碱性阴离子交换器；D—除二氧化碳器；$\frac{H}{OH}$—强酸、强碱混合离子交换器。

当要求制取高纯水时，必须采用反渗透-复床-混合床流程，如图 3-6 所示。

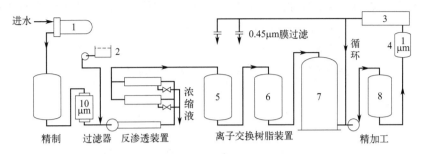

图 3-6　高纯水制备工艺流程

1—加热器；2—投药槽；3—紫外线照射；4—过滤器；5—阳离子交换器；

6—阴离子交换器；7—贮水槽；8—混合床

## 3.2.4　污水处理流程

离子交换在工业污水处理中主要用于回收金属离子和进行低浓度放射性污水的预浓缩处理。

### 3.2.4.1　回收金属离子

离子交换法处理工业污水的重要用途是回收有用金属。

**（1）处理含铬污水**

污水来源：电镀件漂洗水，含 $Cr^{6+}$ 浓度 $\leqslant 50mg/L$。

污水除铬流程：含铬污水首先经过过滤除去悬浮物，再经过强酸性阳离子（RH）交换柱，除去金属离子（$Cr^{3+}$、$Fe^{3+}$、$Cu^{2+}$ 等），然后进入强碱性阴离子（ROH）交换柱，除去铬酸根 $CrO_4^{2-}$ 和重铬酸根 $Cr_2O_7^{2-}$，出水中含 $Cr^{6+}$ 浓度小于 $0.5mg/L$，达到排放标准，并可以作为清洗水循环使用。阳离子交换树脂失效后用 4%～5% 的 HCl 再生，HCl 的用量为树脂体积的 2 倍。阴离子（ROH）交换柱采用双柱串联，使前一级柱充分饱和后再进行再生，以节省再生剂用量，并提高再生残液中 $Na_2CrO_4$ 的浓度。阴离子交换树脂的容量约为 $65gCr^{6+}/L$，失效后用 8% 的 NaOH 再生，用量为树脂体积的 1.2～2 倍。其流程如图 3-7 所示。

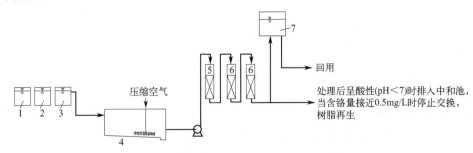

图 3-7　离子交换法污水除铬的流程

1—电镀槽；2—回收槽；3—清洗槽；4—含铬污水调节池；5—阳柱；6—阴柱；7—高位水箱

再生液回收铬酸流程：阴离子交换树脂的再生洗脱液中含大量 $Na_2CrO_4$，再用一个专用的强酸性阳离子交换树脂柱脱去再生残液中的钠离子，即得到重铬酸 $H_2Cr_2O_7$，经蒸发浓缩后回用。再生液回收铬酸的流程如图 3-8。脱钠的 RH 阳离子交换柱用 4%～5% 的 HCl 再生，用量是树脂体积的 2 倍。（注意，在碱性和中性条件下，$Cr^{3+}$ 以铬酸的形式（$H_2CrO_4$）存在；在酸性条件下，以重铬酸的形式（$H_2Cr_2O_7$）存在）。

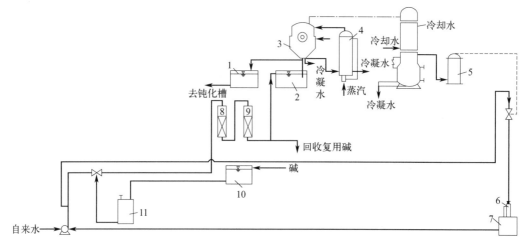

图 3-8　再生液回收铬酸的流程

1—回收浓铬酸槽；2—稀铬酸槽；3—蒸发罐；4—加热薄膜蒸发器；5—真空罐；
6—缓冲罐；7—循环水箱；8—阴柱；9—再生阳柱；10—化碱槽；11—碱液槽

**（2）除铜除镍**

对于各种含镍电镀污水和含铜酸性污水，可采用离子交换法进行除铜除镍处理，处理后的水可循环使用，并可回收硫酸镍、氯化镍、硫酸铜等溶液。

图 3-9 所示为 NT 型离子交换法除铜除镍装置的结构示意图。该装置主要由离子交换柱、再生柱、过滤柱及酸、碱槽等组成。进水中的 $Ni^{2+}$ 浓度<100mg/L，$Cu^{2+}$ 浓度<100mg/L。处理后出水的 $Ni^{2+}$ 浓度≤1.0mg/L，$Cu^{2+}$ 浓度≤1.0mg/L。回收液中，$NiSO_4 \cdot 7H_2O$ 的浓度为 100～400g/L，$NiCl_2 \cdot 7H_2O$ 的浓度为 100～400g/L，$CuSO_4 \cdot 5H_2O$ 的浓度为 100～300g/L。

**（3）处理含钼再生液**

在湿法冶炼钼的预处理和酸沉降工序中会产生大量含钼酸性污水。采用大孔径弱碱性阴离子交换树脂可回收钼，只要树脂选择、交换流程和工艺参数设置得当，回收的含钼溶液可直接进入主流程生产成品。

### 3.2.4.2　污水处理

**（1）含酚污水处理**

采用离子交换技术可以从污水中去除苯酚，污水中含酚浓度在 100～600mg/L 之间就可经济的用离子交换树脂进行回收。离子交换树脂去除酚的效果与离子交换树脂的形式、所含的活性基团、树脂吸附的稳定性、吸附物质的离解程度及污水的 pH 值等有关。

苯酚是酸性化合物，可以选用阴离子交换树脂，吸附时，介质在酸性或碱性条件时较

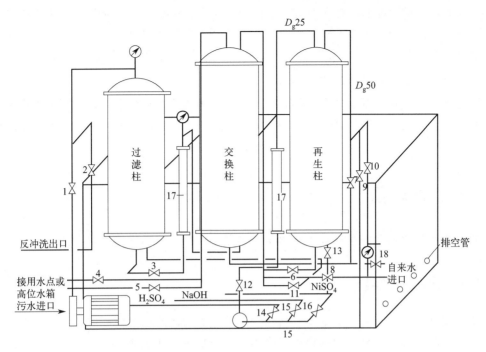

**图 3-9　NT 型含铜污水离子交换设备及安装图**

1—污水进口阀门；2—反冲洗出口阀门；3—交换柱进口阀门；4—用水槽进口阀门；5—高位槽进口阀门；

6—再生柱进口阀门；7、10—放空阀门；8、9—自来水阀门；11—反冲洗阀门；12—磁力泵出口阀门；

13—再生柱排空阀门；14—$H_2SO_4$ 阀门；15—NaOH 阀门；16—$NiSO_4$ 阀门；17—流量计；18—排空阀

好，在中性时效果较差。强酸性阳离子随 pH 值的上升而吸附量下降，如 1L 磺化阳离子交换树脂可交换 8L 含酚污水，起始浓度为 2000mg/L，出水浓度为 30mg/L。苯酚及取代苯酚一般采用多孔弱碱丙烯腈阴离子交换树脂处理。

使用含吡啶基团的离子交换树脂去除酚的效果很好，其吸附量为 7～8mol/g，当进水浓度为 1000mg/L 时，出水浓度可降至 8mg/L 左右，去除率高达 99.2%。MVP-3 是一种常用的含吡啶基团的离子交换树脂，由 2-甲基-乙烯基吡啶与三甘醇二甲基丙烯酸酯产生的共聚物，可用来处理磺化法制酚过程中产生的含酚污水。经过预处理后，以 100ml/h 的速率通过 MVP-3，当 pH 值为中性时，酚的吸附量为树脂质量的 55%～60%，再生可用 10%～20% 的氢氧化钠溶液。在处理酚性树脂污水中，总交换量为 320～480g/L（酚/树脂），而苯酚浓度可从 3%～6% 降至 1～3mg/L。吸附饱和后，树脂可用甲醇作淋洗剂，淋洗液中的苯酚可达到 50% 左右，经蒸馏可回收甲醇及苯酚。

**（2）含胺类污水处理**

胺类化合物是一种碱性的有机物质，可以通过离子交换法予以回收处理。

当去除含六亚甲基四胺及三乙胺的污水时，可以采用阳离子交换树脂，如果将流速确定为 10m/h，交换容量可达 300mg/L。树脂可用 5% 的酸液再生，再生液经中和后可焚烧处理。如果要回收胺，可采用另一种方法。例如要从树脂上回收六亚甲基四胺，可先用 5% 的氨水再生树脂来回收六亚甲基四胺，之后再用 5% 的盐酸再生。氨水再生液可以反复使用，直到再生液中六亚甲基四胺的含量达到 70g/L，而三乙胺可以通过蒸馏法进行分离回收。离子交换树脂一般采用强酸性树脂，如 Lewatit S-100，它可用 14% 的氨水淋洗，再用 1mol/L 的硫酸再生，在离子交换过程中，六亚甲基四胺不会分解。如含六亚甲基四胺的污水 100ml，折合 COD 为 436mg/L，六亚甲基四胺的浓度为 50mg/L，与 50mg 的强酸性树脂作用后，COD 值可降至 7.5mg/L。用这种方法能取得较好的处理效果。

**（3）印刷线路板生产污水处理**

用阳离子交换树脂处理印刷线路板生产污水，污水不需预处理，处理工艺流程短，设备结构简单，运行费用低，不产生二次污染，还可从再生液中回收铜，具有一定的经济价值。

# 3.3 过程设备

离子交换过程所用的主要设备有离子交换器、再生系统和除二氧化碳器。

## 3.3.1 离子交换器

离子交换器是进行离子交换反应的设备，是离子交换处理的核心设备。工业上的离子交换过程一般包括：原料液中的离子与固体离子交换剂中可交换离子间的离子置换反应，饱和的离子交换剂用再生液再生后循环使用等步骤。为了使离子交换过程得以高效进行，离子交换设备应具有如下特点。

① 离子交换是液-固非均相传质过程，为了进行有效的传质，溶液与离子交换剂之间应接触良好。

② 离子交换设备具有适宜的结构，以保证离子交换剂在设备内有足够的停留时间以达到饱和并能与溶液之间进行有效的分离。

③ 控制离子交换剂投用量以及水相流速，尽量缩短溶液在设备中的停留时间，并保持较高的分离组分的回收率，使设备结构紧凑，降低设备投资费用。

④ 在连续逆流离子交换过程中，能够精确测量和控制离子交换剂的投入量及转移速率。

⑤ 饱和的离子交换剂用酸、碱再生后，离子交换剂与洗脱液能进行有效的分离。设备具有一定的防腐能力。

⑥ 由于离子交换剂价格较贵，操作过程中能够尽量减少或避免树脂的磨损与破碎。

### 3.3.1.1 设备分类

目前，工业应用的离子交换设备种类很多，设计各异，按结构类型分有罐式、塔式和槽式；按操作方式分为间歇式、周期式和连续式；按两相接触方式分为固定床、移动床和流化床。而流化床又分为液流流化床、气流流化床、搅拌流化床；固定床又分为单床、多床、复床、混合床、正流操作型与反流操作型以及重力流动型与加压流动型等。离子交换器的详细分类见图 3-10。

图 3-10 离子交换器的分类

离子交换设备多采用具有橡胶防腐衬里的钢罐，或硬聚氯乙烯交换柱（用于小型处理），有多种定型产品可供选购。

#### 3.3.1.1.1　固定床离子交换器

固定床离子交换器通常用高径比不大（$H/D=2\sim5$）的圆柱形设备，具有圆形或椭圆形的顶与底。离子交换剂处于静止状态，污水由设备上部引入，通过树脂处理后的水由底部排出。经过一定时间运行后，树脂饱和失效，需进行再生处理。

固定床离子交换设备的优点是：结构简单，操作方便，树脂磨损少，适宜于处理澄清料液。缺点是：由于吸附、反洗、洗脱（再生）等操作步骤在同一设备内进行，管线复杂，阀门多，不适宜处理含悬浮物的污水。树脂利用率比较低，交换速率较慢，虽然操作费用低，但投资费用高，因此应用受到一定限制。

固定床离子交换器中使用最广泛的是逆流再生和顺流再生两种方式。

**（1）逆流再生固定床离子交换器**

逆流再生固定床离子交换器的基本结构见图 3-11。

1）筒体

筒体高度应包括树脂层、压脂层占有的高度和树脂层反洗膨胀高度。膨胀高度一般应为树脂层与压脂层高度的 50%～80%。筒体材料应满足交换柱强度及耐柱内液体腐蚀的要求，常用的有有机玻璃、硬 PVC、内涂防腐涂料或衬橡胶碳钢等。一般前两种适用于较小口径、构造压力较低的场合，内涂涂料碳钢一般用于钠型软化系统。

筒体上的附件有进出水管、排气管、树脂装卸口、视镜、人孔等，均根据工艺操作的需要布置。如视镜的位置应能观察树脂下部的动态及颜色变化情况、树脂层面是否波动和树脂层反洗膨胀后的层面等。

2）上布水装置

上布水装置的常用形式如图 3-12 所示，包括以下几种形式：

① 漏斗形。结构简单，制作方便，适用于小型设备。漏斗的角度一般为 60°或 90°，漏斗顶部距上封头约 200mm，漏斗口直径为进水管的 1.5～3 倍。安装时要防止倾斜，否则易发生偏

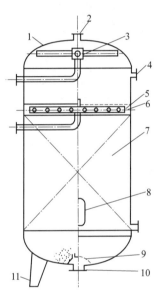

图 3-11　逆流再生固定床
离子交换器的结构

1—壳体；2—排气孔；3—上布
水装置；4—树脂卸料口；5—压
脂层；6—中排液管；7—树脂层；
8—视镜；9—下布水装置；
10—出水管；11—底脚

流，操作时应注意控制树脂层的膨胀高度，防止树脂流失。

② 喷头形。有多孔外包滤网及开细缝隙两种，常用材料为不锈钢或工程塑料。进水管内流速为 1.5m/s 左右，小孔或缝隙流速为 1～1.5m/s。

③ 十字穿孔管形。穿孔管有多孔外包滤网及开细缝隙（0.3～0.4mm）两种，布水较前 2 种均匀。设计流速、常用材料同前。

④ 多孔板排水帽形。布水均匀性好，但构造复杂，一般用于中小型交换设备，常用排水帽有塔式（K 型）、水草型、片叠式等，多孔板材料有碳钢涂耐腐蚀涂料、碳钢内衬橡胶或工程塑料等。

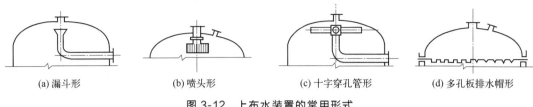

| (a) 漏斗形 | (b) 喷头形 | (c) 十字穿孔管形 | (d) 多孔板排水帽形 |

图 3-12 上布水装置的常用形式

3) 中排水装置

中排水装置是逆流再生固定床内部的主要部件，对交换柱的实际运行效果有很大影响。对中排水装置的要求是：能均匀排除再生废液，防止树脂流失，具有足够的机械强度。安装时必须保证在交换柱内呈水平状态。常用的中排水装置形式见图 3-13。

母管支管式是目前中排液装置中用得最多的形式，有母管、支管处于同一平面与在不同平面、总管在上或在下几种形式。图 3-13 (a) 为母管与支管处于不同平面、总管在上的中排液装置，常用材料有硬 PVC 与不锈钢，在钠离子交换柱中也有用碳钢涂防腐涂料。

为防止树脂的流失，支管有细缝（0.3～0.4mm）与多孔外包滤网两种形式。常用滤网为 40～60 目，滤网有不锈钢丝网、涤纶丝网（有良好的耐酸性能，适用于盐酸再生的 H 型阳离子交换柱）、锦纶丝网（有良好的耐碱性能，适合于 OH 型阴离子交换柱）等。

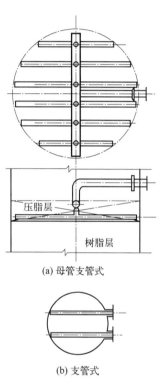

(a) 母管支管式

(b) 支管式

图 3-13 常用中排水装置形式

管插式：插入树脂层的支管长度一般与压脂层厚度相同，所用材料及防止树脂流失的方式、材料与母管支管式相同。

支管式：一般用于小直径的离子交换柱（Φ600mm 以下），支管数量可为 1～3 根，交换柱的直径、所用材料及防止树脂流失的方式均与母管支管式相同。

4) 下排水装置

下排水装置的配水均匀性影响设备的运行及再生效果，在选用时应予以重视。常用形式见图 3-14 所示。

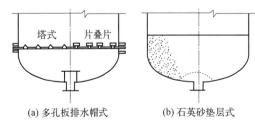

| (a) 多孔板排水帽式 | (b) 石英砂垫层式 |

图 3-14 下排水装置

① 多孔板排水帽式。与上布水装置中的多孔板排水帽式相同。

② 石英砂垫层式。支撑石英砂垫层的装置有穹形多孔板与大排水帽两种形式，两者的布水均匀性都较好。石英砂垫层的级配与层高见表 3-3，在支撑装置采用穹形多孔板、直径为交换柱直径的 1/3 时，上述级配组成的石英砂垫层均匀性可达 95%。在反冲洗流速 15～30m/h 的条件下，上述级配的石英砂垫层稳定，面层砂粒不浮动。对石英砂的要

求是：$SiO_2$ 含量必须大于 99%，使用前应用 10%～20% 的盐酸浸泡 12～24h。实践表明，此种垫层在再生碱液的温度低于 40℃ 以下时硅成分稳定，对出水中 $SiO_2$ 泄漏量没有影响。支撑装置的材料为：穹形多孔板常用碳钢涂防腐蚀涂料、碳钢衬胶、不锈钢等，大排水帽常用硬质 PVC 等工程塑料，均应根据设备耐腐蚀要求选择。

表 3-3　石英砂垫层的级配与层高

| 石英砂粒径/mm | 砂层高度/mm | | |
| --- | --- | --- | --- |
| | 交换柱直径 Φ1600 | 交换柱直径 Φ1600～3200 | 交换柱直径 Φ3200 |
| 1～2 | 200 | 200 | 200 |
| 2～4 | 100 | 150 | 150 |
| 4～8 | 100 | 100 | 100 |
| 8～16 | 100 | 150 | 200 |
| 16～32 | 250 | 250 | 300 |
| 砂层总厚度 | 700 | 850 | 950 |

### （2）顺流再生固定床离子交换器

在顺流再生固定床离子交换器中，运行（交换）时水的流动和再生时再生液的流动方向均为由上向下，故称之为顺流。图 3-15 所示为常用的顺流再生固定床离子交换器的结构示意图。交换器内由上而下分别为：进水装置、再生液分配装置、交换层（离子交换树脂层）、石英砂垫层和排水装置。工作过程分为运行、反洗、再生、置换、正洗五个步骤。运行滤速为 15～20m/h，再生液的流速为 4～6m/h，再生剂的耗量为：Na 型强酸性阳离子交换树脂 110～120g NaCl/mol，H 型强酸性阳离子交换树脂 70～80gHCl/mol 或 100～150gH$_2$SO$_4$/mol，强碱性阴离子交换树脂 100～120gNaOH/mol。

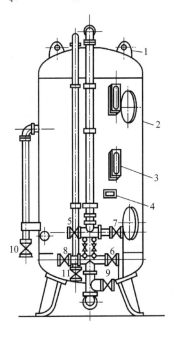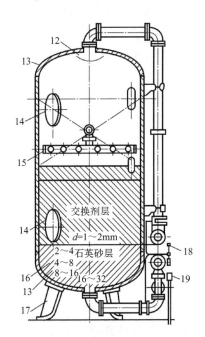

图 3-15　顺流再生固定床离子交换器的结构示意图

1—吊耳；2—罐体；3—窥视孔；4—标牌；5—进水管；6—出水管；7—反洗排水管；8—正洗、再生排水管；
9—反洗排水管；10—进再生液管；11—排空气管；12—进水装置；13—上、下封头；14—上、下人孔门；
15—进再生液装置；16—排水装置（在石英砂层内，图中未示）；17—支腿；18—压力表；19—取样槽

顺流再生固定床离子交换器的特点是：设备结构及操作较简单；再生剂的用量大，再生度低，导致树脂的工作交换容量偏低；再生度较低的树脂处于出水端，出水水质较差。

顺流再生固定床与逆流再生固定床的不同点为：顺流再生固定床无中排液装置及压脂层；在较大内径的顺流再生固定床中，树脂层面上150～200mm处设有再生液分布装置，常用的再生液分布装置有圆环形管式与母管支管式两种（见图3-16）。在内径较小的顺流再生固定床中，再生液通过交换柱顶部的上布水装置分布，不再设再生液分布装置。

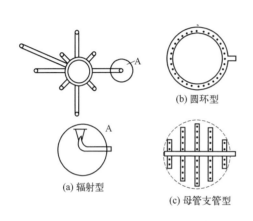

(a) 辐射型
(b) 圆环型
(c) 母管支管型

图 3-16　再生液分布装置

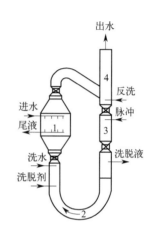

图 3-17　希金斯离子交换设备

### 3.3.1.1.2　移动床离子交换器

移动床离子交换设备的特点是离子交换树脂在交换、反洗、再生、清洗等过程中定期移动。图3-17所示为一种典型的移动床离子交换设备——希金斯连续离子交换设备。外形为加长的垂直环形结构，环形结构由交换段1、洗脱段2、脉冲段3和贮存段4构成。此设备的操作包括运行和树脂转移两个步骤。在运行阶段，环路中的全部阀门都关闭。1段中原料经交换树脂交换，交换尾液由该段底部排出。4段中是交换后的饱和树脂贮存段。在贮存段底部，用反洗水升流流化，洗去树脂中夹带的细泥和碎屑树脂。3段是脉冲段，洗脱剂加到环路下端的洗脱段中，对饱和树脂进行水力脉冲。2段是洗脱段。对脉冲后的饱和树脂用洗脱剂洗脱，再用漂洗水洗去洗脱剂。树脂进入1段树脂转移阶段。各段进行后，除3段顶部阀关闭，其他阀门均打开，用清水进入3段脉冲下，3段树脂移入2段，2段树脂移入1段，1段树脂移入4段，再进入运行阶段。重复上述操作。

移动床离子交换设备的优点是：树脂用量少，只为固定床的15%；树脂利用率高、设备生产能力大；操作速度很高，废液少，费用低。缺点是：树脂在环形设备中的转移通过高压水力脉冲作用实现，各段之间的阀门开启频繁，结构复杂，树脂易破碎，不适用于处理含悬浮物的污水。

### 3.3.1.1.3　连续床离子交换器

在连续床离子交换器中，离子交换树脂层周期性地移动（移动床）或连续移动（流动床），排出一部分已经失效的树脂和补充等量的再生好的树脂，排出的树脂在另一设备中进行再生。图3-18所示为几种不同方式的连续床离子交换系统，其优点是：运行流速高，

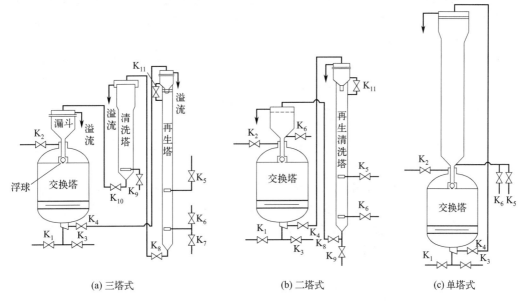

(a) 三塔式　　　　　　　　(b) 二塔式　　　　　　　　(c) 单塔式

图 3-18　几种不同方式的连续床离子交换系统

K_1—进水阀；K_2—出水阀；K_3—排水阀；K_4—失效树脂输出阀；K_5—进再生液阀；K_6—进置换水或清洗水阀；

K_7—排水阀；K_8—再生后树脂输出阀；K_9—排水阀；K_10—清洗后树脂输出阀；K_11—连通阀

可达 60～100m/h，单台设备的处理水量大，总的树脂用量少。不足之处是：系统复杂，再生剂耗量高，树脂的磨损大等。

#### 3.3.1.1.4　混合床离子交换器

混合床离子交换器的结构如图 3-19 所示，其特点是在离子交换树脂层的中间增加了一套中间排水装置（排出再生废液）和在底部装有进压缩空气的装置（用于混层搅拌）。工作过程分为分层反洗、分层再生、树脂混合、正洗、交换运行。

混合床的优点是：出水水质好，工作稳定，设备数量比复床少等。缺点是：树脂的交换容量利用率低，树脂磨损大，再生操作复杂等。根据混合床的特点，混合床一般设在一级复床之后，对除盐起"精加工"作用，并可采用较高的流速（一般为 50～100m/h）。

虽然混合床离子交换器与逆流再生固定床相似，但两者之间存在着许多不同：

① 筒体高度应保证在反洗时树脂有 50%～80% 以上的展开空间，以保证反洗分层的效果。

② 中排装置应处于阳、阴树脂的交界面，多采用母管支管式。

③ 大中型装置应在树脂层以上 150～200mm 处设置碱再生液分布装置，一般也采用母管支管式；小型装置碱液由进水装置进入，酸液由底部排水装置进入，无需另设装置。

④ 大中型混合床底部的树脂与垫层交界处设有压缩空气分布装置，用于树脂的混合，常用母管支管型。采用多孔板排水装置的混合床，排水装置兼作空气分配。

#### 3.3.1.1.5　浮动床离子交换器

浮动床离子交换器简称浮床，属对流再生离子交换器的一种。在浮动床内，树脂层的上部填充一层惰性树脂，下部填充一层级配石英砂。运行时原水由底部以约 30m/h 的速度自下而上穿过砂层，由于向上水流的作用将树脂浮起，在砂层与树脂层间形成浮动状的树脂层，因而称之为浮动床。浮动层上部至顶部出水装置之间为压缩树脂层。浮床的树脂层较高，一般为1.2～3.5m，填充率（再生型）为98%～100%，运行失效时，树脂体积收缩，形成约50～200mm的水垫层。

浮动床离子交换器除了具有对流再生床的出水水质好、再生比耗低（一般为1.1～1.5）等优点外，还有运行流速高、水流阻力小、自用水量小（一般低于5%）、再生操作简单等优点，但要求进水SS<3mg/L，树脂需体外反洗。

按用途，浮动床离子交换器可分为阳浮床（主要指H型）、阴浮床（OH型）和钠浮床（Na型）三种。浮床的主体是一个密闭的圆柱形壳体，壳体内设有下部进水装置、上部排水装置和相应的管道与阀门。

图3-20所示为单室浮动床阴、阳离子交换器的构造示意图。当用于离子交换软化、进水总硬度小于9mmol/L时，可选用浮动床离子交换器；当用于离子交换除盐、进水总含盐量150～300mg/L、总阳离子量小于2mmol/L、总阴离子量小于1.0～2.5mmol/L时，可选用浮动床离子交换器。

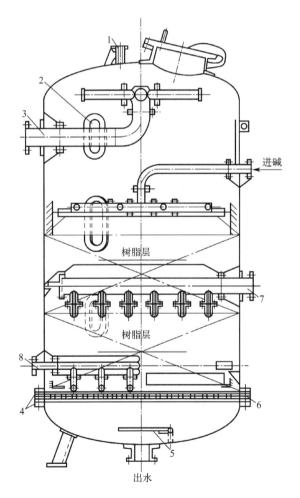

图3-19 混合床离子交换器的结构

1—放空气管；2—窥视孔；3—进水装置；4—多孔板；
5—挡水板；6—滤布层；7—中间排水装置；8—进压缩空气装置

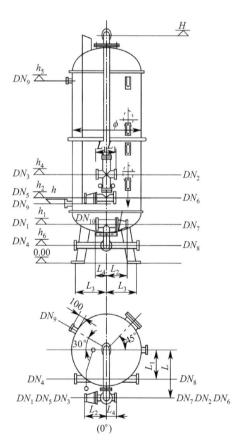

图3-20 单室浮动床阴、阳离子交换器

单室浮动床离子交换器在安装时应注意如下几点：

（1）离子交换器内部装置的技术要求应符合设计要求，设计无规定时，可参照下述规定执行：

① 离子交换器的集水、排水装置（进水挡板、石英砂垫层、叠片式水帽等）的装配允许偏差为：与筒体中心线的偏差不大于 5mm；水平偏差不大于 4mm。

② 离子交换器采用支、母管式集水、排水装置时，其支管的水平偏差不大于 4mm，支管与母管中心线的垂直偏差不大于 3mm，相邻支管中心线距离的偏差不大于 ±2mm。

③ 离子交换器的再生装置应安装水平，再生管的喷嘴应垂直向上，在进行通水检查时应无堵塞情况。

（2）离子交换器采用弧形母管支管式排水装置时，弧形支管或出水装置应达到下述要求：

① 支管的弧度应与床体封头的弧度一致，弧形管与封头衬胶的间隙为 2～5mm，最大间隙为 10mm，支管间不平行差不大于 2mm。

② 支管与母管连接后，螺栓丝扣应完好，紧力适中，旋入长度不大于 20mm。

③ 支管处包两层涤纶网，应达到下述要求：支管内层的网套为 10 目，紧贴在支管的外壁上；支管外层的网套为 50～60 目，网套直径应大于内套直径 3～5mm。网套表面无跳线，网目偏差不大于 ±2 目；无老化现象。

④ 网套应选用涤纶、锦纶、高压聚氯（苯）乙烯材质，网目尺寸必须准确，安全可靠。在选用网套时应使用机织产品，不要选用手工制的粗糙网套。

（3）交换床器壁的防腐层应完好无损：两层衬胶的龟裂深度不大于 3mm，起泡面积不大于 50cm$^2$；环氧树脂防腐涂层无起层、脱落情况。

（4）交换器其他部分应灵活好用：阀门开关灵活，无卡涩；取样槽无泄漏，取样管平直，支架牢固；衬胶管道完好，支吊架齐全。

#### 3.3.1.1.6　双室浮动床离子交换器

双室浮动床离子交换器简称双室浮床，是在离子交换器床体内加装一块多孔板，将交换床分成上下两室，将两种不同密度、粒度和交换特性的树脂（如强树脂与弱树脂）放在同一个交换器中，形成双室床。强型离子交换树脂置于上室，弱型离子交换树脂置于下室，采用浮床运行，向下流的再生方式。图 3-21 所示为双层双室浮动床阴、阳离子交换器的示意图。

双室浮床离子交换器除了有出水水质好，树脂工作容量大，再生比耗低外，还有其独特性：

① 树脂填满床体，弱树脂层高为总树脂层高的 30% 以上，省去了再生前的反洗，简化了再生操作。

② 由于采用浮床运行，降低了运行时的水流阻力，增大了运行中可以变化的流速范围（7～40m/h）。

③ 可以根据原水的含盐量调整流速（含盐量大，可以取低速运行；含盐量小，可以取高速运行），扩大了离子交换器的适用范围。

④ 不会发生树脂"混层"情况。

⑤ 对进水的浊度要求严格。

⑥ 由于离子交换树脂在床内不能进行反洗，因而需要增设体外清洗设备。

双室浮动床离子交换器在安装时应注意如下几点：

① 离子交换器内部装置的技术要求应符合设计要求，设计无规定时，可参照下述规定执行：

a. 交换器内部的多孔板应水平，其偏差允许值最大不得超过 8mm。

b. 离子交换器的集水、排水装置（进水挡板、石英砂垫层、叠片式水帽等）的装配允许偏差为：与筒体中心线的偏差不大于 5mm；水平偏差不大于 4mm。

离子交换器采用支、母管式集水、排水装置时，其支管的水平偏差不大于 4mm；支管与母管中心线的垂直偏差不大于 3mm；相邻支管中心线距离的偏差不大于 ±2mm。

② 离子交换器壁防腐层应完好无损：两层衬胶的龟裂深度不大于 3mm，起泡面积不大于 $50cm^2$；环氧树脂防腐涂层无起层、脱落；用电火花探伤仪对器壁检查，应无漏电情况。

③ 交换器内填装的树脂应型号正确，树脂的粒度、密度及填装比例应符合设计要求。

④ 交换器其他部分应灵活好用：阀门开关灵活，无卡涩；取样槽无泄漏，取样管平直，支架牢固；衬胶管道完好，支吊架齐全。

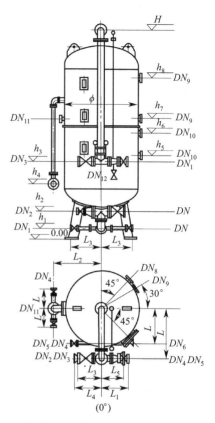

图 3-21 双层双室浮动床
阴、阳离子交换器

除了双室床外，还有三室床和三层混床离子交换器。三室床是用两块多孔隔板将床层分成 3 室，上下两室装阳树脂，中间室装阴树脂。三室床的渗透冲击力小，阴树脂受高价离子的污染小；树脂受力较小，流速可达 300m/h。三层混床是在强酸强碱树脂中间加一层惰性树脂（白球）形成的。加入白球后，避免了阳、阴树脂在再生时的交叉污染，即阳树脂不受 NaOH、阴树脂不受 HCl（$H_2SO_4$）的污染，保证了交换时的出水质量。白球也起到均匀布水的作用。

#### 3.3.1.1.7 回程式离子交换器

回程式离子交换器是固定床逆流再生离子交换器的又一种形式，它的结构是在交换器中间设置一块隔板（小直径可采用套筒式），将交换器床体分为左右两个室，处理水与再生液均为上进上出，即在再生时，再生液在床体内改变流向，呈 U 型通过交换器。由于床内树脂的"失效层"与"保护层"被隔板有效地隔开，无"乱层"现象，因此可以无顶压逆流再生，再生流速也不受限制。同时由于中间排水装置，也简化了再生操作；在运行操作时，水流也呈 U 型通过树脂层，相当于两个离子交换器串联，因而出水水质也好。而且由于交换床被隔成两个室，设备高度降低，也便于布置。

生产实践表明，回程式离子交换器有系统简化、便于操作、出水质量好，可以实现无顶压逆流再生等特点，广泛用于工业锅炉、纺织、印染、造纸、化工、电镀及饮料等行业的水处理。

回程式离子交换器的构造如图 3-22 所示。

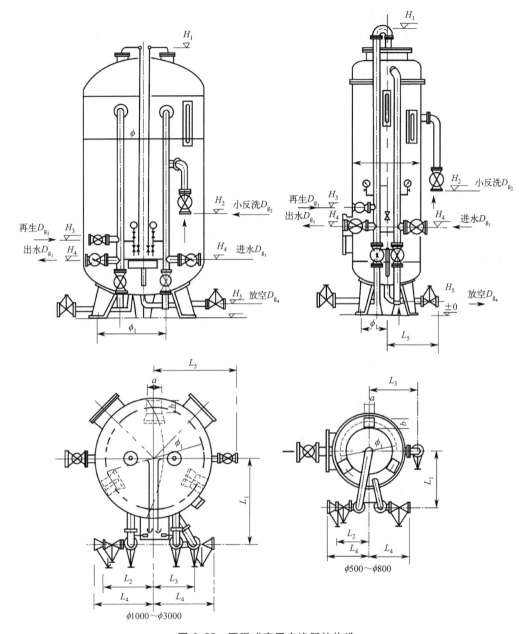

图 3-22　回程式离子交换器的构造

回程式离子交换器在安装时应注意如下几点：

① 离子交换器内部装置的技术要求应符合设计要求，设计无规定时，可参照下述规定执行：

a. 离子交换器的集水、排水装置（进水挡板、石英砂垫层、叠片式水帽等）的装配允许偏差为：与筒体中心线的偏差不大于5mm；水平偏差不大于4mm。

b. 离子交换器采用支、母管式集水、排水装置时，其支管的水平偏差不大于4mm；支管与母管中心线的垂直偏差不大于3mm；相邻支管中心线距离的偏差不大于±2mm。

c. 交换器的再生装置应水平安装，再生管的喷嘴应垂直向上，在进行通水试验时应无堵塞情况。

② 离子交换器内壁应光滑，无锈蚀、毛刺等；防腐层应完好无损；两层衬胶的龟裂深度不大于 3mm，起泡面积不大于 $50cm^2$；环氧树脂防腐涂层无起层、脱落；用电火花探伤仪对器壁检查，应无漏电情况。

③ 交换器内填装的交换树脂应粒度均匀，机械强度好，型号正确，其数量和规格应合设计要求。

④ 交换器其他部分应灵活好用：阀门开关灵活，无卡涩；取样槽无泄漏，取样管平直，支架牢固；衬胶管道完好，支吊架齐全。

#### 3.3.1.1.8 离子交换柱

离子交换柱一般是指直径小于 1m 的离子交换器，多用于电子、医药、制剂及实验室等的纯水制备或小型锅炉用水的软化处理。

离子交换柱大多由塑料（例如有机玻璃、硬聚氯乙烯等）制成。加工容易，材料来源广，耐腐蚀，对水质的纯度影响小，但承受的内压也小。

目前离子交换柱主要有顺、逆流再生阴、阳离子交换柱；混合离子交换柱和再生柱三大类。阴、阳离子交换柱可组成阳-阴或阳-阴-阳混合柱用于纯水制备等水处理工艺；阳离子交换柱可单独用于锅炉用水的软化处理。图 3-23 所示为有机玻璃离子交换柱的结构示意图。

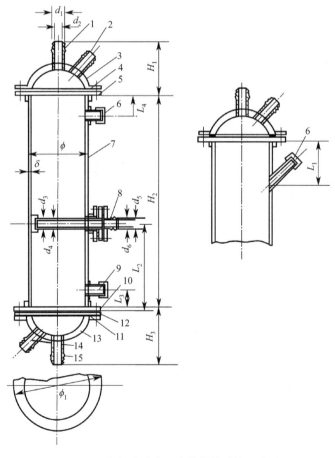

图 3-23　有机玻璃离子交换柱的结构示意图

1—进水口；2—放气口；3—上盖；4、10—胶圈；5、11—法兰；6—装料口；7—柱体；
8—进酸管；9—卸料口；12—网板；13—下盖；14—再生液出口；15—出水口

### 3.3.1.2　工作过程

离子交换器的交换过程包括交换和再生两个步骤。若这两个步骤在同一设备中交替进行，则为间歇过程，即当树脂交换饱和后，停止进原水，通再生液再生，再生完成后，重新进原水交换。采用间歇过程，操作简单，处理效果可靠，但当处理量大时，需多套设备并联运行。如果交换和再生分别在两个设备中连续进行，树脂不断在交换和再生设备中循环，则构成连续过程。

#### 3.3.1.2.1　固定床离子交换器间歇工作过程

**（1）交换**

将离子交换树脂装于交换器内，以类似过滤的方式运行。交换时树脂层不动，则构成固定床操作。

如图 3-24 所示，开启进水阀和出水阀，当含有 B 离子浓度为 $C_0$ 的污水自上而下通过 RA 树脂层时，顶层树脂中 A 离子首先和 B 离子进行交换，达到交换平衡时，这层树脂被 B 饱和而失效。此后进水中的 B 不再和失效树脂交换，交换作用便移至下一树脂层，B 离子浓度将为 $C_x$。在交换区内，每个树脂颗粒均交换部分 B 离子，因上层树脂接触的 B 离子浓度高，故其离子交换量大于下层树脂的交换量。经过交换区，B 离子浓度自 $C_x$ 降至接近于 0。$C_x$ 是与饱和树脂中 B 浓度呈平衡的液相 B 浓度，可视同 $C_0$。从交换区流出的是经处理的不含 B 离子的水，所以交换区以下的床层未发挥作用，为新鲜树脂，水质也不发生变化。继续运行时，失效区逐渐扩大，交换区向下移动，未用区逐渐缩小。当交换区下缘到树脂层底部时，出水中开始有 B 离子漏出，此时称为树脂层穿透。再继续运行时，出水中 B 离子浓度迅速增加，直至与进水 $C_0$ 相同。此时，全塔树脂饱和。从交换开始到穿透为止，树脂所达到的交换容量为工作交换容量，其值一般为树脂总交换容量的 $60\% \sim 70\%$。

在床层穿透以前，树脂分属于饱和区、交换区和未用区，真正工作的只有交换区内树脂。交换区的上端面处液相 B 浓度为 $C_0$，下端处为 0。如果同时测定各树脂层的液相 B 浓度，可得交换区内的浓度分布曲线，如图 3-24（b）所示。浓度分布曲线也是交换区中树脂的负荷曲线，曲线上面的面积 $\Omega_1$ 表示利用了的交换容量，而曲线下面的面积 $\Omega_2$ 则表示尚未利用的交换容量。面积 $\Omega_2$ 与总面积（$\Omega_1 + \Omega_2$）之比称为树脂的利用率。

交换过程主要与交换区厚度、进水速率、污水浓度、所选的树脂类型以及再生的效率等因素有关。

交换区的厚度取决于所用的树脂、B 离子的种类和浓度以及工作条件。当前两者一定时，则主要取决于水流速度。这可用离子供应速率和离子交换速率的相对大小来解释。单位时间内流入某一树脂层的离子数量称为离子供应速率 $v_1$。在进水浓度一定时，流速越大，则离子供应越快。单位时间内交换的离子数量称为离子交换速率 $v_2$。对于给定的树脂和 B，交换速率基本上是一个常数。当 $v_1 \leqslant v_2$ 时，交换区的厚度小，树脂利用率高；当 $v_1 \geqslant v_2$ 时，进入的 B 离子来不及交换就流过去了，因此交换区厚度大，树脂利用率低。合适的水流速度通常由实验确定，一般为 $10 \sim 30\text{m/h}$。交换区厚度除可实测外，也常用经验公式估算。如用磺化煤作交换剂进行水质软化时，其交换区厚

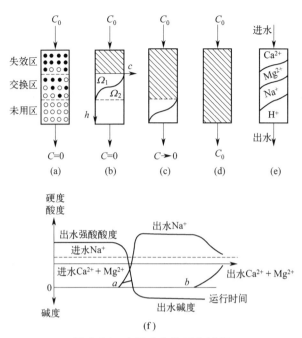

图 3-24 离子交换柱工作过程

度 $h$（m）为：

$$h = 0.015 V d_{80}^2 \lg \frac{C_H}{C_u}$$

式中　$V$——水通过树脂层的空塔速度，m/h；

　　　　$d_{80}$——80%质量的树脂能通过的筛孔孔径，mm；

　　　　$C_H$、$C_u$——进水和出水的硬度，mmol/L。

上述讨论仅限于原水中只含有 B 一种离子，实际上原水中常含有多种可与树脂交换的离子。天然原水中常见的阳离子有 $Ca^{2+}$、$Mg^{2+}$、$Na^+$。如用 RH 树脂处理，这些阳离子都可以与之交换。按照选择性顺序 $Ca^{2+} > Mg^{2+} > Na^+$，树脂依次交换 $Ca^{2+}$、$Mg^{2+}$、$Na^+$。某一时刻树脂层液相中三种离子的浓度分布曲线如图 3-24（e）所示，交换器出水浓度随时间变化如图 3-24（f）所示。随着进水量增加，穿透离子的顺序依次为 $Na^+$、$Mg^{2+}$、$Ca^{2+}$。

图 3-24(f) 表明，制水初期，进水中所有的阳离子均交换出 $H^+$，生成相当量的无机酸，出水酸度保持定值。运行至 $a$ 点时，$Na^+$ 首先穿透，且迅速增加，同时酸度降低，当 $Na^+$ 泄漏量增大到与进水中强酸阴离子含量总和相当时，出水开始呈碱性；当 $Na^+$ 增加到与进水阳离子含量总和相等时，出水碱度也增加到与进水碱度相等。此时，H 离子交换结束，交换器开始进行 $Na^+$ 交换，稳定运行至 $b$ 点之后，硬度离子开始穿透，出水 $Na^+$ 含量开始下降，最后出水硬度接近进水硬度，出水 $Na^+$ 接近进水 $Na^+$，树脂层全部饱和。

**（2）再生**

树脂失效后，必须再生才能再使用。通过树脂再生，一方面可恢复树脂的交换能力，另一方面可回收有用物质。化学再生是交换的逆过程。根据离子交换平衡式，RA＋B

══RB＋A，如果显著增加 A 离子的浓度，在浓差作用下，大量 A 离子向树脂内扩散，而树脂内的 B 则向溶液扩散，反应向左进行，从而达到树脂再生的目的。

固定床再生操作包括反洗、再生和正洗三个过程。

1）反洗

反洗是逆交换水流方向通入冲洗水和空气，以松动树脂层，使再生时的再生液能分布均匀，同时也清除积存在树脂层内的杂质、碎粒和气泡。反洗前先关闭排气阀和出水阀，打开反洗进水阀，然后再逐渐开大反洗排水阀进行反洗，用再生水反洗。反洗使树脂层膨胀 50％左右。反冲流速可控制在 2m/h 以内，历时大约 15min。反洗完毕后关闭反洗进水阀和反洗排水阀。

2）再生

经反洗后，将再生剂以一定流速（4～8m/h）通过树脂层，再生一定时间（不小于 30min）当再生液中 B 浓度低于某个规定值后，停止再生，通水正洗。其操作过程为：首先打开排气阀及正洗排水阀，使水面升至离树脂层表面 10cm 左右，再关闭正洗排水阀门，开启进再生液阀门，排出交换器内空气后，关闭排气阀，再适当开启正洗排水阀，进行再生。再生完毕后关闭进再生液阀门。

3）正洗

正洗是为了洗掉树脂层内的再生水，保证出水水质。正洗时开启进水阀和正洗排水阀进行清洗。正洗时水流方向与交换时水流方向相同。正洗用水最好用未被污染的水或交换处理后的净水。

图 3-25 所示为固定床顺流再生示意图。有时再生后还需要对树脂作转型处理。

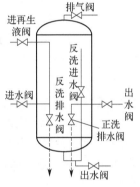

图 3-25　固定床顺流
再生示意图

影响再生效果和再生处理费用的因素如下：

1）再生剂的种类

对于不同性质的原水和不同类型的树脂，应采用不同的再生剂。选择的再生剂既要有利于再生液的回收利用，又要求再生效率高，洗脱速率快，价廉易得。如用 Na 型阳树脂交换纺丝酸性污水中的 $Zn^{2+}$，用芒硝（$Na_2SO_4 \cdot 10H_2O$）作再生剂，再生液的主要成分是浓缩的 $ZnSO_4$，可直接回用于纺丝的酸浴工段。再如用烟气（$CO_2$）作为弱酸性阳树脂的再生剂也可以得到很好的再生效果。一般对强酸性阳树脂用 HCl 或 $H_2SO_4$ 等强酸及 NaCl、$Na_2SO_4$ 再生；对弱酸性阳树脂用 HCl、$H_2SO_4$ 再生；对强碱性阴树脂用 NaOH 等强碱及 NaCl 再生；对弱碱性阴树脂用 NaOH、$Na_2CO_3$、$NaHCO_3$ 等再生。弱树脂用 $NH_3$ 再生，虽然再生效率低，但价格低廉。

2）再生剂用量

树脂的交换和再生均按等当量进行。理论上，1mol 的再生剂可以恢复树脂 1mol 的交换容量，但实际上再生剂的用量要比理论值大得多，通常为 2～5 倍。实验证明，再生剂用量越多，再生效率越高。但当再生剂用量增加到一定值后，再生效率随再生剂用量升高不多。因此再生剂用量过高既不经济也无必要。图 3-26 所示为用 2％的 NaOH 对交换了 $Cr^{6+}$ 的强碱性树脂的再生情况。由图可知，以控制 95％的再生效率较为合适。

3）再生液浓度

当再生剂用量一定时，适当增加再生剂浓度，可以提高再生效率。但再生剂浓度太高，

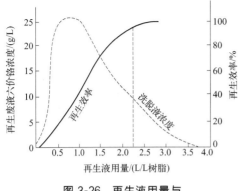

图 3-26　再生液用量与
再生效率、含铬浓度的关系

会缩短再生液与树脂的接触时间，反而降低再生效率，因此存在最佳浓度。如用 NaCl 再生 Na 型树脂，最佳盐浓度范围在 10% 左右。一般顺流再生时，酸液浓度以 3%～4%，碱液浓度以 2%～3% 为宜。

4）再生时间

通常不少于 0.5h，再生液流速以 4～8m/h 为宜。

5）再生剂纯度

目前离子交换树脂常用工业盐酸和工业液碱再生，其中含有大量杂质，尤以工业液碱为甚（含有 3%～5%NaCl）。这些杂质在再生中起了反离子的作用，影响再生效果。因此水质要求高的部门可选用纯度较高的药剂，这样不仅能提高水质，树脂的交换容量也有较大幅度的提高。

6）再生液温度

实验证明，再生液温度的提高可强化再生过程，这在阴树脂的再生中表现得更为明显，考虑到阴树脂的热稳定性，再生液温度以不超过 40℃ 为宜。

7）再生方式

固定床的再生主要有顺流和逆流两种方式。再生剂流向与交换时水流方向相同的称为顺流再生，反之称为逆流再生。顺流再生的优点是设备简单，操作方便，工作可靠，缺点是再生剂用量多，再生效率低，交换时，出水水质差；逆流再生时，再生剂耗量少（比顺流法少 40% 左右），再生效率高，而且能保证出水质量，但设备较复杂，操作控制较严格。

采用逆流再生，切忌搅乱树脂层，应避免进行大反洗，再生液的流速通常小于 2m/h。也可采用气顶压、水顶压或中间排液法操作。几种逆流再生操作方法的比较见表 3-4。

表 3-4　逆流再生操作方法的比较

| 操作方法 | 条件 | 优点 | 缺点 |
|---|---|---|---|
| 气顶压法 | 1. 空气压力 0.03～0.05MPa，应稳定<br>2. 气量 0.2～0.3m³/(m²·min)<br>3. 再生液流速 5m/h 左右 | 1. 不易乱层<br>2. 操作容易掌握<br>3. 耗水量少 | 需设置净化压缩空气系统 |
| 水顶压法 | 1. 水压 0.01～0.03MPa<br>2. 顶压水量为再生液流量的 1～1.5 倍 | 操作简单 | 再生废液量大，增加处理工作量 |
| 低流速法 | 再生液流速 2m/h 左右 | 设备及辅助系统简单 | 再生时间长 |
| 无顶压法 | 1. 中排液装置小孔流速应不大于 0.1m/s<br>2. 再生流速 5m/h 左右 | 1. 操作简单<br>2. 外部管系简单<br>3. 不需任何顶压系统 | |

以气顶法为例，逆流再生的操作步骤如图 3-27 所示。各步骤的要点如下：

① 小反洗。目的是清洗压脂层中的悬浮杂质，反洗水从中排进入交换器，从交换器上部排出。小反洗时，中排以下床层呈压实状态，压脂层膨胀呈悬浮状态，反洗至出水澄清，一般需 10～15min。

② 放水。打开进气阀，将中排管以上的水由中排管放出，直至中排管中无水排出为止。此时压脂层内及以上空间的水全部排尽，保证压实效果。

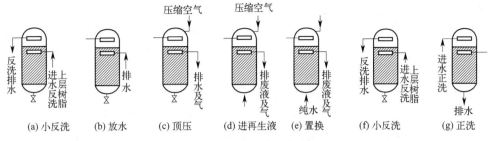

图 3-27　逆流再生操作步骤

③ 顶压。排水后从交换器顶部送入经过净化的压缩空气，使气压维持在 $0.03 \sim 0.05 \mathrm{MPa}$。顶压一直维持到置换结束，其间气压应稳定。

④ 进再生液。以大约 $5 \mathrm{m/h}$ 的流速将再生液自下而上流过树脂层，由中排管排出。由于逆流再生所用药剂的量比顺流再生少，因此药液浓度应略低，以保证进液时间不少于 $30 \mathrm{min}$。复床再生液应采用除盐水配制。

⑤ 置换。置换时水的流速和流向与再生时相同，阳床置换至出水酸度小于 $3 \sim 5 \mathrm{mmol/L}$，阴床置换到出水碱度小于 $0.3 \sim 0.5 \mathrm{mmol/L}$，置换结束后应先关进水阀停止进水，然后停止顶压，防止乱层。

⑥ 小反洗。操作方法同 (a)。在进再生液时不可避免地有少量再生废液进入压脂层，再次采用小反洗的目的是将这部分废液自交换器上部排出，而不至于在下一步正洗时污染树脂层。此步骤也可改为小正洗，即从上部进水，中排出水。

⑦ 正洗。关闭中排阀门，正洗水由交换器上部进入，流经树脂床层，由底部排水阀排出。流速可与运行时相同，直至出水水质符合要求。

小反洗和正洗可采用前级水，即阳床可用清水，阴床可用阳床出水。

混合床再生有两种方法：体外再生和体内再生。体外再生即是在混合床失效后，将树脂用水力移送到交换器外的专用再生装置中进行再生，树脂再生后再移回交换器中。树脂失效后在交换器内进行再生的称体内再生。无论是体外再生还是体内再生，其基本点是相同的，在再生前首先要将混合在一起的阳、阴树脂分离，然后再用酸、碱分别对其进行再生、清洗，然后再将阳、阴树脂进行混合。图 3-28 为混合床再生步骤示意图。

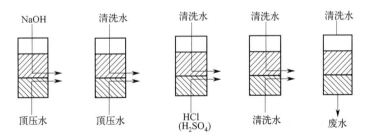

图 3-28　混合床再生步骤示意

失效后的混合树脂可用水流反洗的方法，利用阳、阴树脂湿真密度的差异在反洗和沉降中分离。反洗分层是混合床再生的关键步骤，如分离效果不佳，混杂在阳树脂中的阴树脂会在再生时受到酸的污染，混杂在阴树脂中的阳树脂受到碱的污染。

开始反洗时，由于树脂床层在运行中压得很紧，水速应小些，等树脂层松动后，逐渐加大水速至全部床层松动，并展开 50%～80%，大约 10～15min 后，阳、阴树脂就可分离，反洗停止后，阳、阴树脂自然沉降，形成一个清晰的界面层，阳树脂在下，阴树脂在上。为提高分层效果，可在分层前通以 6%～10% 的 NaOH 对树脂转型，以增大阳、阴树脂的密度差，同时消除静电相吸现象。

将交换器内的水放至阴树脂表面约 10cm，然后从上部进碱液，少量顶压水从下部进，防止碱液进入阳树脂层，一起从中排管排出。以除盐水清洗置换阴树脂，直至排水中 $OH^-$ 碱度<0.5mmol/L。从底部进酸液，顶部进少量清洗水。以除盐水清洗阳树脂至排水酸度<0.5mmol/L。串联清洗直至排水电导率<1.5μS/cm。将器内水放至距树脂层表面 10～15cm，从下部通入已净化的空气（0.1～0.15MPa）约 5min。树脂混匀后，从底部迅速排水，最后以 15m/h 的除盐水正洗，直至电导率<0.2μS/cm，硅酸根<20μg/L。

### 3.3.1.2.2 一级复床的工作过程

阳床的工作过程见图 3-24(e) 和图 3-24(f)。阴床的工作与阳床的状态有关，出水水质见图 3-29。

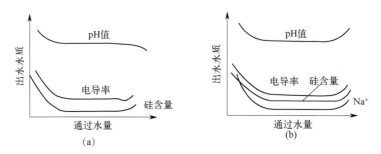

图 3-29 一级复床的出水水质
(a) 阴床先失效；(b) 阳床先失效

当阴床先失效时，如图 3-29(a)，由于硅酸根离子在强碱阴树脂的选择顺序中排于最后，也就是说阴树脂对它的吸着能力最差，因此最先泄漏的是 $H_2SiO_3$，随后才会是 $H_2CO_3$，最后是各种强酸，$H_2SiO_3$ 的酸性很弱，所以在失效的初期，水质 pH 值的变化不大，但很快就会明显下降。电导率先略有下降，而后再上升，这是由于在正常运行时，水中有微量 $OH^-$，pH 值呈弱碱性，失效初期水质 pH 值下降，$OH^-$ 为其他阴离子所取代，电导率下降。当 pH 值达到中性时，电导率下降至最低点，当 pH 值继续下降，$H^+$ 浓度增加，电导率迅速增高。

当阳床先失效时，如图 3-29(b)，出水中的钠离子含量首先升高，于是阴交换器的出水中就会含有相应数量的 NaOH，pH 值、电导率也同步上升。从图 3-29(b) 可以看出，当阳床失效时，虽然阴树脂并未失效，但出水的 $SiO_2$ 含量却上升了。分析阴树脂对 $H_2SiO_3$ 的交换过程，当阴床进水中的阳离子仅为 $H^+$ 时，阴树脂对硅酸化合物的交换可用下式表示：

$$ROH + H_2SiO_3 \longrightarrow RHSiO_3 + H_2O$$

这个反应就像中和反应那样，生成电离度很小的水，因此除硅很完全。当阴床进水中有 $Na^+$ 时，上述反应式为：

$$ROH + NaHSiO_3 \longrightarrow RHSiO_3 + NaOH$$

由于产物 NaOH 为强电解质，导致交换反应向左移动，使出水 $SiO_2$ 含量增高。阳床漏 Na 量越大，阴床出水 $SiO_2$ 含量也越大。

目前复床运行终点的控制指标主要是电导率和含硅量，电导率测定简单易行，监控十分方便。

在工业污水处理中，对于浓集了大量有毒而又有用物质的树脂再生洗脱液，有的可直接回收利用，有的需做进一步的浓缩分离处理（如蒸发浓缩、结晶分离等）才能回收利用。对没有回收利用价值的，则必须进行妥善处理，使其不再在环境中扩散污染。如用离子交换法处理放射性污水时，对于高浓度放射性裂变产物的废液，有的采用密封直埋入地下或废矿井中，有的则制成混凝土块弃之海底等。

#### 3.3.1.2.3　连续式离子交换器的工作过程

固定床离子交换器内树脂不能边饱和边再生，因树脂层厚度比交换区厚度大得多，故树脂和容器的利用率都很低；树脂层的交换能力使用不当，上层的饱和程度高，下层低，而且生产不连续，再生和冲洗时必须停止交换。为了克服上述缺陷，发展了连续式离子交换设备，包括移动床和流动床。

图 3-30 所示为三塔式移动床系统，由交换塔、再生塔和清洗塔组成。运行时，原水由交换塔下部配水系统流入塔内，向上快速流动，把整个树脂层承托起来并与之交换离子。经过一段时间后，当出水离子开始穿透时，立即停止进水，并由塔下排水。排水时树脂层下降（称为落床），由塔底排出部分已饱和的树脂，同时浮球阀自动打开，放入等量已再生好的树脂。为避免塔内树脂混层，每次落床时间很短（约 2min）。之后又重新进水，托起树脂层，关

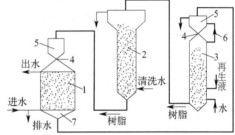

图 3-30　三塔式移动床
1—交换塔；2—清洗塔；3—再生塔；4—浮球阀；
5—贮树脂斗；6—连通管；7—排树脂部分

闭浮球阀。失效树脂由水流输送至再生塔。再生塔的结构及运行与交换塔大体相同。

经验表明，移动床的树脂用量比固定床少，在相同产水量时，约为后者的 1/3～1/2，但树脂磨损率大。能连续产水，出水水质也较好，但对进水变化的适应性较差，设备小，投资省，但自动化程度要求高。

移动床操作有一段落床时间，并不是完全的连续过程。若让饱和树脂连续流出交换塔，由塔顶连续补充再生好的树脂，同时连续产水，则构成流动床处理。流动床内树脂和水流方向与移动床相同，树脂循环可用压力输送或重力输送。为了防止交换塔内树脂混层，通常设置 2～3 块多孔隔板，将流化树脂层分成几个区，也起均匀配水的作用。

## 3.3.2　再生系统

离子交换软化除盐的再生系统包括：盐液再生系统、酸液再生系统和碱液再生系统。

#### （1）盐液再生系统

盐液再生系统用于 Na 型阳离子交换器的再生，以工业食盐（工业 NaCl）作为再生剂。系统的构成包括盐液制备系统和输送系统两大部分。其中，盐液制备系统有食盐溶解

系统（适用于小型离子交换器）和食盐溶解池两种形式，室温下饱和盐液的浓度为 23%～26%。盐液输送系统由泵和水射器、计量箱等组成。水射器是一种常用的流体输送设备，但因采用压力水作为介质，所以在输送盐液的同时稀释了盐液。树脂再生液中 NaCl 的浓度应控制在 5%～8%，使用中只要用计量箱和水射器之间的阀门就可以调节所需要的稀释程度，设备简单，操作方便。

**（2）酸液再生系统**

阳离子交换树脂需要用酸再生，可以采用工业盐酸或工业硫酸作为再生剂。

采用盐酸作再生剂的再生系统比较简单，先用泵把储酸槽中的浓盐酸送至高位酸槽，再依靠重力流入计量箱，再生时用水射器直接稀释成 3%～4% 的再生液送至离子交换器中。由于工业盐酸的浓度较低（30% 左右），因此用量（体积）较大，并且盐酸的腐蚀性较大，对设备的要求较高。

采用硫酸作再生剂时，由于工业硫酸的浓度高（96% 左右），因此用量少，并且由于碳钢能耐浓硫酸腐蚀，可以直接用碳钢容器存放，防腐问题小，成本低。但对再生液的配制浓度必须控制，否则会在树脂中产生 $CaSO_4$ 沉淀析出物。在实际生产中，多采用分步再生法，即先用低浓度高流速的硫酸再生液再生，然后逐步提高硫酸浓度，降低流速。再生液的浓度根据原水中 $Ca^{2+}$ 的含量和所占水中阳离子的比例，计算或调试确定。

**（3）碱液再生系统**

阴离子交换树脂的再生剂为烧碱（氢氧化钠）。

工业氢氧化钠产品有固体和液体两种。液体氢氧化钠的浓度为 30%，使用较为方便，其再生系统和设备与盐酸再生系统相同。为了提高阴离子交换树脂的再生效果，再生时多对碱液加热后使用（在水射器前用蒸汽将压力水加热）。若采用固体烧碱（NaOH 含量在 95% 以上），则需先将其溶解配制成 30%～40% 的碱液后再使用。图 3-31 所示为某离子交换除盐的酸、碱液再生系统布置的实例。

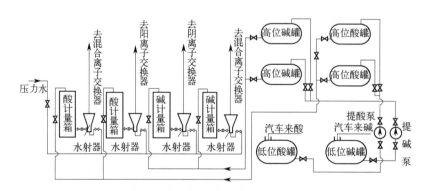

图 3-31　离子交换除盐的酸、碱液再生系统布置实例

## 3.3.3　除二氧化碳器

除二氧化碳器简称除碳器，是除去水中游离二氧化碳的设备，有鼓风式除碳器和真空式除碳器两种。

鼓风式除碳器主要由外壳、填料、中间水箱、风机等组成，设备如图 3-32，可以将

水中的游离 $CO_2$ 降至 $5mg/L$ 以下。

真空式除碳器是用真空泵或水射器从除碳器的上部抽真空，从水中除去溶解的 $CO_2$ 气体。此法还能除去溶解的 $O_2$ 等气体，有利于防止树脂氧化和设备腐蚀。

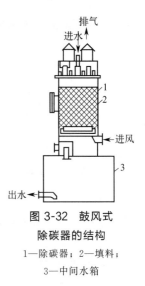

图 3-32 鼓风式
除碳器的结构
1—除碳器；2—填料；
3—中间水箱

## 3.3.4 离子交换装置的设计

离子交换装置的设计，应根据用户的要求确定出水水质和水量；根据进出口水质水量，进行技术经济分析后确定最佳处理系统和设备；通过工艺计算确定设备的尺寸、规格、树脂用量、交换柱工作周期，估算再生时反洗、正洗水量，再生剂消耗量及其他技术经济指标。

**(1) 产水量**

根据用户要求和系统自用水量并考虑到最大用水量，确定产水量。

**(2) 离子交换设备参数**

① 设备总工作面积

$$F = Q/v \tag{3-23}$$

式中　$F$——设备的总工作面积，$m^2$；

　　　$Q$——设备的总产水量，$m^3/h$；

　　　$v$——交换柱中的水流速度，$m/h$；一般阳床的正常流速为 $20m/h$，瞬时最大流速可达 $30m/h$；混合床的流速为 $40m/h$，瞬时最大流速可达 $60m/h$。

② 一台设备的工作面积

$$f = F/n \tag{3-24}$$

式中　$f$——一台设备的工作面积，$m^2$；

　　　$n$——设备的台数。

为了保证系统安全和正常运行，复床除盐系统的离子交换设备宜不少于 2 台，当一台设备再生或检修时，另一台的供水量应能满足正常供水和自用水量的要求。

③ 设备直径

$$D = 1.13\sqrt{f} = 1.13\sqrt{\frac{QC_0 T}{nE_0 h_R}} \tag{3-25}$$

式中　$D$——设备的直径，$m$；

　　　$C_0$——进水中需除去的离子总量；

　　　$T$——交换柱运行一个周期的工作时间，$h$；

　　　$E_0$——树脂的工作交换容量；

　　　$h_R$——交换床内树脂层装填高度，$m$，一般 $h_R \geqslant 1.2$。

④ 一台设备一个工作周期的离子交换容量

$$E_c = Q_1 C_0 T \tag{3-26}$$

式中　$E_c$——一台设备一个工作周期的离子交换容量；

　　　$Q_1$——一台设备的产水量，$m^3/h$。

⑤ 一台设备的装填树脂量

$$V_R = \frac{E_c}{E_0} \qquad (3-27)$$

式中　$V_R$——一台设备的装填树脂量，$m^3$。

⑥ 交换床内树脂层装填高度

$$h_R = \frac{V_R}{f} \qquad (3-28)$$

**（3）反洗水流量**

$$q = v_2 f \qquad (3-29)$$

式中　$q$——反洗水流量，$m^3/h$；

　　　$v_2$——反洗流速，$m/h$，阳树脂取 $15m/h$，阴树脂取 $6\sim10m/h$。

反洗耗水量为

$$V_2 = \frac{qt}{60} \qquad (3-30)$$

式中　$V_2$——反洗耗水量，$m^3$；

　　　$t$——反洗时间，$min$，一般取 $15min$。

**（4）再生剂需要量**

$$G = \frac{V_R E_0 N\omega}{1000} = V_R L \qquad (3-31)$$

式中　$G$——再生剂的需要量，$kg$；

　　　$N$——再生剂当量值；

　　　$\omega$——再生剂比耗，即实际用量与理论值之比，通常为 $2\sim5$；

　　　$L$——单位体积树脂的再生剂用量，$kg/m^3$。

**（5）正洗水量**

$$V_Z = \alpha V_R \qquad (3-32)$$

式中　$V_Z$——正洗水的耗量，$m^3$。

　　　$\alpha$——正洗水的比耗，$m^3/m^3$。一般强酸树脂取 $\alpha=4\sim6$，强碱树脂取 $\alpha=10\sim12$，弱树脂取 $\alpha=8\sim15$。

交换器筒体的高度包括树脂层高、底部排水区高和上部水垫层高三部分，设计时应首先确定树脂层高度。树脂层越高，树脂的交换容量利用率越高，出水水质好，但阻力损失大，投资增多。通常树脂层高可选用 $1.5\sim2.5m$。塔径越大，层高越高，一般层高不得低于 $0.7m$。对于进水含盐量较高的场合，塔径和层高都应适当增加，以保证运行周期不低于 $24h$。树脂层上部水垫层的高度主要取决于反冲洗时的膨胀高度和保证配水的均匀性，顺流再生时膨胀率一般采用 $40\%\sim60\%$，逆流再生时这个高度可以适当减小。底部排水区高度与排水装置的型式有关，一般取 $0.4m$ 左右。

离子交换树脂的重量可以由上述树脂层高、塔截面积和树脂密度计算得到。如果测定了离子交换的平衡线和操作线，也可以由传质速率方程积分求解。

根据计算得出的塔径和塔高选择合适尺寸的离子交换器，然后进行水力核算。

# 第4章

# 化学沉淀技术与设备

化学沉淀技术是利用各物质在水中的溶解度不同，向污水中投加某种称之为沉淀剂的化学药剂，使其与污水中的溶解性物质发生反应生成难溶于水的盐类，形成沉淀物，然后进行固液分离，从而除去污水中的污染物。采用化学沉淀法可以处理污水中的重金属离子（如汞、铬、镉、铅、锌等）、碱土金属（如钙、镁等）和非金属（如砷、氟、硫、硼等）。对于危害性很大的含重金属污水，化学沉淀法是常采用的一种方法，多用于除去污水中的重金属离子，也可用于除去营养性物质。

## 4.1 技术原理

物质在水中的溶解能力用溶解度表示，溶解度大小主要取决于物质和溶剂的本性，也和温度、盐效应、晶体结构和大小等有关。习惯上将溶解度大于 $1g/100g\ H_2O$ 的物质称为易溶物，溶解度小于 $0.1g/100g\ H_2O$ 的物质称为难溶物，介于两者之间的物质称为微溶物。化学沉淀法主要用于处理污水中可形成难溶物的杂质。

### 4.1.1 沉淀反应

一定温度下，难溶化合物在溶液中同时存在着离子的析出沉淀反应和固体的溶解反应。如以 $M^{n+}$ 代表价态为 $n$ 的阳离子，以 $N^{m-}$ 代表价态为 $m$ 的阴离子，以 $M_mN_n$ 表示其沉淀物，则溶解沉淀反应的通式可以表示为

$$M_mN_n = mM^{n+} + nN^{m-} \tag{4-1}$$

其中，由离子析出固体物 $M_mN_n$ 的沉淀析出速率 $v_1$ 为：

$$v_1 = k_1[M^{n+}]^m[N^{m-}]^nS \tag{4-2}$$

由固体物 $M_mN_n$ 溶解为离子的溶解速率 $v_2$ 为：

$$v_2 = k_2S \tag{4-3}$$

式中　$v_1$——沉淀速率；

　　　　$v_2$——溶解速率；

　　　　$k_1$——沉淀速率常数；

　　　　$k_2$——溶解速率常数；

　　　　$S$——沉淀物固体的表面积；

[  ]——物质的量浓度。

对于饱和溶液，固体的溶解与析出处于平衡状态，即：

$$v_1 = v_2$$

$$k_1 [M^{n+}]^m [N^{m-}]^n S = k_2 S$$

经整理可得到：

$$[M^{n+}]^m [N^{m-}]^n = \frac{k_2}{k_1} = K_{sp} \qquad (4\text{-}4)$$

式（4-4）中的 $K_{sp}$ 称为溶度积常数，对任何一种难溶化合物都是成立的。根据溶度积可初步判断沉淀的生成与溶解，判断水中离子是否能用化学沉淀法进行处理以及处理程度。

① 当 $[M^{n+}]^m \cdot [N^{m-}]^n < K_{sp}$ 时，溶液为不饱和溶液，无沉淀析出，难溶物质继续溶解。

② 当 $[M^{n+}]^m \cdot [N^{m-}]^n = K_{sp}$ 时，溶液处于刚好饱和的状态，无沉淀物析出，溶解与沉淀之间建立起多相离子动态平衡。

③ 当 $[M^{n+}]^m \cdot [N^{m-}]^n > K_{sp}$ 时，溶液处于过饱和状态，沉淀从溶液中析出，沉淀后溶液中所余离子的浓度仍保持式（4-4）的关系。

化学沉淀过程就是利用上述原理处理污水的。为了去除污水中的金属离子 $M^{n+}$，可以向其中投加具有 $N^{m-}$ 的化合物作为沉淀剂，使 $[M^{n+}]^m \cdot [N^{m-}]^n > K_{sp}$ 产生 $M_m N_n$ 沉淀，从而达到去除或降低污水中 $M^{n+}$ 离子浓度的目的。对于金属离子 $M^{n+}$ 的化学沉淀处理是否能产生 $M_m N_n$ 沉淀，以及 $M^{n+}$ 的处理程度，由 $[M^{n+}]^m \cdot [N^{m-}]^n$ 与 $K_{sp}$ 的比较来决定，与难溶化合物的溶解度无关。水中某些难溶化合物的溶度积常数（25℃）见表 4-1。

表 4-1  水中某些难溶化合物的溶度积常数（25℃）

| 分子式 | 溶度积 | 分子式 | 溶度积 |
|---|---|---|---|
| $Al(OH)_3$ | $1.3 \times 10^{-33}$ | $CaSO_4$ | $2.5 \times 10^{-5}$ |
| $BaCO_3$ | $5.1 \times 10^{-9}$ | $CaF_2$ | $4.0 \times 10^{-11}$ |
| $BaCrO_4$ | $1.2 \times 10^{-10}$ | $Cu(OH)_2$ | $5.0 \times 10^{-20}$ |
| $CaCO_3$ | $4.8 \times 10^{-9}$ | $Cd(OH)_2$ | $2.2 \times 10^{-14}$ |
| $Ca(OH)_2$ | $5.5 \times 10^{-6}$ | $CdS$ | $7.9 \times 10^{-27}$ |
| $CuS$ | $6.3 \times 10^{-36}$ | $Mg(OH)_2$ | $1.8 \times 10^{-11}$ |
| $Cr(OH)_3$ | $6.3 \times 10^{-31}$ | $Ni(OH)_2$ | $2.0 \times 10^{-15}$ |
| $Fe(OH)_2$ | $1.0 \times 10^{-15}$ | $PbCO_3$ | $1.0 \times 10^{-13}$ |
| $Fe(OH)_3$ | $3.2 \times 10^{-38}$ | $Pb(OH)_2$ | $1.5 \times 10^{-15}$ |
| $FeS$ | $3.2 \times 10^{-18}$ | $PbS$ | $2.5 \times 10^{-27}$ |
| $Hg(OH)_2$ | $4.8 \times 10^{-26}$ | $ZnCO_3$ | $1.5 \times 10^{-11}$ |
| $Hg_2S$ | $1.0 \times 10^{-45}$ | $Zn(OH)_2$ | $7.1 \times 10^{-18}$ |
| $HgS$ | $4.0 \times 10^{-53}$ | $ZnS$ | $1.6 \times 10^{-24}$ |
| $MgCO_3$ | $1.0 \times 10^{-5}$ | | |

## 4.1.2  影响因素

溶度积常数 $K_{sp}$ 的大小受很多因素的影响，分析和认识这些影响因素，对控制沉淀过程意义很大，主要包括以下几点：

**（1）各类化合物的本性**

不同药剂与污水中污染物反应生成的沉淀物溶解度大小不一，对同一污染物而言，总要选择使生成物 $K_{sp}$ 越小的化学药剂作为处理污水的沉淀剂，因此要在不同的化合物之间加以选择。

**（2）溶液的 pH 值**

这是使生成物取得最小溶解度的外界条件，对生成难溶的氢氧化物而言，则溶液的 pH 值为沉淀过程的关键条件，必须选择最佳 pH 值来控制沉淀过程。

**（3）温度**

温度的变化会影响难溶化合物的溶解度，但对水处理过程而言，通过改变温度来影响 $K_{sp}$ 在经济上是不合算的，因此常常以室温时生成物的 $K_{sp}$ 大小作为考虑的根据。

**（4）盐效应**

如果溶液中同时还有其他盐类存在，将增加难溶化合物的溶解度，溶液的离子强度越大，沉淀组分的离子电荷越高，则盐效应越明显。因此在实际污水处理中，必须考虑盐效应在沉淀处理中的不利效果。

**（5）同离子效应**

在难溶化合物的饱和溶液中，如果加入含有同离子的强电解质，则沉淀-溶解平衡向着沉淀方向移动，使难溶化合物的溶解度降低，在污水处理中这种同离子效应是值得利用的，为此在投加化学药剂时可采用过量的化学药剂或另外投加同离子的其他化合物来达到这一目的。

**（6）不利的副反应伴生**

由于污水成分的复杂性，加入的化学药剂和污染物会发生络合反应、氧化还原反应、中和反应等副反应，易与沉淀物组分离子生成可溶性化合物，从而降低沉淀过程的处理效果。因此在选择沉淀剂时必须全面考虑避免上述不利副反应的伴生。

降低污水中有害离子 A 的浓度，可以采取下列方法：

① 向污水中投加沉淀剂离子 C，以形成溶度积很小的化合物 AC，从水中分离出去。

② 利用同离子效应向水中投加同离子 B，使 A 与 B 的离子浓度增大，离子积大于其溶度积，使平衡向右移动。

③ 如果污水中有多种离子存在，加入沉淀剂时，离子积先达到溶度积的优先沉淀，这种现象称为分步沉淀。各种离子分步沉淀的次序取决于溶度积和有关离子的浓度。

# 4.2 工艺过程

工业生产中，污水的来源不同，其所含的组分也各异，采用化学沉淀法时，需根据污水中污染组分的特性，选用合适的沉淀剂。

## 4.2.1 过程分类

污水处理中，按所用沉淀剂的不同，化学沉淀过程可分为氢氧化物沉淀法、硫化物沉淀法、碳酸盐沉淀法和铁氧体沉淀法等。

### 4.2.1.1 氢氧化物沉淀法

水中的金属离子很容易生成各种氢氧化物和羟基配合物。这些金属的氢氧化物和羟基配合物都是难溶于水的，尤其重金属离子铜、铬、镉、铅等的氢氧化物，它们在水中的溶解度和溶度积都很小，因此可以采用氢氧化物沉淀法除去。

如果以 $M^{n+}$ 代表污水中的 $n$ 价金属阳离子，则其氢氧化物的溶解平衡为：

$$M(OH)_n \rightleftharpoons M^{n+} + nOH^-$$  (4-5)

金属离子 $M^{n+}$ 与 $OH^-$ 能否生成难溶的氢氧化物沉淀，取决于溶液中金属离子 $M^{n+}$ 的浓度和 $OH^-$ 的浓度。根据金属氢氧化物 $M(OH)_n$ 的沉淀溶解平衡以及水中的离子积：$K_w = [H^+][OH^-]$（在室温下，通常采用 $K_w = 1 \times 10^{-14}$），可以得到：

$$K_{sp} = [M^{n+}][OH^-]^n$$  (4-6)

因而

$$[M^{n+}] = \frac{K_{sp}}{[OH^-]^n}$$  (4-7)

这是与氢氧化物沉淀共存的饱和溶液中的金属离子浓度，也是溶液在任一 pH 值条件下可以存在的最大金属离子浓度。

对式(4-6)两边取对数，可得

$$\begin{aligned}
\lg K_{sp} &= \lg[M^{n+}] + n\lg[OH^-] \\
&= \lg[M^{n+}] - npOH \\
&= \lg[M^{n+}] - n(14-pH) \\
&= \lg[M^{n+}] - 14n + npH
\end{aligned}$$

即

$$\lg[M^{n+}] = \lg K_{sp} + 14n - npH$$  (4-8)

式(4-8)中，$\lg[M^{n+}]$ 与 pH 为直线关系，截距为（$\lg K_{sp} + 14n$），斜率为（$-n$）。由式(4-8)可知：a. 对于不同的金属离子，浓度相同时，溶度积越小，则开始析出氢氧化物沉淀的 pH 值越低；b. 对于同一金属离子，浓度越大，开始析出沉淀的 pH 值越低；c. 对于同一种金属离子，其在水中的剩余浓度随 pH 值的增高而下降；d. 对于 $n$ 价金属离子，pH 值每增大 1，金属离子的浓度降低 $10^n$ 倍。例如，在氢氧化物沉淀中，pH 值增加 1，二价金属离子的浓度可降低 100 倍，三价金属离子的浓度可降低 1000 倍。

在氢氧化物沉淀过程中，对某一污水中的金属离子，污水的 pH 值是沉淀金属化合物的关键条件。根据各种金属氢氧化物的 $K_{sp}$ 值，可计算出某一 pH 值时溶液中金属离子的饱和浓度，如图 4-1 所示。

许多金属离子和氢氧根离子不仅可以生成氢氧化物沉淀，而且还可以生成各种可溶性羟基配合物。在与金属氢氧化物呈平衡的饱和溶液中，不仅有游离的金属离子，而且有配位数不同的各种羟基配合物，它们都参与沉淀-溶解平衡。显

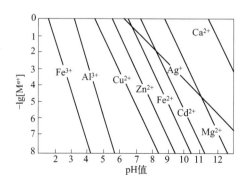

图 4-1 金属氢氧化物的溶解度对数图

然，各种金属羟基配合物在溶液中存在的数量和比例都直接同溶液的 pH 值有关，根据各种平衡关系可以进行综合计算。

以 Zn(Ⅱ) 为例，其氢氧化物（$Zn(OH)_2$）在高 pH 值时可能重新溶解，产生羟基配合物（如 $Zn(OH)_4^{2-}$、$Zn(OH)_3^-$）。其羟基配合物的生成反应及平衡常数如下：

$$Zn^{2+} + OH^- \rightleftharpoons Zn(OH)^+$$
$$K_1 = [Zn(OH)^+]/([Zn^{2+}][OH^-]) = 5.0 \times 10^5 \tag{4-9}$$
$$\lg K_1 = 5.7$$
$$Zn(OH)^+ + OH^- \rightleftharpoons Zn(OH)_2(液)$$
$$K_2 = [Zn(OH)_2(液)]/([Zn(OH)^+][OH^-]) = 2.7 \times 10^4 \tag{4-10}$$
$$\lg K_2 = 4.43$$
$$Zn(OH)_2(液) + OH^- \rightleftharpoons Zn(OH)_3^-$$
$$K_3 = [Zn(OH)_3^-]/([Zn(OH)_2(液)][OH^-]) = 1.26 \times 10^4 \tag{4-11}$$
$$\lg K_3 = 4.10$$
$$Zn(OH)_3^- + OH^- \rightleftharpoons Zn(OH)_4^{2-}$$
$$K_4 = [Zn(OH)_4^{2-}]/([Zn(OH)_3^-][OH^-]) = 1.82 \times 10 \tag{4-12}$$
$$\lg K_4 = 1.26$$

在有沉淀物 $Zn(OH)_2$（固）共存的饱和溶液中，沉淀固体与各配合离子之间也同样都存在着溶解平衡：

（1）
$$Zn(OH)_2(固) \rightleftharpoons Zn^{2+} + 2OH^- \tag{4-13}$$
$$K_{s0} = [Zn^{2+}][OH^-] = 7.1 \times 10^{-18} \tag{4-14}$$
$$\lg K_{s0} = -17.15$$

（2）
$$Zn(OH)_2(固) \rightleftharpoons Zn(OH)^+ + OH^- \tag{4-15}$$
$$K_{s1} = [Zn(OH)^+][OH^-] = K_{s0}K_1 = 3.55 \times 10^{-12} \tag{4-16}$$
$$\lg K_{s1} = -11.45$$

（3）
$$Zn(OH)_2(固) \rightleftharpoons Zn(OH)_2(液) \tag{4-17}$$
$$K_{s2} = [Zn(OH)_2(液)] = K_{s1}K_2 = 9.8 \times 10^{-8} \tag{4-18}$$
$$\lg K_{s2} = -7.02$$

（4）
$$Zn(OH)_2(固) + OH^- \rightleftharpoons Zn(OH)_3^- \tag{4-19}$$
$$K_{s3} = [Zn(OH)_3^-]/[OH^-] = K_{s2}K_3 = 1.2 \times 10^{-3} \tag{4-20}$$
$$\lg K_{s3} = -2.92$$

（5）
$$Zn(OH)_2(固) + 2OH^- \rightleftharpoons Zn(OH)_4^{2-} \tag{4-21}$$
$$K_{s4} = [Zn(OH)_4^{2-}]/[OH^-]^2 = K_{s3}K_4 = 2.19 \times 10^{-2} \tag{4-22}$$
$$\lg K_{s4} = -1.665$$

由上述平衡关系可综合计算各种金属羟基化合物在溶液中存在的数量和比例，从而知道其对沉淀过程的影响。

由上述关系同样可以求得 Zn 的各种形态的对数浓度与溶液 pH 之间的关系。

$$-\lg[Zn^{2+}] = 2pH + pK_{s0} - 2pK_w = 2pH - 10.85 \tag{4-23}$$

$$-\lg[Zn(OH)^+]=pH+pK_{s1}-pK_w=pH-2.55 \tag{4-24}$$

$$-\lg[Zn(OH)_2(液)]=pK_{s2}=7.02 \tag{4-25}$$

$$-\lg[Zn(OH)_3^-]=-pH+pK_{s3}+pK_w=-pH+16.92 \tag{4-26}$$

$$-\lg[Zn(OH)_4^{2-}]=-2pH+pK_{s4}+2pK_w=-2pH+29.66 \tag{4-27}$$

根据以上各式，可以求出五组对数浓度的斜率和截距，并作出如图 4-2 所示的 $-\lg[Zn(\mathrm{II})]$ 与 pH 值的关系图。图中阴影线所围的区域代表生成固体 $Zn(OH)_2$ 沉淀的区域。由图可见，当 pH<10.2 时，$Zn(OH)_2$（固）的溶解度随 pH 值升高而降低；当 pH>10.2 以后，其溶解度随 pH 值升高而增大。其他可生成两性氢氧化物的金属也具有类似的性质，如 $Cr^{3+}$、$Al^{3+}$、$Fe^{3+}$、$Cd^{2+}$、$Cu^{2+}$、$Pb^{2+}$ 等，见图 4-3。

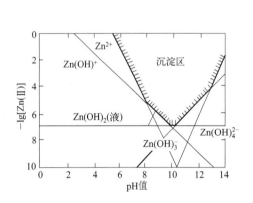

图 4-2 氢氧化锌溶解平衡区域图

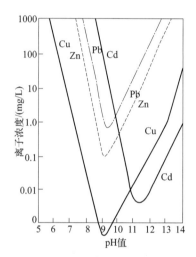

图 4-3 铜、锌、铅、镉的氢氧化物的溶解平衡图

实际水处理中，共存离子体系复杂，影响氢氧化物沉淀的因素很多，必须控制 pH 值，使其保持在最优沉淀区域内。因为溶液的 pH 对金属氢氧化物的沉淀有影响，所以工业上采用氢氧化物沉淀法处理污水中的金属离子时，其沉淀物析出的最佳 pH 值范围如表 4-2。

表 4-2 金属氢氧化物沉淀析出的最佳 pH 值范围

| 金属离子 | $Fe^{3+}$ | $Al^{3+}$ | $Cr^{3+}$ | $Zn^{2+}$ | $Ni^{2+}$ | $Pb^{2+}$ | $Cd^{2+}$ | $Fe^{2+}$ | $Mn^{2+}$ | $Cu^{2+}$ |
|---|---|---|---|---|---|---|---|---|---|---|
| 最佳 pH 值 | 5~12 | 5.5~8 | 8~9 | 9~10 | >9.5 | 9~9.5 | >10.5 | 5~12 | 10~14 | >8 |
| 加碱溶解的 pH 值 | | >8.5 | >9 | 10.5 | | >9.5 | | >12.5 | | |

当水中存在 $CN^-$、$NH_3$、$S^{2-}$ 及 $Cl^-$ 等配位体时，能与金属离子结合成可溶性配合物，增大金属氢氧化物的溶解度，对沉淀不利，应通过预处理去除。

采用氢氧化物沉淀法去除金属离子时，沉淀剂为各种碱性物质，常用的沉淀剂有石灰、碳酸氢钠、氢氧化钠、石灰石、白云石、电石渣等，可根据金属离子的种类、污水的性质、pH 值、处理水量等因素选用。石灰沉淀法的优点是经济、简便，药剂来源广，因而应用最多，但石灰品质不稳定，消化系统的劳动条件差，管道易结垢（$CaSO_4$ 与 $CaF_2$）与腐蚀，沉渣量大且多为胶体状态，含水率高达 95%~98%，极难脱水。当处理量小时，采用氢氧化钠可以减少沉渣量。用碳酸钠生成的碳酸盐沉渣比氢氧化物沉渣易脱水。

#### 4.2.1.2 硫化物沉淀法

许多金属硫化物在水中的溶解度和溶度积也都很小，因此工业上还常采用硫化物从污水中除去金属离子。溶度积越小的物质，越容易生成硫化物沉淀析出，主要金属硫化物的沉淀顺序如下：

$$Hg^{2+} > Ag^+ > As^{3+} > Cu^{2+} > Pb^{2+} > Cd^{2+} > Zn^{2+} > Fe^{2+}$$

通常采用的沉淀剂有 $H_2S$、$Na_2S$、$NaHS$、$CaS_x$、$MnS$、$(NH_4)_2S$、$FeS$ 等。$H_2S$ 有恶臭，是一种无色剧毒气体，因此使用时必须要注意安全，防止其逸出而污染空气。

硫化物沉淀的生成与溶液的 pH 值有较大的关系。金属硫化物的溶解平衡式为：

$$MS \Longrightarrow [M^{2+}] + [S^{2-}] \tag{4-28}$$

$$K_{sp} = [M^{2+}][S^{2-}] \tag{4-29}$$

以硫化氢为沉淀剂时，硫化氢分两步电离，其电离方程式如下：

$$H_2S \Longrightarrow H^+ + HS^- \tag{4-30}$$

$$HS^- \Longrightarrow H^+ + S^{2-} \tag{4-31}$$

电离常数分别为

$$K_1 = \frac{[H^+][HS^-]}{[H_2S]} = 9.1 \times 10^{-8} \tag{4-32}$$

$$K_2 = \frac{[H^+][S^{2-}]}{[HS^-]} = 1.2 \times 10^{-15} \tag{4-33}$$

由式(4-32) 和式(4-33) 可得：

$$\frac{[H^+]^2[S^{2-}]}{[H_2S]} = 1.1 \times 10^{-22} \tag{4-34}$$

$$[S^{2-}] = \frac{1.1 \times 10^{-22}[H_2S]}{[H^+]^2} \tag{4-35}$$

因此，

$$[M^{2+}] = \frac{K_{sp}[H^+]^2}{1.1 \times 10^{-22}[H_2S]} \tag{4-36}$$

在 0.1MPa、25℃的条件下，硫化氢在水中的饱和浓度为 0.1mol/L（pH<6），因此有：

$$[M^{2+}] = \frac{K_{sp}[H^+]^2}{1.1 \times 10^{-23}} \tag{4-37}$$

$$[S^{2-}] = \frac{1.1 \times 10^{-23}}{[H^+]^2} \tag{4-38}$$

由上式可见，用硫化物沉淀法处理含金属离子的污水时，水中剩余金属离子的饱和浓度也与 pH 值有关，随 pH 值的增高而降低，见图 4-4。

采用硫化物沉淀法处理含 $Hg^+$、$Cu^{2+}$、$Cd^{2+}$、$Zn^{2+}$、$Pb^{2+}$ 等重金属离子的污水具有去除率高、可分步沉淀、沉渣中的金属品位高、便于回收利用、适用 pH 值范围大等优点，因此在生产上均得到了应用。但

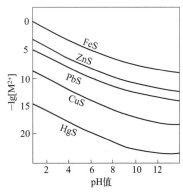

图 4-4 金属硫化物溶解度和 pH 值的关系

当 pH 值降低时，过量的 $S^{2-}$ 可产生 $H_2S$ 而造成二次污染。有时金属硫化物的颗粒很小，导致分离困难，此时可投加适量的絮凝剂（如聚丙烯酰胺）进行共沉。

硫化物沉淀法除汞只适用于无机汞，对于有机汞，必须先用氧化剂（如氯等）将其氧化成无机汞，再用硫化物沉淀法处理。其反应式为：

$$Hg^{2+} + S^{2-} == HgS \downarrow \tag{4-39}$$
$$2Hg^+ + S^{2-} == Hg_2S \downarrow == HgS \downarrow + Hg \downarrow \tag{4-40}$$

在用硫化物沉淀除汞的过程中，提高沉淀剂 $S^{2-}$ 的浓度有利于硫化汞沉淀的析出，但是 $S^{2-}$ 过量会增加水体的 COD，还能与硫化汞沉淀生成可溶性络合阴离子 $[HgS_2]^{2-}$，降低汞的去除率。因此，在反应过程中要补投 $FeSO_4$ 溶液，以除去过量的硫离子，这样不仅有利于汞的去除，也有利于沉淀的分离。

如果污水中含有卤素离子（$F^-$、$Cl^-$、$Br^-$、$I^-$）、$CN^-$ 和 $SCN^-$ 时，它们会与 $Hg^{2+}$ 生成配离子，如 $[HgCl_4]^{2-}$、$[Hg(CN)_4]^{2-}$ 和 $[Hg(SCN)_4]^{2-}$，不利于汞的沉淀，应先将上述离子除去。

### 4.2.1.3 碳酸盐沉淀法

碳酸盐沉淀法是通过向水体中加入某种沉淀剂，使其与水中的金属离子生成碳酸盐沉淀，从而将污水净化。对于不同的处理对象，碳酸盐沉淀法一般有三种不同的应用方式：

① 投加可溶性碳酸盐如碳酸钠，使水中的金属离子生成难溶于水的碳酸盐沉淀。这种方法可去除污水中的重金属离子和非碳酸盐硬度。如对于含锌污水，可采用投加碳酸钠的方法将水中的锌离子转化为碳酸锌沉淀，进而与水分离。

② 投加难溶碳酸盐如碳酸钙，利用沉淀转化的原理，使水中的重金属离子生成溶解度更小的碳酸盐沉淀析出。例如可采用白云石过滤含铅污水，将水中溶解性的铅离子转化为碳酸铅沉淀，而后从污水中去除。

③ 投加石灰，使之与水中的碳酸盐，如 $Ca(HCO_3)_2$、$Mg(HCO_3)_2$ 等生成难溶于水的碳酸钙和氢氧化镁而沉淀析出。这种方法可除去水中的碳酸盐，主要用于工业给水的软化处理，称为石灰软化法。

### 4.2.1.4 铁氧体沉淀法

铁氧体是一类具有一定晶体结构的复合氧化物，其晶体组织中可以容纳各种不同的金属。它不溶于水，也不溶于酸、碱、盐溶液，具有高的导磁率和高的电阻率（其电阻比铜的大 $10^{13} \sim 10^{14}$ 倍），是一种重要的磁性介质。其制造过程和机械性能与陶瓷品类似，因此也称磁性瓷。

铁氧体的磁性强弱及其他特性与其化学组成和晶体构成有关。铁氧体的晶格类型有 7 种，组成通式为 $(B'_x B''_{1-x})O \cdot (A'_y A''_{1-y})_2 O_3$。尖晶石型铁氧体是人们最熟悉的铁氧体，其化学组成主要由二价金属氧化物和三价金属氧化物所构成，可表示为 $BO \cdot A_2O_3$，其中 B 代表 2 价金属，如 Fe、Mg、Zn、Co、Ni、Ca、Cu、Hg、Bi、Sn 等，A 代表 3 价金属，如 Fe、Al、Cr、Mn、Co、Bi、Ga、As 等。磁铁矿（$FeO \cdot Fe_2O_3$）就是一种天然的尖晶石型铁氧体。由于阳离子的种类及数量不同，铁氧体有上百种之多。

铁氧体经简单的包覆处理后即使在酸、碱以及盐溶液和水中，铁氧体中的重金属也不会被浸出，没有二次污染。铁氧体沉淀法就是采用适宜的处理工艺，使污水中的各种金属离子形成不溶性的铁氧体晶体而沉淀析出以除去金属离子。

铁氧体沉淀过程是 1973 年日本电器公司首先提出并发展起来的一种污水净化方法，主要是利用重金属离子形成不溶性的铁氧体晶粒而沉淀析出，用于含重金属离子（如 $Cr^{3+}$、$Cd^{2+}$、$Hg^{2+}$、$Pb^{2+}$、$Cu^{2+}$、$Zn^{2+}$、$Ni^{2+}$、$Mn^{2+}$、$As^{3+}$）污水的处理。用铁氧体沉淀法处理污水的工艺过程包括 5 个步骤：

**（1）投加亚铁盐**

为了形成铁氧体，需要有足量的 $Fe^{2+}$ 和 $Fe^{3+}$。投加亚铁盐（$FeSO_4$ 或 $FeCl_2$）的作用有 3 个：a. 补充 $Fe^{2+}$；b. 通过氧化反应，补充 $Fe^{3+}$；c. 如水中含有 $Cr^{6+}$，则将其还原为 $Cr^{3+}$，作为形成铁氧体的原料之一。如在含铬污水中所形成的铬铁氧体中，$Fe^{2+}$ 和（$Fe^{3+}+Cr^{3+}$）的摩尔比为 1∶2，而在还原 $Cr^{6+}$ 时 $Fe^{2+}$ 的耗量为 3mol $Fe^{2+}$∶1mol $Cr^{6+}$。因此，如果污水含 1mol $Cr^{6+}$，理论需要投加的亚铁盐为 5mol，实际投加量稍大于理论值，约为 1.15 倍。

**（2）加碱沉淀**

含重金属离子的污水常呈酸性，加硫酸亚铁后，由于水解作用使 pH 值进一步下降，不利于金属氢氧化物沉淀的生成，所以要根据重金属离子的不同，将 pH 值控制在 8～9 时，各种难溶金属氢氧化物可同时沉淀析出。但不能用石灰调节 pH 值，因为石灰的溶解度小和杂质多，未溶解的颗粒及杂质混入沉淀中，会影响铁氧体的质量。

**（3）充氧加热，转化沉淀**

为了调整二价和三价金属离子的比例，通常向污水中通入空气，使部分 Fe(Ⅱ) 转化为 Fe(Ⅲ)。此外，加热可促进反应的进行，同时使氢氧化物胶体破坏和脱水分解，逐渐转化为具有尖晶石结构的铁氧体：

$$Fe(OH)_3 \overset{\triangle}{=\!=\!=} FeOOH + H_2O \tag{4-41}$$

$$FeOOH + Fe(OH)_2 =\!=\!= FeOOH \cdot Fe(OH)_2 \tag{4-42}$$

$$FeOOH \cdot Fe(OH)_2 + FeOOH \overset{\triangle}{=\!=\!=} FeO \cdot Fe_2O_3 + 2H_2O \tag{4-43}$$

污水中的其他金属氢氧化物的反应大致与此相同。二价金属离子占据部分 Fe(Ⅱ) 的位置，三价金属离子占据部分 Fe(Ⅲ) 的位置，从而使其他金属离子均匀地混杂到铁氧体晶格结构中去，形成特性各异的铁氧体。

加热温度 60～80℃，时间 20min，比较合适。充氧加热的方式有 2 种：一是对全部污水加热充氧，二是先充氧，然后将组成调整好的氢氧化物沉淀分离出来，再对沉淀物加热。

**（4）固液分离**

分离铁氧体沉渣的方法有 3 种：沉淀过滤、离心分离和磁分离。由于铁氧体的密度较大，采用沉淀过滤和离心分离都能迅速分离。铁氧体微粒多少带点磁性，也可以采用磁力分离机（如高梯度大磁分离机）进行分离。

**（5）沉渣处理**

根据沉渣组成、性能及用途的不同，处理方式也不同。若污水成分单纯，浓度稳定，则沉渣可作铁氧磁体的原料，此时，沉渣应进行水洗，除去硫酸钠等杂质。

图 4-5 所示是用铁氧体沉淀法处理含铬污水的工艺流程。污水中主要含铁离子和六价铬离子，初始 pH 值为 3～5。污水由调节池进入反应槽，按 $FeSO_4 \cdot 7H_2O$∶$CrO_3 =$

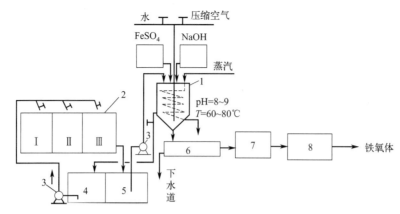

图 4-5 铁氧体沉淀法处理含铬污水

1—反应槽；2—清洗槽；3—泵；4—清水池；5—调节池；6—废渣池；7—离心脱水；8—烘干

16∶1（质量比）投加硫酸亚铁。经搅拌使 $Cr^{6+}$ 与 $Fe^{2+}$ 进行氧化还原反应，然后用 NaOH 调节 pH 值至 7～9，产生氢氧化物沉淀，加热至 60～80℃，通空气曝气 20min。当沉淀呈现黑褐色时，停止通气。之后进行固液分离，铁氧体废渣送去利用，污水经检测达标后排放。

铁氧体沉淀法处理污水具有如下优点：a. 能一次脱除多种金属离子，出水能达到排放标准；b. 设备简单，适用范围广，投资少，操作方便；c. 硫酸亚铁的投量范围大，对水质的适应性强；d. 沉渣分离容易，可以综合利用或贮存。但铁氧体沉淀过程也存在一些缺点：a. 不能单独回收有用金属；b. 需要消耗相当多的硫酸亚铁、一定数量的碱（氢氧化钠）和热能，处理成本高；c. 出水中硫酸盐的浓度高。

### 4.2.1.5 钡盐沉淀法

钡盐沉淀法仅限于含 Cr(Ⅵ) 污水的处理，其工艺流程如图 4-6。采用的沉淀剂有 $BaCO_3$、$BaCl_2$ 和 BaS 等，生成铬酸钡（$BaCrO_4$）。铬酸钡的溶度积 $K_{sp} = 1.2 \times 10^{-10}$。

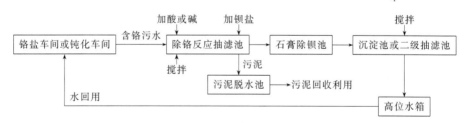

图 4-6 钡盐沉淀法除铬工艺流程示意图

钡盐沉淀法处理含铬污水要准确控制 pH 值。铬酸钡的溶解度与 pH 值有关：pH 值越低，溶解度越大，对去除铬不利；但 pH 值太高时，$CO_2$ 气体难于析出，也不利于除铬反应的进行。采用 $BaCO_3$ 作沉淀剂时，用硫酸或乙酸调节溶液的 pH 值至 4.5～5，反应速率快，除铬效果好，药剂用量少。但不能用 HCl 调节 pH 值，以防止残氯的影响。采用 $BaCl_2$ 作沉淀剂时，生成的 HCl 会使溶液的 pH 值降低。此时 pH 值应控制高些（6.5～7.5）。

为了促进沉淀，沉淀剂常投加过量，但由于出水中含过量的钡，也不能排放，一般通过一个以石膏碎块为滤料的滤池，使石膏中的钙离子置换水中的钡离子而生成硫酸钡沉淀。

钡盐法形成的沉渣中主要含铬酸钡，最好回收利用。可向沉渣中投加硝酸和硫酸，反应产物有硫酸钡和铬酸，铬酸的比例约为沉渣：硝酸：硫酸＝1：0.3：0.08。

#### 4.2.1.6　卤化物沉淀法

卤化物沉淀法是通过向污水中投加易溶解的卤化物，使其与水中的金属离子反应生成难溶的卤化物沉淀而去除污染物的方法。根据产生沉淀的种类，卤化物沉淀法可分为：

**（1）氯化银沉淀法除银**

含银污水主要来源于镀银和照相工艺，通过向污水中投加氯化物可以首先生成卤化银沉淀而除去银离子。这种方法常用来回收污水中的银。污水中含有多种金属离子时，调节污水的 pH 值至碱性，同时加入氯化物，则其他金属离子形成氢氧化物沉淀，银形成氯化银沉淀。用酸洗沉渣，将氢氧化物沉淀溶出，仅剩下氯化银，实现分离和回收银。

镀银污水中常含氰，一般先加氯氧化氰，放出的氯离子又可以与银生成沉淀。据报道，当银和氰的质量相等时，投氯量为 3.5mg/mg（$CN^-$），氯化 10min 后，调整 pH 值至 6.5，氰完全氧化，再加氯化铁，以石灰调节 pH 值至 8，沉淀分离后出水中银的浓度由最初的 0.7～40mg/L 降至几乎为 0。

氰化银镀液的含银浓度高达 13～45g/L，一般先用电解法回收银，将银的浓度降至 100～500mg/L，然后再用氯化物沉淀法将银的浓度进一步降至几 mg/L。如果在碱性条件下与其他金属氢氧化物共沉淀，可使银的浓度降至 0.1mg/L。当出水中氯离子浓度为 0.5mg/L 时，理论计算的银离子最大浓度为 1.35mg/L。氯离子的浓度越高，则银的浓度越低，但氯离子过量太多时，会生成 $AgCl_2^-$ 络离子，使沉淀又重新溶解。

**（2）氟化物沉淀法**

当污水中只含有单一氟离子时，可通过投加石灰，将污水的 pH 值调节至 10～12，生成 $CaF_2$ 沉淀：

$$Ca^{2+}+F^+ \longrightarrow CaF_2 \tag{4-44}$$

利用此方法可使污水中的氟浓度降至 10～20mg/L。

如果污水中同时还含有其他金属离子，如 $Mg^{2+}$、$Fe^{3+}$、$Al^{3+}$，则同时会生成金属氢氧化物沉淀，由于吸附共沉淀作用，可使溶液中的氟浓度降至 8mg/L 以下。如果加石灰的同时加入磷酸盐（如过磷酸钙、磷酸氢二钙），则可与氟离子形成难溶的磷灰石沉淀，反应方程如下：

$$3H_2PO_4^-+5Ca^{2+}+6OH^-+F^- \Longrightarrow Ca_5(PO_4)_3F+6H_2O \qquad K_{sp}=6.8\times10^{-60} \tag{4-45}$$

当石灰投量为理论量的 1.3 倍，过磷酸钙的投量为理论量的 2～2.5 倍时，可使氟的浓度降至 2mg/L。

#### 4.2.1.7　磷酸盐沉淀法

含可溶性磷酸盐的污水可以通过加入铁盐或铝盐生成不溶性的磷酸盐沉淀除去。加入铁盐除去磷酸盐时会伴随如下过程发生：a. 反应生成铁的磷酸盐 $[Fe(PO_4)_x(OH)_{3-x}]$ 沉淀；b. 在部分胶体状的氧化铁或氢氧化铁表面上磷酸盐被吸附；c. 多核氢氧化铁(Ⅲ)悬浮体的凝聚作用，生成不溶于水的金属聚合物。

利用加入 $FeCl_3 \cdot 6H_2O$、$FeCl_3 + Ca(OH)_2$、$AlCl_3 \cdot 6H_2O$ 和 $Al_2(SO_4)_3 \cdot 18H_2O$ 来处理含磷酸盐的污水已经进行了研究并用于实际的生产中。沉淀剂的加入量应根据亚磷酸的总量来调整，即以亚磷酸对铁或对铝的化学比为基础。如果加入的 $FeCl_3$ 或 $AlCl_3$ 水合物的化学计量比为 1.5，则可去除 90% 以上的磷酸盐，加入 2 倍化学计量的 $Al_2(SO_4)_3 \cdot 18H_2O$ 也可以得到同样的结果。利用 $FeCl_3 \cdot 6H_2O + Ca(OH)_2$ 组成的混合沉淀剂，用 0.8 倍化学计量的铁与 100mg/L 的 $Ca(OH)_2$，可将污水中的磷酸盐去除 90% 以上，沉淀物可作为肥料。

也可采用其他一些盐作沉淀剂，溶液的 pH 值影响沉淀剂的选用。用铁盐沉淀正磷酸盐时，最佳的 pH 值是 5；当用铝盐作沉淀剂时，最佳的 pH 值是 6；而用石灰时，最佳的 pH 值在 10 以上。这些 pH 值与相应的纯磷酸盐的最小溶解度一致。工业上采用连续沉淀工艺，可使污水中残留的磷酸盐达到 $4\mu g/L$。

氨氮是导致水体富营养化的主要原因之一，对水中的鱼类等水生生物有直接的危害，严格控制氨氮的排放是目前污水治理的一项重要任务。磷酸铵镁化学沉淀过程去除污水中的氨氮具有处理效果好、工艺简单、不受温度限制等优点；对于无法应用生物处理的强毒性污水中氨氮的去除，该过程也能取得很好的效果；如果污水中同时含有较高的 $PO_4^{3-}$，该过程还可同时起到除磷的作用。由于以上诸多优点，早在 20 世纪 70 年代就有应用该方法去除氨氮的研究报道。

一般情况下，铵根离子形成的盐都为易溶的，但也会形成某些难溶于水的复盐，如 $MgNH_4PO_4$、$MnNH_4PO_4$、$NiNH_4PO_4$ 等，利用这些复盐可以将氨氮以沉淀的形式从水中分离去除。Mn、Ni、Zn 等重金属离子对人及其他生物有毒害作用，通常不可以作为沉淀剂使用，但镁离子可以作为沉淀剂使用。在污水中同时存在氨氮离子、镁离子和磷酸根离子时，就会生成 MAP，其反应方程式如下：

$$Mg^{2+} + NH_4^+ + PO_4^{3-} + 6H_2O \longrightarrow MgNH_4PO_4 \cdot 6H_2O \downarrow \tag{4-46}$$

将生成的沉淀与水分离，就可以实现对氨氮的去除。关于磷酸铵镁脱氮的研究有不少报道，主要集中在沉淀剂的选择和沉淀条件的优化上，pH 值、反应物种类、反应物配比等因素都会影响除氮效果。

### 4.2.1.8 有机试剂沉淀法

该过程主要是利用有机试剂和污水中的无机或有机污染物发生反应，形成沉淀从而分离。对于有机污水中所含的苯酚，可用甲醛作沉淀剂将苯酚缩合成酚醛树脂而沉淀析出，在此过程中，酚的回收率可达 99.2%。含重金属的污水和有机试剂会反应生成金属有机络合物，如用二甲胺原酸钠与 Ni、Cu 发生反应生成络合沉淀。该过程去除污染物的效果较好，但试剂往往较昂贵，同时为避免二次污染，对有机试剂的用量必须进行较为准确的计量。

## 4.2.2 工艺流程

无论采用何种化学沉淀法，其工艺流程与混凝法大体类似，主要步骤包括：
① 选择相应的沉淀剂并进行配制和投加。
② 沉淀剂与污水充分混合，进行反应生成不溶的固体沉淀物。

③ 进行固液分离，将不溶的固体沉淀物与水分离。

④ 沉渣的无害化处理与资源化利用。

# 4.3　过程设备

化学沉淀法所用的设备有加药设备、混合设备、反应设备、沉淀设备与清泥设备。

## 4.3.1　加药设备

与中和过程类似，化学沉淀过程使用的药剂也可分为固态、液态和气态三种类型，相应的药剂投加方法也可分为干投法和湿投法，所采用的加药系统也可分为干式、湿式（液式）和气式加药三种形式。各种形式的加药机均可参见中和过程所用的加药机。

## 4.3.2　混合设备

为了保证所加药剂与待处理污水充分发生反应，提高药剂的利用率，通常需采用混合设备。化学沉淀过程常用的混合方式有机械搅拌混合、水力混合和水泵混合。几种混合设备的比较见表 4-3。

表 4-3　几种混合设备的比较

| 混合池形式 | 优点 | 缺点 | 适用条件 |
| --- | --- | --- | --- |
| 桨板式机械混合槽 | 混合效果良好,水力损失较小 | 维护管理较复杂 | 各种水量 |
| 分流隔板混合槽 | 混合效果较好 | 水力损失大,占地面积大 | 大中水量 |
| 水泵混合 | 设备简单,混合较为充分,效果好,不消耗动能 | 管理较复杂,特别是在吸水管较多时,不宜在距离太长时使用 | 各种水量 |

### 4.3.2.1　机械搅拌混合

机械搅拌混合是在混合池内安装搅拌装置，由电动机驱动进行强烈搅拌，如图 4-7 所示。电动机的功率按照混合阶段对速度梯度的要求进行选配，搅拌装置可以是平直叶桨

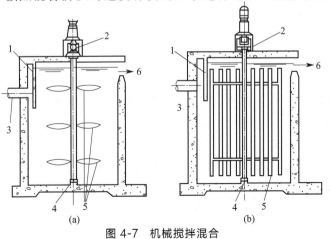

图 4-7　机械搅拌混合

1—挡板；2—电机；3—进水管；4—轴座；5—旋转叶片；6—旋转桨

式、螺旋桨式、涡轮式、直叶桨框式、透平式或船舶推进式。机械搅拌混合的优点是混合效果好，搅拌强度随时可调，使用灵活方便，适用于各种规模的水处理厂；缺点是机械设备存在维修问题。

机械搅拌混合搅拌器的线速度为：桨式 $1.5\sim3m/s$；推进式 $5\sim15m/s$。混合搅拌时间（$t$）一般为 $10\sim30s$，工业应用常取 $2min$。搅拌池流量 $Q$ 不限，池深 $2\sim5m$，液面高度 $H=4V/(\pi D^2)$。计算如下：

**（1）混合池容积 $V$（$m^3$）**

$$V=\frac{QT}{60n} \tag{4-47}$$

式中　$Q$——设计流量，$m^3/h$；

　　　$T$——混合时间，$min$，$T=1min$；

　　　$n$——池数，个。

**（2）垂直轴转速 $n_0$（$r/min$）**

$$n_0=\frac{60v}{\pi D_0} \tag{4-48}$$

式中　$v$——桨板外缘线速度，$m/s$，$1.5\sim3m/s$。

**（3）需要轴功率 $N_1$（$kW$）**

$$N_1=\frac{\mu VG^2}{1000} \tag{4-49}$$

式中　$\mu$——水的动力黏度，$Ns/m^2$；

　　　$G$——设计速度梯度，$s$，$500\sim1000s$。

**（4）计算轴功率 $N_2$（$kW$）**

$$N_2=C\frac{\gamma\omega^3 ZeBR_0^4}{408g} \tag{4-50}$$

式中　$C$——阻力系数，$0.2\sim0.5$；

　　　$\gamma$——水的容重，$kg/m^3$，$1000kg/m^3$；

　　　$\omega$——旋转的角速度，弧度/s，$\omega=\frac{2v}{D_0}$；

　　　$Z$——搅拌器叶数；

　　　$e$——搅拌器层数；

　　　$B$——搅拌器宽度，$m$；

　　　$R_0$——搅拌器半径，$m$。

**（5）调整，使 $N_1\approx N_2$。**如 $N_1$ 与 $N_2$ 相差甚大，则需改用推进式搅拌器，其电动机功率 $N_3$（$kW$）：

$$N_3=\frac{N_2}{\sum\eta_n} \tag{4-51}$$

式中　$\eta_n$——传动机械效率，一般取 $0.85$。

### 4.3.2.2　水力混合

水力混合是借助水流的动能使药剂溶液与水混合的。目前使用的水力混合设备有管道静态混合器和分流隔板混合槽。

管道静态混合器如图 4-8。该混合器内按要求安装
若干混合单元，每一个混合单元由若干固定叶片按一定
的角度交叉组成。当水流和药剂流过混合器时，被单元
体多次分隔、转向并形成涡旋，以达到充分混合的目

图 4-8　管道静态混合器

的。静态混合器的特点是构造简单，安装方便，混药过程快速而均匀。

分流隔板混合槽的结构如图 4-9 所示，隔板间距一般为 0.6～1m，流速大于 1.5m/s，
转弯处的过水断面积为平流部分过水断面积的 1.2～1.5 倍。

各种水力混合设备的特点和设计要点
如下：

**（1）隔板混合池**

隔板混合池的构造如图 4-10 所示，其
特点及设计要点为：

① 利用水体曲折行进所产生的湍流进
行混合。

② 一般为设有三块隔板的窄长形水槽，
两隔板的间距为槽宽的 2 倍。

③ 最后一道隔板后的槽中水深不少于
0.4～0.5m，该处的槽中流速 $v$ 为 0.6m/s。

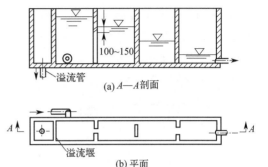

图 4-9　分流隔板混合槽

④ 缝隙处的流速 $v_0$ 为 1m/s，每个缝隙处的水力损失为 0.13m；一般其总水力损失
为 0.39m。

⑤ 为避免进入空气，缝隙必须具有淹没水深 100～150m。

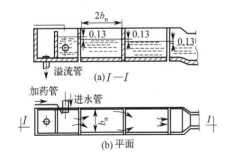

图 4-10　隔板混合池

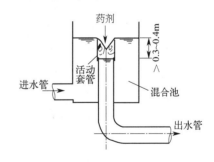

图 4-11　跌水混合池

**（2）跌水混合池**

跌水混合池的构造如图 4-11 所示，其特点及设计要点为：

① 利用水流在跌落过程中产生的巨大冲击达到混合的效果。

② 构造为在混合池的输水管上加装一活动套管，混合的最佳效果可通过调节活动套
管的高低来达到。

③ 套管内外水位差至少应保持 0.3～0.4m，最大不超过 1m。

**（3）水跃式混合池**

水跃式混合池的构造如图 4-12 所示，其特点及设计要点为：

① 适用于有较大水头的大、中型水厂，利用 3m/s 以上的流速迅速流下时产生的水跃进行混合。

② 水头差至少要在 0.5m 以上。

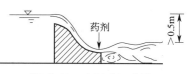

图 4-12　水跃式混合池

**（4）涡流式混合池**

涡流式混合池的构造如图 4-13 所示，其特点及设计要点为：

① 适用于中、小型水厂，特别适合于石灰乳的混合，单池处理能力不大于 $1200\sim1500\text{m}^3/\text{h}$。

② 平面形状呈正方形或圆形，相应的下部呈倒金字塔形或者圆锥形，其中心角 $\alpha$ 为 $30°\sim45°$。

③ 进口处上升流速为 $1\sim1.5\text{m/s}$，混合池上口处流速为 $25\text{mm/s}$。

④ 停留时间≤2min，一般可采用 $1\sim1.5\text{min}$。

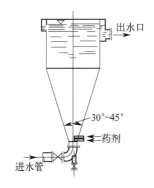

图 4-13　涡流式混合池

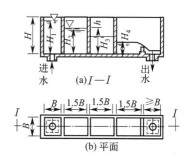

图 4-14　穿孔混合池

**（5）穿孔混合池**

穿孔混合池的构造如图 4-14 所示，其特点及设计要点为：

① 适用于 $1000\text{m}^3/\text{h}$ 以下的水厂，不适用于石灰乳或者有较大渣子的药剂混合，以免石灰粒子或渣子堵塞孔眼。

② 穿孔混合池为设有三块隔板的矩形水槽，板上具有较多的孔眼，以造成较多的涡流。

③ 最后一道隔板后的槽中水深最少为 $0.4\sim0.5\text{m}$；该处的槽中流速 $v$ 一般采用 $0.6\text{m/s}$。

④ 两道隔板间的距离等于槽宽。

⑤ 为避免进入空气，孔眼必须具有淹没水深 $100\sim150\text{mm}$；孔眼处的流速 $v_0$ 可取 $1\text{m/s}$，孔眼直径 $d$ 一般采用 $20\sim120\text{mm}$，孔眼距为 $(1.5\sim2)d$。

**（6）廊道式隔板混合池**

廊道式隔板混合池的构造如图 4-15 所示，其特点及设计要点为：

① 适用于规模大于 $30000\text{m}^3/\text{d}$ 的水厂。

② 隔板数为 $6\sim7$ 块，隔板间距不小于 $0.7\text{m}$，停留时间 $1.5\text{min}$。

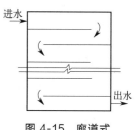

图 4-15　廊道式隔板混合池

③ 水在隔板间的流速 $v$ 约为 $0.9\mathrm{m/s}$。

④ 混合池的水力损失 $h$ 为：

$$h=0.15v^2s \tag{4-52}$$

式中　$s$——转弯数。

### 4.3.2.3　水泵混合

水泵混合是一种常用混合方式，其加药位置如图 4-16 所示。药剂溶液投加到水泵吸水管上或吸水喇叭口处，利用水泵叶轮高速转动产生的水流紊动来达到药剂与水快速而剧烈的混合。这种方式的混合效果好，不需另建混合设备，节省投资和运行费用，适用于大、中、小型水厂。但使用三氯化铁作为药剂且投加量较大时，对水泵叶轮有一定的腐蚀作用，需在水泵吸入口和出水管内壁涂加耐腐蚀材料。

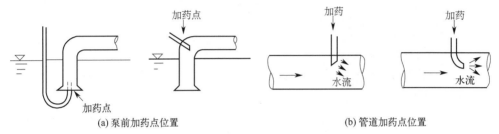

(a) 泵前加药点位置　　　　　　　　　　(b) 管道加药点位置

**图 4-16　水泵混合的加药位置**

水泵混合适用于取水泵房与药剂处理构筑物相距不远的场合。当两者相距较远时，经水泵混合后的原水在长距离输送过程中可能会在管道中过早地形成絮凝体或沉淀物。过早形成的絮体在管道出口处一旦破碎往往难于重新聚集，而不利于后续的絮凝；过早产生的沉淀物会黏附于管道上，造成管道堵塞。

## 4.3.3　反应设备

反应设备的主要功能是使经混合后的原水与药剂充分反应。化学沉淀过程所用反应设备的型式多种多样，主要有水力隔板反应池、涡流式反应池和机械搅拌反应池三大类。各种反应设备的比较见表 4-4 所示。

**表 4-4　几种反应设备的比较**

| 反应池形式 | 优点 | 缺点 | 适用条件 |
| --- | --- | --- | --- |
| 平流式隔板反应池<br>竖流式隔板反应池 | 反应效果好，构造简单，施工方便 | 容积较大，水力损失大 | 水量大于 $1000\mathrm{m^3/h}$ 且变化较小 |
| 回转式隔板反应池 | 反应效果较好，水力损失小，构造简单，管理方便 | 池较深 | 水量大于 $1000\mathrm{m^3/h}$ 且变化较小，改建或扩建旧有设备 |
| 涡流式反应池 | 反应时间短，容积小，造价低 | 池较深，截头圆锥形池底难于施工 | 水量小于 $1000\mathrm{m^3/h}$ |
| 机械搅拌反应池 | 反应效果好，水力损失小，可适应水质水量的变化 | 部分设备处于水下，维护较难 | 各种水量 |

### 4.3.3.1　水力隔板反应池

根据构造，水力隔板反应池有往复式隔板反应池和回转式隔板反应池两种，往复式隔板反应器又可分为平流式隔板反应池和竖流式隔板反应池两种，如图 4-17 所示。

隔板反应池的设计要求与隔板混合池相同，其设计计算步骤如下。

**（1）总容积 $V$（m³）**

$$V=\frac{QT}{60} \tag{4-53}$$

式中　$Q$——设计水量，m³/h；

　　　$T$——反应时间，min。

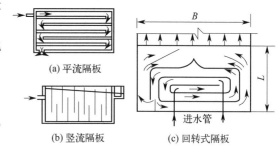

(a) 平流隔板

(b) 竖流隔板　　(c) 回转式隔板

图 4-17　水力隔板反应池

**（2）每池的平面面积 $F$（m²）**

$$F=\frac{V}{nH_1}+f \tag{4-54}$$

式中　$H_1$——平均水深，m；

　　　$n$——池数，个；

　　　$f$——每池隔板所占面积，m²。

**（3）池子长度 $L$（m）**

$$L=\frac{F}{B} \tag{4-55}$$

式中　$B$——池子宽度，一般采用与沉淀池等宽，m。

**（4）隔板间距 $a_n$（m）**

$$a_n=\frac{Q}{3600nv_nH_1} \tag{4-56}$$

式中　$v_n$——该段廊道内流速，m/s。

**（5）各段水力损失 $h_n$（m）**

$$h_n=\xi S_n\frac{v_0^2}{2g}+\frac{v_n^2}{C_n^2R_n}l_n \tag{4-57}$$

式中　$v_0$——该段隔板转弯处的平均流速，m/s；

　　　$S_n$——该段廊道内水流转弯的次数；

　　　$R_n$——廊道断面的水力半径，m；

　　　$C_n$——流速系数，根据水力半径 $R_n$ 和池底及池壁的粗糙系数而定，通常按满宁公

　　　　　式 $C_n=\frac{1}{\sigma}R_n^{1/6}$ 计算或直接查水力计算表；

　　　$\xi$——隔板转弯处的局部阻力系数，往复隔板为 3.0，回转隔板为 1.0；

　　　$l_n$——该段廊道的长度之和，m。

按各廊道内的不同流速，分成数段分别进行计算后求和，即可求得总水力损失。

**（6）总水力损失 $h$（m）**

$$h=\sum h_n \tag{4-58}$$

根据反应池容积的大小，往复式隔板反应池的总水力损失一般在 0.3～0.5m，回转式隔板反应池的总水力损失比往复式的小 40% 左右。

**(7) 平均速度梯度 $G$ [(1/s)]**

$$G = \sqrt{\frac{\gamma h}{60\mu T}} \qquad (4\text{-}59)$$

式中　$\gamma$——水的容重，1000kg/m$^3$；

　　　$\mu$——水的动力黏度，kg·s/m$^2$。

隔板反应池的主要设计参数为：

① 池数一般不少于 2 个，反应时间一般为 20～30min。

② 反应池隔板间的流速应沿程递减，起端部分为 0.5～0.6m/s，末端部分为 0.2～0.3m/s。廊道的分段数一般为 4～6，根据分段数确定各段流速。为达到流速递减的目的，有两种措施：一是将隔板间距从起端到末端逐段放宽，池底相平；二是保持隔板间距不变，池底从起端至末端逐渐降低。因施工方便，一般前者采用较多。

③ 为减少水流转弯处的水力损失，转弯处的过水断面应为廊道过水断面的 1.2～1.5 倍。

④ 为便于施工和检修，隔板净间距一般大于 0.5m，池底应有 0.02～0.03 的坡度并设直径不小于 0.15m 的排泥管。

隔板反应池通常适用于大、中型水厂，其优点是构造简单，管理方便；缺点是流量变化大时反应效果不易控制，需较长反应时间，池容较大。

### 4.3.3.2　涡流式反应池

涡流式反应池的池体呈锥形，底部锥角 30°～60°，锥体面积逐渐增大，上端设周边集水槽，如图 4-18 所示。水流由池底涡旋而上，上升流速由大逐渐减小。设计要点为：反应时间 6～10min，入口流速 0.7m/s，上端圆柱部分的上升流速 4～6m/s，每米工作水力损失为 0.02～0.05m。设计计算步骤如下：

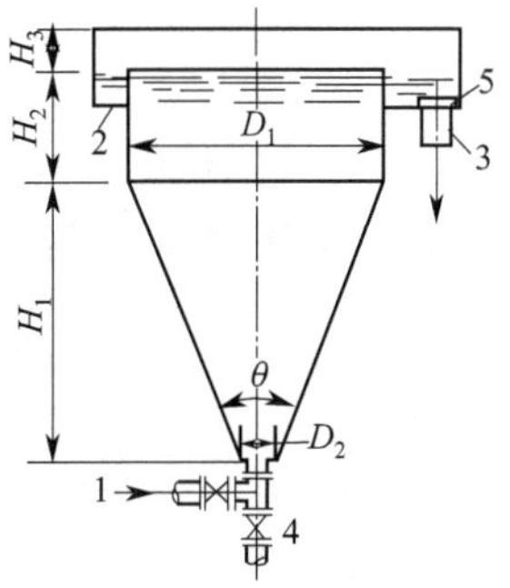

**(1) 圆柱部分的面积 $f_1$ (m$^2$)**

$$f_1 = \frac{Q}{3600 n v_1} \qquad (4\text{-}60)$$

图 4-18　涡流式反应池
1—进水管；2—周边集水槽；
3—出水管；4—放水阀；5—格栅

式中　$v_1$——上部圆柱部分的上升流速，mm/s；

　　　$Q$——设计水量，m$^3$/h；

　　　$n$——池数，个。

**(2) 圆柱部分的直径 $D_1$ (m)**

$$D_1 = \sqrt{\frac{4f_1}{\pi}} \qquad (4\text{-}61)$$

式中　$f_1$——圆柱部分的面积，m$^2$。

**(3) 圆锥底部的面积 $f_2$ (m$^2$)**

$$f_2 = \frac{Q}{3600 n v_2} \qquad (4\text{-}62)$$

式中　$v_2$——底部入口处流速，m/s。

**(4) 圆锥底部的直径 $D_2$ (m$^2$)**

$$D_2 = \sqrt{\frac{4f_2}{\pi}} \qquad (4\text{-}63)$$

式中 $f_2$——圆锥底部的面积，$m^2$。

**（5）圆柱部分的高度 $H_2$（m）**

$$H_2 = \frac{D_1}{2} \tag{4-64}$$

式中 $D_1$——圆柱部分的直径，m。

**（6）圆锥部分的高度 $H_1$（m）**

$$H_1 = \frac{D_1 - D_2}{2} \mathrm{ctg}\frac{\theta}{2} \tag{4-65}$$

式中 $\theta$——底部锥角。

**（7）每池的容积 $V$（$m^3$）**

$$V = \frac{\pi}{4}D_1^2 H_2 + \frac{\pi}{12}(D_1^2 + D_1 D_2 + D_2^2)H_1 + \frac{\pi}{4}D_2^2 H_3 \tag{4-66}$$

式中 $H_3$——池底部立管的高度，m。

**（8）反应时间 $T$（min）**

$$T = \frac{60}{q} \tag{4-67}$$

式中 $q$——每池的设计水量，$m^3/h$。

**（9）水力损失 $h$（m）**

$$h = h_0(H_1 + H_2 + H_3) + \xi\frac{v^2}{2g} \tag{4-68}$$

式中 $h_0$——每米工作高度的水力损失，m；

　　　$\xi$——进口的局部阻力系数；

　　　$v$——进口流速，m/s。

### 4.3.3.3 机械搅拌反应池

在机械搅拌反应池中，采用机械搅拌装置对水流进行搅拌，搅拌速度可以通过使用变速电动机或变速箱进行调节。根据搅拌轴的安装位置，机械搅拌反应池分为水平轴式和垂直轴式，分别见图 4-19 中的（a）和（b）。水平轴式常用于大型水厂，垂直轴式一般用于中、小型水厂。搅拌器有桨板式和叶轮式等，目前我国常用前者。

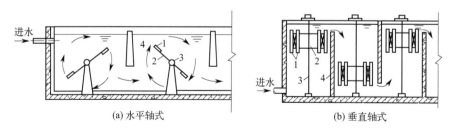

(a) 水平轴式　　　　　　　　　　(b) 垂直轴式

图 4-19　机械搅拌反应池

1—桨板；2—叶轮；3—转轴；4—隔板

机械搅拌反应池的设计计算步骤如下：

**（1）每池的容积 $V$（$m^3$）**

$$V = \frac{QT}{60n} \qquad (4\text{-}69)$$

式中　$Q$——设计水量，$m^3/h$；

　　　$T$——反应时间，min，一般为 $15\sim20min$；

　　　$n$——池数，个。

**（2）水平轴式的池子长度 $L$（m）**

$$L \geqslant \alpha ZH \qquad (4\text{-}70)$$

式中　$\alpha$——系数，一般采用 $1.0\sim1.5$；

　　　$z$——搅拌轴的排数，一般为 $3\sim4$ 排。

**（3）水平轴式的池子宽度 $B$（m）**

$$B = \frac{W}{LH} \qquad (4\text{-}71)$$

式中　$H$——平均水深，m。

**（4）搅拌器的转速 $n_0$〔(r/min)〕**

$$n_0 = \frac{60v}{\pi D_0} \qquad (4\text{-}72)$$

式中　$v$——叶轮桨板中心点的线速度，m/s；

　　　$D_0$——叶轮桨板中心点的旋转直径，m。

**（5）每个叶轮旋转时克服水的阻力所消耗的功率 $N_0$（kW）**

$$N_0 = \frac{yk l\omega^3}{408}(r_2^4 - r_1^4) \qquad (4\text{-}73)$$

$$\omega = 0.1n_0 \qquad (4\text{-}74)$$

$$k = \frac{\psi\gamma}{2g} \qquad (4\text{-}75)$$

式中　$y$——每个叶轮上的桨板数目，个；

　　　$l$——桨板长度，m；

　　　$r_2$——叶轮半径，m；

　　　$r_1$——叶轮半径与桨板宽度之差，m；

　　　$\omega$——叶轮旋转的角速度，弧度/s；

　　　$k$——系数；

　　　$\gamma$——水的容重，$kg/m^3$，$1000kg/m^3$；

　　　$\psi$——阻力系数，$1.10\sim2.00$。

**（6）转动每个叶轮所需的电动机功率 $N$（kW）**

$$N = \frac{N_0}{\eta_1 \eta_2} \qquad (4\text{-}76)$$

式中　$\eta_1$——搅拌器机械总效率，一般采用 $0.75$；

　　　$\eta_2$——传动效率，一般采用 $0.6\sim0.95$。

机械搅拌反应池的主要设计参数如下：

① 每台搅拌器上的桨板总面积为水流截面积的 $10\%\sim20\%$，不宜超过 $25\%$，以免池水

随桨板同步旋转而减弱搅拌效果。桨板长度不大于叶轮直径的75%，宽度为0.1~0.3m。

② 搅拌机的转速按叶轮半径中心点的线速度通过计算确定。反应池一般设3~4格，第一格的叶轮中心点线速度为0.4~0.5m/s，逐渐减少至最末一格的0.2m/s。

③ 反应时间通常为15~20min。

机械搅拌反应池的优点是效果好，能适应水质、水量的变化，能应用于任何规模，但需专门的机械设备并增加机械维修工作。

### 4.3.3.4 折板反应池

折板反应池是利用在池中加设一些扰流单元以使能量损失得到充分利用，能耗与药耗有所降低，停留时间缩短。折板反应池具有多种形式，常用的有多通道和单通道的平折板、波纹板等。折板反应池可布置成竖流式或平流式，目前以采用竖流式为多。折板反应池要有排泥设施。

竖流式平折板反应池适用于中、小型水厂，折板可采用钢丝网水泥板或其他材质制作。反应池一般分为三段（也可多于三段），三段中的折板可分别采用相对折板、平行折板及平行直板，如图4-20所示。各段的$G$值和$T$值可参照下列数据：

第一段（相对折板）：$G=100s^{-1}$，$T \geqslant 120s$

第二段（平行折板）：$G=50s^{-1}$，$T \geqslant 120s$

第三段（平行直板）：$G=25s^{-1}$，$T \geqslant 120s$

$$GT值 \geqslant 2 \times 10^4$$

第一、二段的折板夹角采用90°，折板宽度为0.5m，折板长度为0.8~1.0m；第二段平行折板的间距等于第一段相对折板的峰距。

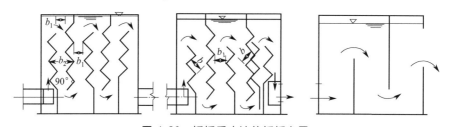

图4-20 折板反应池的折板布置

### 4.3.3.5 多级旋流反应池

图4-21所示为多级旋流反应池的示意图。它由若干个方格组成，方格四角抹圆。每一格为一级，一般可分为6~12级。水流沿池壁切线方向进入后形成旋流。进水孔口上、下交错布置。第一格孔口最小，流速最大，可为2~3m/s，而后逐级递减，末端孔口流速为0.15m/s左右。反应时间为15~25min。

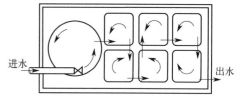

图4-21 多级旋流反应池

多级旋流反应池的优点是结构简单，施工方便，造价低，可用于中、小型水厂。缺点是受流量变化影响较大，池底易产生积泥现象。

## 4.3.4　沉淀设备

投入污水中的药剂与污水中所含的待去除物质发生反应就会生成不溶性颗粒物质。随着加药过程和反应过程的持续进行,沉淀物的产生量也不断增多。由于所产生沉淀的密度通常比水大得多,因此,将含有不溶性颗粒物质(即沉淀物)的污水导入沉淀设备,即可使沉淀物沉降而与水分离。

沉淀设备也称沉淀池,多为钢筋混凝土的水池,一般分为普通沉淀池和斜板(管)式沉淀池两大类。普通沉淀池是污水处理中分离悬浮颗粒的最基本的构筑物,应用十分广泛。根据池内水流方向的不同,普通沉淀池可分为平流式沉淀池、竖流式沉淀池、辐流式沉淀池三种。斜板(管)式沉淀池又分为异向流式和同向流式两种。

### 4.3.4.1　平流式沉淀池

#### 4.3.4.1.1　构造

平流式沉淀池为矩形水池,如图 4-22 所示,原水从池的一端进入,在池内做水平流动,从池的另一端流出。其优点是:沉淀效果好;对冲击负荷和温度变化的适应能力较强;施工简单;平面布置紧凑;排泥设备已定型化。其缺点是:配水不易均匀;采用多斗排泥时,每个泥斗需要单独设排泥管各自排泥,操作量大;采用机械排泥时,设备较复杂,对施工质量要求高。主要适用于大、中、小型给水和污水处理厂。

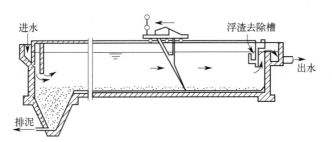

图 4-22　设刮泥车的平流式沉淀池

平流式沉淀池的基本组成包括:进水区、沉淀区、出水区和存泥区 4 部分。

**(1) 进水区**

进水区作用是使水流均匀地分配在沉淀池的整个进水断面上,并尽量减少扰动。

在化学沉淀处理工艺中,进水可采用:溢流式入水方式,并设置多孔整流墙[穿孔墙,见图 4-23(a)];底孔式入流方式,底部设有挡流板[大致在 1/2 池深处,见图 4-23(b)];浸没孔与挡板的组合[见图 4-23(c)];浸没孔与有孔整流墙的组合[见图 4-23(d)]。原水流入沉淀池后应尽快消能,防止在池内形成短流或股流。

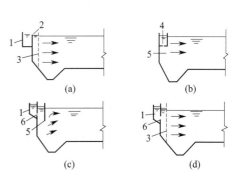

图 4-23　沉淀池进水方式

1—进水槽;2—溢流槽;3—有孔整流墙;
4—底孔;5—挡流板;6—浸没孔

**（2）沉淀区**

为创造一个有利于颗粒沉降的条件，应降低沉淀池中水流的雷诺数和提高水流的弗劳德数。采用导流墙将平流式沉淀池进行纵向分隔可减小水力半径，改善沉淀池的水流条件。

沉淀区的高度与前后相关的处理构筑物的高程布置有关，一般约为3～4m。沉淀区的长度取决于水流的水平流速和停留时间，一般认为沉淀区的长宽比不小于4，长深比不小于8。

**（3）出水区**

沉淀后的水应尽量在出水区均匀流出，一般采用溢流出水堰，如自由堰［如图4-24(a)］和锯齿三角堰［如图4-24(b)］，或采用淹没式出水孔口［如图4-24(c)］。其中锯齿三角堰应用最普遍，水面宜位于齿高的1/2处。为适应水流的变化或构筑物的不均匀沉降，在堰口处需设置能使堰板上下移动的调节装置，使出水堰口尽可能水平。堰前应设置挡板，以阻拦漂浮物，或设置浮渣收集和排出装置。挡板应当高出水面0.1～0.15m，浸没在水面下0.3～0.4m，距出水口0.25～0.5m。

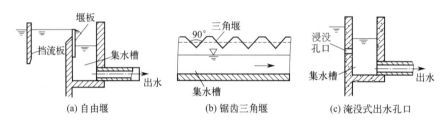

图 4-24　沉淀池出水堰的形式

为控制平稳出水，溢流堰单位长度的出水负荷不宜太大。对初沉池，不宜大于2.9L/(m·s)；对二次沉淀池，不宜大于1.7L/(m·s)。为了减少溢流堰的负荷，改善出水水质，溢流堰可采用多槽布置，见图4-25。

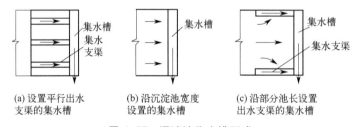

图 4-25　沉淀池集水槽形式

**（4）存泥区及排泥措施**

沉积在沉淀池底部的沉淀物应及时收集并排出，以不妨碍后续沉淀物的产生与沉淀物颗粒的沉淀。沉淀物的收集和排出方法有很多，一般可采用设置泥斗，通过静水压力排出［见图4-26(a)］。

泥斗设置在沉淀池的进口端时，应设置刮泥车和刮泥机（见图4-27），将沉积在全池的沉淀物集中到泥斗处排出。链带式刮泥机装有刮板，当链带刮板沿池底缓慢移动时，把沉淀物缓慢推入到泥斗中，当链带刮板转到水面时，又可将浮渣推向出水挡板处的排渣管槽。链带式刮泥机的缺点是机械长期浸没于水中，易被腐蚀，且难维修。桁车刮泥小车沿

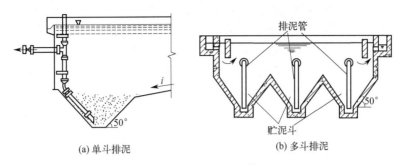

(a) 单斗排泥　　　　　　　(b) 多斗排泥

图 4-26　沉淀池泥斗排泥

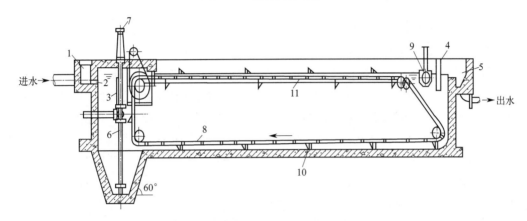

图 4-27　设链带刮泥机的平流式沉淀池

1—进水槽；2—进水孔；3—进水挡板；4—出水挡板；5—出水槽；6—排泥管；

7—排泥阀门；8—链带；9—排渣管槽（能转动）；10—刮板；11—链带支撑

池壁顶的导轨往返行走，使刮板将污泥刮入污泥斗，浮渣刮入浮渣槽。由于整套刮泥车都在水面上，不易腐蚀，易于维修。

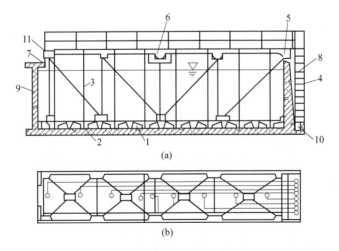

图 4-28　多口虹吸式吸泥机

1—刮泥板；2—吸口；3—吸泥管；4—排泥管；5—桁架；6—电机和传动机构；

7—轨道；8—梯子；9—沉淀池壁；10—排泥沟；11—滚轮

如果沉淀池体积不大，可沿池长设置多个泥斗，但每个泥斗应单设独立的排泥管及排泥阀，如图 4-26(b) 所示。排泥所需要的静水压力应视沉淀物的特性而定。

也可不设泥斗，采用机械装置直接排泥。如采用多口虹吸式吸泥机排泥（见图 4-28），吸泥动力是利用沉淀池水位所能形成的虹吸水头。刮泥板 1、吸口 2、吸泥管 3、排泥管 4 成排地安装在桁架 5 上，整个桁架利用电机和传动机械通过滚轮架设在沉淀池壁的轨道上行走。在行进过程中将池底积泥吸出并排入排泥沟 10。这种吸泥机适用于具有 3m 以上虹吸水头的沉淀池。由于吸泥动力较小，池底积泥中的颗粒太粗时不易吸起。

除多口吸泥机外，也可采用单口扫描式吸泥机，无需成排的吸口和吸管装置，吸泥机沿沉淀池纵向移动时，泥泵、吸泥管和吸口沿横向往复行走吸泥。

#### 4.3.4.1.2 工艺设计计算

**(1) 设计参数的确定**

沉淀池设计的主要控制指标是表面负荷和停留时间。如果有悬浮物沉降实验资料，表面负荷 $q_0$（或颗粒截留沉速 $u_0$）和沉淀时间 $t_0$ 可由沉淀实验提供。需要注意的是，对于 $q_0$ 或 $u_0$ 的计算，如沉淀属于絮凝沉降，沉淀柱实验水深应与沉淀池的设计水深一致；对于 $t_0$ 的计算，不论是自由沉淀还是絮凝沉淀，沉淀柱的水深都与实际水深一致。同时考虑实际沉淀池与理想沉淀池的偏差，应对实验数据进行一定的放大，获得设计表面负荷 $q$（或颗粒截留沉速 $u$）和设计沉淀时间 $t$。如无沉降实验数据，可参考经验值选择表面负荷和沉淀时间，如表 4-5 所示。

沉淀池的有效水深 $H$、沉淀时间 $t$ 与表面负荷 $q$ 的关系见表 4-6。

**表 4-5　城市给水和城市污水沉淀池设计数据**

| 沉淀池类型 | | 表面负荷/[m³/(m²·h)] | 沉淀时间/h | 堰口负荷/[L/(m·s)] |
|---|---|---|---|---|
| 给水处理（混凝后） | | 1.0～2.0 | 1.0～3.0 | ≤5.8 |
| 初次沉淀 | | 1.5～4.5 | 0.5～2.0 | ≤2.9 |
| 二次沉淀 | 活性污泥法后 | 0.6～1.5 | 1.5～4.0 | ≤1.7 |
| | 生物膜法后 | 1.0～2.0 | 1.5～4.0 | ≤1.7 |

**表 4-6　沉淀池的有效水深 $H$、沉淀时间 $t$ 与表面负荷 $q$ 的关系**

| 表面负荷/[m³/(m²·h)] | 沉淀时间 $t$/h | | | | |
|---|---|---|---|---|---|
| | $H=2.0$m | $H=2.5$m | $H=3.0$m | $H=3.5$m | $H=4.0$m |
| 2.0 | 1.0 | 1.3 | 1.5 | 1.8 | 2.0 |
| 1.5 | 1.3 | 1.7 | 2.0 | 2.3 | 2.7 |
| 1.2 | 1.7 | 2.1 | 2.5 | 2.9 | 3.3 |
| 1.0 | 2.0 | 2.5 | 3.0 | 3.5 | 4.0 |
| 0.6 | 3.3 | 4.2 | 5.0 | | |

**(2) 设计计算**

平流式沉淀池的设计计算主要是确定沉淀区、沉渣区、沉淀池的总高度等。

1）沉淀区

可按表面负荷或停留时间来计算。从理论上讲，采用前者较为合理，但以停留时间作为指标积累的经验较多。设计时应两者兼顾，或者以表面负荷控制，以停留时间校核，或者相反也可。

第一种方法——按表面负荷计算，通常在有沉淀实验资料时使用。

沉淀池的面积为

$$A = \frac{Q}{q} \tag{4-77}$$

式中　$A$——沉淀池面积，$m^2$；

　　　$Q$——沉淀池的设计流量，$m^3/s$；

　　　$q$——沉淀池的设计表面负荷，$m^3/(m^2 \cdot s)$。

　　沉淀池的长度为

$$L = vt \tag{4-78}$$

式中　$L$——沉淀池的长度，m；

　　　$v$——水平流速，m/s；

　　　$t$——停留时间，s。

　　沉淀池的宽度为

$$B = \frac{A}{L} \tag{4-79}$$

式中　$B$——沉淀池宽度，m。

　　沉淀池的水深为

$$H = \frac{Q'}{A} \tag{4-80}$$

式中　　$H$——沉淀区的水深，m。

第二种方法——以停留时间计算，通常在无沉淀实验资料时使用。

　　沉淀池的有效容积 $V$ 为

$$V = Qt \tag{4-81}$$

　　根据选定的有效水深，计算沉淀池宽度为

$$B = \frac{V}{LH} \tag{4-82}$$

　　2）沉渣区

　　沉渣区的容积视每日的沉淀物生成量和所要求的贮存周期而定，可由下式进行计算：

$$V_s = \frac{Q(C_0 - C_e)100 t_s}{\gamma(100 - W_0)} \tag{4-83}$$

式中　$V_s$——沉渣区的容积，$m^3$；

　$C_0$、$C_e$——沉淀池进、出水的悬浮物浓度，$kg/m^3$；

　　　$\gamma$——沉渣的容重；

　　　$W_0$——沉渣含水率，%；

　　　$t_s$——两次排渣的时间间隔，d。

　　3）沉淀池的总高度

$$H_T = H + h_1 + h_2 + h_3 + h'_3 + h''_3 \tag{4-84}$$

式中：$H_T$——沉淀池的总高度，m；

　　　$H$——沉淀区的有效水深，m；

　　　$h_1$——超高，m，至少采用 0.3m；

　　　$h_2$——缓冲区高度，m，无机械刮泥设备时一般取 0.5m，有机械刮泥设备时其上缘应高出刮泥板 0.3m；

$h_3$——沉渣区的高度，m，根据沉淀物的产生量、池底坡度、泥斗几何高度以及是否采用刮泥机决定，一般规定池底纵坡不小于 0.01，机械刮泥时纵坡为 0；污泥斗倾角：方斗不宜小于 60°，圆斗不宜小于 55°；

$h'_3$——泥斗高度，m；

$h''_3$——泥斗以上梯形部分高度，m。

### 4.3.4.2 竖流式沉淀池

#### 4.3.4.2.1 构造

竖流式沉淀池可设计成圆形、方形或多角形，但大部分为圆形。图 4-29 为圆形竖流式沉淀池。污水由中心管下口流入池中，通过反射板的拦阻向四周分布于整个水平断面上，缓慢向上流动。由此可见，在竖流式沉淀池中水流方向是向上的，与颗粒沉降方向相反。当颗粒发生自由沉淀时，只有沉降速度大于水流上升速度的颗粒才能沉到污泥斗中而被去除，因此沉淀效果一般比平流式沉淀池和辐流式沉淀池低。但当颗粒具有絮凝性时，则上升的小颗粒和下沉的大颗粒之间相互接触、碰撞而絮凝，使粒径增大，沉速加快。另一方面，沉速等于水流上升速度的颗粒将在池中形成一悬浮层，对上升的小颗粒起拦截和过滤作用，因而沉淀效率将有提高。澄清后的水由沉淀池四周的堰口溢出池外。沉淀池贮泥斗倾角为 45°～60°，沉渣可借静水压力由排泥管排出。排泥管直径为 0.2m，排泥静水压力为 1.5～2.0m，排泥管下端距池底不大于 2.0m，管上端超出水面不少于 0.4m。可不必装设排泥机械。

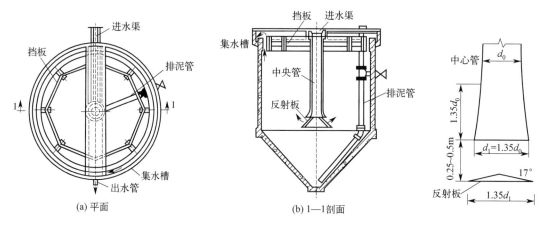

图 4-29　圆形竖流式沉淀池　　　　图 4-30　竖流式沉淀池
　　　　　　　　　　　　　　　　　　　　　　　中心管出水口

竖流式沉淀池的直径与沉淀区的深度（中心管下口和堰口的间距）的比值不宜超过 3，使水流较稳定和接近竖流。直径不宜超过 10m。沉淀池中心管内的流速不大于 30mm/s，反射板距中心管口采用 0.25～0.5m，如图 4-30 所示。

竖流式沉淀池的优点是排泥方便，管理简单；占地面积较小。缺点是池深较大，施工困难；对冲击负荷和温度变化的适应能力较差；池径不宜过大，否则布水不匀，仅适用于中、小型污水处理厂。

#### 4. 3. 4. 2. 2　设计计算

设计的内容包括沉淀池各部尺寸。

**（1）中心管的面积与直径**

$$f_1 = \frac{Q'}{v_0}, d_0 = \sqrt{\frac{4f_1}{\pi}} \tag{4-85}$$

式中　$f_1$——中心管截面积，$m^2$；

　　　$Q'$——每个池设计流量，$m^3/s$；

　　　$v_0$——中心管内的流速，$m/s$，一般不大于 30mm/s；

　　　$d_0$——中心管直径，m。

**（2）沉淀池的有效沉淀高度，即中心管高度**

$$H = vt \tag{4-86}$$

式中　$H$——有效沉淀高度，m；

　　　$v$——污水在沉淀区上的上升流速，$m/s$，如有沉淀实验资料，$v$ 不能大于设计的颗粒截留速度 $u$，后者通过沉淀实验确定 $u_0$ 后求得；

　　　$t$——沉淀时间，s。

**（3）中心管喇叭口与反射板之间的缝隙高度**

$$h_2 = \frac{Q'}{v_1 \pi d_1} \tag{4-87}$$

式中　$h_2$——中心管喇叭口与反射板之间的缝隙高度，m；

　　　$v_1$——中心管喇叭口与反射板之间缝隙的流速，$m/s$；

　　　$d_1$——喇叭口的直径（$=1.35d_0$），m。

**（4）沉淀池的总面积和池径**

$$f_2 = \frac{Q'}{v} \tag{4-88}$$

$$A = f_1 + f_2 \tag{4-89}$$

$$D = \sqrt{\frac{4A}{\pi}} \tag{4-90}$$

式中　$f_2$——沉淀区的面积，$m^2$；

　　　$A$——沉淀池的面积（含中心管面积），$m^2$；

　　　$D$——沉淀池的直径，m。

**（5）泥斗及泥斗高度**

泥斗的高度与沉淀的产生量有关。泥斗的高度 $h_4$ 用截圆锥公式：

$$V_1 = \frac{\pi h_4}{3}(r_u^2 + r_u r_d + r_d^2) \tag{4-91}$$

式中　$V_1$——截圆锥部分的容积，$m^3$；

　　　$h_4$——泥斗截圆锥部分的高度，m；

　　　$r_u$——截圆锥上部的半径，m；

　　　$r_d$——截圆锥下部的半径，m。

**（6）沉淀池的总高度**

$$H_T = H + h_1 + h_2 + h_3 + h_4 \tag{4-92}$$

式中　$H_T$——沉淀池的高度，m；

　　　$h_1$——池超高，m；

　　　$h_2$——中心管喇叭口与反射板之间的缝隙高度，m；

　　　$h_3$——缓冲层高度，m，一般为 0.3m。

### 4.3.4.3　辐流式沉淀池

#### 4.3.4.3.1　构造

辐流式沉淀池呈圆形或正方形。直径较大，一般为 20~30m，最大直径达 100m，中心深度为 2.5~5.0m，周边深度为 1.5~3.0m。池直径与有效水深之比不小于 6，一般为 6~12。辐流式沉淀池内水流的流态为辐射形，为达到辐射形的流态，原水由中心或周边进入沉淀池。

中心进水辐流式沉淀池如图 4-31(a) 所示，在池中心处设有进水中心管。原水从池底进入中心管，或用明渠自池的上部进入中心管，在中心管的周围常有穿孔挡板围成的流入区，使原水能沿圆周方向均匀分布，向四周辐射流动。由于过水断面不断增大，因此流速逐渐变小，颗粒在池内的沉降轨迹是向下弯的曲线（见图 4-32）。澄清后的水从设在池壁顶端的出水槽堰口溢出，通过出水槽流出池外。为了阻挡漂浮物质，出水槽堰口前端可加设挡板及浮渣收集与排出装置。

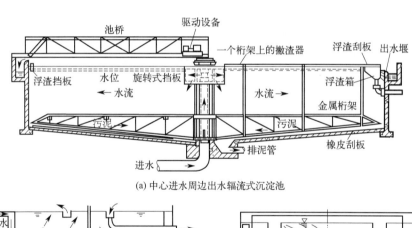

(a) 中心进水周边出水辐流式沉淀池

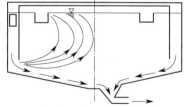

(b) 周边进水中心出水向心辐流式沉淀池　(c) 周边进水周边出水向心辐流式沉淀池

图 4-31　辐流式沉淀池

周边进水的向心辐流式沉淀池的流入区设在池周边，出水槽设在沉淀池中心部位的 $R/4$、$R/3$、$R/2$ 或设在沉淀池的周边，俗称周边进水中心出水向心辐流式沉淀池〔见图 4-31(b)〕或周边进水周边出水向心辐流式沉淀池〔见图 4-31(c)〕。由于进、出水的改进，向心辐流式沉淀池与普通辐流式沉淀池相比，其主要特点有：

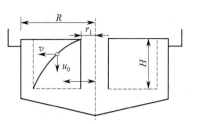

图 4-32　辐流式沉淀池中
颗粒沉降轨迹

① 出水槽沿周边设置，槽断面较大，槽底孔口较小，布水时水力损失集中在孔口上，使布水比较均匀。

② 沉淀池容积利用系数提高。据实验资料，向心辐流式沉淀池的容积利用系数高于中心进水的辐流式沉淀池。随出水槽的设置位置，容积利用系数的提高程度不高，从 $R/4$ 到 $R$ 的设置位置，容积利用系数分别为 $85.7\%\sim93.6\%$。

③ 向心辐流式沉淀池的表面负荷比中心进水的辐流式沉淀池提高约 1 倍。

辐流式沉淀池大多采用机械刮泥。通过刮泥机将全池的沉渣收集到中心泥斗，可借静水压力或污泥泵排出。刮泥机一般是一种桁架结构，绕中心旋转，刮泥刀安装在桁架上，可采用中心驱动或周边驱动。当池径小于 20m 时，采用中心传动；当池径大于 20m 时，采用周边传动。池底以 0.05 的坡度坡向中心泥斗，中心泥斗的坡度为 0.12～0.16。

如果沉淀池的直径不大（小于 20m），也可在池底设多个泥斗，使污泥自动滑进泥斗，形成斗式排泥。

辐流式沉淀池的主要优点是：机械排泥设备已定型化，运行可靠，管理较方便，但设备复杂，对施工质量要求高，适用于大、中型污水处理厂，用作初次沉淀池或二次沉淀池。

#### 4.3.4.3.2　设计计算

**(1) 每座沉淀池的表面积**

$$A=\frac{Q}{nq} \tag{4-93}$$

式中　$A$——沉淀池的表面积，$m^2$；

　　　$Q$——沉淀池的设计流量，$m^3/s$；

　　　$n$——池数；

　　　$q$——沉淀池的表面负荷，$m^3/(m^2 \cdot s)$。

**(2) 沉淀池的有效水深**

$$H=qt \tag{4-94}$$

式中　$H$——有效水深，m；

　　　$t$——停留时间，s。

**(3) 沉淀池的总高度**

$$H_T=H+h_1+h_2+h_3+h_4 \tag{4-95}$$

式中　$H_T$——沉淀池的总高度，m；

　　　$h_1$——池超高，m，一般取 0.3m；

　　　$h_2$——缓冲层高，m，非机械排泥时宜为 0.5m；机械排泥时，缓冲层上缘宜高于刮泥板 0.3m；

　　　$h_3$——沉淀池的底坡落差，m；

　　　$h_4$——泥斗高度，m。

#### 4.3.4.4 斜板（管）式沉淀池

##### 4.3.4.4.1 基本原理

由理想沉淀池的特性分析可知，沉淀池的工作效率仅与颗粒的沉降速度和沉淀池表面负荷有关，而与沉淀池的深度无关。

如图 4-33 所示，将池长为 $L$、水深为 $H$ 的沉淀池分隔成 $n$ 个水深为 $H/n$ 的沉淀池。设计水平流速（$v$）和沉速（$u_0$）不变，则分层后的沉降轨迹线坡度不变。如仍保持与原来沉淀池相同的处理水量，则所需的沉淀池长度可减少为 $L/n$。这说明，减少沉淀池的深度可以缩短沉淀时间，从而减少沉淀池体积，也就可以提高沉淀效率。这便是 1904 年 Hazen 提出的浅层沉淀理论。

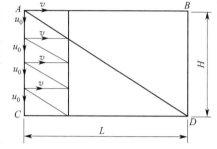

图 4-33 沉淀池分层后长度的缩小

分层和分格还可改善水力条件。在同一断面上进行分层或分格，可使断面的湿周增大，水力半径减小，从而降低雷诺数，增大弗劳德数，降低水的紊乱程度，提高水流稳定性，增大沉淀池的容积利用系数。

根据上述的浅层沉淀理论，将分层隔板倾斜一个角度，以便能自行排泥，这种形式即为斜板沉淀池。如各斜隔板之间还进行分格，即成为斜管沉淀池。

斜板（管）的断面形状有圆形、矩形、方形和多边形。除圆形以外，其余断面均可同相邻断面共用一条边。斜板（管）的材料要求轻质、坚固、无毒、价廉，目前使用较多的是厚 $0.4\sim0.5mm$ 的薄塑料板（无毒聚氯乙烯或聚丙烯）。一般在安装前将薄塑料板制成蜂窝状块体，块体平面尺寸通常不宜大于 $1m\times1m$。块体用塑料板热轧成半六角形，然后黏合，其黏合方法如图 4-34 所示。

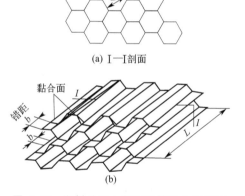

(a) I—I 剖面

(b)

图 4-34 塑料片正六角形斜管黏合示意图

##### 4.3.4.4.2 斜板（管）沉淀池的分类

根据水流和泥流的相对方向，斜板（管）沉淀池可分为逆向流（异向流）、同向流、横向流（侧向流）三类，如图 4-35 所示。

逆向流的水流向上，泥流向下。斜板（管）倾角为 $60°$。同向流的水流、泥流都向下，靠集水支渠将澄清水和沉渣分开（见图 4-36）。水流在进、出水压差（一般在 10cm 左右）的推动下，通过多孔调节板（平均开孔率在 $40\%$ 左右），进入集水支渠，再向上流到池子表面的出口集水系统，流出池外。集水装置是同向流斜板（管）的关键装置之一，它既要取出清水，又不能干扰沉渣。因此，该处的水流状态必须保持稳定，不应出现流速的突变。同时在整个集水横断面上应做到均匀集水。同向流斜板（管）的优点是：水流促进渣的向下滑动，保持板（管）的清洁，因而可以将斜板（管）倾角减为 $30°\sim40°$，从而提高沉淀效果。但缺点是构造比较复杂。

　　横向流的水流水平流动，泥流向下，斜板（管）的倾角为 60°。横向流斜板（管）水流条件比较差，板间支撑也较难于布置，在国内很少应用。

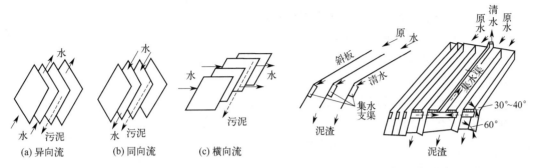

图 4-35　三种类型的斜板（管）沉淀池　　　　图 4-36　同向流斜板（管）沉淀装置

　　斜板（管）的长度通常采用 1～1.2m。同向流斜板（管）的长度通常采用 2～2.5m，上部倾角为 30°～40°，下部倾角为 60°。为了防止沉渣堵塞及斜板变形，板间垂直间距不能太小，以 80～120mm 为宜；斜管内切圆直径不宜小于 35～50mm。

### 4.3.4.4.3　计算

#### （1）异向流斜板（管）

　　设斜板（管）长度为 $l$，倾斜角为 $\alpha$。污水中颗粒在斜板（管）间的沉降过程可看作是在理想沉淀池中进行。颗粒沿水流方向的斜向上升流速为 $v$，受重力作用往下沉降的速度为 $u_0$，颗粒沿两者矢量之和的方向移动（如图 4-37）。当颗粒由 $a$ 点移动到 $b$ 点，假设碰到斜板（管）就认为是结束了沉降过程。可理解为颗粒以 $v$ 的速度上升 $(l+l_1)$ 的同时以 $u_0$ 的速度下沉 $l_2$ 的距离，两者在时间上相等，即

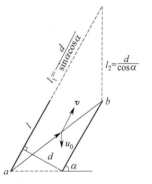

$$\frac{l_2}{u_0}=\frac{l+l_1}{v} \tag{4-96}$$

　　设共有 $m$ 块斜板（管），断面间的高度为 $d$，则每块斜板（管）的水平间距为 $x=\dfrac{L}{m}=\dfrac{d}{\sin\alpha}$（板厚忽略）。式(4-96)可变化成下式：

图 4-37　颗粒在异向流斜板间的沉降

$$\frac{v}{u_0}=\frac{l+\dfrac{d}{\sin\alpha\cos\alpha}}{\dfrac{d}{\cos\alpha}}=\frac{l\cos\alpha\sin\alpha+d}{d\sin\alpha} \tag{4-97}$$

　　斜板（管）中的过水流量为与水流垂直的过水断面面积乘以流速：

$$Q=vLBd\sin\alpha$$

　　即

$$v=\frac{Q}{LBd\sin\alpha}=\frac{Q}{mdB} \tag{4-98}$$

式中　$B$——沉淀池的宽度，m；

　　　　$L$——沉淀池的长度，m。

将式(4-98)代入到式(4-97)，并移项整理，可得：

$$Q = u_0 \left( mlB\cos\alpha + \frac{md}{\sin\alpha}B \right) = u_0 (mlB\cos\alpha + LB) = u_0 (A_斜 + A_原) \qquad (4\text{-}99)$$

式中　$A_斜$——全部斜板（管）的水平断面投影；

　　　$A_原$——沉淀池的水表面积。

与未加斜板（管）的沉淀池的出流量 $u_0 A_原$ 相比，斜板（管）沉淀池在相同的沉淀效率下，可大大提高处理能力。

在实际沉淀池中，考虑进出口构造、水温、沉积物等的影响，不可能全部利用斜板（管）的有效容积，故在设计斜板（管）沉淀池时，应乘以斜板效率 $\eta$，此值可取 0.6～0.8，即

$$Q_设 = \eta u_0 (A_斜 + A_原) \qquad (4\text{-}100)$$

**（2）同向流斜板（管）**

如图 4-38 所示，设颗粒由 $a$ 移动到 $b$，则颗粒以 $v$ 的速度流经 $ad$ 的距离所需时间应和以 $u_0$ 的速度沉降 $ac$ 的距离所需要的时间相同。因此可列出下式：

$$\frac{l_2}{u_0} = \frac{l - l_1}{v}$$

即

$$\frac{v}{u_0} = \frac{l - \dfrac{d}{\sin\alpha\cos\alpha}}{\dfrac{d}{\cos\alpha}} = \frac{l\cos\alpha\sin\alpha - d}{d\sin\alpha} \qquad (4\text{-}101)$$

仿照异向流斜板（管）公式的推导，可以得到：

$$Q = u_0 (A_斜 - A_原) \qquad (4\text{-}102)$$

$$Q_设 = \eta u_0 (A_斜 - A_原) \qquad (4\text{-}103)$$

**（3）横向流斜板（管）**

横向流斜板（管）沉淀池的沉淀情况如图 4-39。

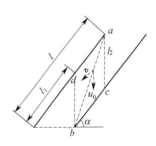

图 4-38　颗粒在同向流斜板（管）间的沉降

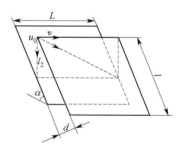

图 4-39　横向流斜板沉淀池的沉淀过程

由相似定律，得

$$\frac{v}{u_0} = \frac{L}{l_2} = \frac{L}{\dfrac{d}{\cos\alpha}} \qquad (4\text{-}104)$$

沉淀池的处理流量为

$$Q = mldv \qquad (4\text{-}105)$$

将式(4-104)代入到式(4-105)中，并整理，可得

$$Q=mld\,\frac{u_0 L\cos\alpha}{d}=u_0 A_{斜} \tag{4-106}$$

$$Q_{设}=\eta u_0 A_{斜} \tag{4-107}$$

斜板（管）内的水流速度 $v$，对于异向流，宜小于 $3mm/s$；对于同向流，宜小于 $8\sim10mm/s$。颗粒截流速度 $u_0$ 根据静置沉淀试验确定。如无实验资料，对于给水处理，可取 $u_0=0.2\sim0.4mm/s$。

## 4.3.5　清泥设备

为保证沉淀池的正常运行，必须连续或定期地将沉淀池中沉积的沉渣清排。常用机械方式清排。根据清除沉渣的方式，清泥机械可分为刮泥机和吸泥机两种。

### 4.3.5.1　刮泥机

刮泥机是将沉淀池中的沉渣刮到一个集中部位（或沉淀池进水端的集泥斗）的设备。常用的刮泥机有链条刮板式刮泥机、桁车式刮泥机和回转式刮泥机等。

**(1) 链条刮板式刮泥机**

链条刮板式刮泥机是在两根主链上每隔一定间距装有一块刮板。二条节数相等的链条连成封闭的环状，由驱动装置带动主动链轮转动，链条在导向链轮及导轨的支承下缓慢转动，并带动刮板移动，刮板在池底将沉淀的沉渣刮入池端的泥斗，在水面回程的刮板则将浮渣导入渣槽。其特点是移动的速度可调，常用速度为 $0.6\sim0.9m/min$。由于刮板的数量多，工作连续，每个刮板的实际负荷较小，因此刮板的高度只有 $150\sim200mm$，它不会使池底污水形成紊流。由于利用回程的刮板刮浮渣，因此浮渣必须设置在出水堰一端。整个设备大部分在水中运转。缺点是单机刮板宽度只有 $4\sim7m$；水中运转部件较多，维护困难；大修设备有时需更换所有主链条，成本较高（约占整机成本的 70%以上）。

链条刮板式刮泥机的驱动装置为一台三相异步电动机和一部减速比较大的摆线行星针轮减速器。减速器的输出端安装一只驱动链轮，用驱动链轮带动主动轴转动。这种形式的驱动装置，机械效率约为 75%。主动轴是一根横贯沉淀池的长轴，用普通钢材制造，两端的轴承座固定在池壁上，作用是将驱动链轮传来的动力传到主链轮。为了适应长轴的挠曲，一般采用调心式滚动轴承。由于主动轴在水面以下运行，为了方便加油或者加脂，两个轴承都有通到水面上的加油管。主动链轮按规定的链距安装在主动轴上，用以驱动主链条的运动，主动轴的转速约为 $1r/min$。导向链轮的轴承座固定在混凝土构筑物上，导向链轮一般没有贯通全池的长轴。由于导向轮都在较深的水下运转，经常加油是非常困难的，因此一般都是采用水润滑的滑动轴承。为了使两根主链条有适当的张紧度，在一对导向轮上还安装了螺旋张紧装置，通过调整导向链轮相对位置来调节链条的张紧度。主链条采用可锻铸铁、不锈钢或高强度塑料制造。刮泥板用柏木、塑料及不锈钢型材制造。刮板导轨用于保持刮板及链条的正确刮泥、刮渣位置。池底的导轨用聚氯乙烯板固定于池底，上面的导轨用聚氯乙烯板固定于钢制的支架上。

链条式刮泥机的机械安全装置大多采用剪切销，主链轮的运动出现异常阻力时，设置在驱动链轮上的剪切销会被切断，使驱动装置与主动轴脱开，用于保证整个设备的安全。在操作中如发生剪切销切断的情况，应首先检查造成过扭矩的原因，例如主链轮及各链轮有无卡死的现象，刮泥板有无歪斜及脱落，池底的沉渣是否过于密实。当造成过扭矩的原因排除后，方可更换剪切销；注意剪切销应使用原厂备件，不可临时加工代用。另外，安装剪切销的链轮上有1～3个黄油环，应经常加注黄油，以防止锈死。

链条式刮泥机的电气控制装置很简单，包括一套开关及过载保护系统，以及可调节的定时开关系统。操作者可根据实际需要，控制每一天的间歇运行时间。

### (2) 桁车式刮泥机

桁车式刮泥机安装在矩形平流沉淀池上，往复运动。每一个运行周期包括一个工作行程和一个不工作的返回行程。这种刮泥机的优点是在工作行程中，浸于水中的只有刮泥板及浮渣刮板，而在返回行程中全机都提出水面，给维修保养带来了极大的方便；由于刮泥与刮渣都是正面推动，因此沉渣在池底停留时间短，刮泥机的工作效率高。缺点是运动较为复杂，故障率相对较高。

桁车式刮泥机的结构主要包括横跨沉淀池的大梁、轮架以及供操作人员行走的走道、扶手等。大部分是钢制结构，也有铝合金结构的大梁、轮架。铝合金架比钢铁轻，只有同尺寸钢铁件的1/3，因而在运行中消耗的动力要比钢铁结构的节省1/2以上，仅此每年每台机组可节约电能万度以上；而且铝的防腐性能良好，省去了每两年一次的防腐维护费用，整洁美观。缺点是成本高，热胀冷缩现象比钢铁机架要明显。

工作装置主要包括刮泥板、浮渣刮板及其提升装置。提升方式主要有绞盘钢绳式及液压式两种。前者由电动机、摆线针轮减速机、电机制动器、钢绳卷筒及卷筒轴等构成。为了使同一台刮泥机的几个刮泥板同步升降，几个钢绳卷由一台电机驱动。刮板的三个位置由行程开关控制。考虑到污水对钢丝绳的腐蚀，一般采用镀锌钢绳或不锈钢绳。对于这种形式的刮板提升机械，操作人员应时常观察其刮泥板的三个装置，如有偏差应调整钢丝绳的长度及行程开关的触发位置。同时还应保证电机制动器有效工作，因为制动器是为使刮板保持应用位置而设置的。液压式刮板提升装置靠齿轮油泵提供高压油，由电磁阀门控制油路，由液压油缸来提升刮泥板及浮渣刮板。油缸的动作可靠、平稳，可以完成较为复杂的动作及保护，特别适用于自动操作，因此液压系统在桁车式刮泥机上使用较多。

桁车往复行走的驱动装置主要由驱动电机、减速机及连接机构组成。驱动电机一般采用双速三相异步电机，在工作行程时用1500r/min的转速转动，在返回行程时以3000r/min的速度运转，返回速度增加一倍，以节约非工作行程的时间。刮泥机的运行速度很慢，在工作行程时的运动速度为0.5～1.2m/min，返回行程的速度为1～2.5m/min。因此驱动减速机的减速比都很大，一般在1：1000以上。为了能达到这样的减速比，刮泥机常常使用两级摆线针轮行星减速机或多级齿轮减速机。

桁车车轮的驱动方式有分别驱动式和集中驱动式(长轴驱动)两种。分别驱动是每个驱动轮分别用独立的驱动装置驱动，几个驱动装置均以相同的机件组成。为避免桁车走偏，要求几个驱动装置同步运行。一般在桁车跨距较大时采用四只驱动装置；中小跨距时采用两只驱动装置。集中驱动是中小跨距桁车常用的驱动装置，通常由一台电机、一只减速机、传动长轴、轴承座和联轴器等组成。驱动电机及减速机位于长轴的跨中位置，以保证两端驱动轮同步运转。减速器输出轴与长轴之间一般采用链传动。

行走轮按功能有主动行走轮、从动行走轮及导向轮。主动行走轮是通过联轴器与减速机连接在一起的；从动行走轮不与动力装置相连；导向轮一般横向安装，作用于沉淀池的侧壁或中隔墙的导向面上，用于防止桁车运行中的偏斜。按结构分为钢轮和实心橡胶轮两种。钢轮必须在专门铺设在沉淀池两边的钢轨上行驶，优点是导向性好（不需要导向轮）、负重能力强、能支承几十吨重的桁车行走。缺点是运行中震动大，桁架及钢轨在温度变化时的热胀冷缩现象会造成轮距及轨距的误差，从而发生钢轮与钢轨的干涉，即啃轨现象。安装橡胶轮的刮泥机运转平稳，能适应热胀冷缩的变化，但承载能力小，本身没有导向作用，要靠导向轮来保持其运行位置。刮泥机的行走轮一般采用滚动轴承，润滑方式为脂润滑。

行走着的刮泥机必须同外界有电缆连接，以便向机桥传入动力电源和控制信号，传出监测信号。桁车式刮泥机通常使用滑线电缆式或电缆鼓式。滑线电缆式连接可靠，吊在滑线上的电缆一头与刮泥机的控制柜直接相连，另一头与沉淀池边的配电箱相连，数只套在滑线上的滑环使刮泥机在行走中电缆不乱，不拖地。它没有电刷接触，不会发生电弧。尽管这种方式有时有碍池面的美观与整洁，但仍然被相当一部分桁车式刮泥机、吸泥机采用。

电缆鼓由线鼓、扭矩电机、减速机、集电环箱及保护开关构成。扭矩电机与减速机使线鼓产生一个使电缆绕紧的扭矩。当桁车在工作行程时，在桁车的拖动下电缆鼓将电缆展开，使其平铺在地面或电缆槽中。当桁车在返回行程时，电缆又被整齐地绕回鼓上。扭矩电机产生的转矩总是使电缆保持适当的张紧状态。集电环箱中的集电环和电刷将转动的电缆鼓上的信号与电源传给平动着的桁车。如果在运行中电缆绕乱或电缆落入池中，将触动一只电缆鼓保护开关，整机停止运行并报警。电缆鼓无高架的线杆及滑线，使整个池面整齐美观，连接也较为可靠，缺点是结构复杂，其中仍有滑动接触，用久了会发生电刷的烧蚀、磨损，继而造成接触不良。

往复运行的桁车式刮泥机与链条式刮泥机相比，工作程序要复杂得多。它有工作行程与返回行程，并需对这两个行程准确定位；有刮泥板及浮渣刮板的升降及定位；有各种延时及定时开关功能；有过载保护、超定位保护、刮泥板及浮渣刮板保护、电缆鼓保护、油压保护、漏电保持等数种保护功能；有远程监控、自动与手动切换等功能。因此刮泥机上有一个内部结构较为复杂的控制柜及与之连接的传感器、行程开关、保护开关、电磁制动器等，形成一套完整的电气控制系统。这套系统还可以通过电缆与污水处理厂的控制室联网，实现远距离监控，并通过控制室实现与污泥泵、浮渣泵等的联动。集成化的可编程控制器（PLC）的应用使得电控系统的功能更加完善，但由于精密度较高，任何一部分失调或损坏都会造成停机事故。

**（3）回转式刮泥机**

辐流式沉淀池上使用的是回转式刮泥机，根据其结构和运行方式，可按以下进行分类。

1）全跨式与半跨式

半跨式（或单边式）回转式刮泥机在池半径上布置刮泥板，桥架的一端与中心主柱上的旋转支座相接，另一端安装驱动机构和滚轮，桥架做回转运动，每转一圈刮一次泥。其特点是结构简单，成本低，适用于直径 30m 以下的中小型沉淀池。全跨式（或双边式）回转式刮泥机具有横跨直径的工作桥，旋转式桁架为对称的双臂式结构，刮泥板也是对称布置的。对于直径大于 30m 的沉淀池，刮泥机运转一周需 30～100min，采用全跨式可每转一周刮两次泥，可减少沉渣在池底的停留时间。有些刮泥机在中心附近与主刮泥板的 90° 方向上再增加几个刮泥板，在沉渣较厚的部位每回转一周刮四次泥。

2）中心驱动式与周边驱动式

中心驱动式刮泥机的桥架是固定的，桥架所起的作用是固定中心架位置与安置操作、维修人员走道，驱动装置安置在中心，电机通过减速机使悬架转动。悬架的转动速度非常慢，如果要求外周的刮泥速度为 1.5r/min，对于直径为 20m 以上的沉淀池，则每 40min 转一周。如果驱动电机的转速为 1500r/min，那么减速机的减速比则为 1∶60000。通常是使用大减速比的二级摆线针轮行星减速机加一级蜗轮减速装置。由于减速比大，主轴的转矩也非常大，可达 10000～30000N/m。为了防止因刮板阻力大引起的超扭矩而造成的破坏，联轴器上都安装了剪切销。刮泥板安装在悬架下部，为了保证刮泥板与池底的距离并增加悬架的支承力，刮泥板下部都安装有支承轮（一般用尼龙制成）。中心驱动式刮泥机的最大直径一般不超过 30m。

周边驱动式刮泥机的桥架绕中心轴转动，驱动装置与桁车式刮泥机的相似，安装在桥架的两端（单边是一端）。这种刮泥机的刮板与桥架通过支架固定在一起，随桥架绕中心转动。由于周边传动使刮泥机受力状况改善，因此它的回转直径最大可达 60m。

周边驱动式需要在池边的环形轨道上行驶。如果行走轮是钢轮，则需设置环形钢轨；如果是胶轮，则只需要一圈平整的水泥环形池边即可。

由于周边驱动式刮泥机的控制柜及驱动电机都安装在转动的桥架上，它与外界动力电缆与信号电缆的连接要靠集电环，集电环装在桥架的中心，外界电缆通过池下预埋的管子从中心支座通向集电环箱，再由集电环引向控制柜。

3）斜板式刮泥板与曲线式刮泥板

刮泥板有多种形式，使用较为广泛的是斜板式和曲线式两种。斜板式由多个倾斜安装的刮泥板组成，当斜板绕中心转动时，就产生了一个使沉渣向沉淀池中心运动的分力，加之漏斗形的池底也使沉渣的重力有一个向中心运动的分力，二力使沉渣在随刮板转动时向中心流动。当沉渣脱离这个刮板后，靠近中心的另一个刮板又接着刮，使沉渣逐级流动，最终进入泥斗。缺点是刮泥板与悬架刚性连接，如果池底出现沉渣板结或有较大异物时，会造成阻力急剧增加而导致破坏，长时间停机后开机，应特别注意；另一缺点是刮泥逐级进行，外圈沉渣进入泥斗的时间较长，如果沉渣中含有有机物，则会发生厌氧而散发臭味。

曲线式刮泥板常用的线型有对数螺旋形和外摆线形，安在池底有数个小轮支承，由几根浮动的钢索牵引，随机桥转动。沉渣在随刮板转动的同时，在刮板曲线的各点都受到一个使之向中心运动的分力，使沉渣沿刮板缓慢向中心流动，最后进入中心泥斗。由于刮板浮动安装，因此当沉渣阻力变大时刮板可抬起，避免了刚性连接的阻力急剧增加所引起的破坏。另外，沉渣是沿刮板连续流动，可以在较短的时间内进入泥斗，但这种刮泥机的直径不宜过大，一般在 30m 以下。

4）控制系统

与桁车式刮泥机相比，回转式刮泥机的控制非常简单，主要包括驱动电机的继电器及空气开关、转刷电机的开关及保护系统等。另外，控制柜还通过集电环和电缆与总控制室相连，实现远距离监控。有的控制系统中安装了时间继电器，以控制其间歇运行。

#### 4.3.5.2 吸泥机

吸泥机是将沉淀于池底的沉渣吸出的机械设备，大部分吸泥机在吸泥过程中有刮泥板辅助，因此也称为刮吸泥机。吸泥机的吸泥方式有以下几种：

**（1）静压式**

这种装置是将数根吸泥管的上端与一个集泥槽相连，集泥槽半浸入水中使其底面低于沉淀池的水面，每个吸泥管与集泥槽的连接部位安装一个锥形阀门。当泥水满罐时打开锥形阀，由液位差形成的压力使池底的沉渣不断地经吸泥管流入集泥槽，再由集泥槽通过中心泥罐流入配水井或者回流至污泥泵房。

静压式吸泥的优点是操作方便，每个吸泥管的吸泥量可用锥形阀控制，只要池中液面高于中心泥罐的液面即可工作。缺点是由于结构限制，液位差不能很大，特别是靠近边缘的吸泥管压力差更小一些，吸取密度较大的沉渣时有一定的困难，有时需要借助其他方式来强制提升沉渣。另外，桁车式吸泥机无法使用静压式吸泥。

气提是静压式吸泥的一种辅助手段，它的主要作用是疏通被堵塞的吸泥管。气提装置的气源来自两个方面：一种是主动式，即利用每台吸泥机上安装的气泵供气；一种是被动式，即压力空气直接从鼓风机房用管道引来，这需要在池底敷设管道。压力空气用一根根软管从机桥引到吸泥管下端。

**（2）虹吸式**

利用虹吸的原理将沉渣抽到辐流池底的中心罐或平流池的边侧泥槽中。形成虹吸的条件是虹吸管出口的液面应低于沉淀池的液面。使用这种方式需要在初始时将虹吸管充满水。

**（3）泵吸式**

在吸泥机上安装一台或数台沉渣泵直接吸取池底沉渣。这种方式不需要有液位差，打开水泵即可抽泥。如果沉淀池排空系统失效，这些泵可以把池水抽空作排空泵使用。

污水沉淀处理中常用的是回转式吸泥机与桁车式吸泥机，前者用于辐流式二沉池，后者用于平流式二沉池。

#### 4.3.5.2.1　桁车式吸泥机

这种吸泥机的结构与桁车式刮泥机相似，也包括桥架和使桥架往复行走的驱动系统，只是将可升降的刮泥板换成了固定于桥架上的吸管。在沉淀池一侧或双侧装有导泥槽，用以将吸取的污泥引到配泥井或回流污泥泵房及剩余污泥泵房。这种吸泥机往复行走，其来回两个行程的速度相同。桁车式吸泥机的运行速度应根据入流污水量、沉淀的产生量、池子的深度等诸多因素综合考虑确定，一般为 0.3～1.5m/min，速度过快会使流态产生扰动而影响污泥的沉淀。

**（1）向吸泥管集泥的主要形式**

每台吸泥机都有两根或多根吸泥管，但吸泥管的吸口不可能将池底完全覆盖，每个吸泥管之间会有很大的空间。为了使空间中的污泥向吸泥管处集中，桁车式吸泥机采取了下述三种方式。

① V 型槽。这种方法是将混凝土的池底做出一些纵向的 V 槽，沉淀于池底的污泥由于重力作用向 V 型槽的底部流动。吸泥管的管口深入槽的底部，沿槽的方向往复行走，吸取槽底集中的泥。

为了克服吸泥机往返行程内吸取污泥浓度不均匀的现象，还有一种回转式吸泥管，即在往返两个行程内，每个吸泥管在不同的两个 V 型槽中吸泥，吸泥机行走到池子的一端即将返回时吸泥管会自动转到临近的一个 V 型槽内，返回时吸取另一个槽内的沉泥。这种形式的优点是每一个吸泥管吸取污泥时，槽内污泥的沉降时间是一样的，可使吸区的污泥浓度在一个周期内尽可能均匀。在同样的沉降条件下，采用回转式吸泥管，比前一种方法的运行速度快一倍。缺点是结构较为复杂，要求几个吸泥管在到达准确的位置后自动同步转位，还要求回转轴承既能灵活转动，又不能有一点泄漏。工作不协调会导致吸泥口与V型槽的干涉，造成损失。

② X型刮板。这种方法是在固定的吸泥管口安装分布成X状的四个小刮板，这样，吸泥机运行的两个方向都可以利用刮板将污泥刮拢到吸泥管口。它的优点是池底可以做成水平的，降低了土建费用，且收集污泥的效果好。缺点是刮泥板会增加运行时的阻力。另外，这种形式出泥的浓度是不均匀的，呈周期性变化。当桁车从进水端向出水端返回时，浓度突然减少，然后逐渐加大，而当从出水端返回时浓度最小，有时甚至类似于清水。

③ 扁平吸口。这种方法是将吸泥管口扩大成扁平的，以扩大吸泥宽度，池底仍可做成水平的。缺点与X型刮板一样，出泥浓度不均匀，呈周期性变化。

**（2）浮渣的排除**

吸泥机上也装有可升降的浮渣刮板，其升降方式也有液压式、电磁式及钢绳式三种。浮渣槽装在进水端的水面，在从进水端向出水端运行时，刮板脱离水面，在回程时刮板入水，其排渣过程与桁车式刮泥机的基本相同。

**（3）吸泥的方式**

桁车式吸泥机的吸泥方式有两种，一种是虹吸式，另一种是泵吸式。

BX型桁车式泵吸泥机用于平流沉淀池排泥；BXX型适用于矩形斜管（板）沉淀池排泥，都采用水下无堵泵直接吸泥。

**4.3.5.2.2 回转式吸泥机**

回转式吸泥机按驱动方式分中心驱动和周边驱动两种。中心驱动式的驱动电机、减速机等都安装在吸泥机的中心平台上。减速机带动固定在转动支架上的大齿圈，驱动机架旋转。机架的结构形式有多种：一种是桥式，桥架的两端有支承轮与环形轨道，机桥绕中心转动时带动吸泥管转动；另一种是悬索式，在桥架的中心有一塔状支架，数根钢索从支架牵拉住桥架，有些桥架上还设置了浮箱，用以在运行时减轻钢索的拉力；另一种的桥架是固定的，吸泥管固定在旋转支架上，随旋转支架转动。

中心驱动式吸泥机由于其结构的限制，一般仅安装在直径30m以下的中小型沉淀池上。

周边驱动式比中心驱动式应用广泛，直径30m以上的大型吸泥机一般都采用这种驱动方式。它完全采用桥式结构，在桥架的一端或两端安装驱动电机及减速机，用以带动驱动钢轮或胶轮运转，从而使整个桥架转动。吸泥管、导泥槽、中心泥罐等一起随桥架转动。

回转式吸泥机主要由以下几部分组成。

**（1）桥架**

分旋转桥架和固定桥架两种，钢或铝合金制造，它起着支承吸泥管，安装泥槽，安装水泵或真空泵，操作维修人员的走道，以及固定控制柜等作用。

**（2）端梁**

它是周边驱动式吸泥机上用以支承桥架及安装驱动装置及主动和从动行走轮的，中心驱动式吸泥机较少使用端梁。

**（3）中心部分**

包括中心集泥罐、稳流筒、中心轴承、集电环箱等。中心集泥罐用于收集吸出的污泥，与泥槽或虹吸管相连。有的中心集泥罐是固定的，虹吸管出泥口围绕其旋转，有的则与集泥槽相连并随桥架一起转动。稳流筒在集泥槽的下部，使进水均匀进入沉淀池，防止产生紊流。中心轴承是维持桥架或旋转支架绕中心轴转动的大型轴承。由于吸泥机驱动方式及运转方式的不同，轴承的类型、规格及安装方式也不尽相同，有的采用滚动轴承，少部分采用滑动轴承。操作人员应保证定期加注润滑脂。集电环及集电环箱是周边驱动式的重要部件。外界的动力电源及监控信号通过埋在池底的电缆从集电环传到转动的吸泥机上去。

**（4）工作部分**

工作部分由固定于桥架或旋转支架上的若干根吸泥管、刮泥板及控制每根吸泥管出泥量的阀门组成。当采用静压式吸泥时，中心泥罐与各个吸泥管由泥槽相连接。由于回转式吸泥机是只朝一个方向转动的，因此多数这种吸泥机的刮板呈 V 型安装在吸泥管口，用于向管口收集污泥。

回转式吸泥机的吸泥管是以其所处位置的半径绕中心转动，每个吸泥管运动的线速度和路程的长短是不一样的。靠近中心的吸泥管的线速度较慢，每一圈行走的路程也短，所控制的池底环形面积也小，而靠近中心边缘的吸泥管则相反。辐流式沉淀池在径向中心部位积泥最多，池中和池周则较少，因此，要使各个吸泥管吸取的污泥浓度尽量一致，操作时应调整每个吸泥管的阀门。如发现某个吸泥管出泥量小，浓度大，就应将阀门开大；如果某个吸泥管出泥太稀，则应将阀门关小。

**（5）辅助部分**

辅助部分包括驱动装置、浮渣排除装置、电气控制系统、出水堰清洗刷等，均与回转式刮泥机的基本相同，其中出水堰清洗刷比初沉池更为重要，因为最终沉淀池的出水堰上更容易生长一些苔藓及藻类，影响出水均匀，也影响美观。

# 第5章

# 常温氧化技术与设备

化学氧化是指通过向污水中加入适当的化学氧化剂而使有毒有害污染物发生氧化反应而得以处理或分离。投加化学氧化剂可以处理污水中的 $CN^-$、$S^{2-}$、$Fe^{2+}$、$Mn^{2+}$ 等离子。采用的氧化剂包括以下几类：

① 中性分子，接受电子后还原成负离子，如 $Cl_2$、$ClO_2$、$O_2$、$O_3$。

② 带正电荷的离子，接受电子后还原成负离子，如漂白粉和次氯酸中的 $Cl^+$ 变为 $Cl^-$。

③ 带正电荷的离子，接受电子后还原成带较低正电荷的离子，如 $MnO_4^-$ 中的 $Mn^{7+}$ 变为 $Mn^{2+}$，$Fe^{3+}$ 变为 $Fe^{2+}$ 等。

根据所选择的氧化剂，对应的氧化过程分别称为空气氧化、臭氧氧化、过氧化氢氧化、氯氧化、高锰酸盐氧化、高铁酸钾氧化。因这些过程一般都在常温条件下进行，所以又称之为常温氧化反应技术。

## 5.1 空气氧化技术及设备

空气氧化法就是向污水中鼓入空气，利用空气中的氧气氧化水中的有害物质。

### 5.1.1 技术原理

从热力学上分析，空气氧化具有以下特点：

① 电对 $O_2/O^{2-}$ 的半反应中有 $H^+$ 或 $OH^-$ 离子参加，因而氧化还原电势与 pH 值有关。

在强碱性（pH=14）溶液中，半反应为：

$$O_2 + 2H_2O + 4e^- \Longrightarrow 4OH^-, E^\ominus = 0.41V \tag{5-1}$$

在中性（pH=7）溶液中，半反应式为：

$$O_2 + 4H^+ + 4e^- \Longrightarrow 2H_2O, E^\ominus = 0.815V \tag{5-2}$$

在强酸性（pH=1）溶液中，半反应式为：

$$O_2 + 4H^+ + 4e^- \Longrightarrow 2H_2O, E^\ominus = 1.229V \tag{5-3}$$

由此可见，降低 pH 值，有利于空气氧化的进行。

② 在常温常压和中性 pH 值条件下，分子 $O_2$ 为弱氧化剂，反应性很低，因此常用来

处理易氧化的污染物，如 $S^{2-}$、$Fe^{2+}$、$Mn^{2+}$ 等。

③ 提高温度和氧分压，可以增大氧化还原电势；添加催化剂，可以降低反应活化能，都利于氧化反应的进行。

空气氧化技术主要用于地下水除铁除锰和空气氧化脱硫。

### 5.1.1.1 地下水空气氧化除铁

当水中含有一定量的铁盐时，不仅影响嗅觉和水的味道，而且会对某些生产工艺带来不良影响。如 $Fe^{2+}$ 极易污染离子交换树脂，造成树脂因铁中毒而降低其交换容量。当用含铁的水作为锅炉补给水时，则容易在锅炉受热面结垢，不仅影响传热效果，浪费燃料，还会发生垢下腐蚀。地下水空气氧化除铁，是利用空气中的氧气将地下水中含有的溶解性 $Fe^{2+}$ 氧化成 $Fe(OH)_3$ 沉淀物，从而加以去除，其反应式为：

$$2Fe^{2+}+\frac{1}{2}O_2+5H_2O \Longrightarrow 2Fe(OH)_3\downarrow+4H^+ \tag{5-4}$$

考虑到水中的碱度作用，总反应式可写为：

$$4Fe^{2+}+8HCO_3^-+O_2+2H_2O \Longrightarrow 4Fe(OH)_3\downarrow+8CO_2 \tag{5-5}$$

按此式计算，每氧化 1mg/L 的 $Fe^{2+}$，需 0.143mg/L 的 $O_2$。但分子氧在化学上是相当惰性的，在常温常压下反应活性更低。

根据试验研究，$Fe^{2+}$ 氧化的动力学方程式如下：

$$\frac{d[Fe^{2+}]}{dt}=k[Fe^{2+}][OH^-]^2 p_{O_2} \tag{5-6}$$

式中 $p_{O_2}$——空气中氧气分压。

式(5-6) 表明，$Fe^{2+}$ 的氧化速率与氢氧根离子浓度的二次方成正比，即水的 pH 值每升高 1 单位，氧化速率将增大 100 倍。在 pH$\leqslant$6.5 的条件下，氧化速率很慢。因此，当水中含 $CO_2$ 浓度较高时，应加大曝气量以去除 $CO_2$，提高 pH 值，加速氧化。当水中含有大量的 $SO_4^{2-}$ 时，$FeSO_4$ 的水解将产生 $H_2SO_4$，此时可以用石灰进行碱化处理，同时曝气除铁。

对式(5-6) 进行积分，可得：

$$\int_{[Fe^{2+}]_0}^{[Fe^{2+}]_t}\frac{d[Fe^{2+}]}{[Fe^{2+}]}=\int_0^t k[OH^-]^2 p_{O_2}dt \tag{5-7}$$

由式(5-7) 可以求得水中二价铁从初始浓度 $[Fe^{2+}]_0$ 降低至 $[Fe^{2+}]_t$ 时，所需要的氧化反应时间 $t$（min）为：

$$t=\frac{\ln\dfrac{[Fe^{2+}]_0}{[Fe^{2+}]_t}}{k[OH^-]^2 p_{O_2}} \tag{5-8}$$

式中 $k$——反应速率常数，$L^2/(mol\cdot Pa\cdot min)$，为 $1.5\times10^8 L^2/(mol\cdot Pa\cdot min)$。

当 pH 值分别为 6.0 和 7.2、空气中氧分压为 $2\times10^4 Pa$、水温为 20℃时，欲使 $Fe^{2+}$ 的去除率达 90%，所需时间分别为 43min 和 8min。

### 5.1.1.2 地下水空气氧化除锰

地下水空气氧化除锰，是利用空气中的氧气将地下水中含有的溶解性 $Mn^{2+}$ 氧化成

$MnO_2$ 沉淀物，从而加以去除。

地下水除锰比除铁困难。实践证明，$Mn^{2+}$ 在 pH＝7 左右的水中很难被溶解氧氧化成 $MnO_2$，要使 $Mn^{2+}$ 被溶解氧氧化成 $MnO_2$，需将水的 pH 值提高到 9.5 以上。在 pH＝9.5、氧分压为 0.1MPa、水温为 25℃ 时，欲使 $Mn^{2+}$ 去除率达 90％，需要反应 50min。若利用空气代替氧气，即使总压力相同，反应时间需增加 5 倍。可见，在相似条件下，$Mn^{2+}$ 的氧化速率明显慢于 $Fe^{2+}$。

为了更有效地除锰，需要寻找催化剂或更强的氧化剂。研究表明，$MnO_2$ 对 $Mn^{2+}$ 的氧化具有催化作用，大致反应历程如下：

氧化：

$$Mn^{2+} + O_2 \xrightarrow{\text{慢}} MnO_2(s) \tag{5-9}$$

吸附：

$$Mn^{2+} + MnO_2(s) \xrightarrow{\text{快}} Mn^{2+} \cdot MnO_2(s) \tag{5-10}$$

氧化：

$$Mn^{2+} \cdot MnO_2(s) + O_2 \xrightarrow{\text{很慢}} 2MnO_2 \tag{5-11}$$

根据上述研究成果，开发了曝气-过滤（或称曝气接触氧化）除锰工艺。先将含锰的地下水强烈曝气，尽量除去 $CO_2$，提高 pH 值，再流入装有天然锰砂或石英砂的过滤器，利用接触氧化的原理将水中的 $Mn^{2+}$ 氧化成 $MnO_2$，产物逐渐附着在滤料表面形成一层能起催化作用的活性滤膜，加速除锰过程。

$MnO_2$ 对 $Fe^{2+}$ 的氧化也具有催化作用，使 $Fe^{2+}$ 的氧化速率大大加快：

$$3MnO_2 + O_2 \Longrightarrow MnO + Mn_2O_7 \tag{5-12}$$

$$4Fe^{2+} + MnO + Mn_2O_7 + 2H_2O \Longrightarrow 4Fe^{3+} + 3MnO_2 + 4OH^- \tag{5-13}$$

当地下水中同时含有 $Fe^{2+}$、$Mn^{2+}$ 时，在输水系统中就有铁细菌生存。铁细菌以水中的 $CO_2$ 为碳源，无机氮为氮源，靠氧化 $Fe^{2+}$ 为 $Fe^{3+}$ 而获得生命活动的能量：

$$Fe^{2+} + H^+ + \frac{1}{4}O_2 \longrightarrow Fe^{3+} + \frac{1}{2}H_2O + 71.2kJ \tag{5-14}$$

铁细菌进入滤器后，在滤料表面和池壁上接种繁殖，对 $Mn^{2+}$ 的氧化起生物催化作用。

### 5.1.1.3　空气氧化除硫

含硫污水来自石油炼制厂、石油化工厂、皮革厂、制药厂等的排放。在这些含硫污水中，硫化物一般以钠盐或铵盐的形式存在，如 $NaHS$、$Na_2S$、$NH_4HS$、$(NH_4)_2S$ 等。在酸性污水中，也以 $H_2S$ 的形式存在。当含硫量不大、无回收价值时，可采用空气氧化法脱硫。

各种硫的氧化还原电势如下：

酸性溶液中：

$$H_2S \xrightarrow{E^{\ominus}=0.14V} S \xrightarrow{0.5V} S_2O_3^{2-} \xrightarrow{0.4V} H_2SO_3 \xrightarrow{0.17V} H_2SO_4 \tag{5-15}$$

碱性溶液中：

$$S^{2-} \xrightarrow{E^{\ominus}=-0.508V} S \xrightarrow{-0.74V} S_2O_3^{2-} \xrightarrow{-0.58V} SO_3^{2-} \xrightarrow{-0.93V} SO_4^{2-} \tag{5-16}$$

由此可见,在酸性条件下,不同价态的硫元素都具有较强的氧化能力;在碱性条件下,不同价态的硫元素都具有较强的还原能力。因此,利用空气氧化硫化物宜在碱性条件下进行。

在除硫过程中,一般同时向污水中注入空气和蒸汽(加热水温到 80~90℃),硫化物可被氧化成无毒的硫代硫酸盐或硫酸盐:

$$2HS^- + 2O_2 \Longrightarrow S_2O_3^{2-} + H_2O \tag{5-17}$$

$$2S^{2-} + 2O_2 + H_2O \Longrightarrow S_2O_3^{2-} + 2OH^- \tag{5-18}$$

$$S_2O_3^{2-} + 2O_2 + 2OH^- \Longrightarrow 2SO_4^{2-} + H_2O \tag{5-19}$$

由上述反应式可计算出,理论上将 1kg 硫化物氧化成硫代硫酸盐约需氧气 1kg,相当于需空气 $3.7m^3$,但由于少部分(约 10%)硫代硫酸盐会进一步氧化成硫酸盐,使需氧量增加(相当于需空气 $4.0m^3$)。实际上空气用量为理论值的 2~3 倍。

## 5.1.2 工艺过程

### 5.1.2.1 地下水除铁除锰工艺流程

地下水除铁除锰通常采用曝气-过滤流程,是利用曝气时进入水中的溶解氧作为氧化剂,依靠有催化作用的锰砂滤料对低价铁、锰进行离子交换吸附和催化氧化,达到除铁除锰的目的。曝气方式可采用莲蓬头喷水、水射器曝气、跌水曝气、空气压缩机充气、曝气塔等。过滤器可采用重力式或压力式,如无阀滤池、压力滤池等。滤料粒径一般为 0.6~2mm,滤料层高度 0.7~1m,滤速 10~20m/h。图 5-1 为适用于 $Fe^{2+}<10mg/L$、$Mn^{2+}<1.5mg/L$、pH>6 的地下水除铁除锰流程。当原水含铁锰量更大时,可采用多级曝气和多级过滤的组合流程进行处理。

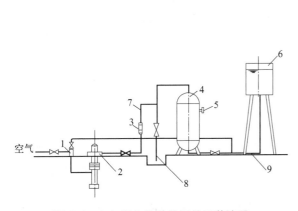

图 5-1 空气氧化除铁除锰的工艺流程

1—射流器;2—深井泵;3—流量计;
4—除铁除锰装置;5—人孔;6—水塔;
7—进水管;8—反冲洗排水管;9—出水管

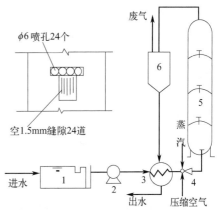

图 5-2 空气氧化脱硫的工艺流程

1—隔油池;2—泵;3—换热器;
4—射流器;5—空气氧化塔;
6—气水分离器

### 5.1.2.2 空气氧化脱硫工艺流程

图 5-2 为某炼油厂污水空气脱硫的工艺流程。含硫污水经隔油沉渣后与压缩空气及水

蒸气混合，升温至 80～90℃，从塔底送至脱硫塔。塔径一般不大于 2.5m，分四段，每段高 3m。每段进口处设喷嘴，雾化进料。塔内气水体积比不小于 15，增大气水体积比，则气液的接触面积加大，有利于空气中的氧向水中扩散，加快氧化速率。污水在脱硫塔内的平均停留时间是 1.5～2.5h。

国内某厂的试验表明，当操作温度为 90℃、污水含硫量为 2900mg/L 左右时，脱硫效率达 98.3%；当操作温度降至 64℃、其他条件相同时，脱硫率为 94.3%。

在制革工业中，常用石灰、硫化钠脱毛，由此而产生了碱性含硫污水，这类污水的 pH=9～13，含硫化物 100～1000mg/L，甚至更高，可以用空气氧化处理。为了提高氧化速率，缩短处理时间，常添加锰盐（如 $MnSO_4$）作催化剂。国内某制革厂将高浓度含硫污水（$S^{2-}$ 浓度为 4000mg/L，pH=12～13，流量为 200$m^3/d$）经格栅处理后，用泵抽入射流曝气池氧化，投加浓度为 500mg/L 的 $MnSO_4$ 作催化剂，曝气时间为 3.5h，气水比为 15，出水的 $S^{2-}$ 浓度降低为 3～5mg/L。

## 5.1.3　过程设备

### 5.1.3.1　地下水除铁除锰设备

地下水除铁除锰设备的种类很多，常用的有以下几种类型。

**（1）CTM 型除铁除锰过滤器**

CTM 型除铁除锰过滤器是采用接触氧化法，即采用射流器向深井水泵吸入口加入空气，经水气混合后，水中二价铁即被氧化成三价铁，再经过滤器内滤料（锰砂或石英砂）的过滤吸附，三价铁被截留在过滤层中，从而达到除铁、除锰的目的。

CTM 型除铁除锰过滤器适用于中小城镇及农村供水、工矿企业自备水源的地下水除铁处理。对于原水中含铁量小于 10mg/L、pH 值不低于 6 的地下水有较好的处理效果。当水中含铁量大于 10mg/L、含锰量大于 1mg/L 时，可将单级除铁除锰过滤器改为双级除铁除锰过滤器，即可满足处理要求。除铁后水中含铁量小于 0.3mg/L，含锰量小于 0.1mg/L，符合国家饮用水标准。

如果原水的 pH 值和碱度较低时，可在充氧工序中加入石灰乳溶液，以提高过滤器的除铁除锰效果。

**（2）DCT 型除铁除锰装置**

DCT 型除铁除锰装置采用曝气装置和锰砂接触氧化过滤的方法去除水中的超标铁离子和锰离子，装置内筒采用玻璃钢，既解决了钢筒的腐蚀问题，也减少了腐蚀对出水水质的污染。

DCT 型除铁除锰装置的主要技术指标为：

工作压力：0.06～0.15MPa；滤速：6～10m/h；反冲洗强度：10～12L/(m² · s)；滤料：天然锰砂；滤层厚度：0.75～0.90m。

**（3）SDM 型压力式除铁除锰装置**

SDM 型压力式除铁除锰装置利用曝气接触氧化法除铁，适用于含铁量不大于 10mg/L、含锰量不大于 1.5mg/L、pH 值不低于 6.0 的地下水处理；在原水中铁含量大于 10mg/L、锰含量大于 1.5mg/L 时，可以根据水质，采用多级串联除铁除锰工艺。

SDM 型压力式除铁除锰装置的技术指标为：

进水水质：含铁量≤10mg/L；含锰量≤1.5mg/L；pH≥6.0；滤料：锰砂或石英砂；滤层厚度：1.0m；滤速：6～9m/h。

**（4）TM 型除铁除锰装置**

TM 型除铁除锰装置以优质锰砂为载体，采用活性生物滤膜接触氧化法除铁除锰。由于采用高吸气装置，因此装置成本低，运行过程中无噪声，并可减轻管道及设备的腐蚀，适用于含铁量不大于 15mg/L、含锰量不大于 1mg/L、pH≥5.5 的地下水除铁及软化水预处理，处理后出水中的含铁量小于 0.3mg/L。

TM 型除铁除锰装置的技术指标为：

进水水质：含铁量≤15mg/L，含锰量≤1mg/L，pH≥5.5；进水压力：0.12MPa；滤速：6.5～10.5m/h；滤层厚度：0.9m；反冲洗强度：18L/（m$^2$·s）；反冲洗压力：0.08MPa。出水水质：含铁量≤0.3mg/L。

### 5.1.3.2　空气氧化除硫设备

空气氧化除硫设备多采用密闭的脱硫塔，可以是板式塔、填料塔和鼓泡塔等塔型。

鼓泡塔是一种常用的气液接触反应设备。在鼓泡塔中，一般不要求对液相作剧烈搅拌，蒸汽以气泡状吹过液体而造成的混合已足够。优点是气相高度分散在液相中，因此有大的持液量和相间接触表面，使传质和传热的效率较高，它适用于缓慢化学反应和强放热情况。同时反应器结构简单、操作稳定、投资和维修费用低、液体滞留量大，因而反应时间长。但液相有较大返混，当高径比大时，气泡合并速度增加，使相间接触面积减小。按结构特征，鼓泡塔可分为空心式、多段式、气提式三种，见图 5-3～图 5-5。其中空心式鼓泡塔最适用于反应在液相主体中进行的缓慢化学反应系统，或伴有大量热效应的反应系统。当热效应较大时，可在塔内或塔外设置热交换单元，使之变为具有热交换单元的鼓泡塔。为避免塔中的液相返混，当高径比较大时，常采用多段式塔以保证反应效果。为适应气液通量大的要求或减小气泡凝聚以适用于高黏性液体，气体提升式鼓泡反应器得到了应用，它具有均匀的径向气液流动速度，轴向分散系数较低、传热系数较大、液体循环速度可调节等优点。

#### 5.1.3.2.1　鼓泡塔的操作状态

鼓泡塔的流动状态可分为三个区域：

**（1）安静鼓泡区**

该区域内表观气速低于 0.05m/s，气泡呈现分散状态，大小均匀，进行有秩序的鼓泡，液体搅动微弱，可称为均相流动区域。

**（2）湍流鼓泡区**

该区域内表观气速较高，塔内气液剧烈无定向搅动，呈现极大的液相返混。部分气泡凝聚成大气泡，气体以大气泡和小气泡两种形态与液体接触。大气泡上升速度较快，停留时间较短，小气泡上升速度较慢，停留时间较长，因此形成不均匀接触的流动状态，称为剧烈扰动的湍流鼓泡区，或称为不均匀湍流鼓泡区。

**（3）栓塞气泡流动区**

在 $d≤0.15m$ 的小直径鼓泡塔中，在较高表观气速下，由于大气泡直径被器壁所限制，而出现了栓塞气泡流动状态。

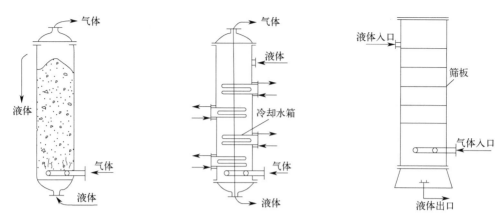

图 5-3　空心式鼓泡塔　　　图 5-4　具有热交换单元的鼓泡塔　　图 5-5　多段式气液鼓泡塔

工业鼓泡塔的操作常处于安静区和湍流区两种流动状态中,一般应保持在均匀流动的安静区才为合理。但当气通量增加时,原有小气泡的一部分发生凝聚,形成大气泡,获得较大的浮升速度,而构成了不均匀流动的湍流区,致使流动条件由安静区向湍流区转化。此时液体产生较大的循环速度,在塔的中部,液体随气泡夹带上升,而在近塔壁处,液体则回流向下。

### 5.1.3.2.2　鼓泡塔内的流动特性

在气液鼓泡塔中,由于传递性能的优劣决定于气泡运动的状态,因此,需要了解气泡的大小、气泡生长及运动的规律,以了解液相的气含量及气液相界面的状况,从而掌握气液相间的传质、传热和因气泡运动引起的液相纵向返混问题。

气体在液体中的溶解速率和其分散程度有关,分散程度越高,溶解速率越大。分散程度可用气泡的平均直径、气体的滞留量或比表面积表示。

**(1) 单孔气泡的形成及浮升**

气泡的大小取决于气体通过孔的流率、孔径 $d_0$ 大小、流体的性质等,而气泡浮升速度又和气泡直径 $d_B$ 及流体物性等因素有关。

1) 气泡直径 $d_B$。按孔口雷诺数 $Re_0$ 大小可分为三个区域:

孔口雷诺数由以下公式计算:

$$Re_0 = \frac{d_0 u_G \rho_G}{\mu_G} \tag{5-20}$$

孔径为:

$$d_0 = \sqrt{\frac{6\sigma}{g(\rho_L \rho_G)}} \tag{5-21}$$

式中　$u_G$——气体在塔中的上升速度,m/s;

$\rho_G$——气体的密度,kg/m³;

$\rho_L$——液体的密度,kg/m³;

$\sigma$——表面张力,N/m;

$\mu_G$——气体的黏度,Pa·s。

① 低气速区域 $Re_0 < 400$,气泡直径 $d_B$ 由气泡所受的浮力等于孔周边对气泡的附着

力而求得。

气泡直径为：

$$d_B = 1.82 \left[ \frac{d_0 \sigma}{(\rho_L - \rho_G)g} \right]^{\frac{1}{3}} \tag{5-22}$$

气泡无合并及分裂，设为球形，按原样上升。

② 中等流速区域，气泡以连珠泡状向上均匀运动，但直径 $d_B$ 增大。对空气-水系统 $d_B$ 如下：

$$d_B = 0.0287 d_0^{1/2} Re_0^{1/3} \tag{5-23}$$

③ 高气速区域 $Re_0 > 4000$，气泡平均直径随 $Re_0$ 增加而下降，系因大气泡本身不稳定而破碎为许多小气泡所致。

2）气泡浮升速度 $u_t$。气泡所受浮力与阻力相等，气泡作稳定状上升，上升速度随气泡直径变化。

① 当 $d_B < 0.7$mm 时，气泡呈现球形，在水中作直线上升，上升速度如下：

$$u_t = \frac{g d_B^2 (\rho_L - \rho_G)}{18 \mu_L} \tag{5-24}$$

式中　$\mu_L$——液体黏度，Pa·s。

② 当 $1.4$mm $< d_B < 6$mm 时，气泡呈现近似扁平的椭球形，在液体中以 Z 字形或螺旋状轨迹上升，形成涡流，导致阻力增加，上升速度在整个范围内保持相对恒定。

$$u_t = 1.35 \left( \frac{2\sigma}{d_V \rho_L} \right)^{1/2} \tag{5-25}$$

式中　$d_V$——气泡体积当量直径，m。

3）当 $d_B > 8$mm 时，气泡呈笠帽状，随气泡直径增大，上升速度增大。

$$u_t = 0.67 (g r_c)^{1/2} \tag{5-26}$$

或用气泡当量直径计算：

$$u_t = 1.02 \left( g \frac{d_V}{2} \right)^{1/2} \tag{5-27}$$

式中　$r_c$——笠帽形气泡的曲率半径，m。

对低黏度液体，气泡上升速度如下：

$$u_t = \left( \frac{2\sigma}{d_V \rho_L} + \frac{g d_V}{2} \right)^{1/2} \tag{5-28}$$

工业鼓泡塔内，气泡上升速度多处于后两种区域内。

**（2）流体力学特性**

1）气泡大小及其径向分布

① 对塔径不超过 0.6m 的鼓泡塔，气泡群平均气泡的大小 $d_{VS}$ 可采用 Akita 准数关联式计算：

$$\frac{d_{VS}}{D} = 26 \left( \frac{g D^2 \rho_L}{\sigma} \right)^{-0.5} \left( \frac{g D^3}{r_L^2} \right)^{-0.12} \left( \frac{u_{OG}}{\sqrt{gD}} \right)^{-0.12} \tag{5-29}$$

式中　$d_{VS}$——大小不等的气泡的比表面积当量平均直径，m；

　　　$r_L$——液体的运动黏度，$r_L = \frac{\mu}{\rho}$，$m^2/s$。

② 当 $4000 < Re_0 < 7000$ 时，气泡群的平均气泡大小 $d_{VS}$ 可表示为：

$$d_{VS} = 100Re_0^{-0.4} \left[ \frac{\sigma d_0^2}{(\rho_L - \rho_G)g} \right]^{1/4} \tag{5-30}$$

当 $10000 < Re_0 < 50000$ 时，对空气-水系统，当孔径 $d_0 = 0.4 \sim 1.6mm$ 时，

$$d_{VS} = 0.007Re_0^{-0.05} \tag{5-31}$$

用水的平均气泡大小 $d_{VS,w}$ 对其他物料进行换算的换算式如下：

$$\frac{d_{VS}}{D} = d_{VS,w} \left( \frac{\rho_w}{\rho_L} \right)^{0.26} \left( \frac{\sigma}{\sigma_w} \right)^{0.50} \left( \frac{r_L}{r_w} \right)^{0.24} \tag{5-32}$$

式中　$\rho_w$——水的密度，$kg/m^3$；

$\sigma_w$——水的表面张力，$N/m$；

$r_w$——水的运动黏度，$m^2/s$。

一般水的平均气泡大小 $d_{VS,w}$ 约等于 $0.0635m$，压力对 $d_{VS}$ 无影响。

③ 塔内气泡大小沿塔的径向存在一个气泡直径分布，对空气-水系统描述气泡直径沿径向变化的 Falkov 式如下：

$$d_B = \left( 9 - 5.2\frac{r}{R} \right) \times 10^4 \tag{5-33}$$

式中　$R$——塔半径，m；

$r$——塔半径上任一点与圆心的距离，m。

由式（5-33）可以看出，离反应器中心越远，气泡直径越小。如对直径 0.6m 的气泡塔，塔中心气泡直径为 $10 \sim 15mm$，近壁处气泡直径为 $2 \sim 6mm$。但当气速在 $0.026 \sim 0.082m/s$ 范围内时，对气泡直径分布情况没有什么影响。

2）气泡群的浮升速度

鼓泡塔中气泡群的浮升速度 $u_B$ 与单个气泡的浮升速度 $u_t$ 不同。挤在一起的气泡群，其浮升速度由于相挤而减小，气泡群浮升速度 $u_B$ 的计算关联式如下：

① 久保田式：

$$\frac{u_B}{u_t} = \left[ 0.27 + 0.73(1 - \varepsilon_G)^{2.80} \right]^{\left[ 1 + 0.0167 \left( \frac{d_B^2 g \rho_G}{\sigma_G} \right)^{2.16} \right]} \tag{5-34}$$

② Yamafita 式：

对于空气-水系统如下：

$$u_B = 1.1u_{OG} \frac{D}{(D^3 + 12^3)^{1/3}} \tag{5-35}$$

③ Kumar 式：

$$\frac{u_B}{\left( \frac{\sigma \Delta \rho_G}{\rho_L^2} \right)^{1/4}} = 1.4 + 0.116u_{OG} + 0.0045u_{OG}^2 + 0.00008u_{OG}^3 \tag{5-36}$$

式中　$\varepsilon_G$——动态含气率（液体连续流动时，塔有效体积内气体所占的体积分率）；

$u_{OG}$——表观气速，$m/s$；

$D$——塔径，m。

若液相是流动状态，则必须使气泡与液体间的相对速率与浮升速率相等，即

$$u_B = u_S = u_G - u_L \tag{5-37}$$

式中　$u_L$——液体在塔中的流速，m/s。

气泡上升速度在塔中部达到最大，在塔壁处最小，最大浮升速度随表面气速增加而提高。

3）气含量

气含量是指塔内气液混合物中气体所占的平均体积分率，即气体在分散系统中的体积分数。影响气含量的因素有液体的表面张力、黏度和密度等，当气体空塔速率增加时，气含量随之增加。对一定物系，当空塔气速 $u_{OG}$ 达到某一定值时，由于气泡的汇合，反使含气量 $\varepsilon_G$ 下降，因此对空气-水系统，$u_{OG}$ 的限定值是不大于 $10cm/s$。当塔径 $D > 15cm$ 或当 $u_{OG} < 5cm/s$ 时，塔径与气含量无关，所以一般塔径应大于 15cm，或当 $u_{OG} < 5cm/s$ 时，才可取较小塔径。气体的性质对气含量无影响，可以忽略。气含量的计算公式如下：

① 对于塔径大于 15cm 的鼓泡塔，Yoshida-Akita 的气含量关联式为：

$$\frac{\varepsilon_G}{(1-\varepsilon_G)^4} = C\left(\frac{D^2 \rho_L g}{\sigma}\right)^{1/8}\left(\frac{D^3 \rho_L^2 g}{\mu_L^2}\right)^{1/12}\left[\frac{u_{OG}}{(Dg)^{1/2}}\right] \tag{5-38}$$

式中　$C$——对纯液体和非电解质溶液为 0.2，对电解质溶液为 0.25。

　　　$u_{OG}$——表观液速，m/s。

② 对于直径小于 0.15m 的鼓泡塔，采用 Hughmark 图确定气含量值，可查图 5-6。

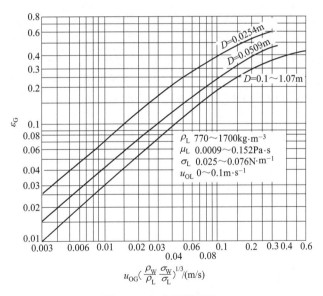

图 5-6　气含量关联图

由图 5-6 看出，气含量与气体性质无关，只和液体性质等有关。

③ 对于黏度小于 0.2Pa·s 的低黏度和气泡易于合并的液体，可用如下关联式：

$$\varepsilon_G = 0.672\left(\frac{u_{OG} u_L}{\sigma}\right)^{0.578}\left(\frac{u_L^4 g}{\rho_L \sigma^3}\right)^{-0.131}\left(\frac{\rho_G}{\rho_L}\right)^{0.062}\left(\frac{\mu_G}{\mu_L}\right)^{0.107} \tag{5-39}$$

对于气泡不合并的液体，如某些表面活性剂溶液和高黏性非牛顿型液体，其气含量需在塔径大于 0.15m 的实验塔中测定，以得到可靠的数值。

气含量沿半径的变化可用下式表示：

$$\varepsilon_G = 2\left[1 - \left(\frac{r}{R}\right)^2\right]\overline{\varepsilon_G} \tag{5-40}$$

式中　$\overline{\varepsilon_G}$——塔截面平均气含量。

由式(5-40)看出，气含量沿半径增加而减小，但沿高度增加而增大。

4）比表面

比表面为单位体积分散系统中的相间表面积，鼓泡塔的比表面 $A$ 可由气含量和气泡直径确定，其计算式为：

$$A = \frac{6\varepsilon_G}{d_{VS}} \tag{5-41}$$

在不同气速范围内，已知气含量和气泡大小，即可求得比表面。

鼓泡塔的比表面积 $A$ 也可按下式进行计算：

$$A = 0.26\left(\frac{H_0}{D}\right)^{-0.3} K^{-0.003}\varepsilon_G \tag{5-42}$$

式中：$H_0$——静液层高度；

　　　$K$——液体模数。

式(5-42)适用于 $u_{OG} \leqslant 0.6\,\text{m/s}$，$2.2 \leqslant \dfrac{H_0}{D} \leqslant 24.5$，$5.7 \times 10^5 < K < 10^{11}$ 的条件，误差范围在 $\pm 15\%$ 以内。

鼓泡塔存在极大的轴向混合，此轴向混合不仅降低了反应速率，且使连续操作的单个塔难以获得较高的去除率。对于工业大塔，当 $D=2\text{m}$、$H/D=2$、$\varepsilon_G/u_{OG}=2.5$ 时，基本接近于理想混合；对于实验小塔，当 $D=0.1\text{m}$、$H=2\text{m}$、$\varepsilon_G/u_{OG}=3$ 时，气相较接近于活塞流。由于鼓泡塔中 $u_{OL}$ 常小于 $u_{OG}$，因此只有在塔的高径比 $H/D$ 很大（如 $H/D>10$），而塔径又很小时，液相才会偏离理想混合模型。

#### 5.1.3.2.3　鼓泡塔内的传热特性

气液鼓泡塔通常用于液相中高度放热的反应，因此，插入的冷元件的传热在相当程度上将影响反应器的性能。鼓泡塔内由于气泡的上升运动，使液体产生明显扰动，同时充分搅动换热表面处的液膜，使液体边界层厚度减少，因而引起鼓泡侧边界膜传热系数的显著增大。

鼓泡塔内的传热过程有以下特点：

① 传热系数 $\alpha$ 与换热面的几何形状、大小、位置、换热方式、反应器形状、塔径、液层高度、内部构件及气体性质、液体表面张力等无关，主要取决于表观气速 $u_{OG}$，气含量 $\varepsilon_G$ 和液体的黏度 $\mu_L$、密度 $\rho_L$、热容 $C_{p,L}$ 和热导率 $\lambda_L$。

② 表观气速 $u_{OG}$ 是影响传热系数的主要变量，一般取 $u_{OGmax}=0.1\text{m/s}$。当 $u_{OG}$ 小于 $u_{OGmax}$ 时，传热系数将随气速缓慢变化。在安静区，$\alpha \propto u_{OG}^{1/3}$，由于靠近换热表面的液体边界层发生湍动，减小了边界层厚度，导致平均传热系数显著增加；在湍动区，$\alpha \propto u_{OG}^{1/5}$。当表观气速超过 $u_{OGmax}$ 后，传热系数达最大值并恒定。对任一种鼓泡液有其相应的最大传热系数。

③ 温度分布及传热系数分布。在直径为 457mm 和 1065mm 的鼓泡塔中，鼓泡液的温度在离换热面 2.54cm 的距离内，即使表观气速很低，如 $u_{OG}=0.003\text{m/s}$，轴向和径向完全均一，在 20～60℃ 范围内，亦仅在约几毫米厚的器壁边界层有 3.5℃ 的温差，因此传热

系数 $\alpha$ 几乎与径向位置无关，在 $r/R \leqslant 0.7$ 的范围内，$\alpha$ 为一定值，仅在器壁处比中心略低。

鼓泡塔内气液相对壁的传热系数 $\alpha$ 的计算关联式如下：

$$\frac{\alpha}{u_{OG}\rho_L C_{p,L}} = 0.125 \left(\frac{u_{OG}^3 \rho_L}{\mu_L g}\right)^{-0.25} \left(\frac{\lambda_L}{C_{p,L}\mu_L}\right)^{0.6} \tag{5-43}$$

# 5.2　臭氧氧化技术与设备

臭氧是一种强氧化剂，空气或氧气经无声放电可产生臭氧。自从 1973 年氯化反应的副产物三卤甲烷（THMs）类物质发现以来，臭氧在水处理中的研究和应用引起了人们的广泛重视。

## 5.2.1　技术原理

在水溶液中，臭氧同化合物（M）的反应有两种方式：臭氧分子直接进攻化合物的反应和臭氧分解形成的自由基与化合物的反应。

### 5.2.1.1　分子臭氧直接进攻化合物的反应

臭氧分子的结构呈三角形，中心氧原子与其他两个氧原子间的距离相等，在分子中有一个离域 $\pi$ 键，臭氧分子的这种特殊结构使得它可以作为偶极试剂、亲电试剂及亲核试剂。臭氧直接进攻有机物的反应大致分成 3 类。

**（1）打开双键，发生加成反应**

由于臭氧分子具有偶极结构，因此可以同有机物的不饱和键发生 1，3 偶极环加成反应，形成臭氧化中间产物，并进一步分解形成醛、酮等羰基化合物和 $H_2O_2$。

**（2）亲电反应**

亲电反应发生在分子中电子云密度高的点。对于芳香族化合物，当取代基为给电子基团（—OH、—$NH_2$ 等）时，与它邻位或对位的 C 具有高的电子云密度，臭氧氧化反应发生在这些位置上；当取代基是得电子基团（如—COOH、—$NO_2$ 等）时，臭氧氧化反应比较弱，发生在这类取代基的间位碳原子上，臭氧氧化反应的产物为邻位和对位的羟基化合物，如果这些羟基化合物进一步与臭氧反应，则形成醌或打开芳环，形成带有羰基的脂肪族化合物。

**（3）亲核反应**

亲核反应只发生在带有得电子基团的碳上。

分子臭氧直接与化合物发生的反应具有极强的选择性，仅限于不饱和芳香族或脂肪族化合物或某些特殊基团上发生。

### 5.2.1.2　臭氧分解形成的自由基与化合物的反应

溶解性臭氧的稳定性与 pH 值、紫外光照射、臭氧浓度及自由基捕获剂浓度有关。臭氧分解决定了自由基的形成，并导致自由基反应的发生。

**（1）Hoigne、Staehelin 和 Bader 机理**

臭氧分解反应以链反应方式进行，包括下面的基本步骤，其中 1）为引发步骤，2）～6）为链传递反应，7）和 8）是链终止反应。自由基引发反应是速率决定步骤，另外，羟基自由基 HO· 生成过氧自由基 $O_2^-$· 或 $HO_2$· 的步骤也具有决定作用，消耗羟基自由基的物质可以增强水中臭氧的稳定性。

$$1) \qquad O_3 + OH^- \xrightarrow{k_1} HO_2· + O_2^-·$$

$$1') \qquad HO_2· \xrightarrow{k_1'} O_2^-· + H^+$$

$$2) \qquad O_3 + O_2^-· \xrightarrow{k_2} O_3^-· + O_2$$

$$3) \qquad O_3^-· + O_2 \xrightarrow{k_3} HO_3·$$

$$4) \qquad HO_3· \xrightarrow{k_4} HO· + O_2$$

$$5) \qquad HO· + O_3 \xrightarrow{k_5} HO_4·$$

$$6) \qquad HO_4· \xrightarrow{k_6} HO_2· + O_2$$

$$7) \qquad HO_4· + HO_4· \xrightarrow{k_7} H_2O_2 + 2O_3$$

$$8) \qquad HO_4· + HO_3· \xrightarrow{k_8} H_2O_2 + O_3 + O_2$$

**（2）Gorkon、Tomiyasn 和 Futomi 机理**

包括一个电子转移过程或一个氧原子由臭氧分子转移到过氧化氢离子的过程，反应步骤如下：

$$1) \qquad O_3 + OH^- \xrightarrow{k_9} HO_2· + O_2^-·$$

$$2) \qquad HO_2^- + O_3 \xrightarrow{k_{10}} O_3^-· + HO_2·$$

$$3) \qquad HO_2· + OH^- \xrightarrow{k_{11}} O_2^-· + H_2O_2$$

$$4) \qquad O_3 + O_2^-· \xrightarrow{k_2} O_3^-· + O_2$$

$$4') \qquad O_3^-· + H_2O \xrightarrow{k_{12}} HO· + O_2 + OH^-$$

$$5) \qquad O_3 + HO· \xrightarrow{k_{13}} O_2^-· + HO_2·$$

$$6) \qquad O_3^- + HO· \xrightarrow{k_{14}} O_3 + OH^-$$

$$7) \qquad HO· + O_3 \xrightarrow{k_{15}} HO_2· + O_2$$

$$8) \qquad HO· + CO_3^{2-} \xrightarrow{k_{16}} OH^- + CO_3^-$$

$$9) \qquad CO_3^- + O_3 \xrightarrow{k_{17}} 产物(CO_2 + O_2^-· + O_2)$$

## 5.2.2　工艺过程

臭氧氧化过程包括臭氧制备和臭氧氧化两部分。

### 5.2.2.1 臭氧制备工艺过程

由于臭氧不稳定，因此通常在现场随制随用。目前大规模生产臭氧的方法是以空气为原料，采用无声放电的方法。经过净化后的空气进入臭氧发生器，通过高压放电环隙，空气中的部分氧分子激发分解成氧原子，氧原子与氧原子（或氧原子与氧分子）结合而生成臭氧。

典型的臭氧发生闭路系统如图 5-7 所示。空气经压缩机加压后，经过冷却及吸附装置除杂，得到的干燥净化空气再经计量进入臭

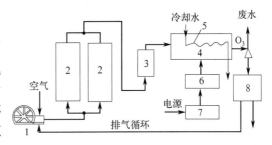

**图 5-7 臭氧发生闭路系统**
1—空气压缩机；2—净化装置；3—计量装置；
4—臭氧发生器；5—冷却系统；
6—变压器；7—配电装置；8—接触器

氧发生器。要求进气露点在 $-50$℃以下，温度不能高于 20℃，有机物含量小于 $15\times10^{-6}$。

用空气制成的臭氧浓度为 $10\sim20g/m^3$，用氧气制成的臭氧浓度为 $20\sim40g/m^3$。研究表明，用空气生产的臭氧化气体会产生氮氧化物，这是一种有害物质，所以限制了臭氧法在饲料、食品工业中的应用。

含质量比为 $1\%\sim4\%$ 的臭氧空气就是水处理所使用的臭氧化空气。通常用于氧化的投加量为 $1\sim3g/m^3$，接触时间 $5\sim15min$；用于杀菌所需的投加量为 $1\sim3g/m^3$，接触时间不少于 $5min$。

### 5.2.2.2 臭氧氧化工艺过程

臭氧能快速氧化一些有机污染物。图 5-8 所示为臭氧氧化法处理含氰污水的工艺流程。污水经油水分离器隔除其中所含的油滴，再经一系列前处理后进入第一氧化塔，与由臭氧发生器制得的臭氧发生如下反应：

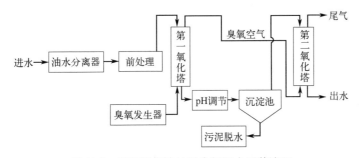

**图 5-8 臭氧氧化法处理含氰污水工艺流程**

$$KCN+O_3 \Longrightarrow KCNO+O_2\uparrow \qquad (5\text{-}44)$$

$$2KCNO+H_2O+3O_3 \Longrightarrow 2KHCO_3+N_2\uparrow+3O_2\uparrow \qquad (5\text{-}45)$$

在第一氧化塔中，每去除 $1mg\ CN^-$ 需臭氧 $1.84mg$，反应产物 $CNO^-$ 的毒性为 $CN^-$ 的 $1\%$。反应产物经 pH 调节后进入沉淀池，沉淀后的污泥经脱水后外排；沉淀池上部的澄清液再进入第二氧化塔，与由第一氧化塔排出的臭氧空气继续反应，进一步降低污水中的 $CN^-$ 含量，尾气经处理后排放，达到排放要求的出水可直接排放或回用。在第二氧化塔中，每去除 $1mg\ CN^-$ 需臭氧 $4.6mg$。如采用臭氧加紫外线照射，可将污水中铁氰络合

物的浓度由 4000mg/L 降至 0.3mg/L。

### 5.2.2.3 臭氧-过氧化氢组合工艺

臭氧氧化法的处理成本较高，而且受臭氧生产能力的限制；双氧水价格比臭氧低，且来源广泛，而且双氧水诱发臭氧产生羟基自由基的速率远比 OH¯ 快。为此，将臭氧氧化与过氧化氢氧化组合，既可提高氧化效果，又可降低工艺过程的运行费用。

实验研究表明，影响 $H_2O_2$-$O_3$ 组合工艺的主要因素为污水的 pH 值、投加的氧化剂总量和 $H_2O_2/O_3$ 的比例。实验结果表明：

① 臭氧-过氧化氢组合工艺处理污水，在中性条件下反应速率最高。

② $H_2O_2/O_3$ 的质量比对处理工艺有较大的影响，污水的 COD 去除率随 $H_2O_2/O_3$ 质量比的增加而增加，通常实验条件下，以染料中间体 H 酸废母液为例，当 $H_2O_2/O_3$ = 0.2～0.3 时，处理效果最好，当 $H_2O_2/O_3$ 不小于 0.4 时处理效率变慢。

③ 总有效臭氧投加量对处理效果的影响是明显的。以 H 酸污水的处理为例，采用 $H_2O_2$-$O_3$ 联合氧化法完全分解其中的有机物，需要很高的氧化剂投加量，但为改善污水的可生化性，改善生物降解性能，只需投加约为完全氧化所需量的 1/4，污水已具有可生化性。因此，用 $H_2O_2$-$O_3$ 联合氧化法作为生物处理的预处理方法是完全可行的。此外，带磺酸基团的有机物通过和羟基自由基反应降低了极性和水溶性，因此可以提高传统的混凝沉淀处理效果。

近年来臭氧氧化技术得到了较多的研究和发展，出现了新的臭氧氧化形式，如 $O_3$-固体催化剂、$O_3$-$H_2O_2$/UV、$O_3$/UV 等，其中 $O_3$-固体催化剂是以固体状的金属，如活性炭、金属盐及其氧化物等为催化剂，强化了臭氧氧化反应过程。

## 5.2.3 过程设备

臭氧氧化过程的设备包括臭氧发生器和臭氧氧化反应器。

### 5.2.3.1 臭氧发生器

无声放电臭氧发生器的种类很多，按结构可分为管式、板式和金属格网式三种。板式发生器只能在低压下操作，目前多采用管式臭氧发生器。管式臭氧发生器又有单管、多管、卧式和立式等多种。

图 5-9 所示为多管卧式臭氧发生器的结构示意图，外形与列管式热交换器类似，内有几十组至上百组相同的放电管。放电管的两端固定在两块管板上，管外通冷却水。每根放电管均由两根同心圆管组成，外管为金属管（不锈钢管或铝管），内管为玻璃管（内壁涂石墨）作为介电体。内、外管之间留有 1～3mm 的环形放电间隙。在金属圆筒内的两端各焊一个孔板，每孔焊上一根放电管。整个金属圆筒内形成两个通道；两块孔板与圆筒端盖的空间，一块作为进气分配室，另一块作为臭氧化空气收集室，并与放电间隙连通；两块孔板和不锈钢外壁之间为冷却水通道，由冷却水带走放电过程中产生的热量。

管式发生器可承受 0.1MPa 的压力，当以空气为原料、采用 50Hz 的电源时，臭氧浓度可达 15～20g/m³。电能比耗为 16～18kW·h/kg。

多管卧式臭氧发生器的组装形式分集装式和组合式两种。集装式为小型装置，适合于小

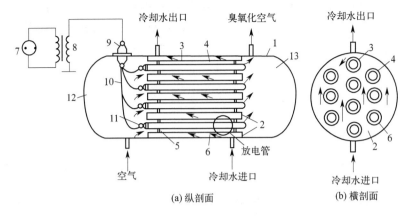

（a）纵剖面　　　　　　　　（b）横剖面

图 5-9　多管卧式臭氧发生器的结构

1—金属圆筒；2—孔板；3—不锈钢管；4—玻璃管；5—定位环；6—放电间隙；

7—交流电源；8—变压器；9—绝缘瓷瓶；10—导线；11—接线柱；12—进气分配室；13—臭氧化空气收集室

型水处理工艺使用；组合式则适合于中、大型给水处理厂及水处理工艺使用。见图 5-10。

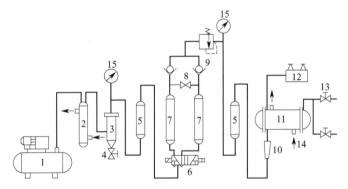

图 5-10　臭氧发生装置工艺组合示意图

1—无油空压机组；2—冷却器；3—旋风分离器；4—调压阀；5—过滤器；

6—二位电通电磁阀；7—干燥器；8—旋塞；9—止回阀；10—流量计；

11—臭氧发生器单元；12—变压器；13—控制阀；14—冷却水入口；15—压力表

### 5.2.3.2　臭氧氧化反应器

水的臭氧氧化处理是在接触反应器内进行。臭氧加入水中后，水为吸收剂，臭氧为吸收质，在气液两相进行传质，同时发生臭氧氧化反应，因此属于化学吸收。接触反应器的作用主要有两个：

① 促进气、水扩散混合。

② 使气、水充分接触，迅速反应。应根据臭氧分子在水中的扩散速率和与污染物的反应速率来选择接触反应器的型式。

用于污水臭氧氧化处理的接触反应器的类型很多，常用的有鼓泡塔、螺旋混合器、蜗轮注入器、射流器等。水中污染物的种类和浓度、臭氧浓度与投量、投加位置、接触方式和时间、气泡大小、水温与水压等因素对反应器的性能和氧化效果都有影响。选择何种反应器取决于反应类型。当扩散速率较大，而反应速率为整个氧化过程的速率控制步骤时，臭氧接触氧化反应器的结构形式应有利于反应的充分进行。属于这一类的污染物有合成表面活性剂、焦油、氨氮等，反应器可采用多孔扩散板反应器、塔板式反应器等，以保持较大的液相容积和反应时间。当反应速率较大，而扩散速率为整个氧化过程的速率控制步骤时，臭氧接触氧化反应器的结构应有利于臭氧的加速扩散。属于这一类的物质有酚、氰、亲水性染料、铁、锰、细菌等，可采用传质效率高的螺旋反应器、蜗轮注入器、喷射器等作反应器。

**（1）鼓泡塔式臭氧接触氧化器**

鼓泡塔式臭氧接触氧化器的结构如图 5-11 所示。其运行方式为：气水两相可顺流接触或逆流接触，还可采用多级串联的方式实现逆流与顺流的交迭使用。整个装置可连续运行或间断批量运行。鼓泡塔式臭氧接触氧化器适合于由反应速率控制的操作和要求大液体容积的系统使用。

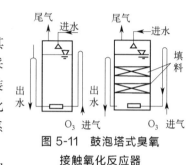

图 5-11　鼓泡塔式臭氧
接触氧化反应器

鼓泡塔式臭氧接触氧化器的优点是能耗较低，其理论电耗为 $2\sim3kW\cdot h/g$（以 $O_3$ 计）。但缺点也较多，主要有：a. 喷头堵塞时布气不均匀；b. 混合差，易返混；c. 接触时间长；d. 价格高。

根据塔内件的不同，鼓泡塔式臭氧接触氧化反应器可分为板式塔和填料塔两种。

1）板式塔

根据塔板的形式，塔板式反应器可分为筛板塔和泡罩塔两种，如图 5-12 所示。

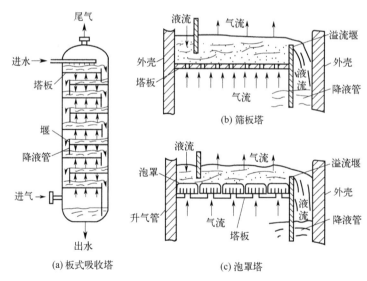

(a) 板式吸收塔　　(b) 筛板塔　　(c) 泡罩塔

图 5-12　塔板式反应器

在塔内设有多层塔板，每层塔板上设溢流堰和降液管。塔板上开有许多筛孔的称为筛板塔；设置泡罩的称为泡罩塔。气流从底部进入，上升的气流经筛板或泡罩被分散成细小的气泡，与板上的水层接触后逸出液相，然后再与上层液体接触。污水从顶部进入，在塔板上翻过溢流堰，经降液管流到下层筛板，然后从底部排出。塔板上溢流堰的作用是使塔板上的水层维持一定深度，将降液管出口淹没在液层中形成水封，防止气流沿降液管上升。

2）填料塔

填料塔式臭氧接触氧化反应器如图 5-13 所示，气水逆流通过填料空隙，可连续或间断批量运行。填料塔的传质效果好，传质能力随气水流量及填料类型而不同，主要适用于反应速率由气相或液相传质速率控制的过程。

运行实践表明，填料塔式臭氧接触氧化反应器的主要优点是气水比适应范围广，但其缺点是：耗能高，理论电耗为 $15\sim40kW\cdot h/g$；价格贵；易堵塞；填料表面积垢后，维护困难。

**（2）固定混合器**

固定混合器也叫静态混合器或管式混合器，其结构如图 5-14 所示，是在一段管子内安装许多螺旋桨叶片，相邻两片螺旋桨叶片有着相反的方向，水流在旋转分割运行中与臭氧接触而产生许多微小旋涡，使气水得到充分地混合，非常适合于受传质速率控制的水处理过程。气水在混合器内可以顺流接触，也可逆流接触，并可连续运行。主要优点是：设备体积小，占地少；接触时间短；处理效果稳定；易操作，管理方便；无噪声，无泄漏；用料省，价格低；传质能力强，臭氧利用率可达 $80\%$ 以上，且耗能较少，设备费用低。其缺点是：流量不能显著变化；设备运行过程中的能耗较大，理论电耗为 $4\sim5kW\cdot h/g$。

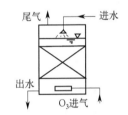

图 5-13  填料塔式反应器

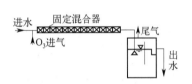

图 5-14  固定混合器

**（3）蜗轮注入器**

图 5-15 所示为蜗轮注入器的结构示意图。在蜗轮注入器内，由于气水两相强制混合，因此具有较强的传质能力，非常适合于受传质速率控制的水处理过程。多用于部分投加，淹没深度 $<2m$。

蜗轮注入器的主要优点是：水力损失小，臭氧向水中转移压力大；混合效果好；接触时间较短；体积较小。其主要缺点是：流量不能显著变化；耗能较多，理论电耗为 $7\sim10kW\cdot h/g$；在运行过程中有噪声。

**（4）喷射式反应器**

喷射式臭氧接触反应器是气液两相强制或抽吸通过孔道而接触，进而发生反应，两相通过强制混合时

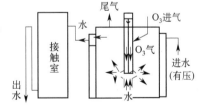

图 5-15  蜗轮注入器

具有较大的接触面积和较强的传质能力，非常适合于受传质速率控制的各种水处理过程。

根据气液两相的接触情况，喷射式反应器可分为部分投加或全部投加两种，图 5-16 所示分别为全部水量喷射和部分水量喷射的喷射器示意图。

喷射式臭氧接触氧化反应器的优点是：混合好；接触时间短；设备小，占地少。其缺点是：流量不能显著变化；耗能较多，对于全部水量喷射的喷射器，其理论电耗为 15～

20kW·h/g；对于部分水量喷射的喷射器，其理论电耗为 4～10kW·h/g。

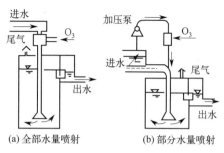

(a) 全部水量喷射　　　(b) 部分水量喷射

图 5-16　喷射式臭氧接触反应器

**（5）多孔扩散式反应器**

多孔扩散式反应器是臭氧化空气通过设置在反应器底部的多孔扩散装置分散成微小气泡后进入水中。多孔扩散装置有穿孔管、穿孔板和微孔滤板等形式。根据气和水的流动方向不同，可分为同向流和异向流两种，如图 5-17 所示。为改善气水接触条件，反应器中可装填瓷环、塑料环等填料。

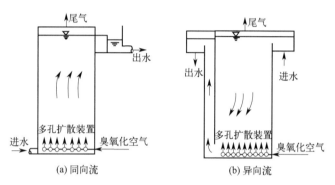

(a) 同向流　　　　　(b) 异向流

图 5-17　多孔扩散式反应器

同向流反应器是最早应用的一种反应器，其缺点是底部臭氧浓度大，原水杂质浓度也大，大部分臭氧在底部被易于氧化的杂质消耗掉，而上部臭氧浓度低，水中残余的杂质又较难被氧化，出水往往不够理想，臭氧利用率较低，一般在 75％ 左右。当臭氧用于消毒时，宜采用同向流反应器，这样可以使大量的臭氧早与细菌接触，以避免大部分臭氧被水中其他杂质消耗掉。

异向流反应器可以使低浓度的臭氧与杂质浓度高的水相接触，臭氧利用率可达 80％。目前这种反应器应用更为广泛。

### 5.2.3.3　臭氧接触反应器设计

在设计臭氧接触反应器前，一般需要进行试验以确定设计参数。动态试验流程如图 5-18 所示。

在水处理系统中，大多数采用鼓泡塔式臭氧接触反应器。污水一般自塔顶进入，经喷淋装置向下喷淋，从塔底出水；臭氧则从塔底的微孔扩散装置进入，呈微小气泡上升而从塔顶排出，气水逆流接触完成处理过程。鼓泡塔也可以设计成多级串联运行。当设计成双级时，一般前一级的臭氧投加量为总臭氧量的 60％，后一级为总臭氧量的 40％。鼓泡塔内可不设填料，也可加设填料以加强传质过程。当无试验资料时臭氧接触反应装置的主要设计参数见表 5-1。

鼓泡塔的设计计算如下：

**（1）塔体尺寸计算**

1）塔的总体积

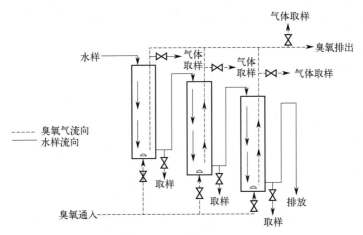

图 5-18　动态臭氧氧化试验装置

表 5-1　接触反应装置的主要设计参考参数

| 处理要求 | 臭氧投加量/(mg O$_3$/L 水) | 去除效率/% | 接触时间/min |
|---|---|---|---|
| 杀菌及灭活病毒 | 1~3 | 90~99 | 数秒至 10~15min,按所用接触装置类型而异 |
| 除臭、味 | 1~2.5 | 80 | >1 |
| 脱色 | 2.5~3.5 | 80~90 | >5 |
| 除铁除锰 | 0.5~2 | 90 | >1 |
| COD | 1~3 | 40 | >5 |
| CN$^-$ | 2~4 | 90 | >3 |
| ABS | 2~3 | 95 | >10 |
| 酚 | 1~3 | 95 | >10 |

鼓泡塔的总体积可按下式计算:

$$V_T = \frac{Q_S t}{60}$$　　　　　　(5-46)

式中　$V_T$——塔的总体积,m$^3$;

　　　$Q_S$——水流量,m$^3$/h;

　　　$t$——水力停留时间,min。

2)塔截面面积

鼓泡塔的截面面积可按下式计算:

$$F = \frac{Q_S t}{60 H_A}$$　　　　　　(5-47)

式中　$F$——塔截面面积,m$^2$;

　　　$Q_S$——水流量,m$^3$/h;

　　　$t$——水力停留时间,min;

　　　$H_A$——塔内有效水深,m,一般取 4~5.5m。

3)塔径

鼓泡塔的直径可按下式计算:

$$D = \sqrt{\frac{4F}{\pi}} \tag{5-48}$$

式中　$D$——鼓泡塔的直径，m；

　　　$F$——塔截面面积，$m^2$。

4）塔径高比

鼓泡塔的径高比可按下式计算：

$$K = \frac{D}{H_A} \tag{5-49}$$

式中　$D$——塔径，m；

　　　$K$——径的径高比，一般采用 $1:3 \sim 1:4$。如计算的 $D > 1.5m$ 时，为使塔不要过高，可将其适当分成几个直径较小的塔，或设计成接触池。

5）塔总高

鼓泡塔的总高可按下式计算：

$$H_T = (1.25 \sim 1.35)H_A \tag{5-50}$$

式中　$H_T$——塔总高，m。

**（2）臭氧化空气的布气系统计算**

1）臭氧的投配量

臭氧接触反应装置的臭氧投配量可按下式计算：

$$c = \frac{Q_S d_0}{1000} \tag{5-51}$$

式中　$c$——每小时投配的总臭氧量，kg/h；

　　　$Q_S$——水流量，$m^3/h$；

　　　$d_0$——水中所需的臭氧投加量，$kg/m^3$。

2）所需臭氧化空气的量

对于一定的水流量，所需投加的臭氧化空气的流量可按下式计算：

$$Q_g = \frac{1000c}{Y_1} \tag{5-52}$$

式中　$Q_g$——水中所需投加的臭氧化空气的流量，$m^3/h$；

　　　$c$——每小时投配的总臭氧量，kg/h；

　　　$Y_1$——发生器所产生的臭氧化空气的浓度，$g/m^3$，一般在 $10 \sim 20 g/m^3$ 范围内。

3）发生器中臭氧化空气的流量

根据水中所需投加的臭氧量，可计算发生器中臭氧化空气的流量：

$$Q'_g = \frac{Q_g(273+20) \times 0.103}{273 \times 0.18} = 0.614 Q_g \tag{5-53}$$

式中　$Q'_g$——水中所需投加的发生器工作状态下（$t=20℃$，$P=0.08MPa$）臭氧化空气的流量，$m^3/h$；

　　　$Q_g$——水中所需投加的臭氧化空气的流量，$m^3/h$。

4）微孔扩散元件的数量

为满足投配所需的臭氧量，所需的微孔扩散元件的数量可按下式计算：

$$n = \frac{Q'_g}{\omega f} \qquad\qquad (5\text{-}54)$$

$$\omega' = \frac{d - aR^{1/4}}{b} \qquad\qquad (5\text{-}55)$$

式中　$n$——微孔扩散元件数；

　　　$Q'_g$——水中所需投加的发生器工作状态下（$t = 20℃$，$P = 0.08\text{MPa}$）臭氧化气的流量，$\text{m}^3/\text{h}$；

　　　$f$——每只扩散元件的总表面积，$\text{m}^2$，陶瓷滤棒为 $ndl$（$d$ 为棒的直径，$l$ 为棒的长度），微孔扩散板为 $\dfrac{nd^2}{4}$（$d$ 为扩散板的直径）；

　　　$\omega$——气体扩散速率，$\text{m/h}$，依微孔材料及其微孔孔径和扩散气泡的直径而定；

　　　$\omega'$——使用微孔钛板时的气体扩散速率，$\text{m/h}$；

　　　$d$——气泡直径，$\text{mm}$，一般为 $1\sim2\text{mm}$；

　　　$R$——微孔孔径，$\mu\text{m}$，一般为 $20\sim40\mu\text{m}$；

　　　$a$，$b$——系数，使用钛板时，$a = 0.19$，$b = 0.066$。

**（3）臭氧发生器的工作压力**

所需臭氧发生器的工作压力可按下式计算：

$$H > 0.98h_1 + h_2 + h_3 \qquad\qquad (5\text{-}56)$$

式中　$H$——臭氧发生器的工作压力，$\text{kPa}$；

　　　$h_1$——塔内水柱高度，$\text{m}$；

　　　$h_2$——布气元件的压力损失，$\text{kPa}$；

　　　$h_3$——臭氧化气输送管道的压力损失，$\text{kPa}$。

# 5.3　过氧化氢氧化技术与设备

过氧化氢俗称双氧水，是一种绿色氧化剂，在环境治理领域得到了广泛应用。

## 5.3.1　技术原理

过氧化氢的分子式为 $H_2O_2$，分子量 34。过氧化氢分子中氧的价态是 $-1$，它可以转化成 $-2$ 价，表现出氧化性，也可以转化为 0 价态而具有还原性，因此过氧化氢具有氧化还原性。过氧化氢在水溶液中的氧化还原性由下列电势决定：

$$H_2O_2 + 2H^+ + 2e^- \longrightarrow 2H_2O \quad E^\ominus = 1.77\text{V}$$

$$O_2 + 2H^+ + 2e^- \longrightarrow H_2O_2 \quad E^\ominus = 0.68\text{V}$$

$$HO_2^- + H_2O + 2e^- \longrightarrow 3OH^- \quad E^\ominus = 0.87\text{V}$$

所以在酸性溶液和碱性溶液中它都是强氧化剂，只有与更强的氧化剂如 $MnO_4^-$ 反应时，它才表现出还原性而被氧化。

**（1）过氧化氢的氧化性**

纯过氧化氢具有很强的氧化性，遇到可燃物即着火。

在水处理中，过氧化氢是常用的氧化剂，虽然从标准电极电位看，在酸性溶液中 $H_2O_2$ 的氧化性更强，但酸性条件下 $H_2O_2$ 的氧化反应速率往往较慢，碱性溶液中的氧化反应速率却是快速的。在用 $H_2O_2$ 作为氧化剂的水溶液反应体系中，由于 $H_2O_2$ 的还原产物是水，而且过量的 $H_2O_2$ 可以通过热分解除去，所以不会在反应体系内引进不必要的物质，去除一些还原性物质时特别有用。

**(2) 过氧化氢的还原性**

过氧化氢在酸性或碱性溶液中都具有一定还原性。在酸性溶液中，$H_2O_2$ 只能被高锰酸钾、二氧化锰、臭氧、氯等强氧化剂所氧化，在碱性溶液中，$H_2O_2$ 显示出强还原性，除还原一些强氧化剂外，还能还原如氧化银、六氰合铁（Ⅲ）等较弱的氧化剂。$H_2O_2$ 氧化的产物是 $O_2$，不会给反应体系带来杂质。

实验已经证实，许多过氧化氢参与的反应都是自由基反应。

**(3) 过氧化氢的不稳定性**

$H_2O_2$ 在低温和高纯度时表现得比较稳定，但若受热温度达到 426K 以上便会猛烈分解，分解反应也就是它的歧化反应：

$$2H_2O_2 \longrightarrow 2H_2O + O_2 \uparrow$$

不论气态、液态、固态或者在水溶液中，$H_2O_2$ 都具有热不稳定性，分解机理包括游离基学说、电离学说等多种解释。根据反应电动势，过氧化氢在酸性溶液中的歧化程度较在碱性溶液中稍大，但在碱性溶液中的歧化速率要快得多。溶液中微量存在的杂质，如金属离子（$Fe^{3+}$、$Cr^{3+}$、$Cu^{2+}$、$Ag^+$）、非金属、金属氧化物等都能催化 $H_2O_2$ 的均相和非均相分解，研究认为，杂质可以降低 $H_2O_2$ 分解活化能，而且即使在低温下，$H_2O_2$ 仍能分解。光照、贮存容器表面粗糙（具有催化活性）都会使 $H_2O_2$ 分解。

为了抑制过氧化氢的催化分解，需要将它贮存在纯铝（>99.5%）、不锈钢、瓷料、塑料或其他材料制作的容器中，并且在避光、阴凉处存放，有时还需要加一些稳定剂，如微量锡酸钠、焦磷酸钠等来抑制所含杂质的催化分解作用。研究结果表明，无论是用 $Cl_2$、$MnO_4^-$、$Ce^{4+}$ 等氧化水溶液中的 $H_2O_2$，还是用 $Fe^{3+}$、$MnO_2$、$I_2$ 等引起 $H_2O_2$ 的催化分解，所有释放出来的氧分子全部来自 $H_2O_2$ 而不是来自水分子。

## 5.3.2 工艺过程

过氧化氢的标准氧化还原电位（1.77、0.88V）仅次于臭氧（2.07、1.24V），高于高锰酸钾、次氯酸和二氧化氯，能直接氧化水中的有机污染物和构成微生物的有机物质。

图 5-19 所示为过氧化氢法处理酸化（回收氰化钠后）含氰尾液的工艺流程。酸化尾液首先进入沉淀池，将其中所含的硫氰化亚铜沉淀析出，晒干后可作为产品销售。沉淀后的清液进入中和塔，通过添加石灰乳和硫酸铜进行中和，同时通入过氧化氢与污水中的 $CN^-$ 发生反应。主要工艺控制参数为：处理量 $2.5 \sim 6 m^3/h$，$pH = 9.5 \sim 11$，石灰用量 $10 kg/m^3$，硫酸铜添加量为 $200 g/m^3$（配成 10% 的溶液），过氧化氢添加量为浓度 27% 的双氧水 $1 \sim 3 L/m^3$。反应时间 >90min。反应后的混合物进入二次沉淀池沉淀，沉淀物去尾矿库，沉淀液排弃。实践证明，含氰污水经酸化法回收 NaCN 后，在残留氰化物 $CN^-$ 为 $5 \sim 50 mg/L$ 的情况下，以过氧化氢法处理，污水中的氰化物很容易达到 $0.5 mg/L$ 以

下，重金属浓度也符合相关标准。

## 5.3.3　过程设备

过氧化氢氧化过程所用的设备主要是双氧水氧化反应器。由于双氧水在高温条件下易分解，因此双氧水氧化过程大多在低温条件下进行。图 5-20 所示为一种针对污水处理的低温双氧水催化氧化反应器，

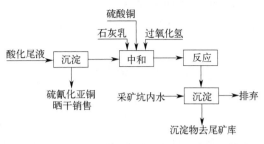

图 5-19　过氧化氢法处理酸化含氰尾液的工艺流程

包括双氧水加药装置和依次连接的污水收集罐、污水预热器、蒸汽换热器、催化反应塔和出水收集罐。污水预热器的进水口与污水收集罐相连，出水口与蒸汽换热器的进水口相连；污水预热器上设有循环水进口和循环水出口，循环水进口与催化反应塔的出水口连接，循环水出口与出水收集罐相连。蒸汽换热器的出水口与催化反应塔的进水口相连，二者之间设有管道混合器。蒸汽换热器的蒸汽进口与蒸汽管道连接，蒸汽出口与冷凝水收集管道连接。

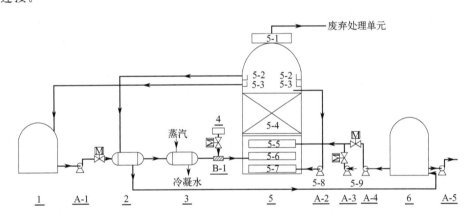

图 5-20　低温双氧水催化氧化反应器

1—污水收集罐；2—污水预热器；3—蒸汽换热器；4—双氧水加药装置；5—催化氧化塔；5-1—丝网除雾器；
5-2—出水溢流堰；5-3—反洗出水溢流堰；5-4—催化剂及支撑系统；5-5—反清洗布水装置；
5-6—进水布水装置；5-7—循环布水装置；5-8、5-9—内循环装置；6—出水收集罐；
A-1—污水提升泵；A-2—循环泵；A-3—反洗风机；A-4—反洗水泵；A-5—出水外送泵；B-1—管道混合器

污水预热器和蒸汽换热器均采用板式换热器，二者的进水口和出水口均设有温度变送器。催化反应塔内设有进水布水装置、内循环装置、反清洗装置。进水布水装置上方设有催化剂及支撑系统，反应塔顶部设有丝网除雾器。内循环装置包括循环布水装置和循环泵，循环布水装置位于进水布水装置下方，催化反应塔外部设置的循环泵与循环布水装置连接，循环回流比为 0～200%，循环泵的进水口位于催化剂及支撑系统上方。反清洗装置包括反清洗布水装置、反洗风机和反洗水泵，位于进水布水装置和催化剂及支撑系统之间。

催化反应塔设置有反清洗水收集堰，设置在出水溢流堰和催化剂及支撑系统之间，出水溢流堰与污水预热器的循环水进口连接，反洗水收集堰通过反洗出水溢流管与污水收集罐连接。除循环管线外，其他各项进、出物料管均设有电磁阀，通过 PLC 系统控制进水流量及反清洗的启停，大大延长了催化剂的使用寿命。

催化反应塔通过对污水进行加热和催化作用，提高了双氧水的氧化能力，同时结合自循环技术，提高了双氧水的利用效率，反应过程温和，处理过程清洁，无二次污染产生。

# 5.4 Fenton 氧化技术与设备

1894 年，法国科学家 H. J. H. Fenton 发现 $H_2O_2$ 在 $Fe^{2+}$ 催化作用下具有氧化多种有机物的能力，后人为了纪念他，将亚铁盐和 $H_2O_2$ 的组合称为 Fenton 试剂。Fenton 试剂中的 $Fe^{2+}$ 作为催化剂，而 $H_2O_2$ 具有强烈的氧化能力，特别适用于处理高浓度难降解、毒性大的有机污水。但直到 1964 年，H. R. Eisen Houser 才首次使用 Fenton 试剂处理苯酚及烷基苯污水，开创了 Fenton 试剂应用于工业污水处理领域的先例。后来人们发现这种混合体系所表现出的强氧化性是因为 $Fe^{2+}$ 的存在有利于 $H_2O_2$ 分解产生羟基自由基 HO· 的缘故，为进一步提高对有机物的去除效果，以标准 Fenton 试剂为基础，通过改变耦合反应条件，可以得到一系列机理相似的类 Fenton 试剂。

## 5.4.1 技术原理

对于 Fenton 试剂的催化机理，目前公认的是 Fenton 试剂能通过催化分解产生羟基自由基（HO·）进攻有机物分子，并使其氧化为 $CO_2$、$H_2O$ 等无机物质。这是由 Harber Weiss 于 1934 年提出的。在此体系中羟基自由基 HO· 实际上是反应氧化剂，反应式为：

$$Fe^{2+} + H_2O_2 + H^+ \longrightarrow Fe^{3+} + H_2O + HO· \tag{5-57}$$

由于 Fenton 试剂在许多体系中确有羟基化作用，所以 Harber Weiss 机理得到了普遍承认，有时人们把上式称为 Fenton 反应。

**(1) 氧化性能**

Fenton 试剂之所以具有非常高的氧化能力，是因为 $H_2O_2$ 在 $Fe^{2+}$ 的催化作用下产生的羟基自由基 HO· 比其他氧化剂具有更强的氧化电极电位，具有很强的氧化能力，故能使许多难生物降解及一般化学氧化法难以氧化的有机物有效分解。

羟基自由基 HO· 具有较高的电负性或电子亲和能，能和很多物质发生作用。

对于多元醇（乙醇、甘油）以及淀粉、蔗糖、葡萄糖之类的碳水化合物，在羟基自由基 HO· 的作用下，分子结构中各处发生脱 H（原子）反应，随后发生 C=C 键的开裂，最后被完全氧化为 $CO_2$。对于水溶性高分子物质（聚乙烯醇、聚丙烯醇钠、聚丙烯酰胺）和水溶性丙烯衍生物（丙烯腈、丙烯酸、丙烯醇、丙烯酸甲酯等），羟基自由基 HO· 加成到 C=C 键，使双键断裂，然后氧化成 $CO_2$。对于饱和脂肪族一元醇（乙醇、异丙醇）和饱和脂肪族羧基化合物（如醋酸、醋酸乙基丙酮、乙醛）等主链稳定的化合物，羟基自由基 HO· 只能将其氧化为羧酸，由复杂大分子结构物质氧化分解成直碳链小分子化合物。

对于酚类有机物，低剂量的 Fenton 试剂可使其发生偶合反应生成酚的聚合物，大剂量的 Fenton 试剂可使酚的聚合物进一步转化成 $CO_2$。对于芳香族化合物，羟基自由基 HO· 可以破坏芳香环，形成脂肪族化合物，从而消除芳香族化合物的生物毒性。

对于染料，羟基自由基 HO· 可以直接攻击发色基团，打开染料发色官能团的不饱和键，使染料氧化分解。色素的产生是因为其不饱和共轭体系的存在而对可见光有选择性地吸收，羟基自由基 HO· 能优先攻击其发色基团而达到漂白的效果。

**（2）Fenton 试剂的作用机理**

标准 Fenton 试剂是由 $H_2O_2$ 与 $Fe^{2+}$ 组成的混合体系，标准体系中羟基自由基的引发、消耗及反应链终止的反应机理可归纳如下：

$$Fe^{2+} + H_2O_2 \longrightarrow Fe^{3+} + OH^- + HO· \tag{5-58}$$

$$Fe^{2+} + HO· \longrightarrow Fe^{3+} + OH^- \tag{5-59}$$

$$HO_2· + Fe^{3+} \longrightarrow Fe^{2+} + O_2 + H^+ \tag{5-60}$$

$$HO· + H_2O_2 \longrightarrow H_2O + HO_2· \tag{5-61}$$

$$Fe^{2+} + HO· \longrightarrow Fe^{3+} + HO_2^- \tag{5-62}$$

$$Fe^{3+} + H_2O_2 \longrightarrow Fe^{2+} + HO_2 + H^+ \tag{5-63}$$

## 5.4.2  工艺过程

Fenton 试剂自出现以来就引起了人们的关注并对其进行了广泛的研究。为进一步提高其对有机物的氧化性能，以标准 Fenton 试剂为基础，发展了一系列机理相似的类 Fenton 试剂，如改性-Fenton 试剂、光-Fenton 试剂、配体-Fenton 试剂、电-Fenton 试剂等。

**（1）标准 Fenton 试剂**

标准 Fenton 试剂是由 $Fe^{2+}$ 和 $H_2O_2$ 组成的混合体系，它通过催化分解 $H_2O_2$ 产生羟基自由基 HO· 来攻击有机物分子夺取氢，将大分子有机物降解成小分子有机物或 $CO_2$ 和 $H_2O$，或无机物。

反应过程中，溶液的 pH 值、反应温度、$H_2O_2$ 浓度和 $Fe^{2+}$ 的浓度是影响氧化效率的主要因素，一般情况下，pH 值 3～5 为 Fenton 试剂氧化的最佳条件，pH 值的改变将影响溶液中 Fe 的形态和分布，改变催化能力。降解速率随反应温度的升高而加快，但并不明显。在反应过程中，Fenton 试剂存在一个最佳的 $H_2O_2$ 和 $Fe^{2+}$ 投加量比，过量的 $H_2O_2$ 会与羟基自由基 HO· 发生反应（5-61）；过量的 $Fe^{2+}$ 会与羟基自由基 HO· 发生反应（5-62），生成的 $Fe^{3+}$ 又可能引发反应（5-63）而消耗 $H_2O_2$。

**（2）改性-Fenton 试剂**

利用 Fe(Ⅲ) 盐溶液、可溶性铁以及铁的氧化矿物（如赤铁矿、针铁矿等）同样可使 $H_2O_2$ 催化分解产生羟基自由基 HO·，达到降解有机物的目的，这类改性 Fenton 试剂，因其铁的来源较为广泛，且处理效果比标准 Fenton 试剂的处理效果更为理想，所以得到了广泛应用。使用 Fe(Ⅲ) 代替 Fe(Ⅱ) 与 $H_2O_2$ 组合产生羟基自由基 HO· 的反应式基本为：

$$Fe^{3+} + H_2O_2 \longrightarrow [Fe(HO_2)]^{2+} + H^+ \tag{5-64}$$

$$[Fe(HO_2)]^{2+} \longrightarrow Fe^{2+} + HO_2· \tag{5-65}$$

$$Fe^{2+} + H_2O_2 \longrightarrow Fe^{3+} + OH^- + HO· \tag{5-66}$$

为简单起见，上述反应中铁的络合体中都省了 $H_2O$。当 pH>2 时，还可能存在下面的反应：

$$[Fe(OH)]^{2+} + OH^- \longrightarrow [Fe(OH)]^{2+} \tag{5-67}$$

$$[Fe(OH)]^{2+} + H_2O_2 \longrightarrow [Fe(HO)HO_2)]^+ + H^+ \tag{5-68}$$

$$[Fe(HO)(HO_2)]^+ \longrightarrow Fe^{2+} + HO_2 \cdot + OH^- \tag{5-69}$$

### (3) 光-Fenton 试剂

在 Fenton 试剂处理有机物的过程中，光照（紫外光或可见光）可以提高有机物的降解效率，如当用紫外光照射 Fenton 试剂处理部分有机污水时，COD 的去除率可提高 10% 以上。这种紫外光或可见光照射下的 Fenton 试剂体系称为光-Fenton 试剂。在光照射条件下，除某些有机物能直接分解外，铁的羟基络合物（pH 值为 3～5 左右，Fe 主要以 $[Fe(OH)]^{2+}$ 形式存在）有较好的吸光性能，并吸光分解，产生更多的羟基自由基 $HO \cdot$，同时能促进 $Fe^{3+}$ 的还原过程，提高体系中 $Fe^{2+}$ 的浓度，有利于 $H_2O_2$ 催化分解，从而提高污染物的处理效果。其反应式如下：

$$[Fe(HO)]^{2+} + h\nu \longrightarrow Fe^{2+} + HO \cdot + H_2O \cdot \tag{5-70}$$

$$Fe^{2+} + H_2O_2 \longrightarrow Fe^{3+} + OH^- + HO \cdot \tag{5-71}$$

$$Fe^{3+} + H_2O_2 \longrightarrow [Fe(HO_2)]^{2+} + H^+ \tag{5-72}$$

$$[Fe(HO_2)]^{2+} \longrightarrow Fe^{2+} + HO_2 \cdot \tag{5-73}$$

### (4) 配体-Fenton 试剂

当在 Fenton 试剂中引入某些配体（如草酸、EDTA 等），或直接利用铁的某些螯合体 $[如 K_3Fe(C_2O_4)_3 \cdot 3H_2O]$，影响并控制溶液中铁的形态分布，从而改善反应机制，增加对有机物的去除效果，由此得到配体-Fenton 试剂。另外，在光照条件下，一些有机配体（如草酸）有较好的吸光性能，有的还会分解生成各种自由基，大大促进了反应的进行。

Mazellier 在用 Fenton 试剂处理敌草隆农药污水时，引入草酸作为配体，可形成稳定的草酸铁配合物（$[Fe(C_2O_4)]^+$、$[Fe(C_2O_4)_2]^{2-}$ 或 $[Fe(C_2O_4)_3]^{3-}$），草酸铁配合物的吸光度的波长范围宽，是光化学性很高的物质，在光照条件下会发生下述反应（以 $[Fe(C_2O_4)_3]^{3-}$ 为例）：

$$[Fe(C_2O_4)_3]^{3-} + h\nu \longrightarrow Fe^{2+} + 2C_2O_4^{2-} + 2C_2O_4^- \cdot \tag{5-74}$$

$$2C_2O_4^- \cdot + [Fe(C_2O_4)_3]^{3-} \longrightarrow Fe^{2+} + 3C_2O_4^{2-} + 2CO_2 \tag{5-75}$$

$$C_2O_4^- \cdot + O_2 \longrightarrow O_2^- \cdot + 2CO_2 \tag{5-76}$$

$$O_2^- \cdot + Fe^{2+} + H^+ \longrightarrow Fe^{3+} + H_2O_2 \tag{5-77}$$

因此，随着草酸浓度的增加，敌草隆的降解速率加快，直到草酸浓度增加到与 $Fe^{3+}$ 浓度形成平衡时，敌草隆的降解速率最大。

### (5) 电-Fenton 试剂

电-Fenton 系统就是在电解槽中通过电解反应生成 $H_2O_2$ 和 $Fe^{2+}$，从而形成 Fenton 试剂，并让污水进入电解槽，由于电化学作用，使反应机制得到改善，提高试剂的处理效果。

Panizza 用石墨作为电极电解酸性 $Fe^{3+}$ 溶液，处理含萘、蒽醌-磺酸生产污水，通过外界提供的 $O_2$ 在阴极表面发生电化学作用生成 $H_2O_2$，再与 $Fe^{2+}$ 发生催化反应产生羟基自由基 $HO \cdot$，其反应式如下：

$$O_2 + H_2O + 2e^- \longrightarrow H_2O_2 \tag{5-78}$$

$$Fe^{2+} + H_2O_2 \longrightarrow Fe^{3+} + HO \cdot + OH^- \tag{5-79}$$

电催化反应在碱性条件下更有利于阴极产生 $H_2O_2$，其反应式为：

$$O_2 + H_2O + 2e^- \longrightarrow HO_2^- + OH^- \tag{5-80}$$

$$HO_2^- + OH^- + 2e^- \longrightarrow H_2O_2 \tag{5-81}$$

**(6) 影响 Fenton 反应效果的因素**

根据 Fenton 试剂的反应机理可知，羟基自由基 HO· 是氧化有机物的有效因子，而 $[Fe^{2+}]$、$[H_2O_2]$、$[OH^-]$ 决定了羟基自由基 HO· 的产量，影响 Fenton 试剂处理难降解难氧化有机污水的因素包括 pH 值、$H_2O_2$ 投加量及投加方式、催化剂的种类及催化剂的投加量、反应时间和反应温度等，每个因素之间的相互作用是不同的。

1）pH 值

pH 值对 Fenton 系统的影响较大，pH 值过高或过低均不利于羟基自由基 HO· 的产生，当 pH 值过高时会抑制反应(5-79)的进行，使生成羟基自由基 HO· 的数量减少；当 pH 值过低时，会使反应（5-79）中 $Fe^{2+}$ 的供给不足，也不利于羟基自由基 HO· 的产生。大量的实验数据表明，Fenton 反应系统的最佳 pH 值范围为 3~5，该范围与有机物种类的关系不大。

2）$H_2O_2$ 投量与 $Fe^{2+}$ 投量之比

$H_2O_2$ 投量和 $Fe^{2+}$ 投量对羟基自由基 HO· 的产生具有重要的影响。由反应（5-79）可知，当 $H_2O_2$ 与 $Fe^{2+}$ 投量较低时，羟基自由基 HO· 产生的数量相对较少，同时，$H_2O_2$ 又是羟基自由基 HO· 的捕捉剂，$H_2O_2$ 投量过高会引起反应（5-61）的出现，使最初产生的 HO· 减少。另外，若 $Fe^{2+}$ 的投量过高，则在高催化剂浓度下，反应开始时从 $H_2O_2$ 中非常迅速地产生大量的活性羟基自由基 HO·。羟基自由基 HO· 同基质的反应不那么快，使没消耗掉的游离 HO· 积聚，这些 HO· 彼此相互反应生成水，致使一部分最初产生的 HO· 被消耗掉，所以 $Fe^{2+}$ 投量过高也不利于羟基自由基 HO· 的产生，而且 $Fe^{2+}$ 投量过高会使水的色度增加。在实际应用当中应严格控制 $Fe^{2+}$ 投量与 $H_2O_2$ 投量之比。研究证明，该比值同处理的有机物种类有关，不同有机物的最佳 $Fe^{2+}$ 投量与 $H_2O_2$ 投量之比不同。

3）$H_2O_2$ 投加方式

保持 $H_2O_2$ 总投加量不变，将 $H_2O_2$ 均匀地分批投加，可提高污水的处理效果。其原因是：$H_2O_2$ 分批投加时，$[H_2O_2] / [Fe^{2+}]$ 相对降低，即催化剂浓度相对提高，从而使 $H_2O_2$ 和羟基自由基 HO· 产率增大，提高了 $H_2O_2$ 的利用率，进而提高了总的氧化效果。

4）催化剂投加量

$FeSO_4 \cdot 7H_2O$ 是催化 $H_2O_2$ 分解生成羟基自由基 HO· 最常用的催化剂。与 $H_2O_2$ 相同，一般情况下，随着用量的增加，污水 COD 的去除率增大，而后呈下降趋势。其原因是：在 $Fe^{2+}$ 浓度较低时，随 $Fe^{2+}$ 的浓度增加，单位量 $H_2O_2$ 产生的羟基自由基 HO· 增加，所产生的羟基自由基 HO· 全部参加了有机物的反应；当 $Fe^{2+}$ 的浓度过高时，部分 $H_2O_2$ 发生无效分解，释放出 $O_2$。

5）反应时间

Fenton 试剂处理高浓度难降解有机污水的一个重要特点就是反应速率快，一般来说，在反应的开始阶段，COD 的去除率随时间的延长而增大，经过一定的反应时间后，COD 的去除率接近最大值，而后基本维持稳定。这是因为：Fenton 试剂处理有机物的实质就是羟基自由基 HO· 与有机物发生反应，羟基自由基 HO· 的产生速率及其与有机物的反应速率的大小直接决定了 Fenton 试剂处理高浓度难降解有机污水所需时间的长短，所以 Fenton 试剂处理高浓度难降解有机污水与反应时间有关。

6）反应温度

温度升高，羟基自由基 HO· 的活性增大，有利于羟基自由基 HO· 与污水中有机物发生反应，可提高污水 COD 的去除率；而温度过高会促使 $H_2O_2$ 分解为 $O_2$ 和 $H_2O$，不利于羟基自由基 HO· 的生成，反而会降低污水 COD 的去除率。陈传好等研究发现 $Fe^{2+}$-$H_2O_2$ 处理洗胶污水的最佳温度为 85℃，冀小元等通过实验证明 $H_2O_2$-$Fe^{2+}$/$TiO_2$ 催化氧化分解放射性有机溶剂（TBR/OH）的理想温度为 95～99℃。

## 5.4.3 过程设备

Fenton 氧化过程所用的设备通称为芬顿反应器。根据反应器的结构，目前采用的芬顿反应器可分为塔式和流化床式两种。

**（1）塔式芬顿反应器**

塔式芬顿反应器又称为芬顿氧化塔，其主要组成包括塔体、筛板、填料（包括填料 A 和填料 B 两种），如图 5-21 所示。筛板与填料将氧化塔分为下部的进水段和上部的反应段，进水段与反应段的交界处设置有曝气器，曝气器由若干个同心圆环管构成，同心圆环管上开有曝气孔；进水段的侧壁上连接进水圆环管，进水圆环管上开有进水孔。反应段包括芬顿氧化区和铁碳氧化区，由上至下依次设置有双氧水均布器、硫酸亚铁均布器和硫酸均布器。双氧水均布器上方设置有出水挡板，出水挡板上设有第一出水口，出水挡板上方设置一锯齿堰，锯齿堰末端设置第二出水口。待处理污水通过环形穿孔管和底层筛板布水，通过芬顿反应降低污水的 COD 和难降解有机污染物后，进入铁碳反应区，在铁碳微电解条件下，进一步催化氧化污水中的难降解有机污染物。反应后的水经出水槽流至塔外。如果由于停留时间短或工艺条件波动，出水水质不合乎要求时，可将出水经循环装置打入反应器内，进行二次操作，从而保证出水达到要求。

运行实践表明，塔式芬顿反应器布水布药均匀，利用空气上浮原理，不需要外加动力进行搅拌，节约运行电费，降低了设备成本，减少双氧水因剧烈搅动造成的无效分解，降低双氧水用量，提高了双氧水的利用率。为了避免或减缓待处理污水对反应器的腐蚀，可根据实际运行情况对所有罐体内壁做玻璃钢防腐处理。

**（2）芬顿氧化流化床反应器**

传统芬顿氧化所用的催化剂是以离子形态溶解于污水中，随着污水水流而流失，催化剂消耗量大。另外，在污水处理全流程中，污水、氧化剂与催化剂反

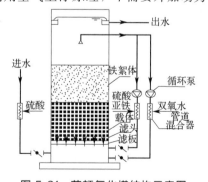

图 5-21 芬顿氧化塔结构示意图

应的时间较短，氧化剂未得到充分利用，对污水的处理效果并不是特别理想。

　　针对传统芬顿氧化的这一缺点，周中明等开发了一种高效固定催化剂内循环反应的芬顿氧化流化床反应器，利用流化床的方式使 Fenton 法所产生的三价铁大部分得以结晶或沉淀披覆在流化床固着催化剂表面上，结合了同相化学氧化即 Fenton 法、异相化学氧化 $H_2O_2/FeOOH$、流化床结晶及 $Fe_2O_3 \cdot H_2O$ 的还原溶解等功能。这项技术对传统 Fenton 氧化法进行了进一步的改良，减少了 Fenton 法大量的化学污泥产量及催化剂的流失。同时在固着催化剂表面形成的铁氧化物具有异相催化的效果，而流化床的方式也促进了化学氧化反应及传质效率，使污水中污染物的降解率提升。

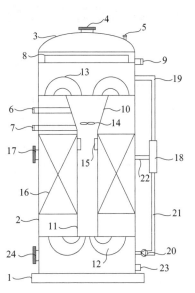

图 5-22　芬顿氧化流化床反应器

1—反应器底板；2—圆筒体；3—上封头；
4—安装检修人孔；5—呼吸孔；6—进水管；
7—进酸管；8—溢流出水堰槽；9—出水口；
10—入口锥斗；11—循环导流筒；
12—下部导流器组合件；13—上部导流器组合件；
14—导流器；15—挡板；16—主反应区；
17—安装检查人孔；18—光敏化处理装置；
19—上部回流管；20—回流泵；21—下部回流管；
22—固定装置；23—排泥口；24—检修人孔

　　芬顿氧化流化床反应器的结构如图 5-22 所示，反应器底板上固定安装有圆筒体，圆筒体的顶部连接有上封头，上封头的顶部设有安装检修人孔和呼吸孔，圆筒体的左上侧设有进水管和进酸管，进水管的右侧贯穿圆筒体与入口锥斗连通，入口锥斗的内部设有安装检查人孔，圆筒体的内部设有主反应区，主反应区的左上侧设有安装检查人孔，圆筒体的外部右侧有光敏化处理装置，光敏化处理装置的顶部连接有上部回流管，底部固定连接有下部回流管。下部回流管的底部连接有回流泵，回流泵的出液管与圆筒体的右侧下部连通，圆筒体的底部设有排泥口和检修人孔。通过光敏化处理装置使水中的三硫酸二铁转化为硫酸亚铁，减少硫酸亚铁的投加量，实现了污水处理的资源化和减量化。

　　芬顿氧化流化床反应器具有以下优点：

　　① 与采用泵或空气搅拌不同，流化床反应器实现大循环高速流化的形态，不存在催化剂因板结需反洗的过程，污水与催化剂在相同时间内的接触面积成倍增加，催化效率高；同时，污水中污染物与羟基自由基的接触面积也成倍增加，相当于有效接触反应时间成倍增加，羟基自由基、氧的利用率大大提高，促进了化学氧化反应及传质效率，从而使污水中污染物的降解率大大提升。

　　② 经光敏化处理，水中的三硫酸二铁转化为硫酸亚铁，大大减少了硫酸亚铁的投加量，也大大减少了铁泥的产生，既节约资源、减少固废的处理量，又大大降低了运营成本。

　　③ 采用大循环高速流化床技术，设备结构更紧凑，设备体积小，降低了设备投资，减少了设备占地面积。

# 5.5 氯氧化技术与设备

氯氧化技术广泛用于污水处理，如处理含氰污水、医院污水、含酚污水等，常用的氯氧化药剂有液氯、漂白粉、次氯酸钠、二氧化氯等。各药剂的氧化能力用有效氯含量表示。有效氯指化合价大于−1 的具有氧化能力的那部分氯。作为比较基准，取液氯的有效氯含量为 100%，几种含氯药剂的有效氯含量如表 5-2 所示。

表 5-2　纯含氯化合物的有效氯

| 化学式 | 相对分子质量 | 含氯量/% | 有效氯/% |
| --- | --- | --- | --- |
| 液氯 $Cl_2$ | 71 | 100 | 100 |
| 漂白粉 $CaCl(OCl)$ | 127 | 56 | 56 |
| 次氯酸钠 $NaOCl$ | 74.5 | 47.7 | 95.4 |
| 次氯酸钙 $Ca(OCl)_2$ | 143 | 49.6 | 99.2 |
| 一氯胺 $NH_2Cl$ | 51.5 | 69 | 138 |
| 亚氯酸钠 $NaClO_2$ | 90.5 | 39.2 | 156.8 |
| 氧化二氯 $Cl_2O$ | 87 | 81.7 | 163.4 |
| 二氯胺 $NHCl_2$ | 86 | 82.5 | 165 |
| 三氯胺 $NCl_3$ | 120.5 | 82.5 | 177 |
| 二氧化氯 $ClO_2$ | 67.5 | 52.8 | 262.5 |

## 5.5.1 液氯氧化技术与设备

氯气是一种黄绿色气体，具有刺激性，有毒，质量为空气的 2.5 倍，密度为 $3.21kg/m^3$（0℃，0.1MPa），极易被压缩成琥珀色的液氯。在所有的含氯氧化药剂中，液氯是使用最为普遍的，既可用作杀菌的消毒剂，也可用作降解污染物的氧化剂。

### 5.5.1.1 技术原理

氯易溶于水，在 20℃、0.1MPa 时，其溶解度为 7160mg/L。当氯溶解于水中时，可发生水解反应生成次氯酸和盐酸：

$$Cl_2 + H_2O \Longrightarrow HClO + HCl \tag{5-82}$$

生成的次氯酸（HClO）是弱酸，进一步发生解离：

$$HClO \Longrightarrow ClO^- + H^+ \tag{5-83}$$

氯的标准氧化还原电势较高，为 1.359V，次氯酸根的标准氧化还原电势也较高，为 1.2V，因此两者均具有很强的氧化能力，可与水中的氨、氨基酸、含碳物质、亚硝酸盐、铁、锰、硫化氢及氰化物等发生氧化反应；同时还是传统的杀菌剂，可用于控制臭味、除藻、除铁、除锰、去色及杀菌等。

反应式（5-83）的平衡常数为：

$$K_i = \frac{[H][ClO^-]}{[HClO]} \tag{5-84}$$

在不同温度下次氯酸的离解平衡常数如表 5-3 所示。

表 5-3　不同温度下次氯酸的离解平衡常数

| 温度/℃ | 0 | 5 | 10 | 15 | 20 | 25 |
|---|---|---|---|---|---|---|
| $K_i \times 10^{-8}/(mol/L)$ | 2.0 | 2.3 | 2.6 | 3.0 | 3.3 | 3.7 |

水中 HClO 和 ClO⁻ 的比例与水的 pH 值和温度有关，可以根据式(5-84)进行计算，其大致比例关系见图 5-23。例如，在水温 20℃的条件下，pH 值等于 7.0 时，水中 HClO 约占 75%，ClO⁻ 约占 25%；在 pH 值等于 7.5 时，水中 HClO 和 ClO⁻ 各约占 50%。水的 pH 值提高，则 ClO⁻ 所占比例增大；在 pH 值大于 9 的条件下，水中的氯基本以 ClO⁻ 形式存在。水的 pH 值降低，则 HClO 所占比例增大；在 pH 值小于 6 的条件下，水中的氯基本以 HClO 形式存在。

水中的氨能够与加氯产生的 HClO 发生反应，生成氯胺：

$$NH_3 + HClO \Longrightarrow NH_2Cl + H_2O \tag{5-85}$$

$$NH_2Cl + HClO \Longrightarrow NHCl_2 + H_2O \tag{5-86}$$

$$NHCl_2 + HClO \Longrightarrow NCl_3 + H_2O \tag{5-87}$$

以上各式中的 $NH_2Cl$、$NHCl_2$ 和 $NCl_3$ 分别是一氯胺、二氯胺和三氯胺（三氯化氮），统称为氯胺。氯胺的存在形式同氯与氨的比例和水的 pH 值有关。在 $Cl_2 : NH_3$ 的质量比≤5:1、pH 值为 7~9 的范围内，水中的氯胺基本上都是一氯胺。在 $Cl_2 : NH_3$ 的质量比≤5:1、pH 值为 6 的条件下，一氯胺仍占优势（约 80%）。三氯胺只在水的 pH 值小于 4.5 的条件下才存在。一氯胺的生成速率很快，在数分钟之内即可完成反应。

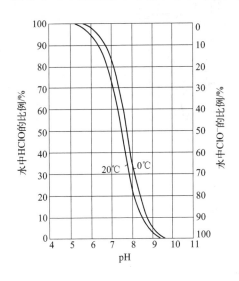

图 5-23　不同 pH 值和温度时
水中 HClO 和 ClO⁻ 的比例

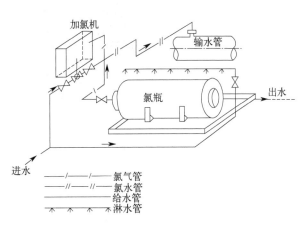

图 5-24　采用液氯氧化的工艺过程

氯胺也具有氧化性，但比游离氯的氧化能力弱，在同等浓度下需要较长的反应时间。

液氯与水中的有机物发生反应是以亲电取代反应为主，反应的结果是生成大量的有机氯化物，如三氯甲烷。三氯甲烷是一种致癌物，这就使得液氯在给水处理，特别是饮用水处理中的应用受到限制。

### 5.5.1.2  工艺过程

采用液氯氧化的工艺过程如图 5-24 所示，加氯点一般设在混凝或吸附以前。加氯量根据原水水质情况，一般控制在 1.0～2.0mg/L；用作杀菌时，加氯量应为需氯量和水中的余氯量之和。在缺乏试验资料时，杀菌的加氯量可采用 1.0～2.0mg/L。

### 5.5.1.3  过程设备

液氯氧化最主要的设备是加氯机，功能是：从氯瓶送来的氯气在加氯机中先流过转子流量计，再通过水射器使氯气与压力水混合，把氯溶在水中形成高含氯水。氯水再被输送至加氯点投加。根据操作方式，分为手动和自动两大类。

**(1)  ZJ 型转子加氯机**

图 5-25 所示为 ZJ 型转子加氯机示意图，由旋风分离器、弹簧膜阀、转子流量计、水射器等组成。氯瓶中的氯气首先进入旋风分离器，通过弹簧膜阀和控制阀进入转子流量计后被水射器抽出，与管道中的压力水混合，氯溶解于水中，并随水流至加氯点。

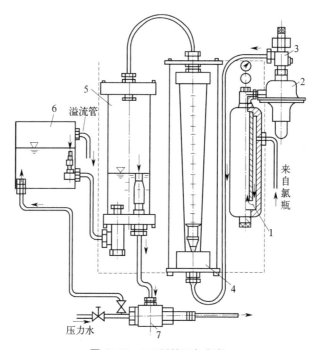

**图 5-25  ZJ 型转子加氯机**

1—旋风分离器；2—弹簧膜阀；3—控制阀；4—转子流量计；5—中转玻璃罩；6—平衡水箱；7—水射器

**(2)  REGAL 型加氯机**

REGAL 型加氯机主要由旋风式过滤器、真空调压阀及水射器等组成。氯瓶中的氯气经旋风式过滤器进入真空调压阀后，被水射器抽出，与管道中的压力水混合后，氯溶解于水中，并输送至加氯点。整机组装在一块安装板上，使用方便，可悬挂在加氯点的墙壁上，加氯量可通过真空调压阀进行调节。

目前使用的 REGAL 型加氯机有两个款式，组成略有不同，其构造分别见图 5-26 和图 5-27。

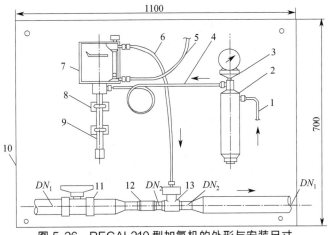

图 5-26　REGAL210 型加氯机的外形与安装尺寸

1—接氯瓶管；2—旋风式过滤器；3—压力表；4—送氯银管；5—通大气软管；6—输气软管；
7—真空调压阀；8—支架；9—岐管组件；10—安装板；11—进水阀；12—联接管；13—水射器

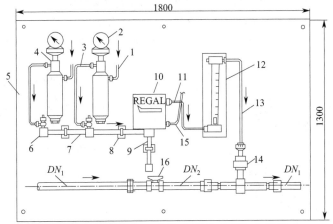

图 5-27　REGAL2100 型加氯机的外形与安装尺寸

1—接气瓶管；2—压力表；3—送气银管；4—旋风式过滤器；5—安装板；6—角阀；
7—排管；8—支架；9—岐管组件；10—真空调压阀；11、13—输气管；
12—流量计；14—水射器；15—通大气软管；16—进水阀

### （3）J 型加氯机

J 型加氯机的构造如图 5-28 所示，由氯压表、流量计、定压调节旋钮、过滤器、定压调节阀、水射器等组成。氯瓶中的氯气经过滤器过滤和定压调节阀调整至适当压力后，进入流量计，并经过单向阀后被水射器抽出，与管道中的压力水混合，氯溶解于水中并随水流至加氯点。整机装在一个底板上，设备紧凑，使用方便。

### （4）JK 型加氯机

JK 型加氯机的构造如图 5-29 所示，主要由减压阀、流量控制器及水射器组成。工作时，氯气瓶中的氯气经减压阀进入流量控制器后，被水射器抽出，与管道中的压力水混合成适当浓度的氯水后，输至加药点，加药量的控制可通过调整流量控制器来实现。半吨氯瓶的安装如图 5-30。

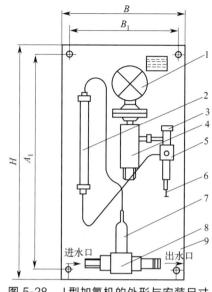

图 5-28　J 型加氯机的外形与安装尺寸

1—氯压表；2—流量计；3—定压调节旋钮；4—过滤器；5—定压调节阀；
6—定压阀拉杆；7—单向阀；8—水射器；9—整机底板

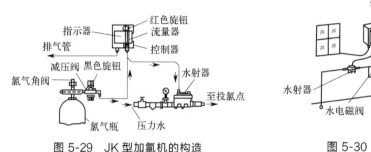

图 5-29　JK 型加氯机的构造

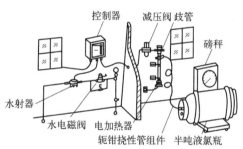

图 5-30　半吨氯瓶安装方式

JK 型加氯机进行多点加氯时的安装如图 5-31 所示。

**（5）MJL 型加氯机**

MJL 型加氯机的构造如图 5-32 所示，主要由分离器、流量计、稳压管、水射器等组成。氯气经分离器、控制针阀进入流量计，并经稳压管稳压后被水射器抽出，与压力水混合后输至加氯点，加氯量可通过调整控制针阀来实现。

**（6）转子真空加氯机**

转子真空加氯机的构造如图 5-33 所示，由过滤器、转子流量计、真空玻璃瓶及水射器等部件构成。氯气通过过滤器、转子流量计进入真空玻璃瓶内，在水射器的作用下使玻璃瓶内的氯气减压，并被吸入水射器中，与压力水混合后输送至加氯点。

转子真空加氯机可挂墙垂直安装。水射器的出口管应有 2～3m 的直管段，入口处应安装压力表。

**（7）74 型全玻璃加氯机**

74 型全玻璃加氯机的构造如图 5-34 所示，主件由硬质玻璃制成，具有耐腐蚀、价格低等特点，但应加装防护罩，以避免由于操作不当而产生破碎。氯气由总阀减压后，经单向阀由氯压计、出氯孔进入加氯机的混合室，经水射器的吸氯孔抽出，与管道中的压力水混合成适当浓度的氯水后，送至加药点。投氯量可通过调整氯瓶总阀和补充水调节阀的开启度来实现。

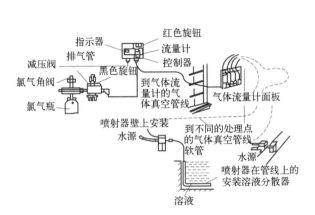

图 5-31　JK 型加氯机进行多点加氯时的安装方式

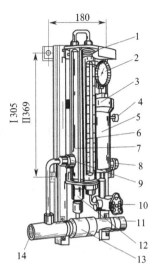

图 5-32　MJL 型加氯机的外形及安装

1—流量计止回阀；2—压力表；3—隔离器；
4—进氯接头；5—旋流分离器；6—转子流量计；
7—稳压管；8—排污螺帽；9—安全阀；
10—控制针阀；11—压力水接头；
12—稳压管止回阀；13—水射器；14—氯水出口

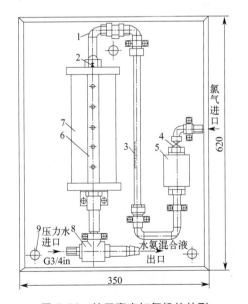

图 5-33　转子真空加氯机的外形

1—弯管；2—进气阀；3—转子流量计；
4—控制阀；5—过滤器；6—出氯管；
7—真空瓶；8—水射器；9—安装螺孔

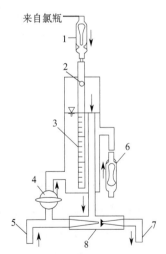

图 5-34　74 型全玻璃加氯机的工作流程

1—进氯止回阀；2—出氯孔；3—氯压计刻度；
4—补充水调节阀；5—压力水进水管；
6—空气补充止回阀；7—出氯管；8—水射器

## 5.5.2 化合氯氧化技术与设备

除液氯外，工业上氯氧化所用的氯源也常采用次氯酸钠溶液、漂白粉等化合氯。

### 5.5.2.1 技术原理

漂白粉和漂白精在水溶液中也会生成次氯酸根离子，因此也具有氧化能力。其反应方程式如下：

$$CaCl(ClO) \Longrightarrow ClO^- + Ca^{2+} + Cl^- \qquad (5-88)$$

$$Ca(ClO)_2 \Longrightarrow 2ClO^- + Ca^{2+} \qquad (5-89)$$

次氯酸钠也是传统的杀菌剂，其氯化作用是通过次氯酸（HClO）起作用，反应式如下：

$$NaClO + H_2O \longrightarrow HClO + NaOH \qquad (5-90)$$

次氯酸钠具有价格低廉、使用方便、安全等特点，因而在给水处理中有着广泛的应用。

### 5.5.2.2 工艺过程

采用漂白粉作氯源时，首先需将漂白粉配制成一定浓度的澄清溶液，再计量投加。采用次氯酸钠作氯源时，可将次氯酸钠溶液通过计量设备直接注入水中。但由于次氯酸钠易分解，因此通常采用次氯酸钠发生器现场制取，就地投加，不宜长期储存。通常是将饱和食盐溶液经稀盐池稀释至3%～4%，经次氯酸钠发生器后生成次氯酸钠消毒溶液。待处理水经格栅除去杂物和大颗粒悬浮物后，由水泵抽出，与加入的次氯酸钠在消毒反应池内杀菌消毒合格后排走。次氯酸钠净化处理污水的工艺流程如图5-35。

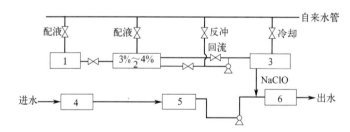

**图5-35 次氯酸钠净化处理污水工艺流程**
1—饱和盐液池；2—3%～4%盐液池；3—次氯酸钠发生器；4—格栅；5—污水调节池；6—消毒反应池

次氯酸钠处理污水的典型应用是含氰污水的处理。含氰污水中含有氰基（—C≡N）类氰化物，如氰化钠、氰化钾、氰化铵等简单氰盐易溶于水，离解为氰离子（$CN^-$），游离氰离子的毒性很高。氰的络合盐可溶于水，以氰的络合离子形式存在，如 $Zn(CN)_4^{2-}$、$Ag(CN_2)^-$、$Fe(CN)_6^{4-}$、$Fe(CN)_6^{3-}$ 等。络合牢固的铁氰化物和亚铁氰化物，由于不易析出 $CN^-$，表现出的毒性较低。

氯氧化氰化物分两阶段进行：

第一阶段，在碱性条件下（pH值为10～11）将 $CN^-$ 氧化成氰酸盐：

$$CN^- + ClO^- + H_2O \Longrightarrow CNCl + 2OH^- \qquad (5-91)$$

$$CNCl + 2OH^- \Longrightarrow CNO^- + Cl^- + H_2O \tag{5-92}$$

第一阶段要求 pH＝10～11。因为式(5-91) 中的中间产物 CNCl 是挥发性物质，其毒性和 HCN 相等。在酸性介质中，CNCl 稳定；在 pH＜9.5 时，式(5-92) 反应不完全，而且要几小时以上。在 pH＝10～11 时，式(5-92) 反应只需 10～15min。

虽然氰酸盐 $CNO^-$ 的毒性只有 HCN 的 0.1%，但从保证水体安全出发，应进行第二阶段的处理，以完全破坏碳氮键。

第二阶段的反应如下：

$$3CNO^- + ClO^- \Longrightarrow CO_2\uparrow + N_2\uparrow + 3Cl^- + CO_3^{2-} \tag{5-93}$$

式(5-93) 的反应在 pH＝8～8.5 时最有效，这样有利于形成的 $CO_2$ 气体挥发出水面，促进氧化过程进行。如果 pH＞8.5，$CO_2$ 将形成半化合态或化合态 $CO_2$，不利于反应向右移动。在 pH＝8～8.5 时，完成氧化反应需半小时左右。

在我国，碱性氯化法处理电镀含氰污水大多数采用一级氧化处理，处理工艺流程有间歇式和连续式。图 5-36 为一级氧化处理工艺流程。含氰污水用泵从调节池经两个管状混合器送入反应池。在第一个混合器前加碱液，由 pH 计自动控制污水 pH 值在 10～11。在第二个混合器前加次氯酸钠溶液，投加量由氧化还原电势（ORP）计自动控制，一般 ORP 在 300mV 左右。为加速重金属氢氧化物的沉淀，在沉淀池中加入一定量的高分子絮凝剂。沉淀池出水在中和池中进行中和，将 pH 值调整到 6.5～8.5 后排放。

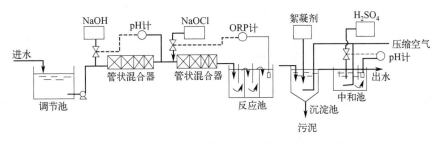

图 5-36　一级氧化连续处理含氰污水的工艺流程

采用二级氧化连续处理含氰污水的工艺流程如图 5-37 所示。碱液和次氯酸钠在泵前投入，控制一级反应器中的 pH≥10。随后在二级反应中投加酸和次氯酸钠，将 pH 值控制在 8～8.5。待反应结束，用沉淀法或气浮法进行固液分离。

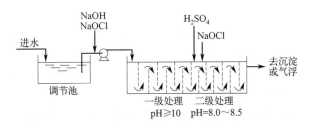

图 5-37　二级氧化连续处理含氰污水的工艺流程

### 5.5.2.3　过程设备

次氯酸钠氧化处理技术的主要设备是次氯酸钠发生器。目前应用的次氯酸钠发生器主要有以下类型。

**（1）CLF 型次氯酸钠发生器**

CLF 型次氯酸钠发生器的构造如图 5-38 所示。由于其电解装置采用阳阴极间小极距，因此电流效率高；另外，由于电解时间加长，所用食盐溶液的浓度可以较低，因而具有省盐省电的优点。CLF 型次氯酸钠发生器主要用于工业含氰污水、医院污水、工业有机污水、循环冷却水及饮用水的杀菌消毒工作。

**（2）GXQ 型次氯酸钠发生器**

GXQ 型次氯酸钠发生器由电解槽、电源整流器、自控装置、冷却水及盐水系统、贮液槽等组成，如图 5-39 所示。电解槽为管状，多管并联形式，电解槽体用聚氯乙烯制作，以外接自来水作为电解槽的冷却水；消毒液贮存箱为半封闭式，用于饮用水消毒时应增加聚乙烯衬套。

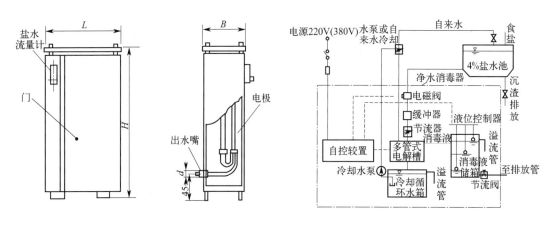

图 5-38　CLF 型次氯酸钠发生器示意图　　　图 5-39　GXQ 型次氯酸钠发生器工艺组成

GXQ 型次氯酸钠发生器为整体组装，自控连续运行，适用于中小型水处理厂、医院、游泳池及生活污水的消毒，也可用于含硫、酚等工业污水的处理。

**（3）SMC 型次氯酸钠发生器**

SMC 型次氯酸钠发生器是采用低浓度氯化钠溶液经电解产生次氯酸钠溶液的小型设备，一般用于小型污水厂的消毒处理或电镀含氰污水的处理。

SMC 型次氯酸钠发生器分为 SMC-Ⅰ型和 SMC-Ⅱ型两种。SMC-Ⅰ型为多管状电极，并配有有机玻璃制成的管状混合器。器内安有不同旋转方向的叶片，水流在混合器内经叶片多次交叉变位、组合，实现污水与药剂的均匀混合；SMC-Ⅱ型管状次氯酸钠发生器的电极为双极性管状电极，并配有次氯酸钠自然循环箱、盐水箱及电源整流、控制设备，可实现次氯酸钠溶液的连续生产和投加。

图 5-40 所示为 SMC-Ⅱ型管状内冷次氯酸钠发生器的工艺组成。

**（4）WL 型次氯酸钠发生器**

WL 型次氯酸钠发生器通过管式循环电解槽电解低浓度食盐水产生次氯酸钠消毒剂，对水体进行消毒，杀菌效果好，安全方便。整套设备由贮液箱、盐溶解箱、次氯酸钠发生器及整流器等组成。设备部件标准，互换性好，自动化程度较高，管路采用 ABS 工程塑料制造，密封性好，耐腐蚀性好，广泛应用于医院污水、生活污水等带菌污水的杀灭病菌、病毒处理；含氰工业污水的氧化处理；造纸、纤维、印染等工业污水的脱色处理及餐具、病房等的消毒处理。WL 型次氯酸钠发生器的构造如图 5-41 所示。

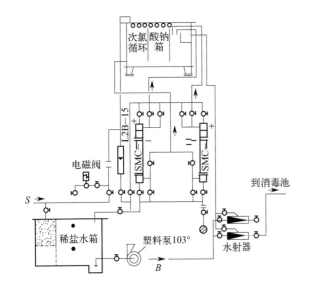

图 5-40　SMC-Ⅱ型管状内冷次氯酸钠发生器的工艺组成

(a) 盐溶液池 (b) 次氯酸钠发生器 (c) 整流柜

图 5-41　WL 型次氯酸钠发生器

## 5.5.3　二氧化氯氧化技术与设备

二氧化氯氧化是在表面催化剂存在的条件下，利用二氧化氯在常温常压下催化氧化污水中的有机污染物，或直接氧化有机污染物，或将大分子有机污染物氧化成小分子有机物，提高污水的可生化性，较好地去除有机污染物。在降低 COD 的过程中，打断有机物分子中的双键发色团，如偶氮基、硝基、硫化羟基、碳亚氨基等，达到脱色的目的，同时有效提高 BOD/COD 值，使之易于生化降解。这样，二氧化氯催化氧化反应在高浓度、高毒性、高含盐量污水中充当常规物化预处理和生化处理之间的桥梁。高效表面催化剂（多种稀有金属类）以活性炭为载体，多重浸渍并经高温处理。

### 5.5.3.1　技术原理

二氧化氯（$ClO_2$）在常温下是黄绿色的类氯性气体，溶于水中后随浓度的提高颜色由黄绿色变为橙红色。其分子中具有 19 个价电子，其中有一个价电子未成对。这个未成对的价电子可以在氯原子与两个氧原子之间跳来跳去，因此它本身就像一个游离基，这种特殊的分子结构决定了 $ClO_2$ 具有强氧化性。$ClO_2$ 在水中会发生下列反应：

$$6ClO_2 + 3H_2O \longrightarrow 5HClO_3 + HCl \tag{5-94}$$

$$2ClO_2 \longrightarrow Cl_2 \uparrow + 2O_2 \uparrow \tag{5-95}$$

$$Cl_2 + H_2O \longrightarrow HCl + HClO \tag{5-96}$$

$$2HClO \longrightarrow Cl_2 \uparrow + H_2O_2 \tag{5-97}$$

$$HClO_2 + Cl_2 + H_2O \longrightarrow HClO_3 + 2HCl \tag{5-98}$$

氯酸（$HClO_3$）和亚氯酸（$HClO_2$）在酸性较强的溶液里是不稳定的，有很强的氧化性，将进一步分解出氧，最终产物是氯化物。在酸性较强的条件下，二氧化氯会分解生成氯酸，放出氧气，从而氧化、降解污水中的带色基团与其他的有机污染物；在弱酸性的条件下，二氧化氯不是分解污染物，而是直接和污水中的污染物发生作用并破坏有机物的结构。因此，pH值能影响处理效果。

从上式可以看出，二氧化氯迅速分解，生成多种强氧化剂——$HClO_3$、$HClO$、$Cl_2$、$H_2O_2$等，并能产生多种氧化能力极强的活性基团，这些自由基能激发有机物分子中的活泼氢，通过脱氢反应和生成不稳定的羟基取代中间体，直至完全分解为无机物。

### 5.5.3.2　工艺过程

二氧化氯易于氧化分解污水中的酚、氯酚、硫醇、仲胺、叔胺等难降解有机物和氰化物、硫化物等。一般而言，二氧化氯氧化的处理工艺为：

高浓度难降解有机污水→前预处理→二氧化氯催化氧化→配水→生化。

① 前处理采用混凝、沉淀、气浮、微电解、中和、预曝气等物化处理方法。经过这些物化处理法去除悬浮物，降低了污水的COD，调节了pH值，使污水能更适合进行二氧化氯氧化。

② 二氧化氯氧化部分降低了污水的COD，提高了污水的BOD/COD值，使之能更好地进行生化处理，在物化处理与生化处理之间充当了桥梁作用。

③ 对二氧化氯氧化出水进行配水是为了降低含盐量，使之能更好地进行生化处理。

④ 生化处理的目的是实现高浓度难降解有机污水的达标排放，最大限度地去除有机物。

芳烃类难降解有机物的降解过程可分为3个阶段：反应初期，首先出现苯环的烷基化合物，如邻苯二酚、对苯二酚、对苯醌等；第二阶段出现的产物是苯环结构破坏后的二元酸，开始时以顺丁烯二酸为主，其浓度较高，随着氧化过程的逐渐进行，碳链继续打开，生成小分子的羧酸，如草酸和甲酸，并以草酸为主；第三阶段为深度氧化阶段，中间产物锐减，产物以二氧化碳为主。即有机物结构降解的趋势为：苯环类有机物→苯环烷基化→开环生成羟酸→二氧化碳。

经液相色谱定性分析证明，苯酚的催化氧化反应主要中间产物为草酸、顺丁烯二酸、对苯二酸、对苯醌等，邻氯苯酚的催化氧化反应中间产物为草酸、顺丁烯二酸、对苯二酚、邻苯二酚、对苯醌等，苯胺的催化氧化中间产物主要为草酸、顺丁烯二酸、对氨基苯酚、对苯醌等。

由此可知，二氧化氯作催化剂的催化氧化过程对含有苯环的污水有相当好的降解作用，COD去除率也高，但在有机物降解过程中有一些中间产物产生，主要是草酸、顺丁烯二酸、对苯酚和对苯醌等，这就导致COD的去除率相对较低，但大大提高了BOD/COD的值，使污水的可生化性大大加强，实现了高浓度难降解有机污水的预处理目的。

二氧化氯的氧化能力比氯要强，从理论上讲是氯的2.5倍。它与有机物作用时，发生的是氧化还原反应而不是取代反应。反应的结果可把高分子有机物降解为有机酸、水和二氧化碳，二氧化氯则被还原成氯离子，几乎不形成三氯甲烷等致癌物质，这是与氯氧化法相比最突出的优点。

在用二氧化氯处理水体时，大约有$50\%\sim70\%$参与反应的$ClO_2$转化为$ClO_2^-$和$Cl^-$而残留在水中，因此水体中的$ClO_2^-$作为一个中间产物是难以避免的。由于过量的$ClO_2^-$对人体健康有潜在的影响，因此国外对水中总氯氧化物（$ClO_2$、$ClO_2^-$和$ClO_3^-$）的含量有限制标准，一般在 0.5～0.8 mg/L 。

用于氧化的二氧化氯投加量以控制总氯氧化物为指标，一般常用 1.0～1.5mg/L；用于杀菌的投加量为 0.40～0.45mg/L，水中残留的总氯氧化物量应不超过 0.2 mg/L。

### 5.5.3.3　过程设备

二氧化氯（$ClO_2$）在常温常压下是黄绿色气体，极不稳定，在空气中浓度超过 10% 或在水中浓度大于 30% 时具有爆炸性。因此使用时必须以水溶液的形式现场制取，立即使用。二氧化氯易溶于水，不发生水解反应，在 10g/L 以下时没有爆炸危险，水处理所用的二氧化氯的浓度低于此值。

二氧化氯的氧化能力优于次氯酸钠，但存在生成氯取代有机物的问题，适用于小规模污水处理装置。氧化过程最主要的设备是二氧化氯发生器。二氧化氯发生器从发生原理上讲，可分为两大类：电解法和化学法。

**(1) 电解法二氧化氯发生器**

电解法制备二氧化氯类似于离子膜烧碱的生产，用离子膜将电解槽隔成 3 个、4 个或 7 个隔室，氯化钠和氯酸钠溶液进入中央缓冲隔室中，用阴性活性渗透膜与阳性活性渗透膜分隔成阴极室和阳极室。盐酸进入阳极室而水进入阴极室。氯酸根离子和氯离子穿过阳极室与盐酸反应生成二氧化氯和氯气，同时钠离子穿过阴极室生成氢气及氢氧化钠。离子膜法适合于二氧化氯的小规模生产，在实际应用中，由于二氧化氯不便贮存，所以该法只能与使用设备配套。电解法制备 $ClO_2$ 运行费用高，与化学法相比应用较少。电解法的化学反应式为：

$$NaCl+NaClO_3+3H_2O \xrightarrow{\text{电解}} 2ClO_2+2NaOH+2H_2\uparrow$$

电解法二氧化氯发生器是根据电极反应的原理，以钛板为极板，表面覆有氧化钌涂层，部分产品还加有氧化铱，通过电解食盐水的方法，现场制取含有二氧化氯和次氯酸钠的水溶液，在总有效氯（具氧化能力的氯）中，二氧化氯的含量一般在 10%～20%，其余为次氯酸钠（根据二氧化氯发生器的行业标准，在所生成的二氧化氯水溶液的总有效氯中，二氧化氯的含量大于 10% 的为合格产品）。因此，该种发生器实际上是二氧化氯和次氯酸钠的混合发生器，产物中二氧化氯占小部分，次氯酸钠占大部分。

图 5-42 所示为 KW 型二氧化氯发生器的构造示意图，主要由电解槽、直流电源、盐溶解槽及配套管道、阀门、仪表等组成。将一定浓度的食盐溶液加入电解槽阳极室，同时将清水分入电解槽阴极室，接通直流电源（12V），电解槽发生电解即可产生 $ClO_2$、$Cl_2$、$O_3$、$H_2O_2$ 等混合气。混合气经水射器负压管路吸入到水中。

KW 型二氧化氯发生器整体性强，耐腐蚀性好，运行可靠，适用于各类水质的消毒杀菌和灭藻工作，对电镀污水的破氰处理、印染污水的脱氧处理、含酚污水的脱酚处理和石油管道中硫酸还原菌的灭除都有较好的处理效果。

电解法生产设备复杂，一次性投资较大，运行费用高，易损坏，应用较少，应用最多的是化学法。目前已开发了十几种化学法生产二氧化氯的方法，但基本上都是通过在强酸性介质存在下还原氯酸盐这一途径制得。

**(2) 化学法二氧化氯发生器**

化学法二氧化氯发生器是以亚氯酸钠（$NaClO_2$）或氯酸钠（$NaClO_3$）为原料，经化

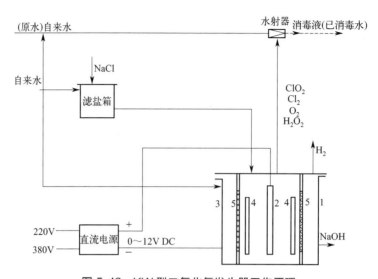

图 5-42　KW 型二氧化氯发生器工作原理

1—电解槽；2—阳极；3—阴极；4—中性电极；5—隔膜

学反应来制取二氧化氯。因所用原料不同，发生器的构造、反应原理也不同。在理想条件下，利用亚氯酸钠或氯酸钠可以得到纯二氧化氯水溶液，但实际上，由于反应物的转化有一定的限度，药剂剩余和各种副反应的发生，在水处理或输送过程中可发生二氧化氯的转化、氧化还原或分解反应，生成 $ClO_2^-$ 和 $ClO_3^-$，氯化过程还可能带入 $Cl_2$。因此，实际 $ClO_2$ 水溶液中还经常含有一定数量的 $ClO_2^-$、$ClO_3^-$、$Cl_2$ 和 $ClO_2$。

1）硫酸法（R3 法，氯化物法）

硫酸法是二氧化氯的主要工业化生产路线之一，于 19 世纪 50 年代开发成功。该法是将氯酸钠和食盐溶液按一定比例混合，在 35～40℃，采用质量浓度为 93％的硫酸还原氯酸钠制得二氧化氯，工业生产中反应液的酸度一般为 4.5～50mol/L。其主要反应为：

$$NaClO_3 + NaCl + H_2SO_4 \longrightarrow ClO_2 + 0.5Cl_2 + Na_2SO_4 + H_2O \tag{5-99}$$

此法的二氧化氯制取过程是在反应器内进行的。分别用泵把氯酸盐的稀溶液（约 10％）和酸的稀溶液泵入反应器中，两者迅速反应，得到二氧化氯水溶液。酸用量一般过量，以使反应充分。

此法的优点是所生成的二氧化氯不含游离氯，属于纯二氧化氯，但因为氯酸钠的价格较高，所产二氧化氯的费用较高。

2）盐酸法（R5 法）

欧洲普遍采用盐酸法生产二氧化氯，此法的优点是不需要专门的还原剂，氯酸钠和盐酸直接反应就可以获得二氧化氯。工业上最著名的盐酸法为开斯汀法，反应如下：

$$NaClO_3 + 2HCl \longrightarrow ClO_2 + 0.5Cl_2 + NaCl + H_2O \tag{5-100}$$

副反应为：
$$NaClO_3 + 6HCl \longrightarrow 3Cl_2 \uparrow + NaCl + 3H_2O \tag{5-101}$$

根据式(5-100)，氯酸盐转化为二氧化氯的只有 80％，另有 20％转化为氯化钠。盐酸法与硫酸法相比的优点是结晶盐为氯化钠，而且盐的沉析量较 $Na_2SO_4$ 小得多，反应压力较低，一般为 0.98～2.94kPa，反应温度也低，一般为 35～85℃，而工业化生产中二氧化氯发生器的实际反应温度为 20～80℃。由于盐酸法的反应速率比硫酸法快得多，因此与硫酸法相比，反应液酸度也较低，但生产成本较高，同样的生产规模，盐酸法的投资约为硫酸法投资的 2 倍。但由于盐酸法可以合理利用原料，因此制得的二氧化氯也最为便宜。

盐酸法二氧化氯发生器的外形与纯二氧化氯发生器（亚氯酸盐加酸制取法）相似。

3）亚氯酸钠加氯制取法

该法以亚氯酸钠（$NaClO_2$）和液氯（$Cl_2$）为原料，其反应如下：

$$Cl_2 + H_2O \Longrightarrow HClO + HCl \tag{5-102}$$

$$2NaClO_2 + HClO + HCl \Longrightarrow 2ClO_2 + 2NaCl + H_2O \tag{5-103}$$

总的反应式为：

$$2NaClO_2 + Cl_2 \Longrightarrow 2ClO_2 + 2NaCl \tag{5-104}$$

为了防止未反应的亚氯酸盐进入到所处理的水中，需要加入比理论值更多的过量氯，使亚氯酸盐反应完全，其结果是在产物中有部分游离氯。

此法中二氧化氯的制取是在瓷环反应器内进行的。从加氯机出来的氯溶液与用计量泵投加的亚氯酸盐稀溶液共同进入反应器中，经过约 1min 的反应，就得到二氧化氯水溶液，再把它加入待处理的污水中。该法在国外应用较多，但因价格较高，我国很少使用。

图 5-43 所示为 HTSC-Y 型二氧化氯发生器的构造示意图。HTSC-Y 型二氧化氯发生器是用化学法制备二氧化氯的设备，盐酸溶液和氯酸钠水溶液由计量泵定量打入二氧化氯发生器，经化学反应生成二氧化氯溶液，并在压力水的作用下进入压力水管道，输送至加药点。

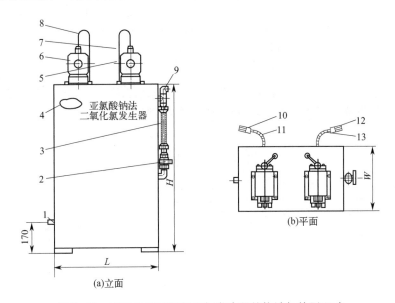

图 5-43　HTSC-Y 型二氧化氯发生器的构造与外形尺寸

1—进水管；2—控制阀；3—转子流量计；4—铭牌；5、6—计量泵；7、8—出液软管；
9—消毒液出口；10、12—止回阀过滤器；11、13—进液软管

图 5-44 所示为 H 型二氧化氯发生器的构造示意图，由供料系统、反应系统、温控系统和发生系统等组成。在负压条件下，将氯酸钠水溶液与盐酸定量输送到反应系统中，经过加温曝气反应，产生 $ClO_2$ 和 $Cl_2$ 的混合气体，经吸收系统形成一定浓度的二氧化氯混合液，通入被处理水中进行消毒杀菌等处理。H 型二氧化氯发生器具有工艺新颖，操作简单，运行费用低等特点。

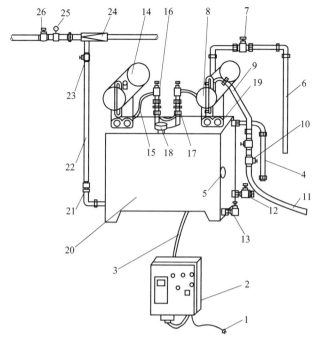

图 5-44  H 型二氧化氯发生器构造及外形图

1—电源插头；2—温控器；3—电源线；4—液位管；5—搬动孔；6—抽酸管；7—抽酸管阀门；

8—盐酸罐；9—连通管；10—进气阀门；11—进气管；12—排污阀；13—排水阀；14—CTA 溶液罐；

15—给料管；16—滴定管及调节阀；17—球阀；18—加水口；19—安全阀；20—主机；21—单向阀；

22—出气管；23—出气管阀门；24—水射器；25—压力表；26—截止阀

图 5-45 所示为华特 908 型二氧化氯发生器的构造示意图，该发生器由供料系统、反应系统、温控制系统等组成，发生器外壳为 PVC 材料。

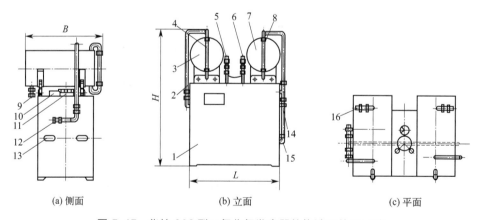

(a) 侧面          (b) 立面          (c) 平面

图 5-45  华特 908 型二氧化氯发生器的构造及外形尺寸

1—箱体；2—真空管；3—氯酸钠罐；4—液位计；5、6—流量计（滴定阀）；7—盐酸罐；

8—液位计；9—排污阀；10—进水口；11—安全阀；12—二氧化氯混合气体出口；

13—把手；14—空气进口；15—液位计；16—进料口

当发生器运行时，氯酸钠水溶液与盐酸在负压条件下，由供料系统定量地输送到反应器中，并在一定温度下经负压曝气反应生成二氧化氯和氯气的混合气体，然后通入待处理的水中。

华特 908 型二氧化氯发生器采用化学法负压曝气工艺，结构合理，体积小，操作方便，可用于自来水、自备井水、二次供水的消毒；工业循环冷却用水、游泳池水的杀菌消毒灭菌；对石油管道中硫酸还原菌的杀灭，工业污水、生活污水的脱色、去臭，含氰、含酚污水的无害化处理，都是理想的药剂。

4）二氧化硫法（马蒂逊法）

此法是将二氧化硫气体通入氯酸钠溶液中，通常在氯酸钠溶液中加入硫酸酸化，著名的马蒂逊法就是二氧化硫法的代表，至今仍然用于生产。硫酸的加入量通常控制在 0.9～6mol/L，反应过程如下：

$$2NaClO_3 + SO_2 \longrightarrow Na_2SO_4 + 2ClO_2 \tag{5-105}$$

$$2NaClO_3 + SO_2 + H_2SO_4 \longrightarrow 2NaHSO_4 + 2ClO_2 \tag{5-106}$$

在生产中使用 45%～47% 的氯酸钠溶液和 75% 的硫酸，反应温度保持在 75～90℃，通入 $SO_2$ 与空气的混合气体，可实现连续稳定的生产。若在反应物料中加入相当于氯酸钠质量 5%～10% 的氯化钠，二氧化氯的产率可达 95%～97%。如果二氧化硫气体来源可靠，采用该工艺操作极为简便，生产成本也比较低廉。用二氧化硫法制二氧化氯在生产过程中可以不加硫酸，但在反应开始时必须加入适量的硫酸。

5）甲醇法（R8 法）

此法使用的是液态还原剂，反应温度可控制在 60℃，在氯酸钠的质量浓度为 100g/L、硫酸质量浓度为 400～500g/L 的条件下进行反应。采用反应-蒸发-结晶相结合的反应器，反应压力仅为 0.132MPa，在反应物沸点下发生，反应的全过程都在液相中进行。加入反应器的反应液沿器壁的切线方向流动，使反应生成的二氧化氯被同时扩散的水蒸气稀释冷凝。也可用空气来搅拌物料，促使二氧化氯从液相中释放出来并起到稀释气体产物的作用，主要反应为：

$$6NaClO_3 + 4H_2SO_4 + 2CH_3OH \longrightarrow 6ClO_2 + 4H_2O +$$
$$2Na_3H(SO_4)_2 + HCOOH + CO_2 + 4H^+ \tag{5-107}$$

此法转化率高，反应压力低，反应平稳，操作十分安全，所得二氧化氯基本上不含氯气，适用于高档纸浆的漂白。

**(3) 稳定性二氧化氯的生产**

由于二氧化氯的稳定性差，光和热极易使其分解，一般情况下都是现配现用，大大限制了二氧化氯的应用。

稳定性二氧化氯是在前述各种方法制得的二氧化氯基础上经过特殊加工而制成的化合物或混合物。稳定性二氧化氯无色、无味、无腐蚀性、不挥发、不分解，性质稳定，便于贮存和运输，使用安全，是一种选择性较强的氧化剂。其生产工艺流程为：原料混合→酸化→二氧化氯吸收→成品→贮存、使用。

目前市场上常见的稳定性二氧化氯产品有液态和固态两种。当使用的吸收剂为硫酸钠、过碳酸钠、硼酸盐、过硼酸盐等惰性溶液时，可制得含二氧化氯 2% 以上的液体稳定性二氧化氯；当吸收剂（吸附剂）为硅酸钙、分子筛、无纺布等多孔性固体物质时，可制得固体稳定性二氧化氯。各生产厂家可根据自己的原料来源选用不同的发生方法。

稳定性二氧化氯在使用前需再加活化剂，如柠檬酸，活化后的二氧化氯应当天用完。因其价格较贵，只用于小规模水处理厂。

常温氧化具有处理条件温和、设备投资小等优点，但反应速率较慢，反应过程需要的时间较长，大大限制了其应用。为了提高有机污水的处理效果与效率，发展了高温氧化技术。

高温氧化是在高温条件下使有机污水中的有机组分与氧或空气中的氧气发生剧烈的氧化反应，生成小分子无害物质而去除的一种污水处理技术，常用的高温氧化技术主要有焚烧、湿式氧化和超临界水氧化。

# 6.1 焚烧技术与设备

焚烧是在高温条件下，使有机污水中的可燃组分与空气中的氧进行剧烈的化学反应，将其中的有机物转化为水、二氧化碳等无害物质，同时释放能量，产生固体残渣。

对于高浓度有机污水，由于其中所含的 COD 浓度较高，本身具有一定的热焓值，采用焚烧法进行处理，不仅能将有害有机组分去除，还可将其本身所含的热量加以回收利用，达到废物综合利用的目的。焚烧处理具有有机物去除率高（99％以上）、适应性广等特点，在发达国家已得到广泛应用。目前国内也越来越重视焚烧方法处理高浓度难降解有机污水，相继建成了技术成熟的焚烧处理装置，用于处理难生化、浓度高、毒性大、成分复杂的有机污水。

## 6.1.1 技术原理

有机污水的焚烧过程是集物理变化、化学变化、反应动力学、催化作用、燃烧空气动力学和传热学等多学科于一体的综合过程。污水中的有机物在高温下分解成无毒、无害的 $CO_2$、水等小分子物质，有机氮化物、有机硫化物、有机氯化物等被氧化成 $NO_x$、$SO_x$、HCl 等酸性气体，但可以通过尾气吸收塔对其进行净化处理，净化后的气体能够满足国家规定的《大气污染物综合排放标准》。同时，焚烧产生的热量可以回收或供热。因此，焚烧法是一种使有机污水实现减量化、无害化和资源化的处理技术。一般有机污水焚烧处理的工艺流程包括预处理、高温焚烧、余热回收及尾气处理等几个阶段。预处理主要包括污水的过滤、蒸发浓缩、调整黏度等，其目的是为后续的焚烧过程提供最优的条件。

不同有机污水焚烧处理的工艺流程根据污水性质的不同而有所不同；对于 COD 值很

高、热值也很高的有机污水，可以直接进入焚烧炉进行焚烧处理，而对于热值不是很高的污水，则可以添加辅助燃料帮助污水进行焚烧；对于含水分比较高的有机污水，可以先进行蒸发浓缩后再进行焚烧，当污水中不含有害的低沸点有机物时，可考虑采用高温烟气直接浓缩的方法，但对于含有有害的低沸点组分的有机污水，应采用间接加热的浓缩法。

工业生产中产生的有机污水种类极其繁多，可根据污水的化学组成将其分为 3 类：

**(1) 不含卤素的有机污水**

该类污水中的有机化合物仅含有 C、H、O，有时还含有 S。污水中含水较少时自身可燃，可作为燃料（如废弃的有机溶剂），燃烧产物为 $CO_2$、$H_2O$ 和 $SO_2$，燃烧产生的热量可通过锅炉或余热锅炉回收。

**(2) 含卤素的有机污水**

污水中的有机化合物包括 $CCl_4$、氯乙烯、溴甲烷等，污水的热值取决于卤素的含量。在焚烧处理时，应根据其热值的高低确定是否需要辅助燃料。污水在焚烧炉内氧化后，将产生单质卤素或卤化氢（HF、HCl、HBr 等），可根据需要将其去除或回收。

**(3) 高含盐的有机污水**

这类污水中含有较高浓度的无机盐或有机盐，燃烧过程中会产生熔化盐，因此在设计时，耐火材料、燃烧温度的选择以及停留时间的确定将成为主要考虑因素。另外，由于这类污水的热值通常都较低，焚烧过程中需要添加辅助燃料以达到完全燃烧。

## 6.1.2　工艺过程

### 6.1.2.1　工艺流程

有机污水焚烧处理的工艺流程如图 6-1 所示，主要过程包括：污水→预处理→高温焚烧→余热回收→烟气处理→烟气排放。

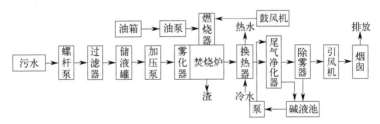

图 6-1　有机污水焚烧处理工艺流程

**(1) 预处理**

由于有机污水的来源及成分不同，通常都要进行预处理使其达到燃烧要求。

① 一般的有机污水中都含有固体悬浮颗粒，而有机污水通常采用雾化焚烧，因此在焚烧前需要过滤，去除其中的悬浮物，防止固体悬浮物阻塞雾化喷嘴，使炉体结垢。

② 不同工业污水的酸碱度不同。酸性污水进入焚烧炉会造成炉体腐蚀，碱性污水进入焚烧炉会造成炉膛的结焦结渣，因此有机污水在进入焚烧炉前需进行中和处理。

③ 低黏度的有机污水有利于泵的输送和喷嘴雾化，所以可采用加热或稀释的方法降

低污水的黏度。

④ 喷液、雾化在污水焚烧过程中十分重要。雾化介质的种类、喷嘴的大小和形式直接关系到雾化液滴的大小和液滴凝聚，因此需要选用合适的雾化介质和喷嘴。

⑤ 不适当的混合会严重限制某些能作为燃料的污水的焚烧，合理的混合能促进多组分污水的焚烧。混合组分的反应度和挥发性是提高混合效果的重要因素。混合物的黏性也十分重要，因为它影响雾化过程。合理的混合方法可以减少液滴的微爆现象。

**（2）高温焚烧**

有机污水的焚烧过程大致分为水分的蒸发、有机物的气化或裂解、有机物与空气中的氧发生氧化反应三个阶段。焚烧温度、停留时间、空气过剩量等焚烧参数是影响有机污水焚烧效果的重要因素，在焚烧过程中要进行合适的调节与控制。

① 大多数有机污水的焚烧温度范围为 $900 \sim 1200℃$，最佳的焚烧温度与有机物的构成有关。

② 停留时间与污水的组成、炉温、雾化效果有关。在雾化效果好、焚烧温度正常的条件下，有机污水的停留时间一般为 $1 \sim 2s$。

③ 空气过剩量的多少大多根据经验选取。空气过剩量大，不仅会增加燃料消耗，有时还会造成副反应。一般空气过剩量选取范围为 $20\% \sim 30\%$。

④ 对于含有挥发性有机化合物的工业污水，可采用催化焚烧的方式，即对待焚烧的污水先进行催化氧化后再进行焚烧，可以降低运行温度，减少能量消耗。对于含抗生物降解组分的有机污水，可以采用微波辐射下的电化学焚烧，它不会产生二次污染，容易实现自动化。

**（3）余热回收**

余热回收是将高浓度有机污水焚烧产生的热量加以回收利用，既节能又环保。常用的余热利用设备主要有余热锅炉、空气换热器等。但余热利用需要尽量避免二噁英类物质合成的适宜温度区间（$300 \sim 500℃$）。

余热回收装置并不是污水焚烧系统的必要组件，是否安装取决于焚烧炉的产热量，产热量低的焚烧炉安装余热回收装置是不经济的。余热回收设计还需考虑污水燃烧产生的 $HCl$、$SO_x$ 等物质的露点腐蚀问题，要控制腐蚀条件，选用耐腐蚀材料，保证其不进入露点区域。

**（4）烟气处理**

由于有机污水成分复杂，多含有氮、磷、氯、硫等元素，焚烧处理后会产生 $NO_x$、$SO_2$、$HCl$ 等酸性气体，不但污染大气，而且还降低了烟气的露点，造成炉膛腐蚀和积灰，影响锅炉的正常运行。因此，焚烧装置必须考虑二次污染问题，产生的烟气必须经过脱酸处理后才能排放到大气中。美国 EPA 要求所有焚烧炉必须达到以下三条标准：a. 主要危险物中 P、O、H、C 的分解率、去除率 $\geqslant 99.9999\%$；b. 颗粒物排放浓度 $34 \sim 57mg/m^3$（干基标准状态）；c. 烟气中 $HCl/Cl_2$ 比值为 $(21 \sim 600) \times 10^{-6}$（体积比），干基，以 $HCl$ 计。我国出台的《危险废物焚烧污染控制标准》(GB 18484—2020)，对高浓度有机污水等危险废物焚烧处理的烟气排放进行了严格的规定。

烟气脱酸的方式主要有三种：湿法脱酸、干法脱酸和半干法脱酸。高浓度有机污水焚烧系统中采用何种方式脱酸与污水的成分有关。当污水中 N、S、Cl 等成分的含量少时，可以采用干法脱酸；当污水中含有大量 N、S、Cl 等成分时，可采用湿法脱酸；半干法脱酸是干法脱酸和湿法脱酸相结合的一种烟气脱酸方法，结合了干法和湿法的优点，构造简单，投资少，能源消耗少。一般情况下，国内污水焚烧系统多采用半干法脱酸。

高浓度污水在焚烧过程中会产生飞灰等颗粒物，因此在烟气排放前还须对其进行除尘处理，降低烟尘排放。烟气除尘多采用除尘器，常用的除尘器主要有旋风除尘器、袋式除尘器、静电除尘器等。在上述除尘器中，袋式除尘器在高浓度有机污水焚烧系统中的应用率较高，它主要是通过精细的布袋将烟气进行过滤，从而去除烟气中的飞灰，除尘效率能够达到99%以上。袋式除尘器必须采取保温措施，并应设置除尘器旁路。为防止结露和粉尘板结，袋式除尘器宜设置热风循环系统或其他加热方式，维持除尘器内温度高于烟气露点温度20～30℃。袋式除尘器应考虑滤袋材质的使用温度、阻燃性等性能特点，袋笼材质应考虑使用温度、防酸碱腐蚀等性能特点。

### 6.1.2.2　污水热值估算

有机污水由于含有相当数量的可燃有机物，所以具有一定的发热值。有机污水的热值是辅助燃料配比、焚烧炉设计和产生余热量计算的必需参数。

若有机污水中的有机成分单一，可通过有关资料直接查取该组分的氧化反应方程及发热值。如果已知有机污水中有机组分各元素的含量，也可根据下式来计算有机污水的低位发热值：

$$Q_{dw}^{y}=337.4C+603.3(H-O/8)95.13S-25.08W(kJ/kg) \tag{6-1}$$

式中　$C$、$H$、$O$、$S$、$W$——有机物中碳、氢、氧、硫的质量分数和有机污水的含水率。

然而，有机污水是生产过程中产生的废弃物，组分复杂、不易点燃，利用对煤进行工业分析的方法确定有机污水的元素组成和发热值是难以实现的。通常采用监测指标COD值来计算有机污水的发热值。通常所说的COD值是指使用强氧化剂将有机物氧化为最简单的无机物（如$CO_2$和$H_2O$）所耗的氧量，即化学耗氧量，它可以表征有机污水中有机物的含量，所以它与有机污水的发热值存在着必然的联系。不少学者通过对一些有代表性有机物的标准燃烧热值进行分析发现，虽然它们的标准燃烧热值相差很大，但燃烧时每消耗1g COD所放出的热量却比较接近，所以可以取这些有机物燃烧时每消耗1g COD所放出热量的平均值13.983kJ作为1g COD的热值，通常认为约等于14kJ/g。利用这一平均值计算有机污水的高位发热值所产生的最大相对误差为−10%和+7%，这样的误差在工程计算时是允许的。

有机污水在焚烧前应首先测定污水的低位发热值，或通过测定COD值以估算出其热值。进行有机污水焚烧处理时，辅助燃料的消耗量直接关系到处理成本的高低，对于COD值小于235g/L左右的有机污水，其低位热值为3300kJ/kg，由于其本身所具有的热量不足以自身蒸发所需的热量，焚烧过程中不能向外提供热量，此时焚烧过程的辅助燃料耗量很大，从经济上分析采用焚烧的方法进行处理将是不利的。对于低位热值可达6300kJ/kg的有机污水，如果采用适合燃用低热值废料的流化床焚烧炉就可在点燃后不加辅助燃料进行焚烧处理。

### 6.1.2.3　理论空气量

焚烧系统所需的理论空气量是设计焚烧炉的必需参数。

计算理论空气量，应从计算污水中可燃元素完全燃烧所需的氧气量入手。有机污水完全燃烧所需的空气量,可根据燃烧化学反应方程式中各元素完全燃烧时所需空气量相加来求得。

假设污水中有机物的主要组成元素为 C、H 和 S,各组分燃烧时的理论耗氧量可分别表示为:

**(1) 碳燃烧所需理论空气量**

碳的燃烧化学反应方程式为:

$$C + O_2 \longrightarrow CO_2 \tag{6-2}$$

1kmol 碳完全燃烧需要 1kmol 氧气,并可生成 1kmol 的二氧化碳。1kmol 碳的质量为 12kg,1kg 碳完全燃烧需要 1/12kmol 的氧气,并可生成 1/12kmol 的二氧化碳,即

$$C + \frac{1}{12}O_2 \longrightarrow \frac{1}{12}CO_2 \tag{6-3}$$

即 1kg 碳完全燃烧时需要 $\frac{1}{12}$kmol 或 2.667kg 氧气。而 1kg 污水中碳的含量是 $\frac{C}{100}$kg,故完全燃烧时其所需的氧气量为:

$$2.667 \frac{C}{100} \quad \text{kg 空气/kg 污水}$$

碳的分子量为 12,12kg 的碳完全燃烧时,其反应方程式为:

$$12C + 22.4O_2 \longrightarrow 22.4CO_2$$
$$\text{kg} \qquad \text{m}^3 \qquad \text{m}^3$$

即 12kg 碳完全燃烧需氧 22.4m³。1kg 碳完全燃烧时需氧 $\frac{22.4}{12}$m³,而 1kg 污水中碳的含量是 $\frac{C}{100}$kg,故完全燃烧时其所需的氧气量为

$$\frac{22.4}{12} \times \frac{C}{100} = 1.867 \frac{C}{100} \quad \text{m}^3 \text{ 空气/kg 污水}$$

**(2) 氢燃烧所需理论空气量**

氢的燃烧反应方程式为:

$$H_2 + \frac{1}{4}O_2 \longrightarrow \frac{1}{2}H_2O \tag{6-4}$$
$$\text{kg} \qquad \text{kmol} \qquad \text{kmol}$$

同上可知,1kg 污水中氢的含量是 $\frac{H}{100}$kg,故完全燃烧时其所需的氧气量为:

$$7.937 \frac{H}{100} \quad \text{kg 空气/kg 污水}$$

或

$$5.556 \frac{H}{100} \quad \text{m}^3 \text{ 空气/kg 污水}$$

**(3) 硫燃烧所需理论空气量**

硫的燃烧反应方程式为:

$$S + \frac{1}{32}O_2 \longrightarrow \frac{1}{32}SO_2 \tag{6-5}$$
$$\text{kg} \quad \text{kmol} \qquad \text{kmol}$$

1kg 污水中硫的含量是 $\dfrac{S}{100}$ kg，故完全燃烧时其所需的氧气量为：

$$4.310\,\frac{S}{100} \quad \text{kg 空气/kg 污水}$$

或

$$3.33\,\frac{S}{100} \quad \text{m}^3\text{ 空气/kg 污水}$$

考虑污水中有机物本身的氧含量，所以在计算需要氧气量时，就要把这部分氧气量扣除，即有

$$G^0 = \frac{1}{0.232}\Big(2.667\,\frac{C}{100} + 7.937\,\frac{H}{100} + 4.310\,\frac{S}{100} - \frac{O}{100}\Big)$$

$$= 11.496\,\frac{C}{100} + 34.211\,\frac{H}{100} + 18.578\,\frac{S}{100} - 4.310\,\frac{O}{100} \quad \text{kg 空气/kg 污水} \tag{6-6}$$

或

$$V^0 = \frac{1}{0.21}\Big(1.867\,\frac{C}{100} + 5.556\,\frac{H}{100} + 3.333\,\frac{S}{100} - 0.7\,\frac{O}{100}\Big)$$

$$= 8.890\,\frac{C}{100} + 26.457\,\frac{H}{100} + 15.857\,\frac{S}{100} - 3.333\,\frac{O}{100} \quad \text{m}^3\text{ 空气/kg 污水} \tag{6-7}$$

由上可见，所谓理论空气需要量是指单位质量（或体积）污水完全燃烧时，理论上应配给的最少空气量，它是按化学反应式求得的。

根据上述分析，只要清楚了污水中有机物的组成，就可计算出较为精确的理论空气需要量。但这一过程往往无法进行，因为无法得知有机物的准确化学式及其所占的比例。因此也可采用污水的化学耗氧量（COD）近似替代有机物的含量而计算理论耗氧量。一般认为 1g COD 物质完全燃烧需要 1g 氧气，即

$$A = \text{COD} \tag{6-8}$$

式中　$A$——燃烧的需氧量，g/L；

　　COD——污水中化学耗氧量物质的浓度，g/L。

有机污水焚烧时所需理论空气量的计算式为：

$$V^0 = \frac{\text{COD}}{K_{O_2} \times \rho_{O_2}} = \frac{\text{COD}}{0.21 \times 1429.1} = \frac{\text{COD}}{300.111} \tag{6-9}$$

式中　$V^0$——有机污水焚烧时所需的理论空气量（标准状态下），m³/L；

　　$K_{O_2}$——空气中氧气的体积比，约为 0.21；

　　$\rho_{O_2}$——氧气在标准状态下的密度，g/m³，其值为 1429.1。

### 6.1.2.4　焚烧所需的热量

有机污水焚烧所需的热量 $Q$ 为将污水加热至有机物发生氧化反应的温度所需的热量 $Q_s$ 与水分蒸发所需的热量 $Q_1$ 之和。

$$Q = \sum Q_s + Q_1 = \sum C_p W_s (T_2 - T_1) + W_w \lambda \tag{6-10}$$

式中　$Q$——污水焚烧所需的热量，kJ；

　　$Q_s$——将污水中有机物加热至发生氧化反应的起始温度所需的热量，kJ；

　　$Q_1$——污水中所有水分蒸发所需的热量，kJ；

$C_p$——飞灰和烟气中各种物质的比热，kJ/（kg·℃）；

$W_s$——各种物质的质量，kg；

$W_w$——污水中所有水分的质量，kg；

$T_1$、$T_2$——初始温度和最终温度，℃；

$\lambda$——水分蒸发相变焓，kJ/kg。

### 6.1.2.5 理论烟气量

焚烧后产生的理论烟气量是焚烧系统余热回收装置设计的必需参数。

有机污水焚烧的理论烟气组成即污水中各有机组分完全燃烧生成的燃烧产物，由四部分组成：有机物燃烧产物（主要为二氧化碳、二氧化硫、产生的水蒸气和生成的氮氧化物）、理论空气量中原有的氮气和水蒸气、有机污水中水分蒸发产生的水蒸气。

如前所述，污水中有机组分的燃烧反应可由式(6-3)、式(6-4)和式(6-5)等表示，则可分别计算各组分的燃烧产物生成量。

由反应式(6-3)可知，每千克碳燃烧后生成 44/12kg $CO_2$，因此每千克污水中的碳完全燃烧后生成的 $CO_2$ 量可表示为：

$$\frac{44}{12} \times \frac{C}{100} \text{kg}$$

折算成体积（在标准状况下）则为：

$$V_{CO_2} = \frac{44}{12} \times \frac{C}{100} \times \frac{22.4}{44} = \frac{22.4}{12} \times \frac{C}{100} \quad \text{m}^3/\text{kg 污水} \tag{6-11}$$

同样，由式(6-5)可得每 kg 污水中的硫完全燃烧生成的 $SO_2$ 量可表示为：

$$V_{SO_2} = \frac{64}{32} \times \frac{S}{100} \times \frac{22.4}{64} = \frac{22.4}{32} \frac{S}{100} \quad \text{m}^3/\text{kg 污水} \tag{6-12}$$

由式(6-4)可得每 kg 污水中的氢完全燃烧生成的水蒸气量为：

$$\frac{18}{2.016} \times \frac{H}{100} \times \frac{22.4}{18} = \frac{22.4}{2.016} \frac{H}{100} \quad \text{m}^3/\text{kg 污水}$$

考虑到污水本身含有的水量 W(%)，则每 kg 污水中的氢完全燃烧生成的水蒸气量为：

$$\frac{22.4}{0.216} \frac{H}{100} + \frac{22.4}{18} \frac{W}{100} \quad \text{m}^3/\text{kg 污水}$$

若参与燃烧的空气含水量为 g 克/m³ 干空气，理论燃烧时，每 kg 燃烧产物中水蒸气的体积应为：

$$V_{H_2O} = \frac{22.4}{2.016} \frac{H}{100} + \frac{22.4}{18} \frac{W}{100} + \frac{g}{1000} \frac{22.4}{18} V^0 \tag{6-13}$$

燃烧产物中还包含由空气带入的惰性气体 $N_2$，理论燃烧时，其含量为 $0.79V^0$。此外，污水中可能含有氮化物，燃烧时分解为 $N_2$，其容积为：

$$\frac{22.4}{28} \frac{N}{100} \quad \text{m}^3/\text{kg 污水}$$

于是燃烧产物中氮气的总容积为：

$$V_{N_2} = \frac{22.4}{28} \frac{N}{100} + 0.79V^0 \quad \text{m}^3/\text{kg 污水} \tag{6-14}$$

因此，理论燃烧时每 kg 污水所生成的燃烧产物体积，即理论烟气量为

$$V_y^0 = V_{CO_2} + V_{SO_2} + V_{N_2} + V_{H_2O}$$

$$= \left( \frac{C}{12} + \frac{S}{32} + \frac{H}{2.016} + \frac{N}{28} + \frac{W}{18} \right) \frac{22.4}{100} + \frac{79}{100} V^0 + \frac{g}{1000} \frac{22.4}{18} V^0 \quad \text{m}^3/\text{kg 污水} \quad (6-15)$$

大气中水蒸气的含量 $g$ 通常按相应温度下饱和蒸气的含量计算。在常温常压条件下，习惯上也可取每 kg 干空气中含水 10g，或每 $\text{m}^3$ 干空气中含水 0.01293kg 计算。

记 $V_{yj} = \left( \frac{C}{12} + \frac{S}{32} + \frac{H}{2.016} + \frac{N}{28} \right) \frac{22.4}{100}$，则有

$$V_y^0 = V_{yj} + 0.79 V^0 + 0.0161 V^0 + 0.0124 W = V_{yj} + 0.8061 V^0 + 0.0124 W \quad (6-16)$$

式中　$V_y^0$——有机污水焚烧的理论烟气量（标准状况下），$\text{m}^3/\text{kg}$ 污水；

$V_{yj}$——污水中有机物焚烧产物的量，$\text{m}^3/\text{kg}$；

$W$——污水的含水量，%。

按上式虽然可精确计算污水中有机物焚烧产生烟气的组成，但这一过程往往无法进行，因为无法得知有机物的准确化学式及其所占的比例。但实践经验表明，通常焚烧 1gCOD 产生 0.00058664$\text{m}^3$（标准状况）的三原子气体（包括 $CO_2$、$SO_2$，统一表示为 $RO_2$）、0.00054727$\text{m}^3$（标准状况）的水蒸气、0.000066763$\text{m}^3$（标准状况）的氮气，同时每消耗 1gCOD 就从空气中带入焚烧产物 0.00263237$\text{m}^3$（标准状况）的氮气和 0.000053647$\text{m}^3$（标准状况）的水蒸气，因此可采用有机污水的化学耗氧量物质（COD）近似替代有机物的含量而计算理论烟气量。考虑到有机污水本身所含的水量 W 在焚烧时也产生水蒸气进入理论烟气量中，则有机污水的理论烟气量表示为：

$$V_y^0 = 0.00388669 COD + 0.0124 W \quad (6-17)$$

### 6.1.2.6　理论烟气焓

理论烟气焓是有机污水焚烧产生的理论烟气量所具有的焓值，是焚烧炉产生余热量计算的必需参数。通常情况下某一温度的理论烟气焓是根据烟气的成分和各种组分的比热容计算确定，如下式：

$$I_y^0 = V_{RO_2}^0 (CT)_{RO_2} + V_{N_2}^0 (CT)_{N_2} + V_{H_2O}^0 (CT)_{H_2O} \quad (6-18)$$

式中　$I_y^0$——理论烟气焓，$\text{kJ}/\text{kg}$；

$V_{RO_2}^0$——烟气中三原子气体（$CO_2$ 和 $SO_2$）的量，$\text{m}^3/\text{kg}$（标准状况）；

$V_{N_2}^0$——理论烟气中氮气的量，$\text{m}^3/\text{kg}$（标准状况）；

$V_{H_2O}^0$——理论烟气中水蒸气的量，$\text{m}^3/\text{kg}$（标准状况）；

$C$——气体的比热容，$\text{kJ}/(\text{m}^3 \cdot \text{℃})$，可根据气体种类和温度计算或查表获得；

$T$——烟气的温度，℃。

由于有机污水的组成复杂，焚烧后产生的烟气成分难以确定，所以利用上述计算理论烟气焓的方法难以实现，而是采用最常用的有机污水监测指标 COD 值的方法来估算理论烟气焓。COD 与理论烟气量所具有的焓值的关系如下：

$$I_y^0 = COD \times [5.8664 \times 10^{-4} (CT)_{RO_2} + 26.9913 \times 10^{-4} (CT)_{N_2}] +$$

$$[6.00918 \times 10^{-4} COD + 0.0124 P] (CT)_{H_2O} \quad (6-19)$$

在有机污水焚烧炉设计的适用温度和 COD 浓度范围内，水分含量在＞42% 的情况

下，由上式计算的理论烟气焓所产生的相对误差≤15%，这对于焚烧炉设计时的热力计算是能够接受的。

## 6.1.3 过程设备

有机污水焚烧处理的主要设备是焚烧炉。对于不同的工业污水，可以采用不同的炉型，常用的有液体喷射焚烧炉、回转窑焚烧炉、流化床焚烧炉等。

### 6.1.3.1 液体喷射焚烧炉

液体喷射焚烧炉用于处理可以用泵输送的液体废弃物，其简易结构如图6-2所示。通常为内衬耐火材料的圆筒（水平或垂直放置），配有一级2或二级燃烧器6。废液通过喷嘴雾化为细小液滴，在高温火焰区域内以悬浮态燃烧。可以采用旋流或直流燃烧器，以便雾滴与助燃空气充分混合，增加停留时间，使污水在高温区内充分燃烧。雾滴在燃烧室内的停留时间一般为0.3~2.0s，焚烧炉炉温一般为1200℃，最高温度可达1650℃。良好的雾化是达到有害物质高分解率的关键，常用的雾化技术有低压空气、蒸汽和机械雾化。一般高黏度有机废液应采用蒸汽雾化喷嘴，低黏度有机废液可采用机械雾化或空气雾化喷嘴。为了防止焚烧过程中部分液体气化时产生爆炸现象，在炉膛顶部设置有卸爆阀5；同时为了清除炉内的残渣，设有排渣炉门7。

液体喷射焚烧炉主要分为卧式和立式两种：

**(1) 卧式液体喷射焚烧炉**

图6-3所示为典型的卧式液体喷射焚烧炉炉膛，辅助燃料和雾化蒸汽或空气由燃烧器进入炉膛，火焰温度为1430~1650℃，含水废液经蒸汽雾化后与空气由喷嘴喷入火焰区燃烧。液滴在燃烧室内的停留时间为0.3~2.0s，焚烧炉出口温度为815~1200℃，燃烧室出口空气过剩系数为1.2~2.5，排出的烟气进入急冷室或余热锅炉回收热量。卧式液体喷射焚烧炉一般用于处理含灰量很少的有机废液。

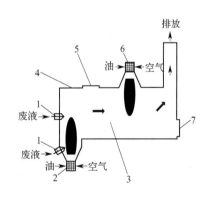

图6-2 焚烧炉简易结构示意图

1—废液雾化器；2—一级燃烧器；3—炉膛；
4—炉壁；5—卸爆阀；6—二级燃烧器；7—排渣炉门

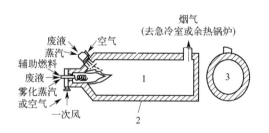

图6-3 典型的卧式液体喷射焚烧炉炉膛

1—炉膛；2—耐火衬里；3—炉膛横截面

**(2) 立式液体喷射焚烧炉**

典型的立式液体喷射焚烧炉如图6-4所示，适用于焚烧含较多无机盐和低熔点灰分的有机废液。其炉体由碳钢外壳与耐火砖、保温砖砌成，有的炉子还有一层外夹套以预热空气。炉子顶部设有重油喷嘴，重油与雾化蒸汽在喷嘴内预混合后喷出。燃烧用的空气先经炉壁夹层预热后，在喷嘴附近通过涡流器进入炉内，炉内火焰较短，燃烧室的热强度很高，废液喷嘴在炉子的上部，废液用中压蒸汽雾化，喷入炉内。对大多数废液的最佳燃烧温度为870～980℃，在很短的时间内，有机物燃烧分解。在焚烧过程中，某些盐、碱的高温熔融物与水接触会发生爆炸。为了防止爆炸的发生，采用了喷水冷却的措施。在焚烧炉炉底设有冷却罐，由冷却罐出来的烟气经文丘里洗涤器洗涤后排入大气。

有机废液喷射焚烧炉的优点是：a. 可处理废液的种类多，处理量适用范围广；b. 炉体结构简单，无运动部件，运行维护简单；c. 设备造价相对较低；其缺点是无法处理黏度非常高而无法雾化的高浓度有机废液。

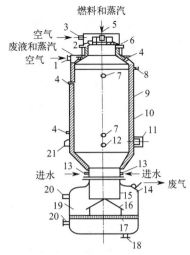

图 6-4　典型的立式液体喷射焚烧炉

1—废液喷嘴部分空气进口；2—废液喷嘴进口；
3—燃烧器空气入口；4—视镜；5—燃料喷嘴；
6—点火口；7—测温口；8—上部法兰；
9—耐火衬里；10—炉体外筒；11—人孔；
12—取样口；13—冷却水进口；14—废气出口；
15—连接管；16—锥形帽；17—带孔挡板；
18—排液器；19—冷却罐；
20—防爆孔；21—支座

### 6.1.3.2　回转窑焚烧炉

回转窑焚烧炉是采用回转窑作为燃烧室的回转运行的焚烧炉，用于处理固态、液态和气态可燃性废物，对组分复杂的废物，如沥青渣、蒸馏釜残渣、焦油渣、废溶剂、废橡胶、卤代芳烃、高聚物，特别是含 PCB（印刷电路板）的废物等都很适用，美国大多数危险废物处置厂均采用这种炉型。该炉型的优点是可处理废物的范围广，可以同时处理固体、液体和气体废物，操作稳定、焚烧安全，但管理复杂，维修费用高，一般耐火衬里每两年更换 1 次。

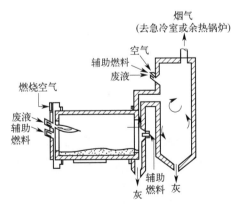

图 6-5　典型的回转窑焚烧炉炉膛/燃烬室系统

典型的回转窑焚烧炉如图 6-5 所示，废液和辅助燃料由前段进入，在焚烧过程中，圆筒形炉膛旋转，使废液和废物不停翻转，充分燃烧。该炉膛外层为金属圆筒，内层一般为耐火材料衬里。回转窑焚烧炉通常稍微倾斜放置，并配有后置燃烧器。一般炉膛的长径比为 2～10，转速为1～5r/min，安装倾角为 1°～3°，操作温度上限为 1650℃。回转窑的转动将废物与燃气混合，经过预燃和挥发将废液转化为气态和残渣，转化后的气体通过后置燃烧器的高温（1100～1370℃）进行完全燃烧。气体在后置燃烧器中的平均停留时间为 1.0～3.0s，空气过剩系数为1.2～2.0。

回转窑焚烧炉的平均热容量约为 63×10⁶kJ/h。炉中焚烧温度（650～1260℃）的高低取决于两方面：一方面取决于废液的性质，对于含卤代有机物的废液，焚烧温度应在850℃以上，对于含氰化物的废液，焚烧温度应高于900℃；另一方面取决于采用哪种除渣方式（湿式还是干式）。回转窑焚烧炉内的焚烧温度可由辅助燃料燃烧器控制。

在回转窑炉膛内不能有效去除焚烧产生的有害气体，如二噁英、呋喃和PCB等，为了保证烟气中有害物质的完全燃烧，通常设有燃烬室，当烟气在燃烬室内的停留时间大于2s、温度高于1100℃时，上述物质均能很好地消除。燃烬室出来的烟气到余热锅炉回收热量，用以产生蒸汽或发电。

### 6.1.3.3　流化床焚烧炉

流化床焚烧炉内衬耐火材料，底部布风板以上的燃烧室分为两个区域，即上部的稀相区（悬浮段）和下部的密相区。其工作原理是：密相区床层中有大量的惰性床料（如煤灰或砂子等），热容量很大，能够满足有机废液蒸发、热解、燃烧所需大量热量的要求。由布风装置送到密相区的空气使床层处于良好的流化状态，传热工况十分优越，床内温度均匀稳定，维持在800～900℃，有利于有机物的分解和燃尽；焚烧产生的烟气夹带着少量固体颗粒及未燃尽的有机物进入稀相区，由二次风送入的高速空气流在炉膛中心形成一旋转切圆，使扰动强烈，混合充分，未燃尽成分在此可继续进行燃烧。

与常规焚烧炉相比，流化床焚烧炉具有以下优点：

**（1）焚烧效率高**

流化床焚烧炉由于燃烧稳定，炉内温度场均匀，加之采用二次风增加了炉内的扰动，气体与固体混合强烈，废液的蒸发和燃烧在瞬间就可以完成。未完全燃烧的可燃成分在悬浮段内继续燃烧，使得燃烧非常充分。

**（2）对各类废液适应性强**

由于流化床层中有大量的高温惰性床料，床层热容量大，能提供高含水、低热值废液蒸发、热解和燃烧所需的大量热量，所以流化床焚烧炉适合焚烧各种水分含量和热值的废液。

**（3）环保性能好**

流化床焚烧炉采用低温燃烧和分级燃烧，焚烧过程中$NO_x$的生成量很小，同时在床料中加入合适的添加剂可以消除和降低有害焚烧产物的排放，如在床料中加入石灰石可中和焚烧过程中产生的$SO_x$、HCl，使之达到环保要求。

**（4）重金属排放量低**

重金属属于有毒物质，升高焚烧温度将导致烟气中粉尘的重金属含量大大增加，这是因为重金属挥发后转移到粒径小于$10\mu m$的颗粒上，某些焚烧实例表明：铅、镉在粉尘中的含量随焚烧温度呈指数增加。由于流化床焚烧炉的焚烧温度低于常规焚烧炉，因此重金属的排放量较少。

**（5）结构紧凑，占地面积小**

由于流化床燃烧强度高，单位面积的废弃物处理能力大，炉内传热强烈，还可实现余热回收装置与焚烧炉一体化，所以整个系统结构紧凑，占地面积小。

**（6）事故率低，维修工作量小**

流化床焚烧炉没有易损的活动零件，可减少事故率和维修工作量，进而提高焚烧装置运行的可靠性。

然而，在采用流化床焚烧炉处理含盐有机废液时也存在一定的问题。当焚烧含有碱金属盐或碱土金属盐的废液时，在床层内容易形成低熔点的共晶体（熔点在 635～815℃ 之间），如果熔化盐在床内积累，则会导致结焦、结渣，甚至流化失败。如果这些熔融盐被烟气带出，就会黏附在炉壁上固化成细颗粒，不容易用洗涤器去除。解决这个问题的办法是：向床内添加合适的添加剂，将碱金属盐类包裹起来，形成像耐火材料一样的熔点在 1065～1290℃ 之间的高熔点物质。添加剂不仅能控制碱金属盐类的结焦问题，而且还能有效控制废液中含磷物质的灰熔点。但对于具体情况，需进行深入研究。

流化床焚烧炉运行的最高温度决定于：a. 废液组分的熔点；b. 共晶体的熔化温度；c. 加添加剂后的灰熔点。流化床废液焚烧炉的运行温度通常为 760～900℃。

流化床焚烧炉可以两种方式操作，即鼓泡床和循环床，这取决于空气在床内空截面的速度。随着空气速度的提高，床层开始流化，并具有流体特性。进一步提高空气速度，床层膨胀，过剩的空气以气泡的形式通过床层，这种气泡使床料彻底混合，迅速建立烟气和颗粒的热平衡。以这种方式运行的焚烧炉称为鼓泡流化床焚烧炉，如图 6-6 所示。鼓泡流化床内的空截面烟气速度一般为 1.0～3.0m/s。

当空气速度更高时，颗粒被烟气带走，在旋风筒内分离后，回送至炉内进一步燃烧，实现物料的循环。以这种方式运行的称为循环流化床焚烧炉，如图 6-7 所示。循环流化床内的空截面烟气速度一般为 5.0～6.0m/s。

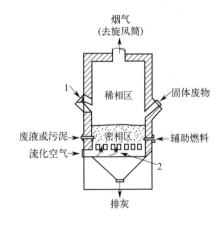

图 6-6　鼓泡流化床焚烧炉
1—预热燃烧器；2—布风装置
焚烧温度 760～1100℃；
平均停留时间 1.0～5.0s；过剩空气 100%～150%

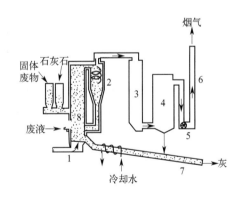

图 6-7　循环流化床焚烧炉
1—进风口；2—旋风分离器；3—余热利用锅炉；
4—布袋除尘器；5—引风机；6—烟囱；
7—排渣输送系统；8—燃烧室

循环流化床焚烧炉可焚烧固体、气体和液体，可采用向炉内添加石灰石的方法控制 $SO_x$、HCl、HF 等酸性气体的排放，而不需要昂贵的湿式洗涤器，HCl 的去除率可达 99% 以上，主要有害有机化合物的破坏率可达 99.99% 以上。在循环流化床焚烧炉内，废物处于高气速状态下焚烧，湍流程度比常规焚烧炉高，废液不需雾化就可燃烧彻底。同时，由于焚烧产生的酸性气体被去除，因而避免了尾部受热面遭受酸性气体的腐蚀。

循环流化床焚烧炉排放烟气中 $NO_x$ 的含量较低，其体积分数通常小于 $100 \times 10^{-6}$。这是由于循环床焚烧炉可实现低温、分级燃烧，从而降低了 $NO_x$ 的排放。

循环流化床焚烧炉运行时，废液、固体废物与石灰石可同时进入燃烧室，空截面烟气速度为 $5 \sim 6m/s$，焚烧温度为 $790 \sim 870℃$，最高可达 $1100℃$，气体停留时间不低于 $2s$，灰渣经水间接冷却后从床底部引出，尾气经余热锅炉冷却后，进入布袋除尘器，经引风机排出。

### 6.1.3.4 各焚烧炉的比较

不同类型焚烧炉的结构不同，性能不同，其适用条件也各异。表 6-1 对回转窑焚烧炉、液体喷射焚烧炉、鼓泡流化床焚烧炉和循环流化床焚烧炉分别从投资费用、运行费用、有害成分减排方法、燃烧效率、热效率、焚烧温度等方面进行了对比，以期为不同物料处理过程中焚烧炉的选用提供指导。

可以看出，流化床焚烧炉（包括鼓泡流化床焚烧炉和循环流化床焚烧炉）在处理废液方面具有明显的优越性。正是由于流化床焚烧炉的上述优点，在工业发达国家，它已被广泛用于处理各种废弃物。

表 6-1 各种焚烧炉的比较

| 项目 | 回转窑焚烧炉 | 液体喷射焚烧炉 | 鼓泡流化床焚烧炉 | 循环流化床焚烧炉 |
|---|---|---|---|---|
| 投资费用构成 | ¥¥+洗涤器+燃烬室 | | ¥+洗涤器+额外的给料器+基础设施投资 | |
| 运行费用构成 | ¥¥+更多的辅助燃料+回转窑的维修+洗涤器 | | ¥+额外的给料器的维修+更多的石灰石+洗涤器 | |
| 减少有害有机成分排放的方法 | 设燃烬室 | 炉膛内高温 | 燃烧室内高温 | 不需过高温度 |
| 减少 Cl、S、P 排放的方法 | 设洗涤器 | 42%采用洗涤器 | 设洗涤器 | 在燃烧室内加石灰石 |
| $NO_x$、CO 排放量 | 很高 | 很高 | 比 CFB 高 | 低 |
| 废液喷嘴数量 | 2 | | 5 | 1(为基准) |
| 废液给入方式 | 过滤后雾化 | 过滤后雾化 | 过滤后雾化 | 直接加入无需雾化 |
| 飞灰循环 | 无 | 无 | 最大给料量的 10 倍 | 给料量的 50～100 倍 |
| 燃烧效率 | 高(需采用燃烬室) | 高 | 很高 | 最高 |
| 热效率/% | <70 | | <75 | >78 |
| 碳燃烧效率/% | | | <90 | >98 |
| 传热系数 | 中等 | 中等 | 高 | 最高 |
| 焚烧温度/℃ | 700～1300 | 800～1200 | 760～900 | 790～870 |
| 维修保养 | 不易 | 容易 | 容易 | 容易 |
| 装置体积 | 大(>4×CFB 体积) | 居于回转窑和鼓泡床间 | 较大(>2×CFB 体积) | 较小 |

注:CFB 表示循环流化床焚烧炉;¥表示循环流化床焚烧炉的费用(作为比较基准),¥¥表示循环流化床焚烧炉费用的两倍。

## 6.2　湿式空气氧化技术与设备

湿式空气氧化法（wet air oxidation，简称 WAO 法）是以空气为氧化剂，将水中的溶解性物质（包括无机物和有机物）通过氧化反应转化为无害的新物质，或者转化为容易从水中分离排除的形态（气体或固体），从而达到处理的目的。通常情况下氧气在水中的溶解度非常低（0.1MPa、20℃时氧气在水中的溶解度约为 9mg/L 左右），因而在常温常压下，这种氧化反应的速率很慢，尤其是对高浓度的污染物，利用空气中的氧气进行的氧化反应就更慢，需借助各种辅助手段促进反应的进行（通常需要借助高温、高压和催化剂的作用）。一般来说，在 10～20MPa、200～300℃条件下，氧气在水中的溶解度会增大，几乎所有污染物都能被氧化成二氧化碳和水。

### 6.2.1　技术原理

湿式空气氧化工艺是最早由美国 F.J. Zimmer Mann 于 1944 年提出的一种处理有毒、有害、高浓度有机污水的水处理方法，是在高温（125～320℃）和高压（0.5～20MPa）条件下，以空气中的氧气为氧化剂（后来也使用其他氧化剂，如臭氧、过氧化氢等），在液相中将有机污染物氧化为 $CO_2$ 和 $H_2O$ 等无机物或小分子有机物的化学过程。

高温、高压及必需的液相条件是这一过程的主要特征。在高温高压下，水及作为氧化剂的氧的物理性质都发生了变化，氧的溶解度随温度升高反而增大，氧在水中的传质系数也随温度升高而增大。因此，氧的这种性质有助于高温下进行氧化反应。

#### 6.2.1.1　氧化机理

国外学者提出了湿式空气氧化法去除有机物的机理，认为氧化反应属于自由基反应，通常分为三个阶段，即链的引发、链的传递以及链的终止。

第一阶段，链的引发，即由反应物分子生成最初自由基。活性分子断裂产生自由基需要一定的能量，为此常采用三种方法引发自由基，即利用引发剂、特殊光谱和热能。反应历程为：

$$RH+O_2 \longrightarrow R\cdot+HO_2\cdot（RH 为有机物） \tag{6-20}$$
$$2RH+O_2 \longrightarrow 2R\cdot+H_2O_2 \tag{6-21}$$
$$H_2O_2+M \longrightarrow 2HO\cdot（M 为催化剂） \tag{6-22}$$

第二阶段，链的传递。即自由基与分子相互作用的交替过程，此过程易于进行。

$$RH+HO\cdot \longrightarrow R\cdot+H_2O \tag{6-23}$$
$$R\cdot+O_2 \longrightarrow ROO\cdot \tag{6-24}$$
$$HO_2\cdot+RH \longrightarrow ROOH+R\cdot \tag{6-25}$$

第三阶段，链的终止。自由基经过碰撞生成稳定分子，消耗自由基使链中断的过程。

$$R\cdot+\cdot R \longrightarrow R-R \tag{6-26}$$
$$ROO\cdot+R\cdot \longrightarrow ROOR \tag{6-27}$$
$$ROOH+ROO\cdot \longrightarrow ROH+RO\cdot+O_2 \tag{6-28}$$

反应中生成的 HO·、RO·、ROO·等自由基攻击有机物 RH，引发一系列的链式反应，生成其他低分子酸和二氧化碳。式(6-21) 中 $H_2O_2$ 的生成说明湿式氧化反应属于自由基反应机理，但自由基的生成并不仅仅只通过上述反应生成，还有许多不同的途径。Li 等认为，有机物的湿式氧化反应是通过下列自由基的生成而进行的。

$$O_2 \longrightarrow O\cdot + O\cdot \tag{6-29}$$

$$O\cdot + H_2O \longrightarrow 2HO\cdot \tag{6-30}$$

$$RH + HO\cdot \longrightarrow R\cdot + H_2O \tag{6-31}$$

$$R\cdot + O_2 \longrightarrow ROO\cdot \tag{6-32}$$

$$ROO\cdot + RH \longrightarrow R\cdot + ROOH \tag{6-33}$$

从式(6-29)～式(6-33)可以看出，首先是形成羟基自由基 HO·，然后 HO· 与有机物 RH 反应生成低级酸 ROOH，ROOH 再进一步氧化成 $CO_2$ 和 $H_2O$。尽管式(6-29)～式(6-33)中 HO· 的作用并不明显，但主张这一反应机理的 Shibaeva 等都证实了反应 (6-31) 的存在，并认为羟基自由基 HO· 的形成促进了 R· 自由基的生成。

由上述反应可知，氧化反应的速率受制于自由基团的浓度，初始自由基形成的速率及浓度决定了氧化反应"自动"进行的速率。由此可以得到启发，在反应初期加入双氧水或一些含 C—H 键的化合物作为启动剂，或加入过渡金属化合物作催化剂，可加速氧化反应的进行。

### 6.2.1.2 反应动力学

湿式空气氧化过程的反应动力学模型归纳起来可分为半经验模型和理论模型两大类。

**(1) 半经验模型**

Jean-Noel Foussard 等提出了湿式空气氧化的半经验模型，认为污水的湿式氧化为一级反应，其反应动力学模型为：

$$-\frac{da}{dt} = k_a a \tag{6-34}$$

$$-\frac{db}{dt} = k_b b \tag{6-35}$$

式中　$a$——易氧化有机物的浓度；

$b$——不易氧化有机物的浓度；

$k_a$、$k_b$——反应速率常数，一般采用实测的方法确定。

**(2) 理论模型**

湿式空气氧化过程的理论模型的基本形式为：

$$-\frac{dc}{dt} = k_0 \exp\left(\frac{-E_a}{RT}\right) [C]^m [O]^n \tag{6-36}$$

式中　$k_0$——指前因子；

$E_a$——反应活化能，kJ/mol；

$T$——反应温度，K；

$[C]$——有机物浓度，mol/L；

$[O]$——氧化剂的浓度，mol/L；

$t$——反应时间，s；

$m$、$n$——反应级数；

$R$——气体常数，J/(mol·K)，8.314J/(mol·K)。

Shanablen 于 1990 年对活性污泥的湿式氧化动力学进行求解，得：

$k_0 = 1.5 \times 10^2$，$E_a = 54$，$m = 1$，$n = 0$，$T = 576 \sim 273K$，$p = 24 \sim 35MPa$。

反应动力学研究对设计湿式氧化工艺是很有必要的。由于湿式氧化涉及反应形式复杂，参数多，中间产物多，要根据基元反应推导精确反应速率方程还不可能，习惯上常用可测的综合水质指标如 COD 来表征有机物含量，并且假设反应是一级反应。这一假设对大多数污水而言是可行的。

### 6.2.1.3　影响因素

湿式空气氧化的处理效果取决于污水性质和操作条件（温度、氧分压、时间、催化剂等），其中反应温度是最主要的影响因素。

**（1）反应温度**

大量研究表明，反应温度是影响湿式氧化系统处理效果的决定性因素，温度越高，反应速率越快，反应进行得越彻底。温度升高，氧在水中的传质系数也随着增大，同时，温度升高使液体的黏度减小，降低表面张力，有利于氧化反应的进行。不同温度下的湿式氧化效果如图 6-8 所示。

从图 6-8 可以看出：

① 温度越高，反应时间越长，有机物的去除率越高。当温度高于 200℃ 时，可以达到较高的有机物去除率。当反应温度低于某个限定值时，即使延长反应时间，有机物的去除率也不会显著提高。一般认为湿式氧化的温度不宜低于 180℃，通常操作温度控制在 200～340℃。

② 达到相同的有机物去除率，温度越高，所需的时间越短，相应的反应器容积越小，设备投资也就越少。但过高的温度是不经济的。对于常规湿式氧化处理系统，操作温度在 150～280℃ 范围内。

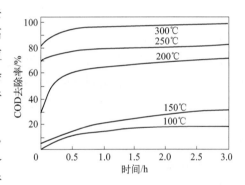

图 6-8　不同温度下的湿式氧化效果

③ 湿式氧化过程大致可以分为二个速率阶段。前半小时内，因反应物浓度高，氧化速率快，去除率增加快；此后，因反应物浓度降低或生成的中间产物更难以氧化，致使氧化速率趋缓，去除率增加不多。由此分析，若将湿式氧化作为生物氧化的预处理，以控制湿式氧化时间为半小时为宜。

**（2）反应时间**

对于湿式氧化工艺而言，反应时间是仅次于温度的一个影响因素。不同的污染物，湿式氧化的难易程度不同，所需的反应时间也不同。反应时间的长短决定着湿式氧化装置的容积。

实验与工程实践证明，在湿式氧化处理装置中，达到一定的处理效果所需的时间随着反应温度的提高而缩短，温度越高，所需的反应时间越短；压力越高，所需的反应时间也越短。根据污染物被氧化的难易程度以及处理的要求，可确定最佳反应时间。一般而言，湿式氧化处理装置的停留时间在 1.0～2.0h 之间。若反应时间过长，则耗时耗力，去除率也不会明显提高。

**（3）反应压力**

气相氧分压对湿式氧化过程有一定的影响，因为氧分压决定了液相中的溶解氧浓度，若氧分压不足，供氧过程就会成为湿式氧化的限制步骤。研究表明，氧化速率与氧分压成0.3～1.0次方关系，增大氧分压可提高传质速率，使反应速率增大，但整个过程的反应速率并不与氧传质速率成正比。在氧分压较高时，反应速率的上升趋于平缓。但总压影响不显著。控制一定的总压的目的是保证呈液相反应。

温度、总压和气相中的水蒸气量三者是偶合因素，其关系如图6-9所示。由此可知，在一定温度下，压力越高，气相中的水蒸气量就越小，总压的低限为该温度下水的饱和蒸汽压。如果总压过低，大量的反应热就会消耗在水的汽化上，当进水量低于汽化量时，不但反应温度得不到保证，而且反应器有被蒸干的危险。湿式氧化系统的压力一般不低于5.0～12.0MPa。随着反应温度的提高，必须相应地提高反应压力。

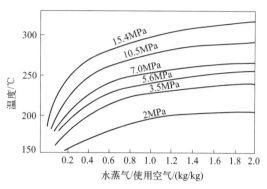

图6-9　每千克干燥空气的饱和水蒸气量与温度、压力的关系

**（4）污水的性质与浓度**

污水的性质是湿式氧化反应效果的影响因素之一。不同的污染物，其湿式氧化的难易程度不同。污水中有机物的氧化效率与物质的电荷特征和空间结构密切相关。

对于有机物，其可氧化性与有机物中氧元素含量（O）在分子量（M）中的比例或者碳元素含量（C）在分子量（M）中的比例具有较好的线性关系，即O/M值越小，C/M值越大，氧化越容易。研究表明，低分子量的有机酸（如乙酸）的氧化性较差，不易氧化；脂肪族和卤代脂肪族化合物、氰化物、芳烃（如甲苯）、芳香族和含非卤代基团的卤代芳香族化合物等的氧化性较好，易氧化；不含非卤代基团的卤代芳香族化合物（如氯苯和多氯联苯等）的氧化性较差，难氧化。另一方面，不同的污水有各自不同的反应活化能和氧化反应过程，因此湿式氧化的难易程度也大不相同。

污水浓度影响湿式氧化工艺的经济性，一般认为湿式氧化适用于处理高浓度污水。研究表明，湿式氧化能在较宽的浓度范围内（COD浓度为10～300g/L）处理各种污水，具有较佳的经济效益。

**（5）进水的pH值**

在湿式氧化工艺中，由于不断有物质被氧化和新的中间体生成，使反应体系的pH值不断变化，其规律一般是先变小，后略有回升。因为湿式氧化工艺的中间产物是大量的小分子羧酸，随着反应的进一步进行，羧酸进一步被氧化。温度越高，物质的转化越快，pH值的变化越剧烈。污水的pH值对湿式氧化过程的影响主要有3种情况：

① 对于有些污水，pH值越低，其氧化效果越好。例如王怡中等在研究湿式空气氧化农药污水的实验中发现，有机磷的水解速率在酸性条件下大大加强，并且COD去除率随着初始pH值的降低而增大。

② 有些污水在湿式氧化过程中，pH值对COD去除率的影响存在一极值点。例如，Sadana 等采用湿式空气氧化法处理含酚污水，pH 值为 3.5～4.0 时，COD 的去除率最大。

③ 对于有些污水，pH 值越高，处理效果越好。例如 Imamure 等发现，在 pH＞10 时，$NH_3$ 的湿式空气氧化降解效果随 pH 值的升高而显著增大。Mantzavions 等在湿式空气氧化处理橄榄油和酒厂污水时发现，COD 的去除率随着初始 pH 值的升高而增大。

因此，污水的 pH 值可以影响湿式空气氧化的降解效率，调节污水到适合的 pH 值有利于加快反应的速率和有机物降解率，但是从工程的角度来看，低 pH 值对设备的腐蚀增强，对过程设备（如反应器、热交换器、分离器等）的材质要求高，需选用价格昂贵的不锈钢、钛钢等材料，使设备投资增加。同时，低 pH 值易使催化剂的活性组分溶出和流失，造成二次污染，因此在设计湿式空气氧化的流程时要二者兼顾。

**（6）搅拌强度**

在高压反应釜内进行湿式氧化反应时，氧气从气相至液相的传质速率与搅拌强度有关。搅拌强度影响传质速率，当增大搅拌强度时，液体的湍流程度也越大，氧气在液相中的停留时间越长，因此传质速率就越大。当搅拌强度增大到一定时，搅拌强度对传质速率的影响很小。

**（7）燃烧热值与所需的空气量**

湿式氧化通常也称湿式燃烧，在湿式氧化反应系统中，一般依靠有机物被氧化所释放的氧化热维持反应温度，单位质量被氧化物质在氧化过程中产生的热值即燃烧值。湿式氧化过程中还需要消耗空气，所需空气量可由污水降解的 COD 值计算获得。实际需氧量由于受氧利用率的影响，常比理论值高出 20% 左右。虽然各种物质和组分的燃烧热值和所需空气量不尽相同，但它们消耗每千克空气所能释放的热量大致相等，一般约为 2900～3500kJ。

**（8）氧化度**

对有机物或还原性无机物的处理要求，一般用氧化度来表示。实际上多用 COD 去除率表示氧化度，它往往是根据处理要求选择的，但也常受经济因素和物料的特性所支配。

**（9）反应产物**

一般条件下，大分子有机物经湿式氧化处理后，大分子断裂，然后进一步被氧化成小分子的含氧有机物。乙酸是一种常见的中间产物，由于其进一步氧化较困难，往往会积累下来。如果进一步提高反应温度，可将乙酸等中间产物完全氧化为二氧化碳和水等最终产物。选择适宜的催化剂和优化工艺条件，可以使中间产物有利于湿式空气氧化的彻底氧化。

**（10）反应尾气**

湿式空气氧化系统排出的反应尾气，其成分随着处理物质和工艺条件的变化而不同。湿式空气氧化气体的组成类似于重油锅炉的烟道气，主要成分是氮气和二氧化碳。氧化气体一般具有刺激性臭味，因此应进行脱臭处理。排出的氧化气体中含有大量的水蒸气，其含量可根据其工作状态确定。

## 6.2.2　工艺过程

湿式空气氧化法是在高温（150～350℃）和高压（5～20MPa）条件下，利用氧气或空气（或其他氧化剂，如 $O_3$、$H_2O_2$、Fenton 试剂等）将污水中的有机物氧化分解成为无机物或小分子有机物的过程。高温可以提高 $O_2$ 在液相中的溶解性能，高压的目的是抑制水的蒸发以维持液相状态，而液相的水可以作为催化剂，使氧化反应在较低的温度下进行。

湿式空气氧化自 1958 年开始，经过多年的发展和改进，对于处理不同的有机物，出现了不同的工艺流程。

**（1）Zimpro 工艺**

Zimpro 工艺是最早开发的一种湿式氧化工艺流程，由 F.J.Zimmermann 在 20 世纪 30 年代提出、40 年代在实验室开始研究，于 1950 年首次正式工业化。到 1996 年大约有 200 套装置用于处理污水，大约一半用于城市活性污泥处理，大约有 20 套用于活性炭再生，50 套用于工业污水的处理。

Zimpro 工艺流程如图 6-10 所示。反应器是鼓泡塔式反应器，内部处于完全混合状态，在反应器的轴向和径向完全混合，因而没有固定的停留时间，这一点限制了其在对出水水质要求很高场合时的应用。虽然在污水处理方面，Zimpro 流程不是非常完善的氧化处理技术，但可以作为有毒物质的预处理方法。污水和压缩空气混合后流经热交换器，物料温度达到一定要求

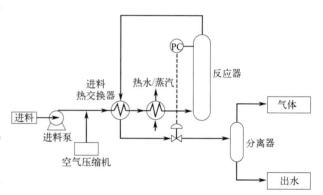

图 6-10　湿式氧化的 Zimpro 工艺流程

后，污水从下向上流经反应器，污水中的有机物被氧化，同时反应释放出的热量使混合液体的温度继续升高。反应器内流出的液体温度、压力均较高，在热交换器内被冷却，反应过程中回收的热量用于提供大部分污水的预热。冷却后的液体经过压力控制阀降压后，在分离器分离为气、液两相。反应温度通常控制在 420～598K，压力控制在 2.0～12MPa 的范围内，温度和压力与所要求的氧化程度和污水的情况有关。在 473～523K 范围，比较适宜处理难生物降解污水。污水在反应器内的平均停留时间为 60min，在不同的应用中停留时间可从 40min 到 4h。

**（2）Wetox 工艺**

Wetox 工艺是由 Fassell 和 Bridges 在 20 世纪 70 年代设计成功的，由 4～6 个有连续搅拌小室组成的阶梯水平式反应器，如图 6-11 所示。此工艺的主要特点是每个小室内都增加了搅拌和曝气装置，因而有效改善了氧气在污水中的传质情况，这种改进体现在以下 5 个方面：

① 通过减小气泡的直径，增加传质面积。

② 通过改变反应器内的流形，使液体充分湍流，增加氧气和液体的接触时间。

③ 由于强化了液体的湍流程度，气泡的滞膜厚度有所减小，从而降低了传质阻力。

④ 反应室内设有气液分离设备，有效增加了液相的停留时间，减少了液相的体积，提高了热转化的效率。

⑤ 出水用于进水的加热，蒸气通过热交换器回收热量，并被冷却为低压的气体或液相。

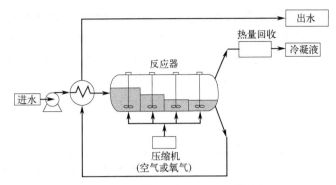

图 6-11　湿式氧化的 Wetox 工艺流程

设备的主要工作温度在 480～520K 之间，压力在 4.0MPa 左右，停留时间在 30～60min 的范围内，适用于有机物的完全氧化降解或作为生物处理的预处理过程。Wetox 工艺广泛用于处理炼油、石油化工废液、磺化的线性烷基苯废液等，而且也可用于电镀、造纸、钢铁、汽车工业等的废液处理。

Wetox 工艺的缺点是使用机械搅拌的能量消耗、维修和转动轴的高压密封问题。此外，与竖式反应器相比，反应器水平放置将占用较大的面积。

**（3）Vertech 工艺**

Vertech 工艺主要由一个垂直在地面下 1200～1500m 的反应器及两个管道组成，内管称入水管，外管称出水管，如图 6-12 所示。

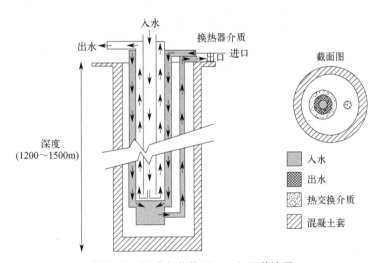

图 6-12　湿式氧化的 Vertech 工艺流程

可以认为这是一类深井反应器，其优点是湿式氧化所需要的高压可以部分由重力转化，因而减少物料进入高压反应器时所需的能量。污水和氧气向下在管道内流动时，进行传质和传热过程。反应器内的压力与井的深度和流体的密度有关。当井的深度在1200～1500m 之间时，反应器底部的压力在 8.5～11MPa，换热管内的介质使反应器内的温度可达到 550K，停留时间约为 1h。此工艺首次在 1993 年开始运行，处理能力为23000t/a，反应器入水管的内径为 216mm，出水管的内径为 343mm，井深为 1200m。但在操作过程中有一些困难，例如深井的腐蚀和热交换。污水在入水管内的压力随着深度的增加而逐渐增加，内管的入水与外管的热的出水进行热交换而使温度升高。当温度为450K时氧化过程开始，氧化释放的热量使入水的温度逐渐增加。污水氧化后上升到地面时压力减小，与入水和热交换管的液体进行热交换后温度降低，从反应器流出的液体温度约为320K。虽然此工艺有较好的降解效果，但流体在反应器内需要一定的停留时间才能流出较长的反应器。

### （4）Kenox 工艺

Kenox 工艺的实质是带有混合和超声波装置的连续循环反应器，如图 6-13 所示。主反应器由内外两部分组成，污水和空气在反应器的底部混合后进入反应器，先在内筒体内流动，之后从内、外筒体间流出反应系统。内筒内设有混合装置，便于污水和空气的接触。当气、液混合物流经混合装置时，有机物与氧气充分接触，有机物被氧化。超声波探测装置安装在反应器的上部，超声波穿过有固体悬浮物的液体，利用空化效应在一定范围内瞬间产生高温和高压，从而可加速反应进行。反应器的工作条件为：温度控制在 473～513K 之间，压力控制在 4.1～4.7MPa 之间，最佳停留时间为 40min。通过加入酸或碱，使进入第一个反应器的污水的 pH 值在 4 左右。此工艺的缺点是使用机械搅拌，能耗过高，高压密封易出现问题，设备维护困难。

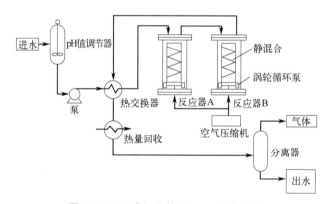

图 6-13　湿式氧化的 Kenox 工艺流程

### （5）Oxyjet 工艺

Oxyjet 工艺流程如图 6-14 所示。此工艺采用射氧装置，极大地提高了两相流体的接触面积，因而强化了氧在液体中的传质。在反应系统中气液混合物流入射流混合器内，经射流装置作用，使液体形成细小的液滴，实际上产生大量气液混合物。液滴的直径仅有几个微米，因此传质面积大大增加，传质过程被大大强化。此后气液混合物流过反应器，有机物被快速氧化。与传统的鼓泡反应器相比，该装置可有效缩短反应所需的停留时间。在反应管之后，又有一射流反应器，使反应混合物流出反应器。

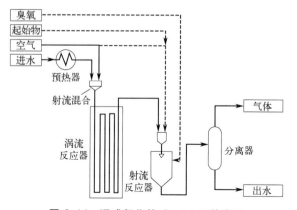

图 6-14　湿式氧化的 Oxyjet 工艺流程

Jaulin 和 Chornet 使用射流混合器和反应管系统氧化苯酚，工作温度为 413～453K，停留时间为 2.5s，苯酚的降解率为 20％～50％。Gasso 等研究使用射流混合器和反应管系统，并加入一个小型的用于辅助氧化的反应室，处理纯苯酚液体，在温度为 573K、停留时间为 2～3min 时，TOC 降解率为 99％。他们又发现，此工艺适用于处理农药污水、含酚污水等。

由于湿式氧化为放热反应，因此反应过程中还可以利用其产生的热能。目前应用的 WAO 污水处理的典型工艺流程如图 6-15 所示，污水通过贮罐由高压泵打入换热器，与反应后的高温氧化液体换热后，使温度升高到接近于反应温度后进入反应器。反应所需的氧气由压缩机打入反应器。在反应器内，污水中的有机物与氧气发生放热反应，在较高温度下将污水中的有机物氧化成二氧化碳和水，或低级有机酸等中间产物。反应后的气液混合物经分离器分离，液相经热交换器预热进料，回收热能。高温高压的尾气首先通过再沸器（如余热锅炉）产生蒸汽或经热交换器预热锅炉进水，其冷凝水由第二分离器分离后通过循环泵再打入反应器，分离后的高压尾气送入透平机产生机械能或电能。为保证分离器中的热流体充分冷却，在分离器外侧安装有水冷套筒。分离后的水由分离器底部排出，气体由顶部排出。

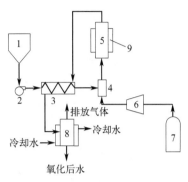

图 6-15　湿式氧化工艺流程

1—污水储罐；2—加压泵；3—热交换器；
4—混合器；5—反应器；6—气体加压泵；
7—氧气罐；8—气液分离器；9—电加热套筒

从湿式氧化工艺的经济性分析认为，这一典型的工业化湿式氧化系统适用于 COD 浓度为 10～300g/L 的高浓度有机污水的处理，不但处理了污水，而且实现了能量的逐级利用，减少了有效能量的损失，维持并补充湿式氧化系统本身所需的能量。

归纳起来，湿式空气氧化技术的发展有两个方向：第一，开发适于湿式氧化的高效催化剂，使反应能在比较温和的条件下，在更短的时间内完成；第二，将反应温度和压力进一步提高至水的临界点以上，进行超临界湿式氧化。

## 6.2.3　过程设备

从以上湿式氧化工艺的介绍可以看出，不同领域应用的湿式氧化工艺虽然有所不同，但基本流程极为相似，都包括以下几点：

① 将污水用高压泵送入系统中，空气（或纯氧）与污水混合后，进入热交换器，换热后的液体经预热器预热后送入反应器内。

② 氧化反应在反应器内进行。随着反应器内氧化反应的进行，释放出来的反应热使混合物的温度升高，达到氧化所需的最高温度。

③ 氧化后的反应混合物经过控制阀减压后送入换热器，与进水换热后进入冷凝器。液体在分离器内分离后，分别排放。

完成上述过程的主要设备包括：

**(1) 反应器**

反应器是湿式氧化过程的核心部分，湿式氧化的工作条件是在高温、高压下进行，而且所处理的污水通常有一定的腐蚀性，因此对反应器的材质要求较高，需要有良好的抗压

*173*

强度，且内部的材质必须耐腐蚀，如不锈钢、镍钢、钛钢等。

**（2）热交换器**

污水进入反应器之前，需要通过热交换器与出水的液体进行热交换，因此要求热交换器有较高的传热系数、较大的传热面积和较好的耐腐蚀性，且必须有良好的保温能力。对于含悬浮物多的物料常采用立式逆流管套式热交换器，对于含悬浮物少的有机污水常采用列管式热交换器。

**（3）气液分离器**

气液分离器是一个压力容器。氧化后的液体经过换热器后温度降低，使液相中的氧气、二氧化碳和易挥发的有机物从液相进入气相而分离。分离器内的液体，再经过生物处理或直接排放。

**（4）空气压缩机**

在湿式氧化过程中，为了减少费用，常采用空气作为氧化剂。在空气进入高温高压的反应器之前，需要使空气通过热交换器升温和通过压缩机提高空气的压力，以达到需要的温度和压力。通常使用往复式压缩机，根据压力要求来选定段数，一般选用 3～6 段。

# 6.3 超临界水氧化技术与设备

超临界水氧化（supercritical water oxidation，SCWO）污水处理工艺是美国麻省理工学院 Medoll 教授于 1982 年提出的一种能完全、彻底地将有机物结构破坏的深度氧化技术。当水的温度和压力升高到临界点以上时，水就会处于既不同于气态，也不同于液态或固态的超临界态。超临界水的介电常数与常温常压下的极性有机溶剂相似，可与一些有机物以任意比例互溶。同时，一般在水中溶解度不大的气体也可与超临界水互溶，以均相状态存在。在水的超临界状态下，通入氧化剂（氧气、臭氧等）可在几秒钟内将污水中的有毒有害物质彻底氧化分解为 $CO_2$、$H_2O$ 和无机盐，具有分解效果好、有机污染物降解彻底、热能可回收利用、无二次污染等特点，特别适用于高浓度难降解有毒有害污水的处理。

目前世界上很多发达国家如美国、德国、法国和日本等已应用该项技术进行高浓度难降解有机物的治理。我国的一些研究者近年来也对醇类、酚类、苯类、含氮及含硫等有机污水进行了超临界水氧化的实验研究，取得了满意的效果。

## 6.3.1 技术原理

通常情况下，水以蒸汽、液态和冰三种常见的状态存在，且属极性溶剂。液态水的密度几乎不随压力升高而改变，可以溶解包括盐类在内的大多数电解质，但对气体溶解度则大不相同，有的气体溶解度高，有的气体溶解度微小，对有机物则微溶或不溶。如果将水的温度和压力升高到临界点（$T \geqslant 374.3℃$，$p \geqslant 22.1MPa$）以上，则会处于一种不同于液态和气态的新的状态——超临界态，该状态的水即称为超临界水，水的存在状态如图 6-16 所示。在超临界条件下，水的性质发生了极大的变化，其密度、介电常数、黏度、扩散系数、电导率和溶解性能都不同于普通水。

### 6.3.1.1　过程特点

在超临界水氧化反应过程中，有机物、氧气（或空气中的氧气）和水在超临界状态下（压力大于 22.1MPa，温度高于 374.3℃）完全混合，可以成为均一相，在这种条件下，有机物开始自发发生氧化反应，在绝热条件下，所产生的反应热将使反应体系的温度进一步升高，在一定的反应时间内，可使 99.9%以上的有机物被迅速氧化成简单的小分子化合物，最终碳氢化合物被氧化成为二氧化碳和

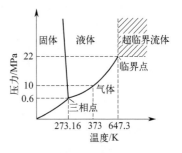

图 6-16　水的存在状态

水，氮元素被氧化成为 $N_2$ 及 $N_2O$ 等无害物质，氯、硫等元素也被氧化，以无机盐的形式从超临界流体中沉积下来，超临界流体中的水经过冷却后成为清洁水。

采用超临界水氧化技术，超临界水同时起着反应物和溶解污染物的作用，使反应过程具有如下特点：

① 许多存在于水中的有机质将完全溶解在超临界水中，并且氧气或空气也与超临界水形成均相，反应过程中反应物成单一流体相，氧化反应可在均相中进行。

② 氧的提供不再受 WAO 过程中的界面传递阻力所控制，可按反应所需的化学计量关系，再考虑所需氧的过量倍数按需加入。

③ 在温度足够高（400～700℃）时，氧化速率非常快，可以在几分钟内将有机物完全转化成二氧化碳和水，而且反应彻底，有机物的去除率可达 99%以上。

④ 水在反应器内的停留时间缩短，或反应器的尺寸可以减小。

⑤ 在污水进行中和及反应过程中可能生成无机盐，无机盐在水中的溶解度较大，但在超临界流体中的溶解度却极小，因此无机盐类可在 SCWO 过程中被析出排除。

⑥ 当被处理污水中的有机物质量分数超过 10%时，可依靠反应热来维持反应过程所需的热量，不需外界加热，而且热能可回收利用。

⑦ 设备密闭性好，反应过程中不排放污染物。

⑧ 从经济上来考虑，有资料显示，与坑填法和焚烧法相比，超临界水氧化法处理有机废弃物的操作维修费较低，单位成本较低，具有一定的工业应用价值。

超临界水氧化反应的过程实际上是有机物在超临界水中的热力燃烧（Hydrothermal Ignition）过程，RobertoM. Serikawaa 等曾建成了容积为 4000ml 的超临界水氧化反应器，为使反应器内达到超临界状态，反应器外层包裹有电加热套筒，用宝石制成观察孔观察超临界水氧化反应过程中热力火焰（Hydrothermal Flames）的形成过程，并观察超临界流体的相变化过程。试验中使用 2%质量浓度的有机污水（2-丙醇）进入超临界水氧化反应器进行氧化反应，所选用的氧化剂为空气。在 100℃、350℃时，进入反应器的水流柱可以清楚地看到，当反应器内温度、压力分别达到 374℃、25MPa 时，反应器中的水成为超临界状态，水流柱中的有机物进入初始燃烧阶段，水柱变成黑色（有未燃尽的碳化合物），出现热力火焰燃烧（Hydrothermal Flames Ignition）现象。随着反应器内温度的升高，有机物燃烧更加剧烈，反应更加彻底，水又变得完全透明。当温度超过 400℃，就不能分离出可视的相态了，有机物充分溶解到超临界流体中，成为超临界流体相，流体中的有机物被彻底氧化分解。

一般超临界水氧化反应过程中，氧气的含量往往超过理论需求量，通常用过剩系数（$m$）来表示。如氧气浓度为理论需求量的 1.1 倍，其过剩系数为 $m=1.1$。Toberto

M. Serikawaa 等的实验还发现，在超临界水氧化反应过程中，反应器中的空气过剩系数从 $m=1.1$ 上升到 $m=2.4$ 时，热力火焰有不同变化。当空气过剩系数为 1.1 时，可以观察到较弱的稳定的蓝色火焰，随着空气含量的逐渐升高，这些较弱的火焰变得越来越强烈；当过剩系数超过 1.8 时，可以清晰地观察到明亮的红色火焰，在产生稳定的蓝色火焰或零星的火焰以及红色火焰的这些操作中，有机碳去除率大于 99.9%；当过剩系数为 2.0 时，超临界水氧化的热力火焰更加强烈；当过剩系数达到 2.4 时，热力火焰变成灼热的白色火焰，其热效率必然提高。

目前，超临界水氧化反应用的氧化剂通常为氧气或空气中氧气。如果使用过氧化氢（$H_2O_2$）作为氧化剂，过氧化氢水溶液与含有机物水溶液混合，进入反应器中，过氧化氢（$H_2O_2$）热分解产生的氧气作为氧化剂，在温度、压力超过水的临界点（$T \geqslant 374.3℃$、$p \geqslant 22.1MPa$）下发生氧化反应。使用过氧化氢（$H_2O_2$）作为氧化剂可以省去高压供气设备，减少工程投资，但氧化效率会受到影响，运行费用较高。

### 6.3.1.2 反应动力学

对超临界水氧化过程的动力学进行研究是为了更好地认识超临界水氧化本身反应的机理，在工程应用中可以进行过程控制和经济评价。目前，超临界水氧化的动力学研究主要集中在宏观动力学和利用基元反应来帮助解释所得到的宏观动力学结果。一般采用幂指数方程法和反应网络法。

**（1）幂指数方程法**

大多数文献都用幂指数型经验模型拟合动力学方程，幂指数方程只考虑反应物浓度，不涉及中间产物，其方程式为：

$$-\frac{dc}{dt}=k_0\exp\left(-\frac{E_a}{RT}\right)[C]^m[O]^n[H_2O]^p \tag{6-37}$$

式中　$c$——某组分的浓度，mol/L；

$t$——反应时间，s；

$E_a$——反应活化能，kJ/mol；

$k_0$——频率因子；

$[C]$——反应物的浓度，mol/L；

$[O]$——氧化剂的浓度，mol/L；

$[H_2O]$——水的浓度，mol/L；

$m，n，p$——反应级数。

有研究者报道，反应物的反应级数 $m=1$，氧的反应级数 $n=0$。也有人认为 $m \neq 1$，$n \neq 0$；也有人认为反应物的级数与反应物的浓度有关。因为在反应系统中有大量水存在，尽管水是参加反应的，但其浓度变化很小，故可将 $[H_2O]$ 合并到 $k_0$ 中去。这样就不再在式(6-37)中出现，可把式(6-37)改写为：

$$-\frac{dc}{dt}=k[C]^m[O]^n \tag{6-38}$$

$$k=k_0\exp\left(-\frac{E_a}{RT}\right) \tag{6-39}$$

式中　$k$——反应速率常数。

由于多种反应共同存在时可能造成相互影响，为便于实验和分析，迄今为止的大多数研究仅限于单个有机物在超临界水中氧化的反应动力学研究，一般分为两类，一类是小分子脂肪烃类等简单有机物的氧化动力学研究，另一类是芳香烃类等复杂有机物的氧化动力学研究。

对简单有机物的动力学研究主要集中于氢气、乙醇、一氧化碳、甲烷、甲醇、异丙醇等。通过对这些简单有机物氧化动力学的比较可发现，这些有机物的氧化速率对有机物是一级反应，对氧气是零级反应，并且动力学方程与实验结果符合得较好。

含有苯环或杂原子的有机物往往是剧毒、难降解的污染物，对环境的污染较大，并且一般来说，它们比直链烃类难氧化，取代基的增加尤其是杂原子取代基的增加使这些有机物更难氧化或难于用其他方法处理，所以对这类难氧化有机物的动力学研究便显得重要起来。难降解有机物的超临界水氧化反应动力学参数见表 6-2。

表 6-2　难降解有机物的超临界水氧化反应动力学参数

| 有机物 | 反应温度/℃ | 反应压力/MPa | 活化能/(kJ/mol) | 反应级数 | | |
| --- | --- | --- | --- | --- | --- | --- |
| | | | | 有机物 | $O_2$ | $H_2O$ |
| 苯酚 | 300～420 | 18.8～27.8 | 12.34 | 1.0 | 0.5 | — |
| | 420～480 | 25.5 | 12.4 | 0.85 | 0.5 | 0.42 |
| 邻氯苯酚 | 300～420 | 18.8～27.8 | 11 | 0.88 | 0.5 | 0.42 |
| | 310～400 | 7.5～24.0 | — | 1 或 2 | 0 | — |
| | 340～400 | 14.0～24.0 | — | 0.6 | 0.4 | — |
| 邻甲酚 | 350～500 | 20.0～30.0 | 29.1 | 0.57 | 0.25 | 1.4 |
| 吡啶 | 426～525 | 27.2 | 50.1 | 1.0 | 0.2 | — |

由表 6-2 可见：在难降解有机物的动力学方程中，有机物的反应级数为 0.5～1.0 级，氧化剂的反应级数则为 0.2～0.25 级，而水的反应级数差别较大。这是因为在实验中水溶液浓度的改变一般是通过压力来实现的，而压力的改变可能影响反应速率常数、反应物浓度和水溶液浓度，对不同有机物的氧化反应，改变压力对上述各方面的影响程度是不同的，因此，只有在保持其他条件不变的情况下只改变水溶液浓度，才能得到符合实际情况的水的反应级数。

**(2) 反应网络法**

反应网络法的基础是一个简化了的反应网络，其中包括中间控制产物的生成或分解步骤。初始反应物一般经过以下三种途径进行转换。

① 直接氧化生成最终产物。

② 先生成不稳定的中间产物，再氧化生成最终的产物。

③ 先生成相对稳定的中间产物，再氧化生成最终的产物。

因此，超临界水氧化反应会有不同的反应路线及途径，也称串联反应、平行反应。在超临界水氧化反应动力学应用过程中，应确定中间产物，掌握形成中间产物的规律。在超临界水氧化反应中，通常认为，有机物的氧化途径为：

$$A+O_2 \xrightarrow{k_1} C \qquad \xrightarrow[k_2]{} B \xrightarrow{k_3}$$

(6-40)

式中　A——初始反应物和不同于 B 的中间产物；

　　　B——中间产物；

　　　C——氧化最终产物。

假设氧化反应速率对 A、B 均为一级反应，氧浓度看作常数（因氧过量较大），则可

推出三维速率方程

$$\frac{[A+B]}{[A+B]_0}=\frac{k_2}{k_1+k_2-k_3}e^{-k_2 t}+\frac{k_1-k_3}{k_1+k_2-k_3}e^{-(k_1+k_2)t}\qquad(6\text{-}41)$$

式(6-41)中下标0表示初始浓度，设$[B]_0=0$。通用方程需要三个动力学参数$k_1$、$k_2$、$k_3$，其中，$k_1$、$k_2$可由初始速率数据确定。当缺乏实验数据时，Li等建议可选用性质类似化合物的实验数据作近似。大多数情况下，反应A→C的活化能范围为54～78kJ/mol。$k_2/k_1$比值范围为0.15～1.0。含高位短链醇和饱和含氧酸的污水，如活性污泥和啤酒污水，一般具有较高的活化能和$k_2/k_1$值。用已知的实验数据检验该通用模型，表明该模型既适用于湿式氧化，也适用于某些有机物的超临界水氧化。

### 6.3.1.3　反应路径和机理

反应机理对于反应动力学模型的建立是很重要的，而反应机理与反应路径又是紧密联系的。超临界水氧化技术的早期研究一般不涉及氧化机理的研究，反应路径、反应机理直到后来才逐渐成为人们所关注的问题。影响反应机理的因素众多，而超临界水的一系列特殊性质又使反应机理的研究增加了难度。在超临界水中，有机物可发生氧化反应、水解反应、热解反应、脱水反应等，有无催化剂、催化剂类型、不同反应条件下水的性质都对反应机理有较大影响。许多研究者认为决定有机污水超临界水氧化反应速率的往往是其不完全氧化生成的小分子化合物（如一氧化碳、乙醇、氨、甲醇等）的进一步氧化。$CO+\frac{1}{2}O_2\longrightarrow CO_2$被认为是有机物转化为二氧化碳的速率控制步骤，而后期的深入研究发现许多有机物氧化所生成的二氧化碳并非完全由一氧化碳转化而成。许多有机物在氧化过程中一氧化碳的浓度并不存在一最大值也有力地证明了这一点。氨因其稳定性较好被一些学者认为是有机氮转化为分子氮的控制步骤。

比较典型的超临界水氧化机理是Li在湿式空气氧化、气相氧化的基础上提出的自由基反应机理，他认为在没有引发物的情况下，自由基由氧气攻击最弱的C—H键而产生，机理如下所示：

$$RH+O_2\longrightarrow R\cdot+HO_2\cdot\qquad(6\text{-}42)$$
$$RH+HO_2\cdot\longrightarrow R\cdot+H_2O_2\qquad(6\text{-}43)$$
$$H_2O_2+M\longrightarrow 2HO\cdot\qquad(6\text{-}44)$$
$$HO\cdot+RH\longrightarrow R\cdot+H_2O\qquad(6\text{-}45)$$
$$R\cdot+O_2\longrightarrow ROO\cdot\qquad(6\text{-}46)$$
$$ROO\cdot+RH\longrightarrow ROOH+R\cdot\qquad(6\text{-}47)$$

式(6-44)中M为界面，而式(6-47)中生成的过氧化物相当不稳定，它可进一步断裂直至生成甲酸或乙酸。Li等在此基础上提出了几类代表性的有机污染物在超临界水中氧化的简化模型如下。

**(1) 碳氢化合物的氧化反应**

把乙酸当作中间控制产物，反应途径为：

$$C_mH_nO_r+\left(2m+\frac{n}{2}-r\right)O_2\xrightarrow{k_1}mCO_2+\frac{n}{2}H_2O$$
$$\underset{k_2}{\searrow}\qquad\underset{k_3}{\nearrow}$$
$$qCH_3COOH+qO_2$$

上式中的 $C_mH_nO_r$ 既可是初始反应物，也可是不稳定的中间产物；$CO_2$ 和 $H_2O$ 是最终产物，$CH_3COOH$ 是中间产物。

碳氢化合物在超临界水中经过一系列反应，一般先断裂成比较小的单元，其中含有一个碳的有机物经过自由基氧化过程一般生成 CO 中间产物。在超临界水中，CO 氧化成 $CO_2$ 的途径主要有 2 个：

$$2CO+O_2 \longrightarrow 2CO_2 \tag{6-48}$$

$$CO+H_2O \longrightarrow CO_2+H_2 \tag{6-49}$$

当温度低于 430℃ 时，式(6-49) 起主要作用，这样就能产生大量 $H_2$，经过一系列氧化过程生成 $H_2O$，总的反应途径为：

$$2H_2+O_2 \longrightarrow 2H_2O \tag{6-50}$$

一些复杂有机化合物在超临界水氧化过程中，决定其反应速率的往往是被部分氧化生成的小分子化合物的进一步氧化，如 CO、氨、甲醇、乙醇和乙酸等。如式(6-48) 被认为是有机碳转化为 $CO_2$ 的速率控制步骤。

**（2）含氮化合物的氧化反应**

现已证实 $N_2$ 为含氮化合物氧化反应的主要最终产物，$NH_3$ 通常是含氮有机物的水解产物，$N_2O$ 是 $NH_3$ 继续氧化的产物。在较高的温度下（560～670℃）下生成 $N_2O$ 比 $NH_3$ 更有利，在 400℃ 以下则以生成 $NH_3$ 或 $NH_4^+$ 的形式为主。$NH_3$ 的氧化活化能为 156.8kJ/mol。$N_2O$ 的氧化活化能尚未见报道。在低温下，可能由 $NH_3$ 的生成和分解速率来决定 N 元素的转化率；在高温下，反应中间产物更多，尚有待进一步的研究。低温下含氮有机物的超临界水氧化途径为：

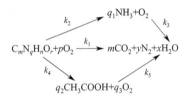

上式中的 $C_mN_qH_nO_r$ 既可是初始反应物，也可是不稳定的中间产物。

尿素在超临界水中能完全氧化，没有 $NO_x$ 产生，但却生成了大量的氨，说明氨比较难氧化，是有机氮转化为分子氮的控制步骤。若在 650℃ 氧化、且停留时间为 20s 时，尿素可完全氧化成 $CO_2$ 和氮气。Webley 等的研究结果表明，氨的氧化过程受反应器类型的影响较大，在填充式反应器中的活化能低，反应速率大约是管式反应器的 4 倍。这也与自由基反应机理相一致。

Kililea 等也发现，氨（$NH_3$）、硝酸盐（$NO_3^-$）、亚硝酸盐（$NO_2^-$）以及有机 N 等各种形态的 N 在适当的超临界水条件中均可转化为 $N_2$ 或 $N_2O$，而不生成 $NO_x$。其中 $N_2O$ 可通过添加催化剂或提高反应温度使之进一步转化而生成 $N_2$：

$$4NH_3+3O_2 =\!=\!= 2N_2+6H_2O \tag{6-51}$$

$$4HNO_3 =\!=\!= 2N_2+2H_2O+5O_2 \tag{6-52}$$

$$4HNO_2 =\!=\!= 2N_2+2H_2O+3O_2 \tag{6-53}$$

**（3）含硫化合物的氧化反应**

有机硫超临界水氧化的反应途径可表示为：

$$\text{有机硫} + O_2 \xrightarrow{k_1} CO_2 + SO_4^{2-} + H_2O$$

（图中下方：$S_2O_3^{2-} \xrightarrow{k_3} SO_3^{2-} + O_2$，$k_2$，$k_4$）

氧化的最终产物是 $CO_2$、$H_2O$ 和硫酸盐，但在反应过程中也会生成中间产物硫代硫酸盐，硫代硫酸盐先被分解生成亚硫酸盐，再在氧气的作用下最终生成硫酸盐。

**(4) 含氯化合物的氧化反应**

在短链氯化物中，把氯仿看作中间控制产物，因此，可类似地写出其超临界水氧化的反应途径为：

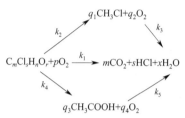

氧化的最终产物为 $H_2O$、$CO_2$ 和 $HCl$。在湿式氧化的实验中发现，在大量水存在的条件下，氯化物水解成甲醇和乙醇的速率加快，因此中间控制产物中还可能有甲醇和乙醇。

Yang 等在 $310 \sim 400\text{℃}$、$7.5 \sim 24MPa$ 的条件下研究了对氯苯酚在水中的氧化反应，主要气相产物为 $CO_2$，其次是 $CO$ 以及微量的乙烯、乙烷、甲烷和氢气，主要的液相产物是盐酸。在实验条件下，对氯苯酚的分解率可达 $95\%$。

由以上分析可知，Li 所提出的有机物氧化反应路径及机理对简单有机物在超临界水中的氧化及有机物的湿式空气氧化是适用的，但不能解释所有芳香烃等复杂有机物在超临界水中的氧化。这可能是由于目前尚不清楚超临界水的结构及其特殊性质影响了反应所引起的。

迄今为止，对有机物在超临界水中氧化反应机理的研究一般集中在较简单的有机物氧化反应模型的建立上。这是因为复杂有机物的氧化总是经过反应中间产物氧化成最终产物的。显然，对常见的一些反应中间产物的氧化进行模拟，将为复杂有机物的氧化提供重要信息。

早期的氧化反应模型一般是以实验为基础，应用已有的燃烧反应模型，加上压力修正、超临界流体性质的修正而建立的，但这种超临界水氧化反应模型对实验的预测性较差。如甲烷氧化模型不能很好地预测甲烷在超临界水中氧化的转化率；一氧化碳、甲醇的氧化模型在预测一氧化碳、甲醇在临界区域的氧化时效果较差。

此外 Brock 和 Klein 用集总方法模拟了乙醇、乙酸在超临界水中的氧化反应，他们把基元自由基反应根据反应类型进行分类（如氢吸附、异构化等），其中可调整的参数依赖于动力学数据。从某种意义上说，这是一个半经验半模拟的模型。因超临界水氧化工业装置所处理的污水是极其复杂的，多种反应同时进行，每种反应的机理又不一定相同，几种方法运用于这样的反应可能具有更大的优越性。

综上所述，迄今为止，有机物在超临界水中氧化的反应机理还有待加强，建立符合实际情况的机理模型还需对超临界水的微观组成、微观结构做进一步了解。这种模型的建立将对控制反应中间产物的生成、选择最优反应条件及减少中试实验有着重要意义。

## 6.3.2 工艺过程

### 6.3.2.1 需氧量及反应热

超临界水氧化反应过程中需要消耗氧气，所需要的氧气量可以由有机污染物降解的 COD 值来计算，

$$A = COD \times 10^{-3} \tag{6-54}$$

式中　$A$——需氧量，kg/L；

　　　$COD$——污水化学需氧量指标，g/L。

若采用空气量计算，则除以空气中氧的质量分数 0.23，式（6-54）为：

$$A = \frac{COD \times 10^{-3}}{0.23} = COD \times 4.35 \times 10^{-3} \tag{6-55}$$

式中　$A$——空气量，kg/L。

计算结果为理论需氧量，根据所需要的氧气量再折算成理论空气量。实际应用中，需要的空气量比理论空气量大，两者的比值称为空气过剩系数。

### 6.3.2.2 反应热

在超临界水氧化反应中，尽管各种物质和组分的反应热值和所需空气量是不相同的，但它们消耗每千克空气所释放的热量却大致相同，约为 2900～3400kJ。因此，可用消耗氧气的质量来表示反应过程中的反应热，即按照有机污水的常用指标（COD 值，有机污染物氧化成为 $CO_2$ 和 $H_2O$ 过程中所消耗的氧量）来表示过程的反应热。

超临界水氧化反应发热量的计算式为：

$$Q = AH \tag{6-56}$$

式中　$Q$——氧化每升污水所产生的反应热值，kJ/L；

　　　$H$——消耗 1kg 空气的发热量，kJ/kg。

例如，某高浓度废液的发热量 $H$ 为 3050kJ/kg，则氧化反应热值为：

$$Q = COD \times 4.35 \times 10^{-3} \times 3050 = COD \times 13.267 kJ/L$$

### 6.3.2.3 工艺流程

超临界水氧化反应的氧化剂可以是纯氧气、空气（含 21% 的氧气）或过氧化氢等。在实际运行过程中发现，使用纯氧气作氧化剂可大大减少反应器的体积，降低设备投资，但氧化剂成本提高；使用空气作为氧化剂，虽然可运行成本降低，但反应器等的体积加大，相应增加设备的投资，并且由于电力需求过大，运行成本较高。使用过氧化氢作氧化剂，虽然反应器等设备体积有所减少，但氧化剂成本有所提高。另外，由于受市场双氧水浓度的限制，过氧化氢的氧化能力较差，有机物的分解效率将会降低。因氧气易于工业化操作，用电少，整体运转费用低，便于工业化运行，因此是氧化剂的首选。图 6-17 所示是以氧气作为氧化剂的超临界水氧化工艺流程。

用高压柱塞泵将污水池中的污水打入热交换器，污水从换热器管束中通过，之后进入缓冲罐内，同时启动氧气压缩机，将氧气压入一氧气缓冲罐内。污水与氧气在管道内混合之后进入反应器，在高温高压条件下，使水达到超临界状态，污水中的有机物被氧化分解

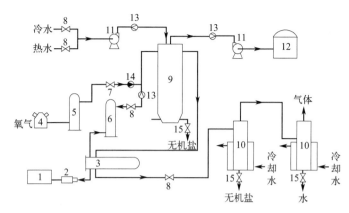

图 6-17　超临界水氧化工艺流程

1—污水池；2—高压柱塞泵；3—内浮头式热交换器；4—氧气压缩机；5—氧气缓冲罐；6—液体缓冲罐；
7—气体调节阀；8—液体调节阀；9—超临界水氧化反应器；10—分离器；11—高压柱塞泵；12—燃油贮罐；
13—液体单向阀；14—气体单向阀；15—防堵阀门

成无害的二氧化碳、水，含氮化合物被分解成氮气等无害气体，硫、氯等元素则生成无机盐，由于气体在超临界水中溶解度极高，因此在反应器中成为均一相，从反应器顶部排出，无机盐等固体颗粒由于在超临界水中溶解度极低而沉淀于反应器底部，超临界水与气体的混合流体通过热交换器冷却后进入分离器，为使分离更加彻底，往往再串联一级气液分离器。分离器的下半部分安装有水冷套管，使超临界流体进一步降温，水蒸气冷凝。

在超临界水氧化系统中，污水中的有机组分几乎可以完全被破坏（达到 99% 以上），碳氢氧有机化合物最后将都被氧化成为水和二氧化碳，含氮化合物中的氮被氧化成为 $N_2$ 和 $N_2O$，因 SCWO 的氧化温度与焚烧法相比相对较低，并不像焚烧法，氮和硫会生成 $NO_x$ 和 $SO_x$。这主要是因为在超临界条件下，氢键比较弱，容易断裂，超临界水的性质与低极性的有机物相似，导致有机物具有很高的溶解性，而无机物的溶解性则很低。如在 25℃ 水中 $CaCl_2$ 的溶解度可达到 70%（质量），而在 500℃、25MPa 时仅为 $3×10^{-6}$；NaCl 在 25℃、25MPa 时的溶解为 37%（质量），550℃ 时仅为 $120×10^{-6}$；而有机物和一些气体如 $O_2$、$N_2$、$CO_2$ 甚至 $CH_4$ 的溶解度则急剧升高。有机物与超临界水形成均一相，反应过程不受相间界面阻力的影响，反应速率较快。氧化剂 $O_2$ 的存在，进一步加速了有机物分解的速率。

连续式超临界水氧化的工艺流程为：污水→高压→换热→反应→分离（固液分离和气液分离），如图 6-18 所示。由于 SCWO 对污水中有机物的完全氧化将放出大量的反应热，除在开工阶段需外加热量外，在正常运转时，SCWO 可通过产品水与原料水之间的间接换热，无需外加热量。另一方面，由于这些反应本身是放热反应，所以，为考虑过程能量的综合利用，可将反应后的高温流体分成两部分：一部分流体用来加热升压后的稀浆至超临界状态；另一部分高温流体用来推动透平机做功，将氧化剂（空气或氧气等）压缩至反应器的进料条件。

目前，美国、德国、日本、法国等发达国家先后建立了几十套工业装置，主要用于处理市政污泥、火箭推进剂、高毒性污水等。根据处理物料的不同，装置的工艺设计也不同。

美国 EWT 公司于 1985 年在美国德克萨斯 Austin 为 Huntsman 公司建成并投产了一

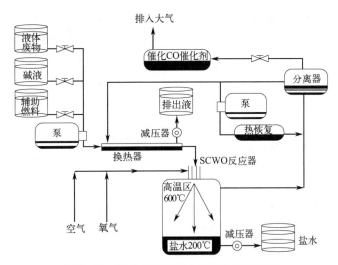

图 6-18　连续式超临界水氧化的工艺流程

套处理能力为 950L/d 浓度 10％有机污水的 SCWO 装置，这是世界上第一套有较大处理能力的工业化装置，见图 6-19。所处理的污水中含有长链有机物和胶，总有机碳（TOC）超过 50g/L。装置使用管式反应器，长 200m，操作温度为 540～600℃，压力为 25～28MPa，进料量为 1100kg/h。试验表明，各种有毒、有害物质的去除率均在 99.99％以上，反应后排水中 TOC 的去除率为 99.988％以上，排出气体中 $NO_x$ 为 $0.6×10^{-6}$，CO 为 $60×10^{-6}$，$CH_4$ 为 $200×10^{-6}$，$SO_2$ 为 $0.12×10^{-6}$，氨低于 $1×10^{-6}$，均符合当地直接排放标准。该装置的处理成本仅为焚烧法处理费用的 1/3。

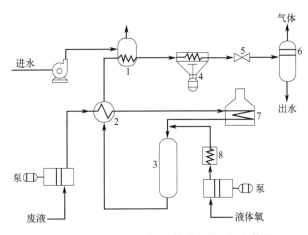

图 6-19　日处理 24t 污水的 SCWO 工业装置

1—废热锅炉；2—热交换器；3—反应器；4—空气冷却器；5—减压阀；6—气液分离器；7—加热锅炉；8—汽化器

20 世纪 90 年代中期开始，Modar 公司先后建成并投产了多套 SCWO 装置，用于处理含氯化物固体废物、纸浆和造纸污水等。这些装置被统称为 Modar 工艺，如图 6-20 所示，其特点是：有机物和含氮化合物的分解率高（大于 99.99％），可分离无机盐类和金属等无机物固体并进行回收，同时将 $CO_2$、$O_2$、$N_2$ 和 $H_2O$ 排出，有机物浓度在 5％～10％时，便可维持自燃温度。

Model1 教授对超临界水氧化过程的物流与能流进行了分析，提出了连续式超临界水氧化处理污水的基本工艺流程，如图 6-21 所示。图中标出了有代表性的几个参数，但没有示出换热过程。分析结果表明，SCWO 一般适合于含有机物 1%～20%（质量）的污水，有机物含量过低时，将不能满足自供热量操作，而需要外热补充。如果有机物含量超过 20%～25% 时，焚烧法也不失为一种好的方案。

在此基础上，Modell 教授按如图 6-22 所示的工艺流程设计了各种工业中试规模和实验室规模的 SCWO 装置。若反

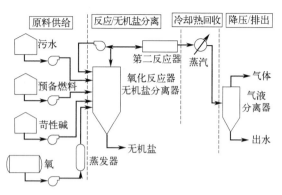

图 6-20  Modar 公司污水处理 SCWO 装置工艺

应温度为 550～600℃，反应时间为 5s，COD 去除率即可达 99.99%。延长反应时间可降低反应温度，但将增加反应器体积，增加设备投资，为获得 550～600℃的高反应温度，污水的热值应有 2000kJ/kg，相当于 10%（质量）的水溶液。对于有机物浓度更高的污水，则要在进料中添加补充水。

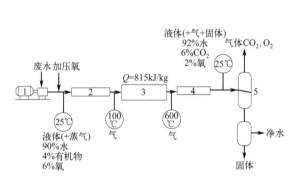

图 6-21   连续式超临界水氧化处理污水的工艺流程
1—高压泵；2—预热反应器；3—绝热反应器；
4—冷却器；5—分离器

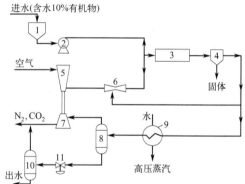

图 6-22   工业中试规模和实验室规模超临界水氧化处理污水的工艺流程
1—污水槽；2—污水泵；3—氧化反应器；4—固体分离器；
5—空气压缩机；6—循环用喷射泵；7—膨胀机透平；
8—高压气液分离器；9—蒸汽发生器；
10—低压气液分离器；11—减压阀

图 6-23 所示是根据美国三大公司（Modell Development Corp、Eco-Waste Technologies 和 Modar Inc）的工艺而设计的处理造纸厂污泥的 SCWO 工业装置。污泥进入混合罐中均化和再循环，压力约为 0.7MPa。部分均化后的混合物与加压的氧混合后送入预热器，然后送入反应器和冷却器。用于预热的能量由设在外部的热传递装置中的流体循环获得。该装置提供再生的热交换，从而免除了对辅助燃料的需求。在冷却器中可提取足够的能量，以便为预热液和补偿外部装置的热损失提供能量。污泥中含 10% 的固形物，在氧化反应后从冷却器出来的流体温度为 330℃，压力为 25.2MPa，可产生 8～10MPa 的蒸汽。该蒸汽被分离成气相和液相，如果有固相存在，则将其捕集并随液相带出。液相被送入固液分离器中，分离出的固体被减压和贮存，液相被减压，气态的 $CO_2$ 从中压气液分离器的顶部除去，气态的 $CO_2$ 被液化。来自中压气液分离器的水相被减压至大气压，有

很少的气态 $CO_2$ 和水蒸气被释放出来。这些气体一般是洁净的，可达排放标准。如果含有复杂成分，可将它通过一个活性炭床过滤吸附后排放。

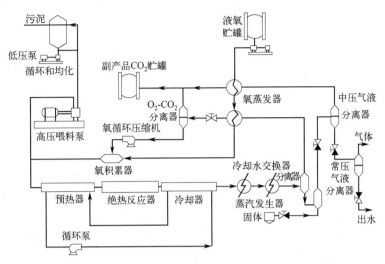

图 6-23　SCWO 法处理制浆造纸厂污泥的 SCWO 工业装置

气液分离器的水相流出物是含有溶解了氧化钠和硫酸钙（一般总溶解固形物低于 0.2%）的清洁水（一般 COD<50mg/L）。该水相流出物能被脱盐（例如通过反渗透膜或具有盐结晶器的闪蒸装置）以回收高纯水循环利用。来自第一段气液固分离器的气相是过量氧和产物 $CO_2$ 的混合物。$CO_2$ 可采用一种液化方法液化而从过量氧中分离出来，液体 $CO_2$ 被送入副产品贮罐，再送入气体加工站纯化后工业应用；过量氧被压缩至操作压力，与补充的氧混合再循环利用。

1994 年 Modell 教授任总裁的 Modec 环境公司设计并建设了一套 SCWO 装置，用于处理高浓度有机污水。Modec 公司的 SCWO 工艺可用于建设 5～30t（干基）中小规模废物处理装置，装置的特点是使用管式反应器，适用于处理污泥之类的浆液状物质，能避免固体沉降且能消除腐蚀。将此反应器与预热器、冷却换热器联用，构成组合反应系统，将此系统的流出物在一套对流式套管换热器中冷却到 35℃，然后通入相分离器，并进行气、液、固分离，如图 6-24 所示。

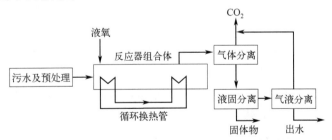

图 6-24　Modec 公司的 SCWO 工业装置流程框图

Modec 公司设计的反应器有如下特点：a. 避免了易形成沉积物的滞流区；b. 采用足以使大部分固体保持悬浮状态的高流速；c. 采用在线清洗设备将固体残余物在硬化前从反应器中清除出去。

具体措施有以下几种：避免滞流区的简单方法是保持反应器的直径恒定，即不膨胀、不收缩、无三通。中试装置反应器的设计给水量为 $1\sim2L/min$，入口流速为 $0.5\sim1.0m/s$，最高速度为 $5\sim10m/s$。在线清洗设备的水流速度为 $5\sim10m/s$，压力为 $3\times10^5Pa$。在线清洗设备可周期性地经反应器入口清洗反应器内部，由此防止结垢、沉积、阻塞。用再生式换热器预热，不需辅助燃料，即利用冷却换热器的热量预热物料。套管式换热器的循环水压力为 $250\times10^5Pa$。当处理热值为 $800kJ/kg$ 的废弃物进入反应器时，其自燃能量能维持平衡，不需外部辅助燃料加热，当处理热值为 $2000kJ/kg$ 的废弃物进入反应器时，可提供 $310℃$ 及 $80\times10^5Pa$ 的蒸汽发电。

### 6.3.2.4 多联产能源系统流程

与传统水处理方法相比，超临界水氧化过程的设备投资和运行成本都相对较高，大大限制了该技术在工业污水深度治理与资源化利用领域的应用。一般认为，要拓展超临界水氧化技术的应用领域，首先须从催化剂的角度出发，通过缩短反应时间和降低反应条件而减小设备的投资与运行费用。然而，采用催化剂首先必须要考虑可能会导致的二次污染等问题，其次针对不同的处理对象，所需催化剂的种类也不同，这势必增大催化剂开发与生产的难度，也从另一方面降低了超临界水氧化过程的经济性。

适宜采用超临界水氧化技术处理的污水一般为高浓度难降解有机污水，其 COD 浓度均较高（一般为 $20000\sim400000mg/L$，传统方法无法处理），实际上，COD 含有大量的化学能，是一种"放错了地方的资源"，在反应过程中将与氧化剂作用放出大量的反应热，使反应器内的温度逐步上升。因此，由反应器出来的经处理后的水含有大量的热能和压力能，如果听任这部分能量排放，既可能使处理后的水不能达标排放（因为由原污水带入的无机盐和反应过程中产生的无机盐在超临界水中的溶解度极小，将会沉积析出，而在常态水中的溶解度较大，将导致排出的水中因含盐量过大而无法达标），还可能重新造成热污染并导致严重的浪费。

在节能技术成为全球第五能源、"节能减排"受到全球重视的今天，加强能量的回收及其有效利用是提高超临界水氧化装置经济效益的一个有效途径，更是推动"碳达峰碳中和"进程的有力抓手。由于超临界水氧化过程中从反应器出来的高温高压水含有大量的热能和压力能，因此可分别针对热能和压力能的特点，对超临界水氧化系统进行优化，在模拟计算的基础上，综合考虑系统热平衡网络，实现超临界水氧化系统的热集成，将超临界水氧化过程与其他系统和设备进行耦合，通过回收过程中的能量并联产其他能源，可实现"节能减排"并提高过程经济效益的目的，进而推进过程工业的"碳达峰碳中和"行动。

工业生产中，可实现热量和压力能回收利用的方法很多，针对超临界水氧化反应过程的特点，可根据不同的需要分别将超临界水氧化过程与热量回收系统、透平系统及蒸发过程等耦合联用，通过实现超临界水氧化过程中能量的综合利用并联产其他能源，在提高过程经济性的同时也满足"节能减排"的要求。

**（1）与热量回收系统的耦合**

超临界水氧化反应的工艺过程要求将待处理污水与氧化剂分别加温加压至设定的操作温度（$380\sim700℃$）和操作压力（$25\sim40MPa$），需要消耗大量的能量。为了将进料液加热到设定的温度，加热器的功率要求非常大，在工业应用中难以实现，针对于此，廖传华等提出了一种静态加热方法，即用延长加热时间的方法以减小所需的加热功率。这种方法虽可通过延长加热时间降低加热器的功率，但并不能减少所需的热量消耗，同时，从反应器出来的超临界水具有较高的温度（一般均在 400℃ 左右，污水的 COD 浓度越大，则温度越高，因为 COD 物质在反应过程中放出大量的热量，使反应后水的温度进一步升高）。为了减少加热污水和氧化剂所需的热量，廖传华等提出了如图 6-25 所示的超临界水氧化与热量回收系统耦合的工艺流程。

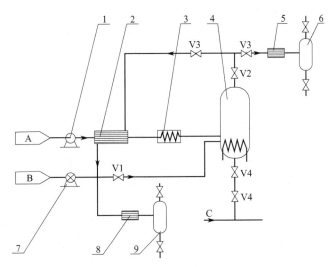

图 6-25　超临界水氧化与热量回收系统耦合的工艺流程图

1—高压柱塞泵；2—第一换热器；3—加热器；4—反应器；5—第二换热器；6—第一气液分离器；7—压缩机或高压柱塞泵；8—第三换热器；9—第二气液分离器；V1、V2、V3、V4—阀门；A—待处理污水；B—氧化剂；C—除盐用清水

将待处理污水经高压柱塞泵 1 加压至设定压力，用加热器 3 加热至设定的温度，达到超临界状态后，进入反应器 4。氧化剂经高压柱塞泵（对于液态氧化剂）或压缩机（对于气态氧化剂）7 加压至指定的压力后进入反应器 4，与待处理污水混合并发生超临界水氧化反应，污水中的有机物、氨氮及总磷等经过反应后被降解成二氧化碳、氮氧化物及无机盐，污水中的主要污染物被去除，达到排放标准或回用要求。如果反应器 4 内的温度达不到工艺要求，即可启动反应器 4 附设的加热器对混合液进行加热。在超临界状态下，反应过程中产生的无机盐等在水中的溶解度非常小，因此沉积在反应器 4 的底部，可通过间歇启闭反应器 4 下部的两个阀门而排出。反应过程产生的 $CO_2$ 等气体在超临界状态下与水互溶。

为充分利用系统的热量，将由反应器 4 出来的高温高压水分为两股，一股（绝大部分）首先经过第一换热器 2 与由高压柱塞泵 1 加压后的污水进行热量交换，充分利用高温水的热量对冷污水进行预热，以减小后续加热器 3 和反应器 4 附设加热器的负荷；从第一换热器 2 出来的污水虽然与冷污水进行了热量交换，但仍具有较高的温度，因此采用第三换热器 8 对其进行冷却，再经第二气液分离器 9 实现气液分离后即可达标排放或回用。另一部分经过第二换热器 5 冷却后，由第一气液分离器 6 实现气液分离后即可达标排放或回用。第二换热器 5 的作用是对高温高压水进行冷却，同时产生满足需要的热水或蒸汽，另供它用。

这种耦合工艺由于充分利用由反应器 4 出来的水的热量对污水进行了预热，可有效减小加热器 3 所需的负荷；第二换热器 5 和第三换热器 8 在完成冷却任务的同时又能产生热水或蒸汽，可满足其他的工艺需求。因此过程的经济性有了明显的提高。从反应器 4 出来的分别流经第一换热器 2 和第二换热器 5 的流量可根据工艺过程的需要进行优化调整，以取得最大的经济效益。

### (2) 与热量回收系统和蒸发过程的耦合

超临界水氧化过程需在较高的温度（380～700℃）和压力（25～40MPa）条件下才能进行，从图 6-25 所示工艺流程中超临界水氧化反应器 4 出来的经处理后的水仍处于超临界状态，也就是说，从超临界水氧化反应器出来的经处理后的水含有大量的热能和压力能，因此在图 6-25 所示的超临界水氧化与热量回收系统耦合的工艺流程中设置了第一换热器 2，利用从反应器 4 出来的高温水的热量对经高压柱塞泵 1 加压后的污水进行预热，以充分回收高温水的热量，减小后续加热器 3 的负荷。这种方法能有效降低过程的运行费用，提高过程的经济效益。

如前所述，采用超临界水氧化技术处理高浓度难降解有机污水时，由于污水中均含有一定浓度的化学耗氧量物质（一般以 COD 值的大小表示），从资源的角度看，所有这些化学耗氧量物质均是以另一种形式存在的有用资源，在反应器 4 中与氧化剂发生反应，放出大量的热，使由反应器 4 出来的水的温度进一步升高。试验结果表明，由反应器 4 出来的水的温度与待处理污水中 COD 值的大小有关：污水的 COD 浓度越大，则反应过程中放出的热量越多，由反应器 4 出来的水的温度越高，利用第一换热器 2 对待处理的冷污水预热的效果越好，后续的加热器 3 的负荷也越小。因此，针对一定浓度的待处理污水，如果能从工艺流程上进行优化，在进入反应器 4 发生超临界水氧化反应之前对待处理污水进行增浓，使其 COD 值增大，则在反应器 4 中放出的反应热就会相应增大。

基于这一考虑，廖传华等设计了如图 6-26 所示的超临界水氧化与热量回收系统和多效蒸发过程耦合的工艺流程，在高压柱塞泵 1 之前设置了一多效蒸发器 9，待处理污水在经高压柱塞泵 1 加压之前，先用离心泵将其泵入多效蒸发器 9 中。运行过程中，将蒸发浓缩后的待处理污水经高压柱塞泵 1 加压至设定压力，用加热器 3 加热至设定的温度，达到超临界状态后，进入反应器 4。氧化剂经高压柱塞泵（对于液态氧化剂）或压缩机（对于气态氧化剂）5 加压至指定的压力后，进入反应器 4，与待处理污水混合并发生超临界水氧化反应，污水中的有机物、氨氮及总磷等经过反应后被降解成二氧化碳、氮氧化物及无机盐，污水中的主要污染物被去除，达到排放标准或回用要求。如果反应器 4 内的温度达不到工艺要求，即可启动反应器 4 附设的加热器对混合液进行加热。在超临界状态下，反应过程中产生的无机盐等在水中的溶解度非常小，因此沉积在反应器 4 的底部，可通过间歇启闭反应器 4 下部的两个阀门而排出。反应过程产生的 $CO_2$ 等气体在超临界状态下与水互溶。

待处理水中所含的化学耗氧量物质（COD）在反应器 4 中与氧化剂反应放出大量的反应热，使由反应器 4 出来的水的温度进一步升高。由反应器 4 出来的高温水经第一换热器 2 对待处理污水进行预热后，出来的水仍具有较高的温度（一般不低于 200℃），如果任其排放，不仅造成巨大的浪费，还会导致热污染的形成，因此将其引入蒸发装置，充分利用其热量对冷污水进行预热并增浓。

随着蒸发过程的进行，高温水将自身的热量传递给冷污水，使冷污水不断蒸发而产生蒸汽。产生的蒸汽与作为蒸发热源的热水混合经第二换热器 6 冷凝并经气液分离器 7 分离出其中含有的气体成分，即可达标排放或回用。由于部分水分的蒸发，污水中化学耗氧量物质的浓度也就逐步升高，从蒸发器底部出来后，再经高压柱塞泵 1 加压和加热器 3 加热后进入反应器 4 与氧化剂发生反应。因为在蒸发装置中部分水蒸发成为蒸汽，整个超临界水氧化处理系统的处理负荷变小了，相应的反应器等设备的体积也减小了；由于反应器 4

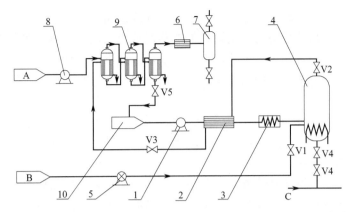

图 6-26　超临界水氧化与热量回收系统和多效蒸发过程耦合的工艺流程

1—高压柱塞泵；2—第一换热器；3—加热器；4—反应器；5—高压柱塞泵或压缩机；6—第二换热器；7—气液分离器；8—离心泵；9—多效蒸发器；10—缓冲罐；V1、V2、V3、V4、V5—阀门；A—待处理污水；B—氧化剂；C—除盐用清水

所处理污水的化学耗氧量物质（COD）的浓度提高了，反应过程放出的热量增多，通过第一换热器 2 回收的热量也多，后续加热器 3 的负荷也小。可见，采用这种耦合工艺流程，既可减少设备的投资费用，又能降低过程的运行成本，能显著提高过程的经济效益。

**（3）与热量回收系统和透平系统的耦合**

在图 6-25 所示的流程中，由反应器 4 出来的水的温度和压力均较高，采用与热量回收系统耦合的方法虽可实现热量的综合利用，但对高压水所含有的压力能却没能实现有效利用，如果任其排放，将会造成较大的浪费。因此，廖传华等提出了如图 6-27 所示的超临界水氧化过程与热量回收系统及透平系统耦合的工艺流程，以期实现对反应器 4 出来的高温高压水所含的热量及压力能的综合利用。

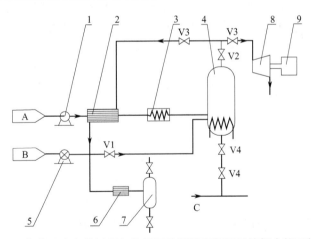

图 6-27　超临界水氧化过程与热量回收系统和透平系统耦合的工艺流程

1—高压柱塞泵；2—第一换热器；3—加热器；4—反应器；5—高压柱塞泵或压缩机；6—第二换热器；7—气液分离器；8—透平机；9—发电机；V1、V2、V3、V4—阀门；A—待处理污水；B—氧化剂；C—除盐用清水

将待处理污水经高压柱塞泵 1 加压至设定压力，用加热器 3 加热至设定的温度，达到超临界状态后，进入反应器 4。氧化剂经高压柱塞泵（对于液态氧化剂）或压缩机（对于气态氧化剂）5 加压至指定的压力后，进入反应器 4，与待处理污水混合并发生超临界水氧化反应，污水中的有机物、氨氮及总磷等经过反应后被降解成二氧化碳、氮氧化物及无

机盐，污水中的主要污染物被去除，达到排放标准或回用要求。如果反应器 4 内的温度达不到工艺要求，即可启动反应器 4 附设的加热器对混合液进行加热。在超临界状态下，反应过程中产生的无机盐等在水中的溶解度非常小，因此沉积在反应器 4 的底部，可通过间歇启闭反应器 4 下部的两个阀门而排出。反应过程产生的 $CO_2$ 等气体在超临界状态下与水互溶。

在图 6-27 所示的工艺流程中，为了充分利用从反应器 4 出来的高温高压水的热量和压力能，仍将从反应器 4 出来的高温高压水分成两股，其中一股（绝大部分）经第一换热器 2 与由高压柱塞泵 1 加压后的污水进行热交换，利用反应器 4 出来的高温水的热量对冷污水进行预热，以减小后续加热器 3 的负荷；经第一换热器 2 换热后的水仍具有较高的温度，因此经第二换热器 6 进行冷却，并由气液分离器 7 进行气液分离后即可达标排放或直接回用。这一点与图 6-25 中完全相同。不同的是，在图 6-27 中作者用一透平机 8 和发电机 9 取代了图 6-25 中的第二换热器 5 和第一气液分离器 6，其目的是利用透平机 8 回收由反应器 4 来的高压水的压力能。

采用透平机 8，让由反应器 4 来的高温高压水在透平机 8 中减压膨胀，具有较高压力的水因减压膨胀，压力变小，体积变大，因此产生可驱动其他装置的有用功。如前所述，采用超临界水氧化技术对高浓度难降解有机污水进行治理，首先需将待处理污水经高压柱塞泵 1 加压至临界压力以上，这需要消耗大量的能量。采用透平机 8 后，则可利用回用的有用功驱动发电机 9 以补充对污水进行加压用的高压柱塞泵 1 和对氧化剂进行加压用的高压柱塞泵（对于液态氧化剂）或压缩机（对于气态氧化剂）5 所消耗的能量，从而降低整个系统的有用功耗，提高过程的经济效益。

图 6-25 所示的超临界水氧化与热量回收系统耦合的工艺流程是仅回收利用超临界水氧化反应过程中由反应器 4 出来的高温高压污水所含的热量，因此其能量回收过程比较单一，系统相对也比较简单。图 6-27 所示的超临界水氧化与热量回收系统和透平系统耦合的工艺流程是在图 6-25 所示的超临界水氧化与热量回收系统耦合的基础上，增加了一透平机 8 和发电机 9，这样耦合之后，既可回收超临界水氧化过程中由反应器 4 出来的高温高压水的热量，以降低加热过程所需的能量，又可回收高温高压水的压力能，以降低加压过程所需的能量，因此更能显著提高过程的经济效益。

**(4) 与热量回收系统及透平系统和蒸发过程的耦合**

采用多效蒸发装置，充分利用由反应器 4 出来的高温高压水的热量，对污水进行预热蒸浓，不仅可以降低整个超临界水氧化处理系统的负荷，减小反应器等设备的体积，降低过程的设备投资费用，还可提高反应过程中放出的热量，进一步减小后续加热过程的能量消耗，进而降低过程的运行成本，对提高过程的经济效益具有显著的作用。为此，廖传华等在图 6-26 和图 6-27 的基础上，设计了如图 6-28 所示的超临界水氧化过程与热量回收系统及透平系统和蒸发过程耦合的工艺流程。

在图 6-28 中，待处理污水首先用离心泵 10 输入多效蒸发器 11 中，从多效蒸发器 11 出来后的污水经高压柱塞泵 1 加压至设定的压力，用加热器 3 加热至设定的温度，达到超临界状态后，进入反应器 4。氧化剂经高压柱塞泵（对于液态氧化剂）或压缩机（对于气态氧化剂）5 加压至指定的压力后，进入反应器 4，与待处理污水混合并发生超临界水氧化反应。如果反应器 4 内的温度达不到工艺要求，即可启动反应器 4 附设的加热器对混合液进行加热。在反应器 4 中，污水中的有机物、氨氮及总磷等经过反应后被降解成二氧化

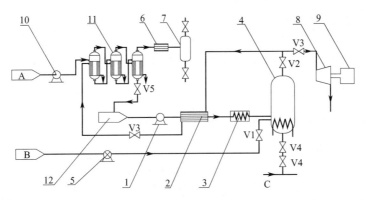

图 6-28 超临界水氧化过程与热量回收系统及透平系统和蒸发过程耦合的工艺流程图

1—高压柱塞泵；2—第一换热器；3—加热器；4—反应器；5—高压柱塞泵或压缩机；
6—第二换热器；7—气液分离器；8—透平机；9—发电机；10—离心泵；11—多效蒸
发器；12—缓冲罐；V1、V2、V3、V4、V5—阀门；A—待处理污水；B—氧化剂；C—除盐用清水

碳、氮氧化物及无机盐，污水中的主要污染物被去除，达到排放标准或回用要求。超临界状态下，反应过程中产生的无机盐等在水中的溶解度非常小，因此沉积在反应器 4 的底部，可通过间歇启闭反应器 4 下部的两个阀门而排出。反应过程产生的 $CO_2$、$N_2$ 或 $N_2O$ 等气体在超临界状态下与水互溶，一起从反应器 4 的顶部排出。

将从反应器 4 出来的高温高压水分为两股，其中一股直接进入透平机 8 内膨胀，将其压力能转化为有用功，驱动发电机 9 以补充高压柱塞泵 1 和高压柱塞泵（对于液态氧化剂）或压缩机（对于气态氧化剂）5 所消耗的能量；另一股经第一换热器 2 对污水进行预热，以降低后续加热器 3 的负荷。从第一换热器 2 出来的水仍具有一定的温度，此时将其引入多效蒸发器 11，与由离心泵 10 泵送来的冷污水并流通过多效蒸发器 11，利用其热量将污水蒸发浓缩，提高其中化学耗氧量物质（COD）的浓度，最后与由污水蒸发产生的蒸汽一并进入第二换热器 6 冷却，并经气液分离器 7 分离出其中的气体后即可达标排放或回用。蒸发浓缩后的污水经高压柱塞泵 1 加压，经第一换热器 2 预热后进入加热器 3，由加热器 3 进一步加热到设定的温度后，进入反应器 4 与由 5 加压后的氧化剂混合并发生反应。如此循环反复，直至处理任务完成。

在本流程中，分别采用第一换热器 2 和多效蒸发器 11 以充分回收利用由反应器 4 出来的高温高压水的热量，利用透平机 8 和发电机 9 回收利用由反应器 4 出来的高温高压水的压力能，而且由于多效蒸发器 11 对待处理污水进行了蒸浓，既降低了后续装置的处理负荷，又增加了反应器 4 内放出的反应热，因此采用本流程既可有效降低系统的设备投资费用，又能大幅降低过程的运行费用，明显提高了过程的经济效益。

需要说明的是，在图 6-27 和图 6-28 所示的耦合流程中，均在反应器 4 后设置了透平机 8 和发电机 9，其目的是回收利用由反应器 4 出来的高温高压水的压力能。实际上，由反应器 4 出来的水的温度和压力均较高，呈超临界态，因此采用透平装置回收其压力能的过程实质上就是超临界发电系统。超临界状态的水进入透平机 8 中膨胀做功，将超临界水的压力能转化为动能，通过汽轮机将动能转化为机械能，再由发电机 9 将机械能转换为电能。与传统发电技术相比，超临界发电技术具有效率高、节能、环保等优点，是未来发电技术的发展趋势。

## 6.3.3 过程设备

在超临界水氧化装置的整体设计中，最重要和最关键的设备是反应器。

### 6.3.3.1 反应器形式

反应器结构有多种形式，分别叙述如下：

**(1) 三区式反应器**

由 Hazelbeck 设计的三区式反应器的结构如图 6-29 所示，整个反应器分为反应区、沉降区、沉淀区三个部分。

反应区与沉降区由蛭石（水云母）隔开，上部为绝热反应区。反应物和水、空气从喷嘴垂直注入反应器后，迅速发生高温氧化反应。由于温度高的流体密度低，反应后的流体因此向上流动，同时把热量传给刚进入的污水。而无机盐由于在超临界条件下不溶，导致向下沉淀。在底部漏斗有冷的盐水注入，把沉淀的无机盐带走。在反应器顶部还分别有一根燃料注入管和八根冷/热水注入管。在装置启动时，分别注入空气、燃料（例如燃油、易燃有机物）和热水（400℃左右），发生放热反应，然后注入被处理的污水，利用提供的热量带动下一步反应继续进行。当需要设备停车时，则由冷/热水注入管注入冷水降低反应器内温度，从而逐步停止反应。

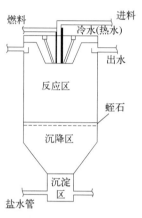

图 6-29　三区式反应器结构

设计中需要注意的是反应器内部从热氧化反应区到冷溶解区，轴向温度、密度梯度的变化。在反应器壁温与轴向距离的相对关系中，以水的临界温度处为零点，正方向表示温度超过 374℃，负方向表示温度低于 374℃。在大约 200mm 的短距离内，流体从超临界反应态转变到亚临界态。这样，反应器中高度的变化可使被处理对象的氧化以及盐的沉淀、再溶解在同一个容器中完成。

另有文献表明，反应器内中心线处的转换率在同一水平面上是最低的，而在从喷嘴到反应器底的大约 80% 垂直距离上就能实现所希望的 99% 的有机物去除率。

在实际设计中，除了考虑体系的反应动力学特性以外，还必须注意一些工程方面的因素，如腐蚀、盐的沉淀、热量传递等。

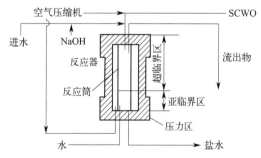

图 6-30　压力平衡和双区 SCWO 反应器

**(2) 压力平衡式反应器**

压力平衡式反应器是一种将压力容器与内置反应筒分开，在二者的间隙中将高压空气从下部向上流动，并从上部通入反应筒。这样反应筒内外壁所受的压力基本一样，因此可减少内胆反应筒的壁厚，节约高价的内胆合金材料，并可定期更换反应筒，见图 6-30。

污水与空（氧）气、中和剂（NaOH）从上部进入反应筒，在反应由燃料点燃运转后，超临界水才进入反应筒。反应筒在反应中的温度升至 600℃，反应后的产物从反应器上部排出。同时，无机盐在亚临界区作为固体物析出。将冷水从反应筒下部进入，形成 100℃以下的亚临界温度区，超临界区中产生的无机盐固体不断向下落入亚临界区，而溶于流体水中，然后连续排出反应器。该反应器已经在美国建立了 2t/d 处理能力的中试装置。反应器内反应筒内径 250mm，高 1300mm，实践表明，该反应器运转稳定，且能连续分离无机盐类。

### （3）深井反应器

1983 年 6 月在美国的科罗拉多州建成了一套深井 SCWO/WAO 反应装置，如图 6-31 所示。深井反应器长 1520m，以空气作氧化剂，每日处理 5600kg 有机物。由于污水中 COD 浓度从 1000mg/L 增加到 3600mg/L，后又增加了 3 倍空气进气量。该井可进行亚临界的湿式（WAO）处理，也可以进行超临界水氧化（SCWO）处理。该种反应装置适用于处理大流量的污水，处理量为 $0.4 \sim 4.0 \text{m}^3/\text{min}$。由于是利用地热加热，可节省加热费用，并能处理 COD 值较低的污水。

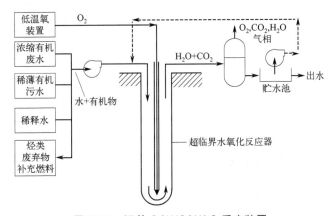

图 6-31　深井 SCWO/WAO 反应装置

（反应器长度 1520m，反应器直径 15.8cm，流量 $0.4 \sim 4.0 \text{m}^3/\text{min}$，超临界反应区压力
$21.8 \sim 30.6 \text{MPa}$，温度 399~510℃，停留时间 0.1~2.0min）

### （4）固气分离式反应器

该反应器为一种固体-气体（SCWO 流体）分离同步进行的反应器，如图 6-32。由图 6-32 可见，为了连续或半连续除盐，需加设一固体物脱除支管，可附设在固体物沉降塔或旋液分离器的下部。来自反应器的超临界水（含有固体盐类）从入口 2 进入旋液分离器 1，经旋液分离出固体物后，主要流体由出口 3 排出，同时带有固体物的流体向下经出口 4 进入脱除固体物支管 5。此支管的上部温度为超临界温度，一般为 450℃以上，夹带水的密度为 $0.1 \text{g/cm}^3$，而在支管底部，将温度降至 100℃以上，水的密度约 $1 \text{g/cm}^3$。利用水循环冷却法沿支管长度进行冷却，或将支管暴露于通风的环境中，或在支管周围缠绕冷却蛇管（注入冷却液）等。通过空气入口 6 可将加压空气送到夹套 7 内，并通过多孔烧结物 8 涌入支管中，这样支管内空气会有所增加。通过阀门 9 和阀门 10，可间断除掉盐类。通过固体物夹带的或液体中溶解的气体组分的膨胀过程，可加速盐类从支管内排出。然后将阀门 10 关闭和阀门 9 打开，重复此操作。

日本 Organo 公司设计了一种与旋液分离器联用的固体接收器装置，如图 6-33 所示。在冷却器 2 和压力调节阀 3 之间的处理液管 1 上装设一台旋液分离器 4，其入液口和出液口分别与处理液管 1 的上流侧和下流侧相连，固体物出口经第一开闭阀 6 与固体物接收器 5 相连接。开闭阀 6 为球阀，固体物能顺利通过，能防止在阀内堆积。固体物接收器 5 是立式密闭容器，用来收集经旋液分离器分离后的固体产物，上部装有第二开闭阀 7，接收器下部装有排出阀 8。试验证明，该装置适用于流体中含有微量固体物的固液分离，该种形式可较好地保护压力调节阀 3 不受损伤。

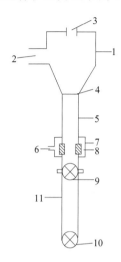

图 6-32　固气分离式反应器

1—旋液分离器；2—含有固体物的处理液入口；

3—分离出固体物的流体出口；4—出口；5—支管；

6—空气入口；7—夹套；8—多孔烧结物；

9，10—阀门；11—支管下部分

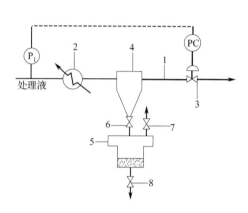

图 6-33　与固体接收器联用的 SCWO 装置

1—处理液管；2—冷却器；3—压力调节阀；

4—旋液分离器；5—固体物接收器；

6—第一开闭阀；7—第二开闭阀；8—排出阀

**（5）多级温差反应器**

为解决反应器和管道内部结垢及使用大量管壁较厚的材料等问题，日本日立装置建设公司开发了一种使用不同温度、有多个热介质槽控温的多级温差 SCWO 反应装置，如图 6-34 所示。

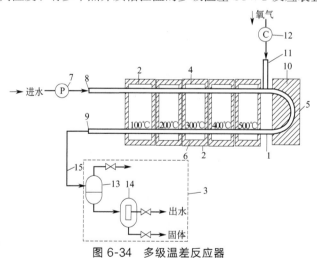

图 6-34　多级温差反应器

1—反应器；2—热介质槽；3—后处理装置；4—进料管；5—弯曲部；6—回路；7—加压泵；8—进料口；9—出料口；

10—绝热部件；11—进氧口；12—压缩机；13—气液分离器；14—液固分离器；15—管线

该装置由反应器 1 和多个热介质槽 2，及后处理装置 3 所组成。反应器为 U 形管，由进料管 4、弯曲部 5 和回路 6 所组成，形成连续通路。污水经加压泵 7 以 25MPa 压力送入进料口 8，经超临界水氧化后的处理液由出料口 9 排出。多个热介质槽 2 在常压下存留温度不同的热介质，按其温度顺序串联配置成组合介质槽，介质温度从左至右依次分别为 100℃、200℃、300℃、400℃ 和 500℃。前两个热介质槽最好用抗热劣化的矿物油作为热介质，其余三个则用熔融盐作为热介质。超临界水氧化装置开始运转时需用加热设备启动。存留最高温度热介质的热介质槽（最右边一个）可使污水呈超临界状态，当其温度为 500℃ 时，弯曲部 5 因氧化放热，温度达到 600℃。经压缩机 12 并由进氧口 11 供给氧气。后处理装置 3 包括气液分离器 13 和液固分离器 14。处理液和固体产物分别经两条管线排出。由此可见，该反应器加热、冷却装置的结构简单，而且热介质槽 2 在常压下运行，所需板材不必太厚，材料费和热能成本均较低。

### (6) 波纹管式反应器

中国科学院地球化学研究所的郭捷等设计了带波纹管的 SCWO 反应器，如图 6-35 所示，内置喷嘴的结构如图 6-36 所示。

由图 6-35 可见，经过反应器外部第一级加热至接近临界温度而在临界温度以下的高温高压污水和高压氧分别通过设在超临界反应器上端的污水入口 1 和氧气入口 2 同时进入设置在反应器上端的内置喷嘴 3，并通过喷嘴内部下端设置的喷孔 4 形成喷射，射流设计有一定的角度，使污水和氧气互相碰撞雾化并通过喷嘴底部形成的喷雾区，正好落入下设波纹管 5 的超临界水反应区 19 中。喷嘴内部设有一测温孔 6，用于插入热电偶以测量反应器内部的温度。此时从反应器下端加热管 7 的冷凝段将反应器外部的能量传至波纹管 5 外部的洁净水区域 8，此区域的水在加热管 7 的加热下重新成为超临界水，利用超临界水良好的传热性质，将加热管 7 传来的能量和波纹管 5 内的污水、氧气的混合物进行强化换热，使污水和氧气在临界温度以上进行反应。反应产物经亚临界区管程 14，在冷却水 17 的热交换作用下，温度降至临界温度以下，水变为液态，一同进入反应器中的固、液、气分离区 10，通过剩余氧出口 11，将氧气分离出来供循环使用。反应后的高温、高压、高热熔值的水通过洁净水出口 12 流出，而反应后沉降的无机盐从无机盐排出口 13 排出。

在反应器外壳和波纹管之间设有一 $Al_2O_3$ 陶瓷管状隔热层 15，在陶瓷管内壁设有一钛制隔离罩 16，并在 $Al_2O_3$ 陶瓷管外壁和外层承压厚壁钢管 18 间设置有适当间距以流通冷却水 17。和高压污水同样压力的冷却水在污水和高压氧进入反应器的同时也通过冷却水入口 20 进入冷却水 17，通过一管状金属隔层 22 和反应出水进行一定的热交换，同时反应区热量也有少部分传至冷却水，使其成为一种超临界态，由于超临界水具有较高的定压比热容（临界点附近趋近于无穷大），是一种极好的热载体和热缓冲介质，可保证承压钢管温度恒定，不超出等级要求，直到外壳承压钢管温度恒定，保证设备的安全作用，随后带走一部分热量，从冷却水出口 21 流出。

### (7) 中和容器式反应器

在超临界水氧化处理过程中，被处理的物料往往含有氯、硫、磷、氮等组分，反应过程中副产物盐酸、硫酸和硝酸会强烈地腐蚀反应设备。为避免设备腐蚀，往往用 NaOH 等碱中和，但产生的 NaCl 等无机盐在超临界水中几乎不溶，因而沉积在反应设备和管线内表面，甚至发生堵塞。日本 Organo 公司开发了一种容器型超临界水氧化反应器，通过改善碱的加入点和损伤条件解决了超临界水氧化过程中反应系统的酸腐蚀和盐沉积问题。

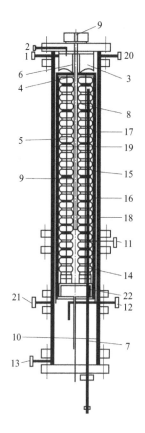

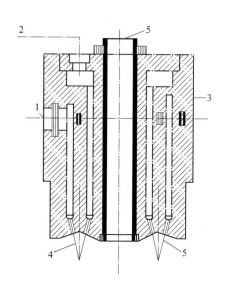

图 6-35　波纹管式反应器

1—污水入口；2—氧气入口；3—内置喷嘴；4—喷孔；5—波纹管；
6—测温孔；7—加热管；8—洁净水区；9—电热偶；10—固、
液、气分离区；11—剩余氧出口；12—洁净水出口；13—无机盐
排出口；14—亚临界区管程；15—Al$_2$O$_3$陶瓷管状隔热层；
16—钛制隔离罩；17—冷却水；18—承压厚壁钢管；19—超临界
水反应区；20—冷却水入口；21—冷却水出口；22—管状金属隔层

图 6-36　内置喷嘴结构

1—污水进口；2—氧气进口；3—金属框；
4—喷嘴孔；5—测温口

图 6-37(a) 所示为容器型超临界水氧化反应器的工作原理。超临界水与空气的混合物由反应器顶部的喷嘴喷入反应器内并发生氧化反应，处理液由排出管排出，经冷却、减压和气液分离后，其 1/3 经管线而循环回到反应器。图 6-37(b) 是由不同测温点测得的反应器内的温度分布，可以看出，容器型超临界水氧化反应器内的温度稳定在 650℃ 左右，但中和剂溶液的添加位置明显影响反应器内溶液的温度。添加位置在排出管的 TC6 处时，中和剂溶液的加入对处理液的温度几乎没有影响，但添加位置改为排出管的 TC7 处时，中和剂溶液的加入使处理液的温度迅速降低到 288℃。此温度低于水的临界温度，因此原先处于超临界状态的水将为亚临界状态，原先不溶于超临界水的固体产物也会被亚临界水溶解，因而有效改善了反应器内的盐沉积。

**（8）盘管式反应器**

盘管式超临界水氧化反应器的工作原理如图 6-38(a) 所示，反应器的主体为盘管，超临界水、空气和分解对象物的混合液由上部进入盘管，在盘管中同时发生流动与反应，处理液由反应器下部排出。为了防止分解对象物在超临界水氧化过程中副产的酸液对盘管造成腐蚀，可向反应器内添加中和剂溶液。

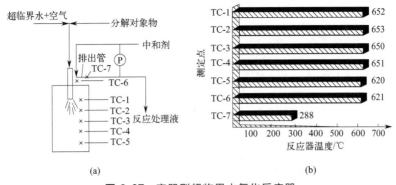

图 6-37　容器型超临界水氧化反应器

中和剂溶液的添加位置直接影响反应器内的温度分布，如图 6-38（b）所示。可以看出，未添加中和剂时，反应器内处理液的温度为 640℃左右，中和剂溶液的添加位置在 T4～T5 之间，当加入 20℃的中和剂溶液后，500℃以上的处理液温度迅速降低到 300℃左右。此温度低于水的临界温度，因此原先处于超临界状态的水变为亚临界状态，原先不溶于超临界水的固体产物也会被亚临界水溶解，因而有效改善了反应器内的盐沉积。同时，中和剂的加入有效缓解了各种副产酸对反应器的酸腐蚀。

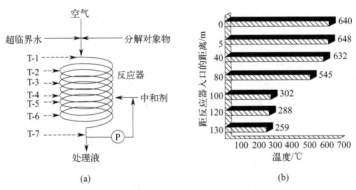

图 6-38　盘管式超临界水氧化反应器

### （9）射流式氧化反应器

为了强化超临界水氧化处理过程的传热与传质特性，提高处理效果，同时避免反应器内腐蚀及盐堵的发生，南京工业大学廖传华等开发了一种新型射流式超临界水氧化反应器，并获得发明专利。该反应器如图 6-39 所示，在反应器内设置一射流盘管［如图 6-39（b）所示］，与氧化剂进口连接。在射流盘管上均匀分布着一系列的射流列管，列管上开有小孔。在反应过程中，氧化剂从列管上的这些射流孔进入反应器。列管上射流孔的分布密集度自下而上减小，并且所有列管均匀分布在反应器的空间里，这样既可节约氧化剂，又可使氧化剂充分与超临界水相溶，反应更加完全。

根据反应器内射流盘管安装的位置，可将反应器分为反应区与无机盐分离区。在射流盘管的上部区域为反应区，氧化剂经高压泵（或压缩机）加压至一定压力后，从氧化剂进口经射流盘管分配进入射流列管，沿列管上的小孔以射流方式进入待处理的超临界污水中。氧化剂射流进入超临界污水中时具有一定的速度，将导致反应器内超临界污水与氧化剂之间产生扰动，从而形成了良好的搅拌效果，既强化了超临界污水与氧化剂之间的传热传质效果，提高了反应效率，又可避免反应过程产生的无机盐在反应器壁与射流列管上产生沉积。反应器

*197*

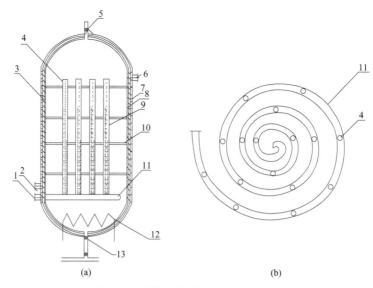

图 6-39　射流式超临界水氧化反应器

1—氧化剂进口接管；2—污水进口接管；3—反应器筒体；4—氧化剂列管；5—控压阀；6—清水出口接管；

7—绝热层；8—陶瓷衬里；9—氧化剂喷射孔；10—支撑板；11—氧化剂盘管；12—加热器；13—无机盐排放阀

的顶部设有控压阀，用于控制反应器内的压力不超过反应器的设计压力，以保证安全。反应产生的无机盐由于在超临界水中溶解度极小而大量析出，在重力作用下沉降进入反应器下部。射流盘管的下部区域为无机盐分离区，通过反应器底部设置的无机盐排放阀定时清除。

　　与进出口管道相比，反应器的直径较大，由高压泵输送而来的超临界污水在反应器中由下向上的流速很小，可近似认为其轴向流是层流，且无返混现象，因此具有较长的停留时间，可以保证超临界反应过程的充分进行。在运行过程中，由于受开孔方向的限制，氧化剂只能沿径向射流进入超临界水中，也就是说，在某一径向平面内，由于射流扰动的作用，氧化剂能高度分散在超临界水相中，因此有大的相际接触表面，使传质和传热的效率较高，对于"水力燃烧"的超临界水氧化反应过程更为适用。当反应过程的热效应较大时，可在反应器内部或外部设置热交换单元，使之变为具有热交换单元的射流式反应器。为避免反应器中的液相返混，当高径比较大时，常采用塔板将其分成多段式以保证反应效果。另外，反应器还具有结构简单、操作稳定、投资和维修费用低、液体滞留量大的特点，因此适用于大批量工业化应用。

　　超临界水氧化过程所用的氧化剂既可以是液态氧化剂（如双氧水，采用高压泵加压），也可以是气态氧化剂（如氧气或空气，用压缩机加压），氧化剂的状态不同，进入反应器的方式也不一样：液态氧化剂以射流方式从射流孔进入超临界水中，此时反应器称为射流式反应器；如果氧化剂是气态，则以鼓泡的方式从射流孔进入超临界水中，此时反应器称为射流式塔泡床反应器。无论是液态氧化剂的射流式反应器，还是气态氧化剂的射流式鼓泡床反应器，其传热传质性能对于超临界水氧化过程的效率都具有较大的影响。

## 6.3.3.2　反应器设计

　　超临界水氧化反应过程在高温高压条件下进行，此条件即为超临界反应器的工作条件，超临界反应器属压力容器，其设计过程必须遵照相关设计标准。

**（1）反应器主筒体壁厚的计算**

　　在超临界水氧化反应器的设计过程中，按照《压力容器》（GB 150.1～150.4—2011）

中的计算式对反应器的筒体壁厚进行计算，公式的适用范围为 $p_c \leqslant 0.4 [\sigma]^t \phi$。

反应器为内部受压，其主筒体厚度的计算式为：

$$\delta = \frac{p_c D_i}{2[\sigma]^t \phi - p_c} \tag{6-57}$$

式中 $\delta$——反应器圆筒计算厚度，mm；

$p_c$——反应器设计压力，MPa；

$D_i$——反应器圆筒内直径，mm；

$[\sigma]^t$——设计温度下反应器筒体材料的计算许用应力，MPa；

$\phi$——焊接系数，焊接系数选用双面焊对接头、100%无损检测，$\phi=1.0$。

在计算出了反应器的厚度之后，需对其应力进行核算，其应力核算式为

$$\sigma^t = \frac{p_c(D_i + \delta_c)}{2\delta_e} \tag{6-58}$$

式中 $\sigma^t$——设计温度下圆筒的计算应力，MPa；

$p_c$——反应器设计压力，MPa；

$D_i$——反应器圆筒内直径，mm；

$\delta_e$——反应器圆筒的有效厚度，mm。

按照《压力容器》（GB 150.1～150.4—2011）中的要求，$\sigma^t$ 小于或等于 $[\sigma]^t\phi$ 才能符合要求。

在计算出反应器的厚度后，还必须考虑材料在运行条件下的腐蚀速率，根据实验，不同的污水适合使用不同的材质，在计算厚度的基础上还应考虑腐蚀的厚度，两者相加之和才是反应器的厚度。

**（2）反应器长度的计算**

通过小试或中试，可以确定某种污水完全氧化反应所需的反应时间，根据 C. H. Oh 和 R. J. Kochan 研究报告所述，超临界水氧化在反应器内可以看作是以推流方式进行，因此，反应所需的长度为：

$$L = Vt \tag{6-59}$$

式中 $L$——反应器有效长度，m；

$V$——超临界混合流体流速，m/min；

$t$——反应时间，min。

$$V = \frac{Q_1 + Q_2}{A} \tag{6-60}$$

式中 $Q_1$——超临界水的流量，$m^3/min$；

$Q_2$——氧化剂的流量，$m^3/min$；

$A$——反应器的截面积，$m^2$。

$$A = \frac{\pi D^2}{4} \tag{6-61}$$

式中 $D$——反应器的直径，m。

为了使反应更加彻底，反应器实际长度 $L_1$ 与有效长度 $L$ 的关系式为：

$$L/0.8 = L_1 \tag{6-62}$$

H. E. Harner 等的研究表明，反应器内应有 200mm 的过渡区间。

# 第 **7** 章

# 场氧化技术与设备

常温氧化和高温氧化都是通过外加物质（药剂或氧化剂）将污水中的有毒有害污染物质氧化生成无害的小分子物质而去除。除外加物质外，还可通过场的作用使污水中的有毒有害组分发生氧化反应而去除，这种方法称为场氧化技术。根据使用的媒介或者说场作用的不同，场氧化技术可分为电化学氧化技术、光化学氧化技术、光催化氧化技术、光电催化氧化技术、超声氧化技术、辐射氧化技术和微波处理技术。

## 7.1 电化学氧化技术与设备

电化学氧化是通过外加直流电进行化学反应，将电能转化为化学能的过程，被称为"环境友好"工艺，具有其他方法不可比拟的优点：

① 在污水处理过程中，主要试剂是电子，不需要添加氧化剂，没有或很少产生二次污染，可为污水回用创造条件。

② 能量效率高，反应条件温和，一般在常温常压下即可进行。

③ 兼具气浮、絮凝、杀菌作用，可通过去除水中悬浮物和选用特殊电极达到去除细菌的效果，可以使处理水的保存时间持久。

④ 反应装置简单，工艺灵活，可控性强，易于自动化，费用不高。

### 7.1.1 技术原理

电化学氧化法是将含有机污染组分或电解质的污水放入电解槽，在直流电场的作用下，在阳极上夺取电子使有机物氧化或是先使低价金属氧化为高价金属离子，然后高价金属离子再使有机物氧化的方法。其原理是：有机物的某些官能团具有电化学活性，通过电场的强制作用，使污染物分别生成不溶于水的沉淀物或气体，从而使污水得以净化。经电化学氧化处理后，污水的毒性会减弱甚至消失，增强了生物可降解性。由于电化学氧化过程大多是在电解槽中进行的，因此也称为电解氧化。

根据不同的作用机理，电化学氧化法可分为直接阳极氧化法和间接阳极氧化法。

**（1）直接阳极氧化法**

直接阳极氧化法主要依靠在阳极上发生的电化学反应选择性氧化降解有机物，使污水中的污染物氧化降解。实际操作中，为了强化阳极的氧化作用，通常加入一定量的食盐进行氯氧化作用，这时阳极的直接氧化作用和间接氧化作用往往同时起作用。

直接阳极氧化法主要用来处理污水中的氰、酚等。例如电解处理含氰污水时，一般采用翻腾式电解槽或回流式电解槽，阳极可选用石墨，阴极可采用普通钢板。为防止有毒气体逸出，电解槽应采用全封闭式。当污水中含氰浓度较低时，电极反应的副产物比例增加，使电流效率下降，同时由于电解质减少，电阻增加，也使电流效率下降。所以操作时要向污水中投加一定量的食盐，一方面可使溶液的导电性增加，另一方面由于 $Cl^-$ 在阳极放电产生氯氧化剂，强化了阳极的氧化作用。有资料表明，处理含氰浓度为 $25\sim100mg/L$ 的污水，食盐添加量约为 $2\sim3g/L$，电流密度一般低于 $9A/dm^2$。pH 值一般控制在 $10\sim12$ 时，能使剧毒的氯化氰迅速水解，减少其向空气中逸出的危险。

直接阳极氧化过程伴随着氧气逸出，但氧的生成会使氧化降解有机物的电流效率降低，能耗升高，因此，阳极材料的影响很大。阳极材料的开发，即希望阳极对所处理的有机物表现出高的反应速率和良好的选择性已成为该方法应用的关键。

**（2）间接阳极氧化法**

间接阳极氧化法是通过阳极发生氧化反应产生的强氧化剂间接氧化水中的有机物，达到强化降解的目的。由于间接氧化既在一定程度上发挥了阳极的氧化作用，又利用了产生的氧化剂，因此处理效率比直接阳极氧化法大为提高。

间接阳极氧化分为两类。一类是直接利用阴离子。如将氯离子在阳极上直接氧化产生新生态的氯气或进一步形成次氯酸根，从而使水中的有机物发生强烈的氧化而降解。使用氯气或次氯酸盐体系的潜在缺点是一些有机物在降解过程中可能被氯化，产生的含氯中间产物毒性增强，造成二次污染。通过电解生成臭氧、过氧化氢等中间氧化产物处理有机污染物的方法，因其良好的环境意义而受到重视，尤其电解生成芬顿试剂的方法应用效果明显。另一类是利用可逆氧化还原电对间接氧化有机物。氧化还原电对能将有机物降解为二氧化碳和一氧化碳，转化率为 98%，总的平均电流效率可达 75%。

# 7.1.2 工艺过程

电化学氧化是使污水中的污染物在电解槽的阳极失去电子，发生氧化降解，或者发生二次反应，即电极反应产物与溶液中的某些成分相互作用而转变为无害成分。前者是直接氧化，后者为间接氧化。电化学氧化的氧化能力较强，适合多种污染物的处理，污水处理领域中应用最多的是污染组分的去除、重金属离子的去除、氨氮和氰的去除等。

## 7.1.2.1 污染组分的去除

对于污水中的污染组分，无论是有机组分还是无机组分，均可采用电化学氧化法去除。

**（1）持久性有机污染物**

水体中存在的微量持久性有机污染物对人类及生物的正常生命活动构成了严重威胁，有效去除这些污染物已成为当务之急，但一般的水处理技术很难奏效。随着新型掺杂半导体复合电极的不断开发成功，电化学氧化技术借助具有电化学活性的阳极材料，能有效形成氧化能力极强的羟基自由基，既能使持久性有机污染物发生分解并转化为无毒性的可生化降解物质，又可将之完全矿化为二氧化碳或碳酸盐等物质。电化学氧化过程中，具有电活性的阳极表面能起到吸附、催化、氧化等多种转化功能。所选电极合适与否是保证持久性有机污染物在其表面附近顺利进行氧化的关键。在电化学氧化处理水体中微量的持久性有机污染物过程中，主要的竞争副反应是发生在阳极表面及其附近的水分解反应，即 $O_2$ 逸出。因此，为促使反应进行并提高电氧化的效率，必须保证阳极具有较高的 $O_2$ 逸出过电位，主要采用的阳极材料有石墨、Pt/Pi，以及二氧化铅/钛复合电极等。

**（2）染料污水**

染料污水具有有机物浓度高、组分复杂、难降解物质多、色度大等特点，是较难处理的一种污水，大多采用焚烧后回收盐的方法，但能耗高，热量利用率小。随着电化学技术的不断发展，利用电化学法处理染料污水已逐渐得到了应用。王慧等研究了电化学法处理含盐染料污水的可行性及其处理效果，结果表明，电化学法对污水的色度和 COD 具有良好的去除效果，电解过程中余氯的产生对色度和 COD 的去除有决定性作用，色度和 COD 的去除率分别为 85% 和 99.8%。有人以多孔石墨电极为阴极，通入空气，利用生成的羟基自由基对有机染料污水进行处理，COD 去除率大于 80%，脱色率达到 100%。黄兴华等探讨了不同电极、不同电极间距和不同电解槽对染料降解效果的影响，结果表明，电化学法对染料污水的 COD 和色度的去除非常有效。Kirk 等的实验表明，直接电化学氧化方法可使苯胺染料的转化率达 97%，其中 72.5% 氧化为 $CO_2$，电解效率为 15%～40%。贾金平等对活性炭纤维与铁的复合电极进行了研究，并对该电极降解多种模拟印染污水进行了研究，取得了较好的结果。

**（3）海洋油田污水**

在开采海洋石油时，会同时伴随产生一定量的含油有机污水，这些有机物中有许多是苯系的多环芳烃化合物，难以用生化法进行降解。李海涛等采用电化学氧化法处理某海洋油田的有机污水时，测定其电解工艺参数，并对有关试验及工程问题进行了探讨。他用钛基钌铱锰锡钛多元氧化物涂层电极作阳极，钛作阴极，测定上述污水的电化学氧化指数为 0.228，其电化学氧化度为 75.3%，在电化学副反应产生的 NaClO 的协同作用下，电化学降解后产生的部分有机物可进一步地进行化学降解，从而达到几乎完全消除污水中 COD 的目的。

**（4）高浓度渗滤液**

垃圾渗滤液是一种难处理的高浓度有机污水，毒性强，成分复杂，COD、氨氮含量高，微生物营养元素比例失调，可生化性差。电化学氧化技术由于具有较强的选择性，可以降解有机物，或将对生物有毒、有抑制的污染物转化为可生化的物质，从而提高污水的生物降解性。江南大学的李庭刚利用电化学氧化法去除垃圾渗滤液中的部分难降解有机物，采用极板间距 10mm，COD 和 $NH_3$-N 的去除率分别达到 86% 和 100%，为后续生物处理创造了条件。魏平方等研究表明，电化学氧化过程可有效去除垃圾渗滤液中的污染物，当电流密度为 $12A/dm^2$、氯化物浓度为 6000mg/L、用 SPR 阳极电解 240min 时，可除去 90% 的 COD、3000mg/L 氨氮。褚衍洋等利用电化学催化氧化法深度处理经生物处理后的垃圾渗滤液，试验结果表明，在电压 3.5V、电流密度为 $7.0mA/dm^2$、氧化时间 2.5h、氯离子浓度为 2000mg/L 的条件下，垃圾渗滤液的 $COD_{Cr}$ 由处理前的 464.0mg/L 降低至 200.0mg/L，$NH_3$-N 的去除率大于 95%。

### 7.1.2.2 重金属离子的去除

重金属离子往往具有毒性，含重金属离子的污水无法采用生物处理，但采用电化学氧化技术可将污水中的重金属离子去除，提高污水的可生化性。

与传统的二维电极相比，电沉积法的三维电极能够增加电解槽的面体比，且因粒子间距小而增大了物质传质速率，提高了电流效率和处理效果。利用三维电极处理含铜离子和汞离子等重金属的污水，三维电极所提供的特殊表面和很大的传质速率，能在几分钟内将重金属的质量浓度从 $100mg/L$ 降至低于 $1mg/L$，重金属离子的去除效率高，需要的空间少。采用离子交换树脂与铜粒等比例混合制成的复合三维电极固定床电化学反应器处理低浓度含铜污水，无须加入支持电解质（如硫酸），出水的铜质量浓度为 $0.008mg/L$，达到国家排放标准。

### 7.1.2.3 氨氮的去除

电化学氧化法去除氨氮的原理是：污水进入电解系统后，在不同条件下，阳极上可能发生两种氧化反应：一是氨被直接氧化成氮气而脱除；二是氨被间接氧化，即通过电极反应生成氧化性物质，该物质再与氨反应，使氨降解、脱除。

### 7.1.2.4 氰的去除

利用电解氧化法可以处理阴离子污染物如 $CN^-$、$[Fe(CN)_6]^{3-}$、$[Cd(CN)_4]^{2-}$ 和有机物如酚、微生物等。

电镀行业排出的含氰和重金属污水，按浓度不同可大致分为三大类：a. 低氰污水，含 $CN^-$ 低于 $200mg/L$；b. 高氰污水，含 $CN^-$ $200\sim1000mg/L$；c. 老化液，含 $CN^-$ $1000\sim10000mg/L$。电化学氧化除氰一般采用电解石墨板做阳极，普通钢板做阴极，并用压缩空气搅拌，能减少氧化剂的用量，避免二次污染，并且可以同步回收溶解性金属离子。

电化学氧化法处理氰化物有直接氧化和间接氧化两种方式。

**（1）直接氧化**

在阳极上发生直接氧化反应，先将含氰污水中的氰根离子氧化为氰酸根，再进一步氧化为 $CO_2$ 和 $N_2$：

$$CN^- \xrightarrow{pH \geqslant 10} CNO^- \longrightarrow CO_2 + N_2 \tag{7-1}$$

**（2）间接氧化**

氰化物的间接氧化主要是通过媒质（电解质）进行，由于低浓度含氰污水中的电解质浓度低，电解时极间电压高，电流效率低，为了提高污水的电导率，一般加入 $NaCl$ 作电解质。投加 $NaCl$ 后，$Cl^-$ 在阳极放电产生氯（$Cl_2$），$Cl_2$ 水解生成次氯酸（$HClO$），$HClO$ 电离产生的 $ClO^-$ 能把 $CN^-$ 氧化成 $CNO^-$，最终氧化为 $N_2$ 和 $CO_2$。若溶液碱性不强，将生成中间态的 $CNCl$。间接氧化的速率比直接氧化的电极反应速率要快，运行费用较低。

在阴极发生析出 $H_2$ 和部分金属离子的还原反应：

$$H^+ \longrightarrow H_2 \tag{7-2}$$

$$Cu^{2+} \longrightarrow Cu \tag{7-3}$$

$$Ag^+ \longrightarrow Ag \tag{7-4}$$

电解条件由含氰浓度、氧化速率、电极材料等因素确定。能有效去除氰化物的电极包括铜电极、不锈钢电极、镀铂钛电极、镁和石墨电极，但这些电极易污染，污染后电极的氧化反应效率很低。镍电极在碱性条件下有良好的抗腐蚀能力和较高的电流效率，在氰化物处理中得到了广泛应用。

电解除氰有间歇式和连续式流程，前者适用于污水量小、含氰浓度大于 100mg/L、且水质水量变化较大的情况，反之则采用连续式处理流程。

连续式电解处理流程如图 7-1 所示。调节池和沉淀池的停留时间各为 1.5～2.0h。采用翻腾式电解槽，极板净距为 18～20mm，极水比为 $2.5dm^2/L$，电解时间为 20～30min，阳极电流密度为 $0.31～1.65A/dm^2$，食盐投加量为 2～3g/L，直流电压为 3.7～7.5V 时，可使 $CN^-$ 的浓度从 25～100mg/L 降至 0.1mg/L 以下。当污水中的 $CN^-$ 含量为 25mg/L 时，电耗约为 1～2kW·h/m³；当 $CN^-$ 浓度为 100mg/L 时，电耗约为 5～10kW·h/m³。

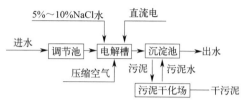

图 7-1 连续式电解处理流程

## 7.1.3 过程设备

电化学氧化过程的主要设备是电化学反应器，其种类繁多，结构复杂，不同领域所应用的反应器结构和形式均不完全一样，而反应器结构及电极结构是影响电化学反应中电流效率的重要因素之一。

根据所用电极的种类，电化学反应器可大致分为两类：二维反应器和三维反应器。

### 7.1.3.1 二维反应器

二维反应器可分为平板式、圆筒式、旋转圆盘式等，用于有机物降解、金属回收等。

**(1) 平板式**

这是最简单的电化学装置，也称电解槽，是在一个固定体积的容器内平行放置阳极和阴极，在电流作用下，阳极与阴极分别发生阳极反应与阴极反应。平板式电化学反应器广泛用于环境污染物的去除、重金属的回收等。为强化传质过程，常采用向反应器内鼓入空气的方法，以提供必要的搅拌。

平板式电化学反应器中，调节阳、阴极的表面积，可使阴、阳极面积相差最高达 15 倍，且阴、阳极之间常用一些膜材料相隔。图 7-2(a) 是典型的平板式电化学反应器的结构，图 7-2(b) 是常见的电极结构排布图。

**(2) 圆筒式**

这种反应器内的电极均是圆柱状，一般中间较小的圆柱作为阳极，外部较大的柱体作为阴极，阳阴极之间常用离子交换膜分开，这种反应器提供了较大的阳极表面积，如图 7-3（b）所示。

实际应用中，大多是将一系列圆筒式电极结构集中安装在普通的电解槽内。同时，在适当的位置注入空气，以增强电解质的流动，见图 7-3（a）。

利用所提供的较大的阳极表面积，圆筒式电化学反应器已成功应用于重金属离子 Cr（Ⅲ）转化为 Cr（Ⅵ）的工程中，可直接利用电化学过程将 Cr（Ⅲ）转化为 $CrO_7^{2-}$，避免了 Cr（Ⅵ）有毒离子的产生。其主要电化学反应为：

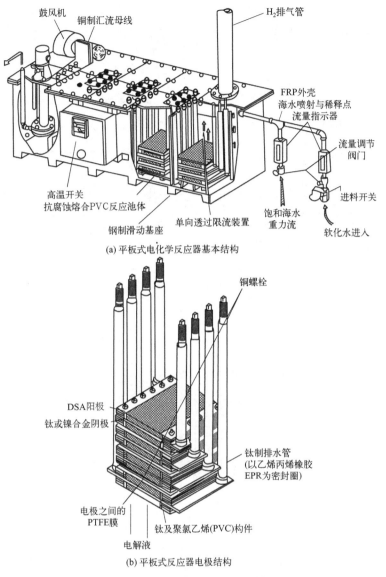

(a) 平板式电化学反应器基本结构

(b) 平板式反应器电极结构

图 7-2　平板式电化学反应器结构图

阳极（常用 $PbO_2$ 电极）：$2Cr^{3+} + 7H_2O - 6e \longrightarrow Cr_2O_7^{2-} + 14H^+$

阴极（常用镍电极）：$6H^+ + 6e \longrightarrow 3H_2$

总反应：$2Cr^{3+} + 7H_2O \longrightarrow Cr_2O_7^{2-} + 8H^+ + 3H_2$

实际应用中，常常是首先使 $Cr_2O_3$ 溶于铬酸中转化为 $Cr(Ⅲ)(6H^+ + Cr_2O_3 \Longrightarrow 2Cr^{3+} + 3H_2O)$，再进行上述电化学过程。选用 $PbO_2$ 电极可有效降低阳极氧的逸出。较大的阳极面积使阳极电流密度较低。

**(3) 旋转圆盘式**

这类电化学反应器多用于小规模回收、精制重金属，如感光行业回收银。反应器阳极常采用石墨、钛基镀铂等惰性电极，阴极常采用不锈钢圆盘。图 7-4 是进行金属回收的紧凑式旋转圆盘电极反应器结构图，图 7-5 是回收粉末金属的工艺过程。

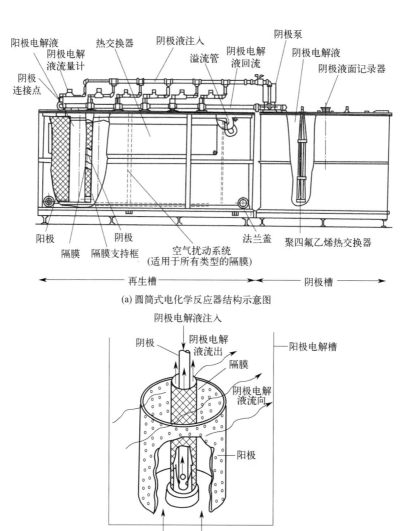

(a) 圆筒式电化学反应器结构示意图

(b) 圆筒式电化学反应器电极结构

图 7-3　圆筒式电化学反应器

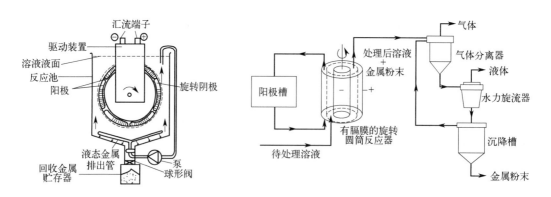

图 7-4　紧凑式旋转圆盘电极
　　　　反应器结构示意图

图 7-5　连续去除和生产粉末金属流程示意图

### 7.1.3.2　三维反应器

三维电化学反应器使用三维电极，宏观上相当于扩大了电极的作用面积。根据加入粒子的特性，三维反应器可强化阳极过程或强化阴极过程。在有机污水处理方面，三维结构被认为是最具发展前景的电化学结构。图 7-6 所示是一种应用加入阳极颗粒的三维电极的三维反应器，可用于电镀重金属回收。

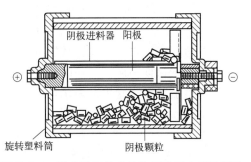

图 7-6　一种应用三维电极的三维反应器示意图

### 7.1.3.3　电解槽

电解槽是结构最简单，但应用最广泛的电化学反应器。电解槽的阳极分为不溶性阳极和可溶性阳极两类。不溶性阳极一般是用铂、石墨制成，在电解过程中不参与反应，只起传导电子的作用。可溶性阳极采用铁、铝等可溶性金属制成，在电解过程中本身溶解，放出电子而氧化成正离子进入溶液。这些金属离子或沉积在阴极，或形成金属氢氧化物，作为混凝剂起凝聚作用。常用的电极材料有铁、铝、碳、石墨等，作为电解浮选的阳极可选用氧化钛、氧化铝等，作为电凝聚用的阳极常选用铁。

污水的 pH 值对电解操作很重要。例如含铬污水用电解法处理时，pH 值低则处理速度快，电耗少；而含氰污水采用电解法处理时，则要求在碱性条件下进行，以防止有毒气体氰化氢的挥发；$CN^-$ 浓度越高，要求 pH 值越大。

**(1) 电极反应**

在电解槽中，阳极与电源的正极相连，能使污水中的有机污染物和部分无机污染物直接失去电子而被氧化成无害物质，发生直接氧化作用；水中的 $OH^-$ 和 $Cl^-$ 在阳极放电生成氧气和氯气，新生态的氧气和氯气均能对水中的有机污染物和无机污染物进行氧化，发生间接氧化作用。

$$4OH^- - 4e^- \rightleftharpoons 2H_2O + O_2 \uparrow \tag{7-5}$$

$$2Cl^- - 2e^- \rightleftharpoons Cl_2 \uparrow \tag{7-6}$$

利用电解槽可以处理：a. 各种离子状态的污染物，如 $CN^-$、$AsO_2^-$、$Cr^{6+}$、$Cd^{2+}$、$Pb^{2+}$、$Hg^{2+}$ 等；b. 各种无机和有机的耗氧物质，如硫化物、氨、酚、油和有色物质等；c. 致病微生物。

**(2) 法拉第电解定律**

电解过程中的理论耗电量可以用法拉第定律进行计算。试验表明，电解时电极上析出或溶解的物质质量与通过的电量成正比，并且每通过 96500C 的电量，在电极上发生任一电极反应而改变的物质质量均相当于 1mol。这一定律称为法拉第电解定律，是 1834 年由英国科学家法拉第（Faraday）提出的。

$$G = \frac{1}{nF}MW = \frac{1}{nF}MIt \tag{7-7}$$

式中　$G$——析出或溶解的物质质量，g；

　　　$M$——物质的摩尔质量，g/mol；

  $W$——电解槽通过的电量，C，等于电流强度与电解时间的乘积；

  $I$——电流强度，A；

  $t$——电解时间，s；

  $n$——电解反应中析出物质的电子转移数；

  $F$——法拉第常数，为 96500C/mol。

  运行过程中，由于存在非目标离子的放电及某些副反应，实际电量往往比理论值大很多，真正用于目标物质析出的电量只是全部电量的一部分，这部分电量所占全部电量的百分比称为电流效率，常用 $\eta$ 表示：

$$\eta = \frac{G'}{G} \times 100\% = \frac{nFG'}{MIt} \times 100\% \tag{7-8}$$

式中 $\eta$——电解槽的电流效率；

  $G'$——实际操作中析出或溶解的物质质量，g。

  当式(7-8)中各参数已知时，就可以求出一台电解装置的生产能力。

  电流效率是反映电解过程特征的重要指标。电流效率越高，表示电流损失越小。电解槽的处理能力取决于通入的电量和电流效率，两个尺寸大小不同的电解槽同时通入相等的电流，如果电流效率相同，则它们处理同一污水的能力也是相同的。

  影响电流效率的因素很多，以石墨阳极电解食盐水产生 NaClO 过程为例，在电解过程中除了 $Cl^- \rightarrow Cl_2$ 的主过程以外，还伴随着下列次要过程和副反应：①阳极 $OH^-$ 放电逸出 $O_2$；②因存在浓差极化现象，阳极表面因 $H^+$ 积累受到侵蚀，$[O] + C \longrightarrow CO_2$；③$ClO^-$ 变为 $ClO_3^-$；④$ClO^-$ 被还原为 $Cl^-$；⑤$Cl_2$ 逸出；⑥盐水中 $SO_4^{2-}$ 放电逸出 $O_2$；⑦电化学腐蚀等。这些过程的存在均使电流效率降低。实际运行表明，电流效率 $\eta$ 随 $Cl_2$ 中 $CO_2$ 含量和溶液 pH 值的增加而下降，随电流密度和极水比（阳极面积与电解液体积之比）的增高而提高。

  **(3) 分解电压与极化现象**

  为了使电解槽开始工作，电解时必须提供一定的电压。当电压超过某一阈值时，电解槽中才出现明显的电解现象。这个电压阈值为发生电解所需的最小外加电压，称为分解电压。分解电压主要受理论分解电压、浓差极化和化学极化电压以及电解槽内阻的影响。

  1）理论分解电压

  电解槽本身相当于原电池，但其电动势与外加电压的电动势方向正好相反，所以外加电压必须首先克服电解槽的这一反电动势。当电解质的浓度、温度一定时，理论分解电压值可由能斯特方程计算得出，为阳极反应电势与阴极反应电势之差。实际电解发生所需的电压要比这个理论值大。

  2）浓差极化和化学极化电压

  电解过程中，离子的扩散运动使得在靠近电极的薄层溶液内形成浓度梯度，产生浓差极化。另外，在两极电解时析出的产物也构成原电池，形成化学极化现象。它们形成的电势差也与外加电压的方向相反。分解电压需要克服浓差极化和化学极化电压。浓差极化可采用搅拌使之减弱，但无法消除。

  3）电解槽内阻

  当电流通过电解液时，污水中所含离子的运动会受到一定的阻力，需要一定的外加电压予以克服。溶液电导率越大，极间距越小，溶液电阻越小，电压损耗就越小。

电解的电能消耗等于电量与电压的乘积。一个电解单元的极间工作电压 $U$ 可分为四个部分：

$$U=U_\text{理}+U_\text{过}+U_\text{损}+U_\text{j} \tag{7-9}$$

式中　$U_\text{理}$——电解质的理论分解电压，当电解质的浓度、温度一定时，$U_\text{理}$ 值可由能斯特方程计算，为阳极反应电位与阴极反应电位之差，$U_\text{理}$ 是体系处于热力学平衡时的最小电位，实际电解所需的电压要比这个理论值大，超过的部分称为过电压 $U_\text{过}$；

$U_\text{过}$——过电压 $U_\text{过}$ 包括克服浓差极化的电压，影响过电压 $U_\text{过}$ 的因素很多，如电极性质、电极产物、电流密度、电极表面状况和温度等；

$U_\text{损}$——电流通过电解液时产生的电压损失，$U_\text{损}=IR_\text{s}$，$R_\text{s}$ 为溶液电阻，溶液的电导率越大，极间距越小，$R_\text{s}$ 越小；工作电流 $I$ 越大，产生的电压损失也越大；

$U_\text{j}$——电极的电压损失，电极面积越大，极间距越小，电阻率越小，电压损失 $U_\text{j}$ 越小。

为降低电能消耗，必须选用适当的阳极材料，设法减小溶液电阻和副反应，防止电解槽腐蚀。

### （4）电解槽的分类及构造

一般工业污水连续处理的电解槽多为矩形。按电解槽中的水流方式，电解槽可分为回流式、翻腾式和竖流式三种。按电极与电源母线的连接方式可分为单极式和双极式两种。

1）回流式电解槽

图 7-7(a) 所示是回流式电解槽的平面图。图 7-8 所示为单电极回流式电解槽的结构示意图。槽内设置若干块隔板，多组阴、阳电极交替排列，构成许多折流式水流通道。电极板与总水流方向垂直，水流沿着极板间作折流运动，因此流线长，接触时间长，死角少，离子能充分地向水中扩散，阳极钝化现象也较为缓慢。但这种槽型的施工、检修以及更换极板都比较困难。

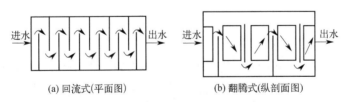

(a) 回流式(平面图)　　　　(b) 翻腾式(纵剖面图)

图 7-7　电解槽形式

2）翻腾式电解槽

图 7-7(b) 所示的翻腾式电解槽是污水处理中常用的一种，它在平面上呈矩形，用隔板分成数段，每段中的水流方向与极板面平行，并以上下翻腾的方式流过各隔板，电极的利用率较高，施工、检修、更换极板都很方便。

图 7-9 所示为翻腾式电解槽的结构示意图。极板（主要是阳极板）分组悬挂于槽中，在电解消耗过程中不会引起变形，可避免极板与极板、极板与槽壁的相互接触，减少了漏

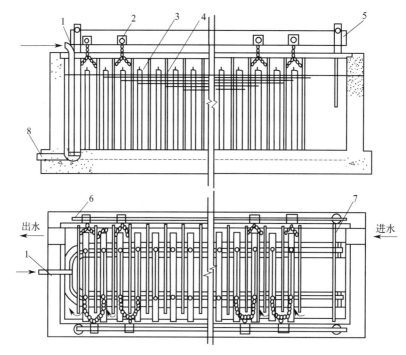

图 7-8　单电极回流式电解槽

1—压缩空气管；2—螺钉；3—阳极板；4—阴极板；5—母线；6—母线支座；7—水封板；8—排空阀

电的可能。缺点是流线短，不利于离子的充分扩散，槽的容积利用系数低。

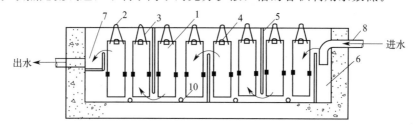

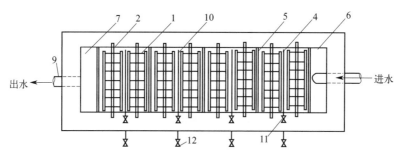

图 7-9　翻腾式电解槽

1—电极板；2—吊管；3—吊钩；4—固定卡；5—导流板；6—布水槽；7—集水槽；
8—进水管；9—出水管；10—空气管；11—空气阀；12—排空阀

3）竖流式电解槽

竖流式电解槽内的水流呈竖向流动，根据流动方向可分为降流式（从上而下）和升流式（从下而上）两种。前者有利于泥渣的排除，但水流与沉积物同向运动，不利于离子的扩散，且槽内的死角较多。后者的水流与沉积物逆向接触，在固体颗粒周围形成无数细小涡流，有利于离子的扩散，改善了电极反应条件，电耗小。竖流式电解槽的水流路径短，为增加水流路程需采用高度较大的极板，使池子的总高度增加。

按照极板电路的布置可分为单极式和双极式，如图 7-10 所示。单极式电解槽可能由于极板腐蚀不均匀等原因造成相邻两极板接触，引起短路事故，因此生产上极少应用。双极式电解槽两端的极板为单电极，与电源相连，中间的极板都是感应双电极，即极板的一面为阳极，另一面为阴极。双极式电解槽中极板腐蚀较均匀，相邻极板相接触的机会少，即使接触也不致发生短路而引起事故，便于缩小极板间距，提高极板有效利用率，减少投资和节省运行费用等。

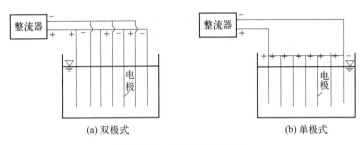

图 7-10　电解槽极板电路

电解槽极板间距的设计与多种因素有关，应综合考虑，一般为 30～40mm。间距过大则电压要求高，电损耗增大；间距过小，不仅材料用量大，而且安装不便。

电解槽电源的整流设备应根据电解所需的总电流和总电压进行选择。电解所需的电压和电流，既取决于电解反应，也取决于电极与电源的连接方式。对单极式电解槽，当电极串联后，可用高电压、小电流的电源设备，若电极并联，则要用低电压、大电流的电源设备。双极式电解槽仅两端的极板为单电极，与电源相连，槽电压决定于相邻两单电极的电位差和电极对的数目，电流强度决定于电流密度以及一个单电极（阴极或阳极）的表面积，与双电极的数目无关，因此，可采用高电压、小电流的电源设备，投资少。

**(5) 电解槽的设计**

电解槽的设计，主要是根据污水流量及污染物的种类和浓度，合理选定极水比、极距、电流密度、电解时间等参数，从而确定电解槽的尺寸和整流器的容量。

1）电解槽有效容积 $V$

$$V=\frac{QT}{60} \tag{7-10}$$

式中　$Q$——污水设计流量，$m^3/h$；

　　　$T$——操作时间，$min$；

对连续式操作，$T$ 即为电解时间 $t$，一般为 20～30min；对间歇操作，$T$ 为轮换周期，包括注水时间、沉淀排空时间及电解时间 $t$，一般为 2～4h。

2）阳极面积 $A$

阳极面积 $A$ 可由选定的极水比和电解槽有效容积 $V$ 推得，也可由选定的电流密度 $i$ 和总电流 $I$ 推得。

3）电流 $I$

电流 $I$ 应根据污水情况和要求的处理程度由试验确定。对含 $Cr^{6+}$ 污水，也可用下式计算：

$$I = \frac{KQc}{S} \tag{7-11}$$

式中　$K$——每克 $Cr^{6+}$ 还原为 $Cr^{3+}$ 所需的电量，Ah/gCr，一般为 4.5Ah/gCr 左右；

　　　$c$——污水含 $Cr^{6+}$ 浓度，mg/L；

　　　$S$——电极串联数，在数值上等于串联极板数减 1。

4）电压 $U$

电解槽的槽电压 $U$ 等于极间电压 $U_1$ 和导线上的电压降 $U_2$ 之和，即：

$$U = SU_1 + U_2 \tag{7-12}$$

式中　$U_1$——极间电压，V，一般为 3～7.5V，应根据试验确定；

　　　$U_2$——导线上的电压降，V，一般为 1～2V。

选择整流设备时，电流和电压值应分别比设计值放大 30%～40%，用以补偿极板钝化和腐蚀等原因引起的整流效率降低。

5）电能消耗 $N$

$$N = \frac{UI}{1000Qe} \tag{7-13}$$

式中　$e$——整流器的效率，一般取 0.8 左右。

最后对设计的电解槽作核算，使

$$A_{实际} > A_{计算} \tag{7-14}$$

$$i_{实际} > i_{计算} \tag{7-15}$$

$$t_{实际} > t_{计算} \tag{7-16}$$

除此之外，设计时还应考虑如下问题：

① 电解槽的长宽比取(5～6)∶1，深宽比取(1～1.5)∶1。进出水端要有配水和稳流措施，以均匀布水并维持良好流态。

② 冰冻地区的电解槽应设在室内，其他地区可设在棚内。

③ 空气搅拌可减少浓差极化，防止槽内积泥，但会增加 $Fe^{2+}$ 的氧化，降低电解效率。因此空气量要适当，一般每 $m^3$ 污水用空气量 0.1～0.3$m^3$/min。空气入池前要除油。

④ 阳极在氧化剂和电流的作用下，会形成一层致密的不活泼而又不溶解的钝化膜，使电阻和电耗增加。可通过投加适量的 NaCl，增加水流速度或采用机械去膜以及电极定期（2d）换向等方法防止钝化。

⑤ 耗铁量主要与电解时间、pH 值、盐浓度和阳极电位有关，还与实际操作条件有关，如 $i$ 太高，$t$ 太短，均使耗铁量增加。电解槽停用时，要放清水浸泡，否则极板氧化加剧，增加耗铁量。

# 7.2　光化学氧化技术与设备

光化学氧化又称紫外光催化氧化，是将紫外光辐射（UV）和氧化剂（如臭氧或过氧化氢等）结合使用的方法，在紫外线的照射和激发下，氧化剂光分解产生氧化能力更强的自基由（如羟基自由基 HO·），从而可以氧化很多单用氧化剂无法分解的难降解有机物。紫外光和氧化剂的共同作用，使得光化学氧化无论是氧化能力还是反应速率，都远远超过单纯使用氧化剂，既可成功用于高浓度难降解有机污染物的降解，也可应用于水中微污染物的去除以及细菌和病毒的灭活。

利用光化学反应治理污染物，可分为无催化剂的光化学氧化和有催化剂参与的光催化氧化，但习惯上将二者统称为光化学氧化。与其他氧化方法相比，光化学氧化技术具有如下特点：

① 氧化能力强，反应过程中产生了大量的羟基自由基，可以加强某些氧化剂的氧化能力，对难降解有机物的降解速率快或矿化效果好，既作可为有机污染物的终端处理，也可作为生物处理技术的前处理，大大提高难生物降解污染物的可生化性。

② 反应条件对温度、压力没有特别要求，通常不产生二次污染。

③ 工艺简单，操作方便。

④ 投资大，适于小规模深度处理。

根据氧化剂的种类不同，光化学氧化系统主要有 $UV/O_3$、$UV/H_2O$ 及 $UV/H_2O_2/O_3$ 等系统。

## 7.2.1　技术原理

很多有机物可通过直接吸收光而变为激发态分子，也可直接与 $O_2$ 作用或裂解成自由基再与 $O_2$ 作用，发生化学变化到稳定的状态或者变成引发热反应的中间化学产物。这种氧化称为光化学氧化。

### （1）反应机理

光化学氧化也是一种化学氧化，但其与常规化学氧化的主要区别是氧化速率的决定因素。光化学氧化的氧化速率决定于有机物对光的吸收系数、量子产率及光通量的大小，而常规化学氧化的氧化速率决定于氧化剂或自由基（如 $RO_2·$、$HO·$、$O_3$）的浓度。

有机物的光化学氧化过程常涉及 $O_2$ 分子的参加，其反应机理尚不完全清楚，只有那些涉及生成自由基的机理比较清楚，如丙酮和乙醛在阳光作用下可进行 C—C 键的 $\alpha$ 断裂形成自由基对，即：

$$R_1C(O)R_2 \xrightarrow{h\nu} R_1C(O)· + R_2· \tag{7-17}$$

$$RH \xrightarrow{h\nu} R· + H· \tag{7-18}$$

$$R· + O_2 \longrightarrow ROO· \tag{7-19}$$

$$ROO· + RH \longrightarrow ROOH + R· \tag{7-20}$$

$$ROOH \longrightarrow RO· + HO· \tag{7-21}$$

$$RO· + RH \longrightarrow ROH + R· \tag{7-22}$$

$$HO· + R \longrightarrow R· + H_2O \tag{7-23}$$

后继的反应途径为自由基与 $O_2$ 结合形成 $RO_2·$，不再直接受光影响。在上述式中如 $R_1$ 或 $R_2$ 为芳香烃或—CHO（醛类），则首先在 C—烷基断裂。其他如亚硝酸酯、烷基卤化物及酰基卤化物也可以断裂形成双自由基，只有氟化物和偶氮链烷烃除外。有些光氧化反应过程明显涉及三线态氧（$^3O_2$）与有机物的激发三线态作用形成相应的单线态氧（猝灭作用），或者形成一中间的过氧自由基（$O_2^- \cdot$）。

酚盐和芳基羧酸盐的阴离子受光激发后可将电子转移给氧而形成自由基，然后自由基再继续氧化下去。如萘乙酸和氯苯氧基乙酸盐溶液直接在波长 300nm 以下的光照射后发生如下的反应：

$$ArCH_2CO_2^- \longrightarrow ArCH_2CO_2^- \text{*} \tag{7-24}$$

$$O_2 + ArCH_2CO_2^- \text{*} \longrightarrow ArCH_2CO_2 \cdot + \cdot O_2^- \tag{7-25}$$

$$ArCH_2CO_2 \cdot \longrightarrow ArCH_2 \cdot + CO_2 \tag{7-26}$$

$$O_2 + ArCH_2 \cdot \longrightarrow ArCHOH \longrightarrow Ar \cdot + CH_2O \tag{7-27}$$

式中　Ar——萘基或氯苯氧基。

**（2）光激发氧化**

有机物分子吸收紫外光或可见光，其低能轨道的电子向高能轨道跃迁而成为激发态分子。有机物主要有三种类型的价电子，即 σ 键电子、π 键电子和 n 电子。有机物结构不同，所含的价电子类型也不同，产生的电子跃迁类型也不同。

① 饱和烃类分子中只有 σ 键电子，只能产生 σ→σ* 跃迁，所需吸收峰波长 150nm 以下。

② 不饱和烃类分子中既有 σ 键电子，又有 π 键电子，可能发生 π→π*（孤立双键吸收峰波长 200nm）及 π→σ*（吸收峰波长 200～400nm）跃迁；也可能发生 σ→π* 及 σ→σ* 跃迁。

③ 含杂原子的有机物分子上有未成键电子（n 电子），容易发生 n→σ*（吸收峰波长 200nm）及 n→π*（吸收峰波长 200～400nm）跃迁。

④ 有多个双键共轭时，吸收峰波长增大。激发分子键长变大、键能减小，键角、极化率、偶极距和酸碱性都发生变化。

光氧化工艺中采用的紫外光波长一般为 200～400nm，所以只有产生 π→π* 及 n→π* 跃迁的有机物才能有较好的光氧化效果。氯苯、五氯酚、六氯苯既有杂原子 Cl，又有共轭双键，可同时产生这两类跃迁，因而有较好的氧化降解效果；甲苯、乙苯、二甲苯、苯酚、苯胺等上有共轭双键和助色团，则比苯更易激发，更容易被光氧化降解。

**（3）光催化氧化**

光催化氧化是在水中加入一定量的半导体催化剂（$TiO_2$ 或 CdS），催化剂在紫外光的作用下产生自由基，氧化有机物。其过程如图 7-11 所示。

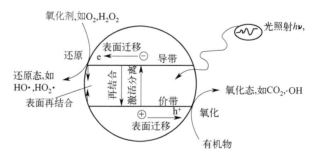

图 7-11　半导体光催化氧化有机物示意图

**（4）光敏化氧化**

对于在某一波长光的照射下不起光化学反应的某种物质 M，如果加入另一种物质 S

后就发生反应，则称 S 为光敏化剂。其反应机理是 S 首先吸收光能而激发，再将激发能量传递给 M 或氧，使 M 起反应；或者 S 吸收光能后，发生光化学反应生成自由基，自由基再与 M 作用，还原成敏化剂。

很多污水中的有机物吸收可见光后并不能降解，但有敏化剂（如染料）存在时，就会吸收可见光而引起有机物氧化、分解。在这一过程中，敏化剂（染料）吸收可见光后首先跃迁到单线态激发态（$^1$Sense），再通过系间窜越转变到三线态激发态（$^3$Sense）。由于三线态的寿命较单线态长，因此，敏化剂吸光后，三线态激发态是其最初产物。除了少数例外，光敏化氧化过程是通过三线态敏化剂进行的。最有效的敏化剂是那些能给出量子产率高、寿命长的三线态。很多染料（亚甲蓝、孟加拉红、曙红）、颜料（叶绿素、血卟啉、核黄素）和芳香族碳氢化物（红萤烯和某些蒽类）都是有效的敏化剂。这些化合物大多数吸收可见光或近紫外光，所以对阳光敏化氧化是有效的。

## 7.2.2　工艺过程

提高光化学氧化对污染物的去除能力主要表现在光源、水的光吸收系数、光学材料的应用以及反应器结构的改进三方面。

单纯用光化学氧化处理污水，由于量子产率不高，处理效率低，设备投资大，运行费用高。为了加速光解速率和提高量子产率，常加入氧化剂。研究表明，紫外光能强烈加速水中氯气对淀粉和其他有机物的氧化速率。目前的工业应用中，一般都是将光化学氧化与其他氧化剂氧化工艺组合使用。

### 7.2.2.1　UV/O$_3$ 氧化反应

水中的腐殖酸和优先污染物，单独采用 O$_3$ 难以氧化，用 UV 可以强化臭氧的氧化能力。此过程的光作用可认为有 2 个：一是光照射能激发臭氧的活性，或是污染组分经光分解后的物质变得容易氧化，但由于各种物质对光的敏感性和光分解程度不一，所以这方面的作用不具一般性，只在特殊条件下对特定的物质有效；另一方面，光的作用是激发臭氧分解成活性更强的氧化剂，这一作用具有一般性。

UV/O$_3$ 是将臭氧和紫外光辐射相结合的一种高级氧化过程，它的降解效果比单独使用 UV 和 O$_3$ 都要高，不仅能对有毒的难降解有机物、细菌、病毒进行有效的氧化和降解，而且还可用于造纸工业漂白污水的脱色。这是由于紫外光的照射会加速臭氧的分解，从而提高羟基自由基 HO· 的产率，而 HO· 是比 O$_3$ 更强的氧化剂，因此使水处理效率提高，并且能氧化一些臭氧不能直接氧化的有机物。研究表明，UV/O$_3$ 工艺对水中的三氯甲烷、四氯化碳、芳香族化合物、氯苯类化合物、五氯苯酚等污染物具有良好的去除效果。

UV/O$_3$ 氧化过程涉及 O$_3$ 的直接氧化和 HO· 的氧化作用。Glaze 指出，当紫外光与臭氧协同作用时，存在额外的高能量输入，当紫外光波长为 $180\sim400$nm 时，能提供 $300\sim648$kJ/mol 的能量，足够从 O$_3$ 中产生更多的氧化自由基，同时能从反应物和一系列中间产物中产生活化态物质和羟基自由基 HO·。

$$O_3+UV(或\ hv,\lambda<310nm)\longrightarrow O_2+O(^1D) \tag{7-28}$$

$$O(^1D)+H_2O\longrightarrow HO·+HO·（湿空气中） \tag{7-29}$$

$$O(^1D) + H_2O \longrightarrow HO\cdot + HO\cdot \longrightarrow H_2O_2(水中) \quad (7\text{-}30)$$

尽管现在还不能完全确定 UV/O₃ 氧化过程的反应机理，但大多数学者认为：羟基自由基 HO· 实际上是臭氧光降解的首要产物，由 UV/O₃ 过程产生的羟基自由基 HO· 与水中的有机物发生反应，逐渐将有机物降解。按照这一理论计算，1mol 的臭氧在紫外光照射下可产生 2mol 的 HO·。

臭氧在水中的低溶解度及其相应的传质限制是 UV/O₃ 技术发展的主要问题，现有研究大多采用搅拌式的光化学氧化反应器、管状或内圈的光化学氧化反应器来提高传递速率。此外，影响 UV/O₃ 反应效果的因素还有：

① 光照因素：臭氧对波长为 253.7nm 的光吸收系数最大，随着光强的提高，能极大提高反应速率并减少反应时间。

② pH 值：在 pH>6.0 时，臭氧主要以间接反应为主，即以产生的 HO· 作为主要氧化剂，能产生更快的反应速率。

③ 无机物：碳酸盐是自由基的捕获剂，大量存在会严重阻碍反应的进行。

④ 臭氧投加量：不同水质的污水选择适当的 O₃ 投加量，既可避免 O₃ 受紫外光辐射分解而降低 O₃ 利用率，还可取得较好的处理效果，降低成本。

图 7-12 为 UV+O₃ 处理含有机物污水的效果。可以看出，甲醇、乙醇的总有机碳降解曲线呈 S 型，这是由于反应开始阶段这两种物质生成了比较难于氧化的酮和羧酸。醋酸和丙醇是极稳定的抗氧化物质，经紫外光照射和臭氧氧化作用，可使它们完全氧化分解。

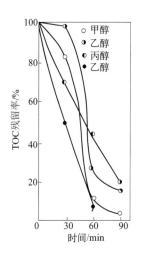

**图 7-12 UV+O₃ 的氧化效果**

试验条件：水溶液各 1000mL，其中含各
有机物 200mg/L，100W 高压水银灯照射。
O₃ 浓度 24mg/L，通气速率 1m³/min

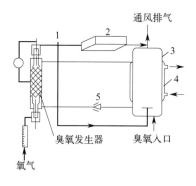

**图 7-13 UV/O₃ 工艺流程**

1—三向阀；2—分光光度计；3—储罐；
4—温度控制；5—水泵

UV/O₃ 工艺由于具有较强的氧化能力，对于难降解有机污水的处理尤为适用，美国国家环保局早在 1977 年就规定 UV/O₃ 工艺为处理多氯联苯的最佳实用技术，而且 UV/O₃ 与其他工艺结合更显示出其高效的去除效率。目前，美国、英国、加拿大、日本等国都有 UV/O₃ 工艺装置在运行。图 7-13 所示为加拿大太阳能环境系统（Solar Environmental System）中使用的 UV/O₃ 工艺。由两个同心石英卷筒组成的氙灯（外径 30mm，内径 17mm，辐射波长 250nm）安装在圆筒形反应器中心轴的位置上（外径 50mm，长

300mm）。圆筒反应器的容积为 3L，污水由泵形成间歇式循环。$O_3$ 由恒定流速的 $O_2$ 气流流经光源内管时辐射产生，与紫外光源协同对污水进行净化。利用该工艺处理 4-氯酚（$12\times10^{-4}\,mol/L$）的水溶液，TOC 矿化速率是单纯用 UV 或 $O_3$ 的 2 倍。

近年来，$UV/O_3$ 工艺与其他工艺相结合的研究比较受人们关注，如与双氧水、催化剂、活性炭、生化工艺等结合，能有效降低处理费用。Laura Sanchez 等在处理苯胺溶液的 $UV/O_3$ 工艺中引入 $TiO_2$，结果表明，$TiO_2/UV/O_3$ 工艺较 $UV/O_3$ 工艺具有更高的去除效率。Eva. Piera 等采用 $TiO_2/UV/O_3$ 和 $Fe(Ⅱ)/UV/O_3$ 工艺处理 2，4-二氯苯氧基乙酸污水，发现 $TiO_2/UV/O_3$ 和 $Fe(Ⅱ)/UV/O_3$ 工艺都比单独 $O_3$ 氧化和 UV 照射具有更高的去除效率，且 $Fe(Ⅱ)/UV/O_3$ 工艺的去除效率最高。Jesus B. H. 等采用多种高级光化学氧化工艺处理含对-羟基苯甲酸污水，发现 $UV/H_2O_2/O_3/Fe^{2+}$ 系统拥有极好的去除效率，表明将多种相对简单的氧化工艺联合起来可获得更佳的处理效果。

### 7.2.2.2　UV/H₂O₂ 氧化反应

Rajagopalan Venkatadri 和 Robert W. Peter 认为 $UV/H_2O_2$ 的反应过程是 $H_2O_2$ 在水中经 UV 照射发生 O—O 键（键能 213.4kJ/mol）断裂而产生 HO· 和氧原子，再通过链反应进行光解：

$$H_2O_2 + UV(或\ hv, \lambda \approx 200 \sim 280nm) \longrightarrow HO· + HO· \tag{7-31}$$

$$H_2O_2 \longrightarrow HO_2^- + H^+ \tag{7-32}$$

$$HO· + H_2O_2 \longrightarrow HO_2· + H_2O \tag{7-33}$$

$$HO· + HO_2^- \longrightarrow HO_2· + OH^- \tag{7-34}$$

$$HO_2· + HO_2· \longrightarrow H_2O_2 + O_2 \tag{7-35}$$

HO· 进攻有机物是将有机物分子上的 H 提取出来，使之成为一个有机自由基，再由它来引发链反应。

$$HO· + RH \longrightarrow H_2O + R· \tag{7-36}$$

$$R· + H_2O_2 \longrightarrow ROH + HO· \tag{7-37}$$

$UV/H_2O_2$ 的联合作用是以产生羟基自由基进而通过羟基自由基反应来降解污染物为主，同时也存在 $H_2O_2$ 对污染物的直接化学氧化和紫外光的直接光解作用，能有效降解一些难生物降解的有机物，如水中低浓度的多种脂肪烃和芳香烃有机污染物。采用 $UV/H_2O_2$ 联合工艺，1mol 氧化剂受光引发时将放出最高浓度的 HO·，比只采用 UV 处理时的反应速率约快 500 倍，而且有机物完全分解的最终产物不造成二次污染。有研究发现，反应速率与 pH 值有关，酸性越强，反应速率越快。即使从经济上考虑，不能将某些难降解有机物完全光解到最终产物，先将它们氧化成易于降解的中间产物也足够了。

$UV/H_2O_2$ 工艺具有氧化性强、经济性好、运行稳定、操作简便等优点，能有效氧化一些难生化降解的有机物，如二氯乙烯、四氯乙烯、三氯甲烷和四氯化碳等；用于脱色处理，脱色对象具有较强的选择性，对单偶氮染料的处理效果最佳；用于去除水中天然存在的有机物；处理漂白纸浆及石油炼制的污水；处理纺织工业污水等。应用不同氧化剂和 UV 辐射剂量对给水中的 TOC 和色度的处理效果见表 7-1。

表 7-1　氧化剂和 UV 辐射对水生腐殖质的去除率/%

| 氧化剂 | TOC | | | | 色度 | | | |
|---|---|---|---|---|---|---|---|---|
| | 辐射时间/min | | | | 辐射时间/min | | | |
| | 1 | 5 | 20 | 60 | 1 | 5 | 20 | 60 |
| 空气 | 6 | 13 | 23 | 41 | −2 | −6 | 13 | 41 |
| 空气(pH=7) | 6 | 9 | 16 | 19 | −12 | −10 | −8 | 25 |
| 空气(pH=3) | 0 | 3 | 14 | 15 | −5 | 4 | 14 | 35 |
| $H_2O_2$ | 43 | 73 | 92 | 100 | 45 | 97 | 98 | 99 |
| 连续曝气 | 2 | 2 | 10 | — | 6 | 6 | 21 | — |

图 7-14 所示是美国 Calgon perox-pure$^{TM}$ 和 Rayox 已商业化的 $UV/H_2O_2$ 工艺的系统流程，由氧化单元、$H_2O_2$ 供应单元、酸供应单元和碱供应单元四个可移动单元组成。氧化单元由 6 个连续的反应器组成，每个反应器装有一个 15kW 的紫外灯，反应器总体积为 55L。每个紫外灯安装在一个紫外光可透过的石英管内部，处在反应器的中央，水沿着石英管流动。在污水流进第一个反应器前加入 $H_2O_2$，也可以用一个喷淋头同时给 6 个反应器投加 $H_2O_2$。根据需要，可通过加入硫酸使污水的 pH 值控制在 2~5 之间，以去除 $HCO_3^-$

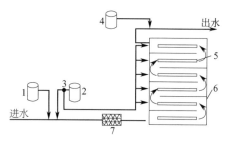

图 7-14　$UV/H_2O_2$ 工艺系统流程

1—硫酸罐；2—$H_2O_2$ 罐；3—分流器；
4—NaOH 罐；5—UV 灯；6—反应器；7—混合器

和 $CO_3^{2-}$，防止其对 HO· 的捕获。加入 $H_2O_2$ 的污水经过一个静态混合器进入反应器。为了满足排放标准的需要，需在氧化单元出水中添加碱液来调节 pH 值，使排水的 pH 值达到 6~9。石英管上装备了清洗器，可以定期进行清洗，以减少沉积固体对反应的影响。

Stefan 利用 $UV/H_2O_2$ 工艺先后对丙酮、甲基叔丁基醚（MTBE）、1,4-杂二氧环己烷等污水进行处理，对它们氧化的中间产物、机理进行了研究，发现中间产物为酸、醛、羟酮等物质，最后降解为水和二氧化碳。汪兴涛等采用 $UV/H_2O_2$ 工艺对染料污水处理进行了实验研究，发现增加 UV 的强度和 $H_2O_2$ 的浓度有助于污水的脱色效果，通过对 14 种不同类型染料脱色效果的比较，发现该方法具有较强的选择性，结果表明，在 pH 值为 2.8、$H_2O_2$ 和 $TiO_2$ 的投加浓度分别为 0.1g/L 和 0.4g/L 条件下，反应时间为 6h，污水初始浓度为 50mg/L 时，处理后浓度为 0.25mg/L，其去除率可达到 99.5%。

硝基炸药是一类难降解的物质，含炸药的污水可用 UV＋$H_2O_2$ 处理。被处理的炸药有三硝基甲苯（TNT）、1,3,5-三硝基苯 1,3,5-三氮杂环己烷（RDX，黑索金）、环四亚甲基四硝胺（HMX，奥克托金）、二硝基甲苯（2,4-DNT 和 2,6-DNT）以及苦味酸铵等稀水溶液。实验结果表明，UV＋氧化剂联合作用比单独采用 UV 工艺或氧化剂处理的效果都要好，炸药的光解速率大为增加。例如单独采用 UV 工艺光解时需 312h 才能达到采用 UV＋$H_2O_2$ 联合作用 1~2h 达到的效果。各种炸药（RH）在 UV＋$H_2O_2$ 联合作用下，其机理并不单纯是 UV 引发 $H_2O_2$ 生成 HO·，而后由 HO· 进攻有机物（炸药），而是在 UV 光作用下，$H_2O_2$ 与炸药同时吸收光，可能是 HO· 与炸药光解的中间产物作用导致其光解加速的。比较活性炭吸附、UV＋$O_3$ 组合工艺和 UV＋$H_2O_2$ 组合工艺三种方法的经济成本，以 UV＋$H_2O_2$ 组合工艺的费用最省。

### 7.2.2.3　UV/H$_2$O$_2$/O$_3$ 氧化反应

在 UV/O$_3$ 系统中引入 H$_2$O$_2$ 对羟基自由基 HO· 的产生有协同作用，能够高速产生 HO·，从而表现出对有机污染物更高的反应效率。该系统对有机物的降解利用了氧化和光解作用，包括 O$_3$ 的直接氧化、O$_3$ 和 H$_2$O$_2$ 分解产生 HO· 的氧化以及 O$_3$ 和 H$_2$O$_2$ 的光解和离解作用。和单纯 UV/O$_3$ 相比，加入 H$_2$O$_2$ 对 HO· 的产生有协同作用，从而表现出对有机污染物的高效去除。

在 UV/H$_2$O$_2$/O$_3$ 反应过程中，羟基自由基 HO· 的产生机理可归纳为以下几个反应方程式：

$$H_2O_2 + H_2O \longrightarrow H_3O^+ + HO_2^- \tag{7-38}$$

$$O_2 + H_2O_2 \longrightarrow O_2 + HO\cdot + HO_2\cdot \tag{7-39}$$

$$O_3 + HO_2^- \longrightarrow O_2 + HO\cdot + O_2\cdot \tag{7-40}$$

$$O_3 + O_2\cdot \longrightarrow O_3\cdot + O_2 \tag{7-41}$$

$$O_3\cdot + H_2O \longrightarrow HO\cdot + OH^- + O_2 \tag{7-42}$$

在成分复杂的难降解污水中，UV/O$_3$ 或 UV/H$_2$O$_2$ 可能受到抑制，但 UV/H$_2$O$_2$/O$_3$ 工艺能通过多种反应机理产生 HO·，受水中色度和浊度的影响程度较低，能适用于更广泛的 pH 值范围，可用于多种农药（如 PCP、DDT 等）和其他化合物的处理。

图 7-15 所示为美国已商业化的 UV/H$_2$O$_2$/O$_3$ 工艺的系统流程，由 UV 氧化反应器、H$_2$O$_2$ 供给池、O$_3$ 发生器及催化 O$_3$ 分解单元构成。反应器总体积为 600L，被 5 个垂直的挡板分成 6 个室，每个分反应室内布置 4 盏 65W 的低压汞灯，每盏灯安装在垂直旋转的石英管内。污水流入该装置前首先加入 H$_2$O$_2$，在管道静态混合器中充分混合后进入反应器。每个反应器的底部都安装有不锈钢曝气器，均匀地将 O$_3$ 扩散到水中。反应产生的 CO$_2$ 等气体从顶部排出。有文献报道，在一个 40L 的中等规模反应器中，当 H$_2$O$_2$ 与 O$_3$ 的浓度比为 0.34∶1、接触时间为 15min 时，二氯乙烯、四氯乙烯的去除率可达到 90%。

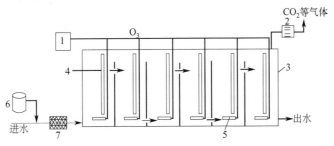

图 7-15　UV/H$_2$O$_2$/O$_3$ 工艺系统示意图

1—O$_3$ 发生器；2—O$_3$ 分解器；3—反应器；4—UV 灯；5—O$_3$ 分布器；6—H$_2$O$_2$ 槽；7—静态混合器

### 7.2.2.4　UV/US 氧化反应

超声（US）技术本身也是一种处理污水的有效手段，使用的超声波频率范围一般为 $2\times10^4 \sim 1\times10_7$ Hz。采用光化学氧化技术与超声技术联合形成 UV/US，将超声波技术的

"空化作用"配以紫外光辐射，可以增强氧化剂的氧化能力，加快反应速率，提高有机物的降解效果，其降解效率往往比单独采用光化学氧化技术或超声技术处理好。UV/US 氧化技术在处理染料污水方面已被证明有很好的效果。

## 7.2.3 过程设备

光化学氧化过程最主要的设备是光化学反应器。最简单的光化学反应器就是把一只灯管浸没到普通反应器中的混合液里，称之为浸没式光化学反应器。但这种反应器存在严重的缺点，没有充分考虑光效率、灯管外壁沉淀等问题。

光化学反应器的设计首先需要考虑如何提高光效率。由于光化学反应仅在吸收了光的那部分体积中发生，增加有效反应体积可以提高光效率。同时，将灯管和反应液体隔离的器壁会产生沉淀（结膜），减弱进而阻止对反应混合物的辐射，因此需要考虑清洗或减少沉淀。

光化学反应器中可以是光源包围反应器，也可以是反应器包围光源。根据几何光学的折射原理可以制造出各种高效反应器，目前应用的有以下几种：

**（1）矩形光化学反应器**

矩形光化学反应器如图 7-16 所示，反应器的一个平面用一个管状光源照射，在其后面放置了一个抛物线式的反射器。

**（2）辐射网式光化学反应器**

如图 7-17 所示，圆柱形反应器处于辐射场的中央，辐射场由安装了适当反射器的 2～16 只灯的一个环形装置产生。

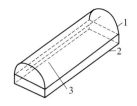

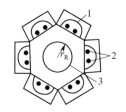

图 7-16　具有抛物面形发射器的矩形光化学反应器
1—抛物面发射器；2—反应器；3—灯源

图 7-17　辐射网式光化学反应器截面图
1—抛物面镜；2—灯源；3—圆柱形反应器

**（3）液膜光化学反应器**

如图 7-18 所示，灯源置于反应器的中央，反应液从一个倒转的浸没式反应器顶部扩散进去，并在反应器外壁的内表面形成液相降膜，反应液和隔离灯管的器壁不直接接触，不会产生沉淀。

污水处理领域用的光化学氧化反应器有两种基本形式，即环形内管式（如图 7-19 所示）和同轴外管式（如图 7-20 所示）。反应器可以用不锈钢或硬质玻璃制成，反射面应有很高的光洁度。壳体及套管应满足承压要求。反应器中的水力条件应尽量接近于推流，灯管与水流方向平行布置，管长与水力半径之比宜大于 50。纵向分散会引起短流，使有机物或微生物吸收的 UV 剂量不能满足最小 UV 剂量的要求。

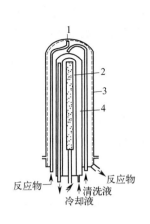

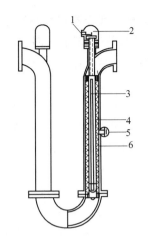

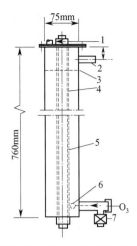

图 7-18 环形降膜光化学反应器
1—液体分布器；2—灯源；
3—降膜；4—冷却液

图 7-19 环形内管式 UV 装置
1—塞头；2—保护罩；3—UV 灯；
4—石英套管；5—光电管；6—反应器

图 7-20 同轴外管式 UV 装置
1—进水口；2—尾气出口；3—水位线；
4—40W 紫外灯管；5—石英套管；
6—多孔管；7—排水或取样口

# 7.3 光催化氧化技术与设备

光化学氧化技术是在可见光或紫外光作用下使有机污染物氧化降解的反应过程，但受反应条件的限制，光化学氧化的降解往往不够彻底，易产生多种更难降解或毒性更强的有机中间体，成为光化学氧化需要克服的问题。为了进一步提高光化学氧化对有机污染物的去除效率，研究者们在光化学氧化系统中引进催化剂，开发了光催化氧化反应，可以大大提高光化学氧化的效率。

## 7.3.1 技术原理

根据所用催化剂的状态，可将催化剂分为均相催化剂和非均相催化剂两类。均相催化剂与反应物处于同一物相之中，而非均相催化剂多为固体，与反应物处于不同的物相之中，因此，光催化氧化也相应地分为均相光催化氧化和非均相光催化氧化。均相光催化剂一般比非均相催化剂活性高，反应速率快，但流失的金属离子会造成二次污染。

### 7.3.1.1 均相光催化氧化

均相光催化氧化主要以 $Fe^{2+}$ 或 $Fe^{3+}$ 及 $H_2O_2$ 为介质，通过光-Fenton 反应产生羟基自由基（HO·），使污染物得到降解。紫外光线可以提高氧化反应的效果，是一种有效的催化剂。紫外/臭氧（$UV/O_3$）组合是通过加速臭氧分解速率，提高羟基自由基的生成速率，并促使有机物形成大量活化分子，来提高难降解有机污染物的处理效率。

**（1）UV/Fenton 氧化的反应机理**

Fenton 试剂的氧化机理主要是在酸性条件下，利用亚铁离子作为 $H_2O_2$ 氧化分解的催化剂，生成反应活性极高的羟基自由基 HO·。HO·可以进一步引发自由基链反应，

**221**

从而氧化降解大部分的有机物，甚至使部分有机物达到矿化。整个体系的反应十分复杂，其关键是通过 $Fe^{2+}$ 在反应中起激发和传递作用，使链反应可以持续进行直至 $H_2O_2$ 耗尽。

$$Fe^{2+} + H_2O_2 \longrightarrow Fe^{3+} + OH^- + HO \cdot \tag{7-43}$$

$$Fe^{3+} + H_2O_2 \longrightarrow Fe^{2+} + H^+ + HO_2 \cdot \tag{7-44}$$

1993 年 Ruppert 等人首次在 Fenton 试剂中引入紫外光对 4-氯苯酚（4-CP）进行去除，发现紫外光和可见光都可以大大提高反应速率，随后 UV/Fenton 技术处理有机污水得到了广泛研究。

传统的 UV/Fenton 反应机理认为 $H_2O_2$ 在 UV（$\lambda > 300nm$）光照下产生 $HO \cdot$：

$$H_2O_2 + h\upsilon \longrightarrow 2HO \cdot \tag{7-45}$$

$Fe^{2+}$ 在 UV 光照下，可以部分转化成 $Fe^{3+}$，而所转化的 $Fe^{3+}$ 在 pH=5.5 的介质中可以水解生成 $Fe(OH)^{2+}$，$Fe(OH)^{2+}$ 在紫外光照下又可以转化为 $Fe^{2+}$，同时产生 $HO \cdot$：

$$Fe(OH)^{2+} \longrightarrow Fe^{2+} + HO \cdot \tag{7-46}$$

由于上式反应的存在，使得 $H_2O_2$ 的分解速率远大于 $Fe^{2+}$ 或紫外光催化 $H_2O_2$ 分解速率的简单加和。

**（2）UV/Fenton 氧化的反应特点**

UV/Fenton 技术具有明显的优点：a. 可降低 $Fe^{2+}$ 的用量，保持 $H_2O_2$ 较高的利用率；b. 紫外光和 $Fe^{2+}$ 对 $H_2O_2$ 催化分解存在着协同效应；c. 可使有机物的矿化程度更充分，因为 $Fe^{2+}$ 与有机物降解过程的中间产物形成的络合物是光活性物质，可在紫外光作用下迅速还原为 $Fe^{2+}$。

影响 UV/Fenton 反应的因素有：污染物起始浓度、$Fe^{2+}$ 浓度、$H_2O_2$ 浓度和载气。污染物起始浓度越高，表观反应速率越小；$Fe^{2+}$ 浓度需要维持在一定水平，过高对 $H_2O_2$ 消耗过大，过低则不利于 $HO \cdot$ 的产生；保持一定浓度的 $H_2O_2$ 可使反应维持在较高水平；氧气作为载气最好。

### 7.3.1.2 非均相光催化氧化

非均相光催化氧化是利用光照射某些具有能带结构的半导体光催化剂如 $TiO_2$、$ZnO$、$CdS$、$WO_3$、$SrTiO_3$、$Fe_2O_3$ 等，使其激发产生电子-空穴对，吸附在催化剂上的溶解氧/水分子与电子-空穴对作用，诱发产生氧化能力极强的羟基自由基，可以氧化分解各种有机物。1972 年，Fujishima 和 Honda 利用 Pt 电极和 $TiO_2$ 电极在紫外光的照射下将水电解成 $H_2$ 和 $O_2$，标志着非均相光催化氧化技术研究的开始。自此，非均相光催化氧化技术在环境领域的研究方兴未艾。

**（1）非均相光催化氧化的原理**

半导体能带结构与金属不同的是价带（VB）和导带（CB）之间存在一个禁带，禁带里是不含有能级的。用作光催化剂的半导体大多为金属的氧化物和硫化物，一般具有较大的禁带宽度，有时称为宽带隙半导体。如被经常研究的 $TiO_2$，禁带宽度为 3.2eV。

一般认为当光催化剂吸收一个能量大于禁带宽度（一般位于紫外区）的光子时，位于价带的电子（$e^-$）就会被激发到导带，从而在价带留下一个空穴（$h^+$），这个电子和空穴与吸附在催化剂表面的 $OH^-$ 或 $O_2$ 进一步反应，生成氧化能力极强的羟基自由基（$HO \cdot$）和氧负离子自由基（$O_2^- \cdot$），这些自由基和光生空穴共同作用氧化水中的有机物，使之变成 $CO_2$、$H_2O$ 和无机酸。

$$有机污染物 + O_2 \xrightarrow{\text{半导体、紫外光}} CO_2 + H_2O + 无机酸 \tag{7-47}$$

与此同时，生成的电子和空穴又会不断地复合并放出一定的能量。作为一种有效的催化剂，这就要求电子和空穴的产生速率大于它们的复合速率。

**（2）非均相光催化氧化的影响因素**

影响污水非均相光催化氧化效果的因素有无机盐离子的干扰、催化剂表面的金属沉积和入射光强，而 pH 值及温度对其影响有限。

一部分无机盐离子如 $SO_4^{2-}$、$Cl^-$、$PO_4^{3-}$ 会与有机物产生竞争吸附，另一些无机盐离子如 $CO_3^{2-}$ 可作为羟基自由基的清除剂，即发生竞争性反应。竞争吸附和竞争性反应都可以降低反应速率。

很多贵金属在 $TiO_2$ 表面上的沉积有益于提高光催化氧化反应的速率。水溶液中，光催化还原氯铂酸、氯铂酸钠或六羟基钯酸，可使微小铂颗粒沉积在 $TiO_2$ 表面。细小铂颗粒成为电子积累的中心，阻碍了电子和空穴的复合，提高了反应速率。沉积量是很重要的因素，实际操作过程中存在一个最佳沉积量。当沉积量大于这个最佳沉积量时，催化剂活性反而降低。其他贵重金属，如银、金，在 $TiO_2$ 表面的沉积对催化剂的活性也有类似的影响。

空穴的产生量与入射光光强成正比。入射光光强的选择，既要考虑能高效去除污染物，又要尽量减少能耗，存在一个经济效益分析的问题。

pH 值对光催化氧化的影响包括表面电荷和 $TiO_2$ 的能带位置。在水中，$TiO_2$ 的等电点大约是 pH=6。当 pH 值较低时，颗粒表面带正电荷；当 pH 值较高时，表面带负电荷。表面电荷的极性及其大小对催化剂的吸附性能影响很大。

半导体的价带能级是 pH 值的函数。在 pH 值较高时，对 $OH^-$ 的氧化有利，而在 pH 值较低时，则对 $H_2O$ 的氧化有利。所以不管在酸性还是碱性条件下，$TiO_2$ 表面吸附的 $OH^-$ 和 $H_2O$ 理论上都可能被空穴氧化成 $HO\cdot$。但在 pH 值变化很大时，光催化氧化速率的变化也不会超过 1 个数量级。因此，光催化氧化反应速率受 pH 值的影响较弱。

在光催化氧化反应中，受温度影响的反应步骤是吸附、解吸、表面迁移和重排。但这些都不是决定光反应速率的关键步骤。因此，温度对光催化氧化反应的影响较弱。

**（3）非均相光催化氧化中的催化剂**

非均相光催化氧化中使用的催化剂大多为 n 型半导体，许多金属的氧化物和硫化物都具有光催化性，包括 $TiO_2$、$ZnO$、$CdS$、$Fe_2O_3$、$SnO_2$、$WO_3$ 等。但并不是所有的半导体材料都可以用作非均相光催化氧化的催化剂，比如 $CdS$ 是一种高活性的半导体光催化剂，但它容易发生光阳极腐蚀，在实际处理中不太实用。由于 $TiO_2$ 可使用的波长最高可达 387.5nm，化学性质和光化学性质十分稳定，无毒价廉，货源充足，因此使用最为普遍。作为催化剂的 $TiO_2$ 主要有两种类型——锐钛矿型和金红石型。由于晶型结构、晶格缺陷、表面结构以及混晶效应等因素，锐钛矿型 $TiO_2$ 的催化活性要高于金红石型。

实际应用中大多将催化剂固定后使用，主要有两种形式：固定颗粒体系和固定膜体系。固定颗粒体系是指将二氧化钛或二氧化钛前驱物负载于成型的颗粒上；固定膜体系是将二氧化钛或二氧化钛前驱物涂覆在基材上，从而在基材表面形成一层二氧化钛薄膜。

半导体的光催化特性已被许多研究所证实，但从太阳光的利用效率来看，还存在以下缺陷：一是半导体的光吸收波长范围较窄，主要在紫外区，太阳光的利用比例较低；二是半导体载流子的复合率很高，量子效率较低。采用以下方法可以提高半导体光催化剂的性能：

1) 半导体表面贵金属沉积

贵金属在半导体表面的沉积一般并不形成一层覆盖物，而是形成原子簇，聚集尺寸一般为纳米级，其对半导体的表面覆盖率很小。最常用的沉积贵金属是第Ⅷ族的Pt，其次是Pd、Ag、Au、Ru等。这些贵金属的沉积普遍可以提高半导体的光催化活性，包括水的分解、有机物的氧化以及重金属的氧化等。

2) 半导体的金属离子掺杂

在半导体中掺杂不同价态的金属离子可以改变半导体的催化性能，不仅能加强半导体的光催化作用，还能使半导体的吸收波长范围扩展至可见光区域。但只有一些特定的金属离子有利于提高光量子效率，其他金属离子的掺杂反而是有害的。

3) 半导体的光敏化

半导体光催化材料的光敏化是延伸激发波长的一个途径，它是将光活性化合物通过物理或化学吸附作用吸附于半导体表面，从而扩大半导体激发波长范围，使更多的太阳光得到利用。

4) 复合半导体

用浸渍法和混合溶胶法等可以制备二元和多元复合半导体，如 $TiO_2$-CdS、$TiO_2$-CdSe、$TiO_2$-$SnO_2$、$TiO_2$-PbS、$TiO_2$-$WO_3$、CdS-ZnO、CdS-AgI、CdS-HgS、ZnO-ZnS 等。这些复合半导体的光催化性质高于单个半导体。

**（4）非均相光催化氧化的特点**

与均相系统相比，非均相光催化氧化具有如下优点：a. 不需要消耗如 $H_2O_2$ 和 $O_3$ 这样的氧化剂；b. 光催化剂在反应过程中不被消耗；c. 能直接利用自然光。就 $TiO_2$ 而言，其禁带宽度为 3.2eV，对应的波长为 387.5nm。在地球表面，太阳光（波长大于 300nm）中能激发光催化氧化反应的光大约占 4%。

尽管光催化氧化具有以上很多优点，但离大规模应用还存在一定的距离，因为其存在如下的主要缺点：a. 如果采用紫外灯作为光源，过程能耗较高；b. 很难将处理后的水与细小催化剂分离；c. 不宜处理高浓度污水；d. 尽管紫外线具有较高能量，但穿透能力很弱，对色度和浊度较高的污水，处理效果不好。

## 7.3.2 工艺过程

光催化氧化具有非常强的氧化能力，而且能直接利用太阳光，因此广泛用于各类工业污水的处理。

**（1）含油污水**

随着远洋运输业的发展，船舶的保有量与吨位越来越大，运输事故、船舶清洗产生的含油污水量也随之增大，如不及时处理，会对水体生态环境造成严重的破坏。近年来，利用半导体粉末的悬浮体系光催化降解水中有机污染物的研究引起各国学者的关注。杨阳等以膨胀珍珠岩为载体，用浸涂烧结法制备了负载型 $TiO_2$/EP 光催化剂，并对制备催化剂的工艺条件及水面浮油的光催化降解过程进行了初步研究，结果表明：经 7h 光照后，催化剂能降解癸烷95%以上，且能较长时间漂浮于水面，便于大面积抛洒并易于拦截和回收，具有实用开发价值。陈士夫等利用空心玻璃球负载 $TiO_2$ 清除水面漂浮的油层，用 375W 高压汞灯照射 120min，正十二烷的光催化去除率为 93.5％，80min 甲苯的去除率达 100％。通入空气或加入 $H_2O_2$ 可大大提高光催化的效果，当 $H_2O_2$ 的量为 5.0mmol/L 时，40min 后甲苯去除率达 100％。

### （2）印染污水

传统的处理方法，如吸附法、电化学法、电凝法、生物法等，只能把污染物从一种物相转化为另一种物相，不能使污染物得到彻底分解或无害化，而光催化氧化能够把印染污水中的有害物质彻底分解为 $H_2O$、$CO_2$ 等有机小分子和其他无害物质，消除了二次污染。王成国采用纳米级 $TiO_2$ 悬浮法光催化氧化处理耐晒翠蓝染液（染料浓度 100mg/L，$TiO_2$ 用量 1000mg/L），当光照时间大于 200min 时，色度去除率达到 93％，TOC 去除率达到 50％。罗洁、陈建山对色度 375、pH 值 5.35、$COD_{Cr}$ 595.16mg/L 的模拟墨绿色印染污水采用光催化处理后，脱色率达 90％，$COD_{Cr}$ 脱除率 80％左右。

### （3）造纸污水

采用多相光催化氧化技术处理造纸漂白污水，可直接将所含的二噁英降解为 $CO_2$、$H_2O$ 和 $Cl^-$，达到一次销毁这一有害物的目的。张志军等利用中压汞灯作光源，研究了氯代二苯并-对二噁英（CDDS，包括 DCCD、PCDD 和 OCDD）在二氧化钛催化下的光解反应，结果表明，二氧化钛能有效催化 CDDS，在室温下，4h 内 DCCD、PCDD 和 OCDD 分别降解了 87.2％、84.6％和 91.2％。M. Cristi Yeber 等将 $TiO_2$ 和 ZnO 固定在玻璃上，对漂白污水进行了光催化氧化处理，经过 120min 处理后，污水的色度可完全消除，总酚含量减少了 85％，TOC 减少了 50％，处理后残留有机物的急性毒性和吸收卤化物（AOX）比处理前大为减少，高分子化合物几乎全部降解。

### （4）难降解农药污水

光催化降解农药的优点是它不会产生毒性更高的中间产物，这是其他方法所无法比拟的。文献报道 $COD_{Cr}$ 质量浓度为 650mg/L、有机磷质量浓度为 19.8mg/L 的农药污水，经 375W 中压汞灯照射 4h，$COD_{Cr}$ 的去除率为 90％。陈梅兰等用高压汞灯为光源，以二氧化钛（锐敏型）光催化降解有机溴杀虫剂——溴氰菊酯（俗名敌杀死），结果表明，光照 3h，敌杀死降解了 73.5％。孙尚梅研究了以太阳光为光源，采用悬浮态的 $TiO_2$ 做催化剂光降解农药污水，结果表明，光照 5h 后，$COD_{Cr}$ 的去除率高达 72.6％。

## 7.3.3　过程设备

光催化反应器是光催化氧化处理污水的反应场所，高效光催化反应器的研制是提高光催化反应效率的关键措施之一。

### 7.3.3.1　反应器的类别

目前对光催化反应器尚无明确分类，可以由不同的方面进行分类。

按光源的不同，可分为紫外灯光催化反应器和太阳能光催化反应器；目前通常采用汞灯、黑灯、氙灯等发射紫外线。紫外线由于使用寿命不长，通常用于实验室研究。太阳能光催化反应器节能，但应充分提高太阳光的采集量。

按照 $TiO_2$ 光催化剂的存在形式，可将反应器分为悬浆型和负载型两大类。早期的光催化研究多以悬浆型光催化为主，反应器结构较简单，用泵循环或曝气等方式使呈悬浮状的光催化剂颗粒悬浮在液相中，与液相充分接触，反应速率较高，但催化剂难以回收，活性成分损失较大，须采用过滤、离心分离、絮凝等手段解决催化剂的分离问题，反应器只能为分批处理型，实用性受到了限制。负载型光催化反应器是将 $TiO_2$ 催化剂附着于载体上，不存在后处理问题，可以连续化处理，装置一般比较简单。

负载型光催化反应器按其床层状态，可分为固定床型和流化床型两种。前者为具有较大连续表面积的载体，将催化剂负载于其上，流动相流过表面发生反应。后者多适合于颗粒状载体，负载后仍能随流动相发生翻滚、迁移等，但载体颗粒较 $TiO_2$ 纳米粒子大得多，易与反应物分离，可用滤片将其封存于光催化反应器中而实现连续化处理。

按光源的照射方式不同，光反应器可分为聚光式和非聚光式两类。聚光式反应器是将光源置于反应室中央，反应器为环状，多以人工光源为光源，光效率也较高，但照射面积不可能很大，反应器规模相应也不能很大。非聚光式反应器的光源可以是人工的也可以是天然的日光，光源以垂直于反应面照射为主。从能源利用角度考虑，非聚光式反应器可以直接利用太阳能为光源，有利于降低处理成本。但由于太阳光中的紫外线只占总光源的3%左右，反应效率不高。如果对 $TiO_2$ 进行改性，使可利用的光谱范围扩大，就可以充分利用太阳光的能量，制成大规模、工业化的反应器。

目前，多种结构的光催化反应器已经被用于光降解研究和实际污水处理中，并且取得了一定的效果，但同时也遇到了一些需要解决的问题。这些问题涉及光催化反应器的各个方面，其中，催化剂的存在状态、反应器的几何形状及尺寸和光系统三方面的问题是需要重点考虑的。

**（1）催化剂的存在状态**

在悬浆型反应器中，反应不但需要大量的催化剂来支持连续的运转，而且后处理复杂，运行成本大。因此，将催化剂粉末颗粒固定在载体上是必要的，但也产生了一些问题，就是催化剂单位体积的表面积比较低，从而阻碍了质量传递地进行，而且一般载体的透光性不够理想，载体深层的催化剂由于缺乏光照，发挥不出应有的作用。此外，催化剂易于钝化以及由于反应介质对光的吸收和散射导致光能量的不足也是需要考虑的问题。

**（2）反应器的形状**

目前应用较多的反应器为圆柱形，光源置于容器中心或外围垂直照射。利用太阳光作光源的反应器可设计成平板型，并可设反射面以提高光能的利用率。由于光催化反应本身所具有的特点，反应器的光照面积与溶液体积的比率（$A/V$）是影响处理效果的重要参数。实验表明，$A/V$ 值越大，反应速率越快，但 $A/V$ 值增大意味着占地面积的增加，因此实际应用中很难仅仅通过提高 $A/V$ 值来实现处理要求。而且大多数反应器都不能按比例放大到工业化的处理规模，这对于光催化反应器的实用化是很大的障碍。有些反应器即使能够放大，也存在着反应速率慢，运转费用高，操作复杂等缺点。

**（3）光系统**

光系统包括光源及其辅助设备，对于采用电光源的反应器来说，消耗电能是一个经济负担。此外，由于可被利用的紫外光及近紫外光在溶液中衰减非常快，因而必须尽可能地提高光液的直接接触面积，这就使反应器的放大设计变得很困难。太阳光能来源广泛，成本低廉，是最有前景的研究方向，但如何提高太阳光的利用效率仍是一个尚待解决的问题。

### 7.3.3.2　固定床光催化反应器

固定床光催化反应器是目前研究较多的负载型光反应器,通过化学反应将 $TiO_2$ 粉末固定于大的连续表面积的载体上,反应液在其表面连续流过。固定床的类型主要有平板式、浅池式、环形固定膜式、管式和光化学纤维束式等几种。

**(1) 平板式光催化反应器**

图 7-21 所示为 Wyness 等研制的室外非聚焦式平板型光催化反应器。平板为矩形不锈钢,$TiO_2$ 用玻璃纤维网负载后固定于平板上,平板与地面成一定角度接受日光照射,充分利用了太阳光中的直射部分和散射部分,使光能利用率大大提高。平板上部设有布水管,沿管长方向均匀分布直径为 2～

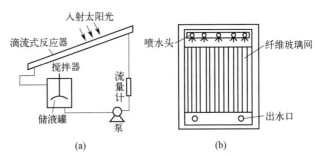

图 7-21　非聚焦式平板型光催化反应器

3mm 的小孔。反应液置于不锈钢储液罐内,内置搅拌器以保证溶液充分混合,储罐出口连接有离心泵,通过泵使反应液流经平板,经降解后又流回到储液罐,循环流动。Wyness 等利用该反应器在层流状态进行了四氯苯酚的降解实验,并研究了反应动力学。结果表明,在某些区域和一定的气候条件(如多云、阴天)下,太阳光中紫外成分的散射部分甚至高于直射部分。因为水蒸气不吸收紫外辐射,所以无论晴天或阴天都有相当好的处理效果。

张彭义等以活性艳红 X-3B 为降解对象,对这种平板型反应器的性能做了评价,并且根据紫外辐射的实际情况研究了平板倾角和循环流量对反应器流动特性和性能的影响,讨论了以太阳光为辐射光源时平板式反应器的最佳倾角,得出平板上液体体积和水膜厚度与倾角、循环流量存在的定量关系。

平板式光催化反应器具有较高的太阳光利用率,结构简单,不需要太阳光跟踪系统,适合不同的气候条件,对材质无特殊要求,易于放大或工业推广,具有良好的应用前景,但水力负荷较低,很难应用于大流量污水的处理。

**(2) 浅池式光催化反应器**

浅池式光催化反应器分为室内、室外两种。室内浅池式光催化反应器是将 $TiO_2$ 负载于容器底部形成一层 $TiO_2$ 膜或在容器底部铺设一层负载型光催化剂,反应溶液从催化剂上循环流过,并在电光源的照射下发生反应。室内浅池式光催化反应器一般体积较小,仅用作实验室研究。室外浅池式光催化反应器的规模比室内浅池式光催化反应器大得多。

图 7-22 所示是由 Wyness 等研制开发的室外浅池式光催化反应器的结构示意图,由一系列高度不同的浅池组成,利用非聚焦的太阳光为光源,负载了 $TiO_2$ 的玻璃纤维网刚好浸没在水面以下,每个池子都通过一个循环泵和一个浸没在水底的分布装置搅拌,使水充分与催化剂接触并提供大量溶解氧。实验证明,在相同的入射紫外光强度、催化剂负载量和溶液初始浓度条件下,只要气液接触面积与水的体积比一定,反应速率就保持不变。随着初始浓度的降低,反应速率加快。Wyness 等认为,在一定的入射光强度与比表面积($A/V$)条件下,确定反应速率常数 $K$ 对于反应器的设计是必要的,因为光催化降解反应

与溶液中分子结构有很大关系。

与平板式反应器相比,浅池型反应器的水力负荷要大得多,加上结构简单,建造方便,因此在工业污水处理领域有着广阔的应用前景。但由于光的透射能力有限,污水的深度不能太大,要提高反应器的处理能力,只能扩大光照面积,这就导致占地面积过大。为此,可考虑在水面下设置人工光源作为辅助光源。

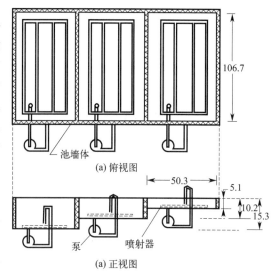

图 7-22 浅池式光催化反应器结构示意图

**(3) 环形固定膜式光催化反应器**

这种反应器的形状为环形套管式,一般分为内、外两套管,光源置于内管中。催化剂为一层膜,负载于内管外表面或外管内表面,水在套管内流动,与催化剂表面接触,在光照条件下被降解。由于膜的稳定性好,机械强度高,这种反应器在工业污水处理中越来越受到人们的重视。

图 7-23 所示是 J. Sabate 等设计的环形光化学膜反应器,其结构为三层套管式,内管中心放置中压汞灯光源,外壁负载有 $TiO_2$ 膜。内管设计成可拆卸式,可以更换不同的负载膜。中腔为反应室,待处理污水从底部进入,从上部流出。外腔为冷却室。通过气泵将气体从底部中心鼓入,以气泡形式上升,保持容器内溶解氧浓度恒定。为了增加气液传质接触面积,气体进口管处加了一块玻璃滤片,使整个反应器内的液体、气体均可保持连续流动的状态,气液传质均匀。

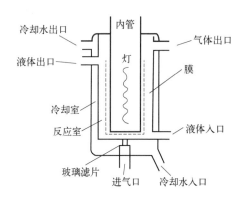

图 7-23 环形固定膜光催化反应器示意图

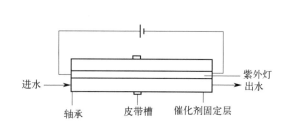

图 7-24 旋转式光催化反应器示意图

张桂兰等设计了一种独特的旋转式光催化反应器进行染料溶液降解实验,如图 7-24 所示。圆筒型反应器固定在轴承上,由电动机经皮带轮带动,可以高速旋转。反应器中间放置 20W 紫外灯作为光源,圆筒内壁负载有 $TiO_2$ 膜。染料溶液由导管进入反应器,启动电动机,使反应器旋转,待处理的染料溶液由于离心作用在反应器的内壁形成液膜,避免了与紫外灯灯管的接触。在光照和半导体催化剂的作用下,$TiO_2$ 被紫外灯激发,随后将染料溶液光催化氧化、脱色、降解。脱色率与染料初始浓度、反应器转速、溶液层厚度及溶液的 pH 值有关。

图 7-25 所示是一种降流式固定膜光催化反应器的结构，反应器主体为一不锈钢圆管，内置紫外灯光源，催化剂固定于圆管内壁。污水首先在给水罐中充氧搅拌，使其与氧气充分混合。溶解氧充足的污水由泵提升到反应器顶部的布水器，均匀下落流经反应柱后落入反应器底部的收集罐内。反应柱底部也通入氧气搅拌，反应后的污水一部分循环回流，一部分作为处理水排放。这种配套的循环、混合、搅拌、曝气系统，使污水与催化剂有效接触时间延长，有利于反应彻底进行。

**（4）管式光催化反应器**

管式光催化反应器是应用最多的一类反应器，反应是在由透光性能较好的材料制成的玻璃管或塑料管中进行。$TiO_2$ 催化剂或者负载于硅胶、玻璃珠、砂石、玻璃纤维等载体中，然后填充于管中；或者直接负载于管壁上；也有直接使用 $TiO_2$ 悬浆的。光源可利用自然光或人工光垂直入射到管壁上。典型的管式光催化反应器如图 7-26 所示，其外观结构有些像太阳能热水器，由一系列平行的塑料管或玻璃管组成。为了充分利用阳光，反应管的背光面通常安装反光板。

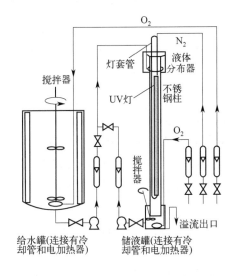

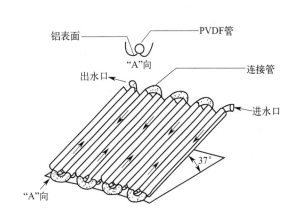

图 7-25  降流式固定膜光催化反应器          图 7-26  管式光催化反应器

Crittenden 等以太阳光作光源，采用图 7-27 所示的管式反应器进行了地下水净水处理研究。所用的管式反应器由塑料管及金属反光板构成，反光板的作用是使反应管的背光面也能发生反应，以提高反应效率，反应器距反光板的距离为 8cm。反光板上平行布置 16 根塑料管，管间距为 15cm，反应系统如图 7-27(a) 所示。每根塑料管分 4 节，每节长 25cm，管内径为 1/4in，外径为 3/8in（1in=25.4mm），节与节之间用不锈钢的 T 型三通连接（用作取样端口），如图 7-27(b) 所示。考虑到实验地点和持续时间，反光板应倾斜一定角度放置，有利于吸收最大的太阳辐射。实验结果表明，在晴天或阴天均可获得良好的净化效果。

类似的管式反应器也被应用于人工光源的光催化氧化系统中，其装置如图 7-28 所示。使用的催化剂是硅胶负载并掺杂了 1%Pt 的 $TiO_2$，填充管为每节 9.5cm 长的塑料管，用不锈钢的 T 型三通连接。光源为管周围对称放置的 4 盏荧光灯，灯距反应器的垂直距离为 6cm，最大强度波长 310cm。实验结果表明，这种固定床光催化反应器降解三氯乙烯的效果是悬浆式光催化反应器的 16 倍。

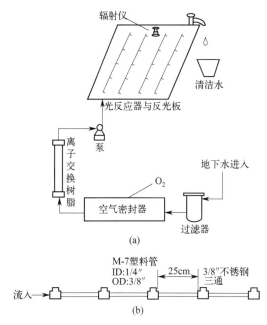

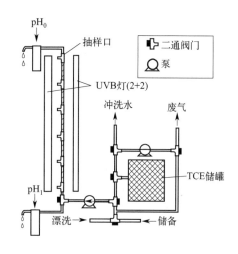

图 7-27　采用太阳光光源的光催化反应系统
示意图(a)和其中的管式反应器结构图(b)

图 7-28　采用人工光源的管式光催化反应
系统示意图

目前工业化的管式光催化氧化装置是 Matrix Photocatalytic Technology 公司制造的 Matrix 系统，如图 7-29 所示。该装置由许多相同单元组成，每个单元长 1.75m、外径 4.5cm，波长为 254nm 的紫外灯放置在轴向石英套筒内，石英套筒被 8 层负载了锐态型 $TiO_2$ 的玻璃纤维网包围，反应单元的最外层是不锈钢外套，每个单元的最大流量为 0.8L/min。

**(5) 光导纤维式光催化反应器**

这是一种专门为光催化反应设计的反应器，可以看作是固定床光催化反应器的进一步改进。这类反应器应用光导纤维作为向固相 $TiO_2$ 传递光能的媒介。$TiO_2$ 通过适当的方法负载在光导纤维外层，紫外光从光纤一端导入，在光纤内发生折射从而照射 $TiO_2$ 层使催化剂激活。

光导纤维式反应器的结构如图 7-30 所示。反应器主体是 72 根直径为 1mm 包覆有 $TiO_2$ 的光导纤维束，放置在石英反应器内，气体从反应器底部进入提供反应所需的氧。光源为紫外灯，用透镜将光源汇聚，导入石英纤维。光线在纤维中传播的过程中照射到负载在其表面的催化剂，反应液在催化剂外部流动并与催化剂作用实现光催化降解的目的。影响反应器效率的主要因素包括光在纤维内传播的一致程度、$TiO_2$ 对折射光的吸收程度以及反应液中待降解物扩散进入 $TiO_2$ 涂层的能力。

这种反应器有其独特的优点：

① 由于直接将光传导到催化剂，减少了反应器和反应液对光的吸收和散射。

② 通过光导纤维传导光，减少了光到暴露催化剂的误差，提高了光化学转换的量子产率。

③ 可以进行远程传递处理环境中的有毒物质。

④ 单位体积反应液内可被照射的催化剂表面积大。

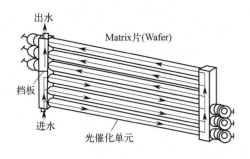

图 7-29　Matrix 系统每片（Wafer）结构图

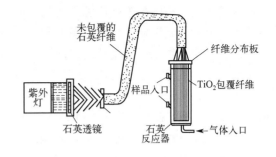

图 7-30　光导纤维式光催化反应器

⑤ 包覆纤维使反应器内的光催化剂分散更好，减少了传质的限制。但由于光导纤维过细，涂膜和反应器制作过程操作不便，易发生断裂且不易做得过长，制作成本也较高，因此不易制作成大规模的反应器，导致实际应用困难。

为克服光导纤维式反应器不易加工的不足，研究者采用石英管代替纤维管，开发了石英管式光催化反应器，结构如图 7-31 所示。反应液在石英管外流动，光波在管内传播，传播的同时部分光波被涂在管外的催化剂吸收而将其激活，激活的催化剂与管外的反应液接触而将其降解。由于石英的光传导与光反应原理与光导纤维相同，此反应器除具有

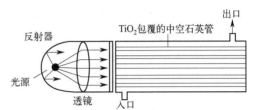

图 7-31　多重石英管式光催化反应器

光导纤维反应器的一切优点外，还易于加工，但由于光传导困难和光衰弱，可能存在石英管末端无光照的现象，因此石英管不宜过长。另外，如果光源功率过低，催化性能会受到影响，对此，可适当提高光源功率，或研制一种可以插入石英管内的紫外光源，既可提高光源的利用率，又可制成适合工业应用的大规模反应器。

### 7.3.3.3　流化床光催化反应器

提高负载型光催化反应器催化效率的关键是要有尽可能大的催化剂比表面积与充分的光照。固定床反应器虽然使催化剂固定而易于操作，但固定的催化剂往往只是一层膜，催化剂的用量不可能很大，待处理液体难以与催化剂充分接触，存在着漫长的传质过程，因此大规模工业化应用有一定的困难。流化床反应器较好解决了催化剂与反应液的接触问题。流化床层载体处于不断流动、迁移、翻滚状态，反应液在载体颗粒之间流动，充分利用了催化剂的表面，使催化剂的有效比表面积大大提高。同时，与悬浆式反应器相比，载体颗粒较纳米 $TiO_2$ 粉体大得多，易于沉淀分离。由于流化床光反应器很适合于工业规模放大，所以越来越多地受到人们的重视。

**（1）流化床光催化反应的基本原理**

固体粒子的流态化是一种由于流体向上流过固体颗粒堆积的床层使得固体颗粒具有类似流体性质的现象，容器、固体颗粒层及向上流动的流体是产生流态化现象的三个基本要素。

在流体流量很小时，固体颗粒不因流体的经过而移动，这种状态被称为固定床。在固定床的操作范围内，由于颗粒之间没有相对运动，床层中流体所占的体积分率即床层孔隙率是不变的。但随着流体流速的增加，流体通过固定床层的阻力不断增加，继续增加流体

流速将导致床层压降的不断增加，直到床层压降等于单位床层截面积上的颗粒重量。此时由于流体流动带给颗粒的曳力平衡颗粒的重力，导致颗粒被悬浮，此时颗粒开始进入流化状态。如果继续增加流体流速，床层压降将不再变化，但颗粒间的距离会逐渐增加以减小由于增加流体流量而增大的流动阻力。颗粒间距离的增加使得颗粒可以相对运动，并使床层具备一些类似流体的性质，如较轻的大物体可以悬浮在床层表面；将容器倾斜后，床层表面自动保持水平；在容器的底部侧面开一小孔，颗粒将自动流出等等。这种使固体具备流体性质的现象称为固体流态化，相应的颗粒床层称为流化床。一般而言，适合流化的颗粒尺寸在 $3\mu m \sim 3mm$ 之间，大至 6mm 左右的颗粒仍可流化，特别是其中杂有一些小颗粒的时候。

**(2) 液固相流化床光催化反应器**

用于光催化氧化反应的液固相流化床反应器的结构如图 7-32(a) 所示，与传统流化床反应器的主要区别是必须有一个光辐射装置，该装置通常被安装在圆筒型反应器的中心。Aandreas Haarstrick 等用图 7-32(b) 所示的流化床反应器做了污水中有机污染物的降解实验。装置采用一个 400W 中压汞灯置于圆筒形光反应器中心，中间夹了一个 10mm 厚的冷却水层，外层为流化床层，内装石英砂负载 $TiO_2$ 催化剂。反应器总受光面积为 $0.04m^2$。筒体外面包以铝箔，以蠕动泵作为循环流动的动力。

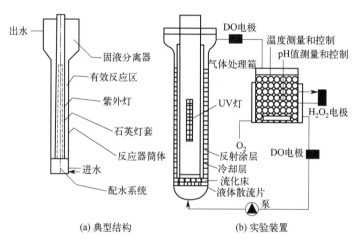

图 7-32　用于光催化氧化反应的液固相流化床反应器的结构

反应过程可为批处理型或连续处理型。反应液从容器底部进入，经液体散流片实现均匀流动，负载催化剂在液体的冲击下流化，反应液在流动过程中受光照而得到降解。反应器外的气体处理箱给溶液充氧，并配有温度控制与 pH 值控制装置，使反应液获得一个合适的溶解氧浓度。

这种反应器的结构符合高比表面积和体积比率的需要，更好地利用了光能，使反应液的转化条件得到改善，而且可通过改变规模来控制和改善光的渗透率。江立文等用类似的反应器降解工业有机污水，负载型光催化氧化剂依靠水流在反应器的反应区达到充分流化，根据反应器的动力学特点，提出了两种动力学模式。其结果表明，理论计算值与试验值一致，相对误差小于 0.15%。

**(3) 三相流化床光催化反应器**

对于液固相流化床反应器，载体的充分流化和引入空气为反应提供足够的氧是光催化反应所必须解决的问题。而由于反应液在反应器中需要适当的水力停留时间，因而液相流速不可能太快，这样便不可避免地需要气流的引入，气、液、固三相流化床反应器正好能解决载体的流化问题。

同时含有气、液两相流体的流化床为三相流化床。在三相流化床中，气体并不进入密相，而总是以气泡的形式通过床层；一部分液体进入密相以保持颗粒流化，另一部分液体则以气泡尾涡的形式通过床层。

三相流化床光催化反应装置如图7-33所示。反应器主体为双层套管，内层为石英管，内置紫外灯；外层为有机玻璃管。反应液从容器底部进入，在内外套管间流动。气体也从底部进入，通过一个布气板以微气泡形式进入反应器。负载催化剂在气泡带动下充分流化，气、固、液三相充分接触，气泡带入足够的溶解氧，使反应得以充分彻底地进行。降解后的反应液从上方流出，一部分回流，一部分作为处理水排放。

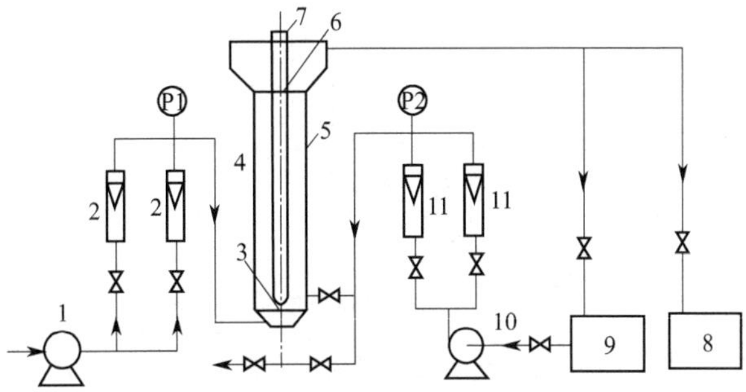

与传统的光催化反应器相比，三

图 7-33　三相流化床光催化反应系统示意图
1—空压机；2—气体流量计；3—布气板；
4—流化床反应器；5—不锈钢外壳；6—紫外线灯；
7—冷却管；8—接收器；9—储水池；
10—离心泵；11—液体流量计

相流化床反应器有如下优点：a. 固相催化剂容易分离；b. 结构适合于光催化反应所要求的高比表面积与体积比率（A/V），而这一比率在固定床反应器中较低；c. 紫外光能的利用率高，有效光照面积较大；d. 转化条件易于控制和改善；e. 适合于工业规模应用。

三相流化床反应器的不足之处主要在于催化剂的磨损与消耗。由于负载催化剂长期承受气流与水流的强力冲击，催化剂势必要造成一定的磨损而使光降解能力降低。因此，在选择催化剂载体时，除考虑其比表面积及耐腐蚀性等因素外，还要考虑其机械强度，只有耐冲击负荷大的载体，才适于用作三相流化床的催化剂载体。

对三相流化床反应器的进一步研究提出了三相循环流化床反应器。三相循环流化床反应器的操作区域位于膨胀床和输送床之间，可看作是气液鼓泡流和液体输送的结合，其特征与两相循环床相似，即大量的固体被带出床层顶部，并在底部有足够的固体颗粒进料补充以维持稳定的操作。三相循环流化床反应器具有传质能力强、相含率和固体颗粒循环量可分别控制等优点，但相关领域的研究进展仍较缓慢。

图7-34为一典型三相循环流化床的装置图。三相循环流化床的底部由气体分布器和液体分布器组成。液体分布器分为两部分：管状主水流分布器和多孔辅助水流分布器。气、液、固三相混合物并流向上流动。在给定气速下，液体速度超过一定值时，颗粒被夹带到流化床顶部的分布器。在此，气体自动溢出，液固混合物经分离器分离后，液体流回到贮水槽，固体颗粒进入颗粒贮料罐。

孙德智等根据光催化氧化反应的特点，设计了图7-35所示的三相内循环流化床光催化反应器。反应器最里边的石英套管中是20W紫外灯光源；中间是气、液、固三相上流区，由上浮气泡作动力；外层是回流区。反应器底部安装环状曝气头，产生气泡；顶部放大段形成缓冲区，使气、液、固分离，处理后的上清液流出反应器。

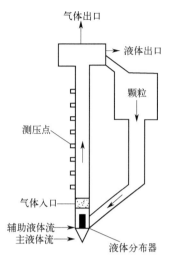

图 7-34 典型三相循环流化床示意图

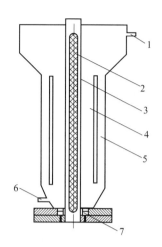

图 7-35 三相内循环流化床光催化反应器示意图

1—出水口；2—紫外灯；3—石英管；4—反应区；
5—回流区；6—进水管；7—环状曝气头

从本质上讲，三相流化床光催化反应器的设计就是要使光催化反应的光、固、液（气）三相的配比达到最优化，不仅指技术上的最优化，同时也包括经济上的最优化，也就是说要达到最佳的技术经济比，使之技术上可行、经济上便宜，从而拓展其工业应用的范围。

# 7.4 光电催化氧化技术与设备

在光催化反应中，光生电子-空穴的复合一直是限制光催化剂效率的主要因素，光电催化的提出为解决这一难题提供了一个可行的研究方向。光电催化氧化是在用固定态 $TiO_2$ 作阳极、铂作阴极的电化学体系中，用外电路来驱动电荷，使光生电子转移到阴极，利用这种方法抑制电子、空穴的简单复合，提高光催化氧化的量子化效率。

## 7.4.1 技术原理

光电催化氧化反应可以看作是光催化反应和电催化反应的特例和组合，同时具有光、电催化的特点，是在光照下在具有不同类型（电子和离子）电导的两个导电体界面上进行的一种催化过程。说它具有光催化的特点是由于它在光照下能产生新的可移动的载流子，而且这样的载流子和在无光照时的电催化条件下产生的大多数载流子相比具有更高的氧化或还原能力。这些少数的光载流子的过剩能可用来克服电催化反应的大能垒，甚至可以生成可贮有部分由这些光载流子产生的过剩电子能的产物。说它具有电催化的特点，是它和通常的电催化反应一样，也伴随着电流的流动。

光电化学研究的是电化学体系中涉及光能、电能和化学能之间相互转化的各种过程，其中最常见的是通过光电化学反应把光能转变为电能或化学能，而其逆过程即由电能或化学能转化为光能（电致化学发光）则是不常见的。光电化学过程和光化学过程一样，可根据光激发起始步骤的不同而分为由电极（相当于催化剂）光激发而引起的和因电解液（反应物）光激发而引起的两类过程。在前一种情况下，通常用作光电化学电池电极的不是半导体就是金属，当光照射半导体时，就会激发产生电子（称为光生电子）并同时产生具有极强氧化性的空穴。外加电压的作用是移去光阳极上的光生电子，使其生成羟基自由基，减少光生电子和光生空穴发生简单复合的概率，通过提高量子化效率达到提高光催化氧化效率的目的。在光电化学反应中，金属由于结构上的特点，在光照时激发能会迅速转化为热能，大大限制了产生光电效应的可能性。只有半导体电极，由光激发产生的载流子电子和空穴的浓度不高，外加电场可以深入到电极体相，并在近表面区形成一个空间电荷层，而且有可能参与电极/电解液界面的电化学反应，将光能转化成电能或化学能。在后一种通过电解液激发的光电化学情况下，由于溶液中受激离子或分子的寿命一般都相对较短，因此只有近电极层中的物质，尤其是表面上吸附的物质才能参与光电化学电极过程。

## 7.4.2　工艺过程

光电催化技术大致可分为光催化电芬顿工艺和半导体光电极辅助降解工艺两种，能将污水中的各种有机污染物彻底氧化分解成水、二氧化碳和其他无机小分子，或转化成有用的物质，因此在污水处理中得到了广泛的应用。

### 7.4.2.1　染料污水的降解

染料污水毒性大、组分比较复杂、可生化性差，大部分有机物质具有致癌、致畸、致突变作用，采用生化技术处理水溶性染料的降解效率一般很低，寻找更高效的污水处理技术就成为一种必然趋势。加之染料固有的颜色，可以很容易地判断降解效果，因此经常作为考查光电催化氧化性能的目标降解物。

**(1) 偶氮染料的降解**

Rafael 等采用光电催化法对污水中的偶氮染料（CI 分散蓝 291）进行降解，结果表明，与传统氯化法相比，光电催化法具有更高的脱色率和更低的总有机碳量，显示出良好的降解效果。

甲基橙是实验室中常见的指示剂，以其作为目标降解物的研究也很多。王栾等采用热分解法制备了掺杂 Sn、Ru 的改性 $TiO_2$ 光电极，研究了不同条件下改性 $TiO_2$ 光电极对甲基橙降解效果的影响。结果表明，当溶液 pH 值为 1.0、外加偏压 0.7V、反应时间 120min 时，甲基橙降解率可达 92.5％。丛燕青等利用 $Fe_2O_3$ 改性 $TiO_2$ 纳米管（$Fe_2O_3$/$TiO_2$-NTs）光电极对甲基橙进行降解，光照 5min，甲基橙溶液的脱色率可达 90％以上。曾俊等采用并流沉淀法制备了 $Cu^{2+}$ 掺杂的纳米 $Bi_2O_3$ 光催化剂，以甲基橙模拟有机污染物对催化剂的光催化性能进行了考察，脱色结果显示掺杂量为 3％时 $Cu^{2+}$-$Bi_2O_3$ 表现出最佳的光催化活性。由此可见，光电催化降解甲基橙具有明显的效果。在研究光化学催化和电化学氧化是否具有协同效应方面，周思佳等以 $TiO_2$ 薄膜为电极，对酸性紫红染料污水进行光电脱色处理，结果表明，单一紫外光催化和单一电催化的脱色率分别为 44.27％和 13.12％，而光电催化（紫外、外加电压 10V）的脱色率达到 77.18％。可以看出光电协同催化的效果要大于两者之和，从而表现出明显的光电协同效应。

**(2) 蒽醌染料的降解**

Wu 等采用两步法制备出 $TiO_2$ 纳米管光电极，并对亚甲基蓝进行降解。结果表明，与一步法制备的纳米管阵列相比，具有更高的光电流密度和光转化率，也就具有更强的降解性能。邓玲娟等以亚甲基蓝溶液模拟染料污水，研究了二氧化钛-石墨烯复合物在紫外光及可见光下的光催化效果，结果表明，该复合物的光催化性能较之商业用二氧化钛有较大提高，说明复合光电极可能具有更好的光电催化效果。

**（3）杂环染料的降解**

罗丹明 B 是一种极易降解的染料，对于以它作为目标降解物，就更体现出光电催化的优势。复合薄膜一般具有更高的光电催化活性，李爱昌等以恒电流复合电沉积方法制备的（Ni-Mo)-TiO$_2$ 薄膜对罗丹明 B（RhB）进行降解，降解率是 TiO$_2$ 粒子膜的 1.7 倍。纳米管光电极也同样具有比单一薄膜光电极更高的光电催化活性，Yao 等采用自制的 TiO$_2$ 纳米管光电极对 RhB 进行降解，结果表明，该电极具有最高的光电流效率，降解 3h，RhB 的降解率达到 95％以上，比溶胶－凝胶法制备的电极高出 30％。

**（4）苯甲烷染料的降解**

孔雀石绿（MG）是一种有毒的三苯甲烷类化学物，可致癌。张晓娜等采用溶胶－凝胶法合成了 La-N 共掺杂的 TiO$_2$ 光催化剂，并探究了其对孔雀石绿氧化降解的性能。结果表明，光电协同作用下 MG 的脱色率最大，达到了 94％，证明光电在孔雀石绿的降解过程中起到了协同作用，同时也说明改性的 TiO$_2$ 光电极具有更高的光电催化活性。

## 7.4.2.2 苯酚苯胺类污水的降解

**（1）苯酚类污水的降解**

1999 年，David R 提出电晕放电在活性炭微粒下可以诱发表面化学反应，从而提高酚的降解率，使降解率达到 89％。2001 年 Wu 等利用紫外光（253.7nm，9W）照射，配合超声波（30kHz，100W）振荡催化，水中苯酚的去除率接近 100％。王后锦等采用电化学阳极氧化法在纯钛箔基底上制备了 TiO$_2$ 纳米管阵列，结果表明，采用光电催化方式，苯酚去除率可达 86.7％，而在光催化下苯酚的去除率仅为 48.2％，说明光电催化效果明显高于单一光催化。

**（2）苯胺类污水的降解**

苯胺是一种染料中间体和农药的重要原料，对含苯胺类污水的处理备受关注。冷文华等采用单双槽光反应器，将 TiO$_2$ 负载在镍网上作为催化剂，进行了一系列的光电催化实验，研究水体中苯胺的光电降解行为和机理。结果表明，外加阳极电压能够使光催化反应进行并有效提高苯胺的降解速率，说明光电催化具有协同作用。

除 TiO$_2$ 光电极外，其他材料的光电极也具有一定的光电催化活性。钮金芬等采用恒电位电沉积法制备的 CdSe/泡沫镍薄膜电极研究结晶紫溶液在光电催化降解过程中的 COD 去除率，在最佳条件下 COD 的去除率可达 84.3％。

## 7.4.2.3 农药类污水的降解

农药在预防、控制和消灭危害农牧业的病、虫、草等生物危害方面具有非常重要的作用，但大多数农药在水体、大气和土壤中停留时间长、危害范围广，因此对它们的处理也备受关注。采用光电催化法虽然不能使所有的有机农药完全矿化，但不会产生其他有毒的物质。

**（1）杀虫剂的降解**

赵洁等采用循环伏安电沉积技术在氧化锡铟导电玻璃（ITO）上制备了 CdSe 薄膜电极，

使用该电极对水胺硫磷农药进行光电催化降解实验，结果表明，在水胺硫磷初始质量浓度为 20mg/L、支持电解质为 NaCl（0.1mol/L）、阳极偏压为 0.6V、150W 卤钨灯照射 3h 的条件下，水胺硫磷的降解率达到 73.6%。方涛等采用溶胶－凝胶法制备泡沫镍负载 $TiO_2$ 电极对污水中的农药敌百虫进行光电催化降解实验，当采用 0.02mol/L 的 NaCl 溶液为电解质溶液、初始污水 pH 值 6.0、电流密度为 $0.25A/dm^2$、降解时间为 120min 时，模拟敌百虫污水的 COD 去降率达到 81.8%，说明光电催化对杀虫剂农药具有显著的降解效果。

**(2) 除草剂的降解**

通过表面修饰能够提高 $TiO_2$ 纳米管光电极的催化能力。赵峥义通过将 CdS 量子点修饰在高度序列化 $TiO_2$ 纳米管阵列（HOTDNA）电极表面制备出 CdS/HOTDNA 光电极，研究了量子点修饰前后 HOTDNA 电极对农药敌草隆的降解效果，证明经 CdS 光量子点修饰的 HOTDNA 光电极可以提高对敌草隆的光电催化能力。

### 7.4.2.4　表面活性剂污水的降解

表面活性剂是一类用途十分广泛的精细化学品，但含表面活性剂污水易产生持久性泡沫，使水体发臭，而且阻碍污水的生化降解。王丽华等采用溶胶－凝胶法制备了 $Fe^{3+}$/$La^{3+}$ 共掺杂 $TiO_2$/玻璃电极，建立三电极光电催化体系对十二烷基苯磺酸钠配制的表面活性剂模拟污水进行降解。结果表明，光电催化体系对表面活性剂的降解效果显著，体现出光电协同作用。

### 7.4.2.5　有机酸污水的降解

甲酸被 Kim 等选作在光电降解实验中的目标降解物，研究发现，施加一定的阳极偏压能够提高甲酸的光催化降解率。Shinde 等通过喷雾热解技术制得了高性能纳米氧化锌晶体薄膜电极，对草酸进行光电催化降解，结果表明，与传统方法（氯化法和生物降解法等）相比，光电催化法对草酸具有更高的降解效率，对氟化烃和氯化烃也有很好的降解效果。安太成等采用自制的悬浮态光电催化反应器，以甲酸为目标降解物进行了研究，结果表明，COD 脱除速率常数在甲酸光电催化体系中大于单独光催化体系和电催化体系之和，表现出明显的光电协同效应。

### 7.4.2.6　电镀液中有机污染物的降解

电镀液的成分比较复杂，且变化范围广，除含有铜、镍、锌及铬等重金属和氰化物外，还含有机污染物，主要是矿物油、表面活性剂、间硝基苯磺酸钠和蜡等有机混合物，难生物降解，且多致癌。光电催化技术在处理电镀液方面具有无二次污染和氧化能力强等优点，具有广阔的应用前景。

张卿等采用光-Fenton 高级氧化技术对模拟电镀污水进行氧化处理，证明紫外光与 Fenton 试剂存在协同效应，在最佳工艺条件下 COD 去除率可达到 94% 以上。Hsu 等采用结合阳离子交换膜的光电催化技术降解电镀污水中的 Cr（Ⅵ）和 EDTA 氧化物，并研究了各种因素对结果的影响，结果表明，在最佳工艺条件下，两种物质的降解率均达到了 99% 以上，表现出良好的催化性能。Ni-EDTA 形成的配合物是电镀污水中的重要污染物，Zhao 等以 $TiO_2$/Ti 板做阳极、不锈钢做阴极的电化学辅助的光催化系统对 Ni-EDTA 配合物进行解络实验，与单独电催化和单独光催化相比，光电催化降解效率要高出 4～5 倍，表现出明显的光电协同作用。

除上述几类污染物外，还有许多有机物被用来考察光电催化的降解效果，如微生物、五氯酚、制革污水、藻毒纱 MCLR、金毒素和纺织污水等，结果都表明有机污染物能够通过光电催化法得到有效降解。

## 7.4.3  过程设备

在水处理过程中，光电催化氧化装置与光催化氧化装置的不同之处是，用导电的固态 $TiO_2$ 催化剂作为光阳极，并在阳极与阴极之间施加一定的外部偏压。姚清明等在石英玻璃上涂上铟锡涂层制成导电玻璃，用溶胶-凝胶法在导电的石英玻璃上制成的纳米粒子 $TiO_2$ 膜为光阳极（工作电极，OTE）、铂为对电极（AE）、饱和甘汞电极为参比电极（SCE）所构成的光电催化氧化反应器如图 7-36 所示，该反应器代表了目前光电催化氧化反应装置的基本结构。

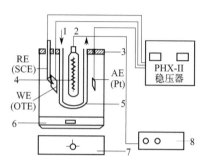

图 7-36  光电催化氧化反应器

1,2—冷却水入口；3—塑料盖；
4—300W 中压汞灯；5—石英夹套；
6—反应器；7—磁力搅拌器；
8—灯电源

刘鸿等研制的以 $TiO_2/Ni$ 为工作电极、泡沫镍为对电极、饱和甘汞电极为参比电极的光催化反应装置如图 7-37 所示。泡沫镍缠绕在石英玻璃的外壁，运用刮浆工艺将 $TiO_2$（锐钛型）粉末固定在多孔泡沫镍（孔隙率≥95%）的两面形成工作电极，与对电极之间用无纺布隔膜隔开，可以连续使用多次。通过鼓入 $N_2$ 搅动溶液。

利用 $TiO_2$-活性炭光催化复合膜进行光电催化反应的装置如图 7-38 所示。装置的核心部分是石英玻璃双套管反应器，使用 125W 中压汞灯为光源。$TiO_2$ 光催化复合膜的尺寸为 270mm×80mm，固定在反应器外套管的内壁上。为了进行光电催化实验，在反应器内套管上缠绕了 0.2mm 直径的 Pt 丝作为对电极。该装置采用外循环结构，并在反应区外充氧曝气，提高了水力负荷，使处理能力大大增强。

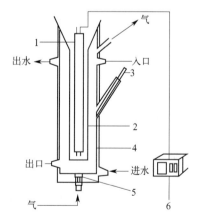

图 7-37  光电催化降解反应装置

1—紫外灯；2—石英管；3—参比电极；
4—反应区；5—曝气头；6—时间继电器

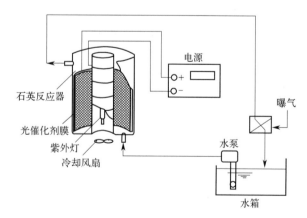

图 7-38  利用 $TiO_2$-活性炭催化复合膜的光电催化反应系统

# 7.5　超声氧化技术与设备

超声氧化法是利用频率范围为 16kHz～1MHz 的超声波辐射溶液，使溶液产生超声空化，在溶液中形成局部高温高压和生成局部高浓度羟基自由基并和 $H_2O_2$ 形成超临界水，快速降解有机污染物。超声氧化法集中了自由基氧化、焚烧、超临界水氧化等多种水处理技术的特点，降解条件温和、效率高、适用范围广、无二次污染，是一种很有发展潜力和应用前景的清洁水处理技术。

## 7.5.1　技术原理

超声波由一系列疏密相间的纵波构成，并通过液体介质向四周传播。当声能足够高时，在疏松的半周期内，液相分子间的吸引力被打破，形成空化核。空化核的寿命约为 0.1μs，它在爆炸的瞬间可以在局部产生高温（约 4000K）高压（约 100MPa）和速度约为 110m/s、具有强烈冲击力的微射流，这种现象称为超声空化。这些条件足以使有机物在空化气泡内发生化学键断裂、水相燃烧、高温分解或自由基反应。

超声降解水中有机物是一种物理化学降解过程，主要基于超声空化效应以及由此引发的物理和化学变化，主要有三种途径：自由基氧化、高温热解和超临界水氧化。声波在液体介质中振荡产生空化现象，液体的超声空化过程是集中声场能量并迅速释放的过程，即液体在超声辐射下产生空化气泡，空化气泡相当于一个具有极端物化条件和含有高能量的微反应器。溶液中溶解的气体和蒸气扩散进入空化泡，空化泡的长大和破裂会使空化泡内产生约 5200K 的高温，进而导致空化泡与水体溶液接触处产生约 1900K 的温度，同时会产生超过 50MPa 的压力，并伴有强烈的冲击波和微射流等现象。超声过程中空化泡最终崩溃时产生的最高温度 $P_{max}$ 和最高压力 $P_{max}$ 可由下列公式表示：

$$T_{max} = T_m \left[ \frac{P_m(\gamma - 1)}{P_v} \right] \tag{7-48}$$

$$P_{max} = P_v \left[ \frac{P_m(\gamma - 1)}{P} \right]^{\left( \frac{\gamma}{\gamma - 1} \right)} \tag{7-49}$$

式中　$T_{max}$、$P_{max}$——空化泡崩溃时的中心温度和压力；

$T_m$——水的环境温度；

$P_v$——空化泡最大尺寸时的内部压力，通常为水的蒸气压；

$P_m$——空化泡瞬间崩溃时压力，即静水压力和声压的总和；

$\gamma$——饱和溶液与气体的比热容比（$c_p / c_v$）。$\gamma$ 与气体压缩时热量的释放有关。

在空化泡崩溃瞬间产生的高温、高压下，水蒸气可以扩散进入空化泡发生离解反应，水分子的破裂可以产生自由基（HO·、H·），这些自由基可以降解空化泡内及其周围局部区域的有机物；进入空化泡内的有机污染物蒸气也可发生类似燃烧的热分解反应；在空化气泡表面层的水分子则可形成具有低介电常数、高扩散性及高传输能力等特性的超临界水，有利于大多数化学反应速率的提高。

超声作用下发生的反应式如下：

**（1）水离解**

高温高压下水蒸气发生的分裂及链式反应式为：

$$H_2O \longrightarrow HO\cdot + H\cdot \tag{7-50}$$

$$H\cdot + H\cdot \longrightarrow H_2 \tag{7-51}$$

$$H\cdot + O_2 \longrightarrow HO_2\cdot \tag{7-52}$$

$$HO_2\cdot + HO_2\cdot \longrightarrow H_2O_2 + O_2 \tag{7-53}$$

$$HO\cdot + HO\cdot \longrightarrow H_2O_2 \tag{7-54}$$

$$H\cdot + HO\cdot \longrightarrow H_2O \tag{7-55}$$

$$H\cdot + H_2O_2 \longrightarrow HO\cdot + H_2O \tag{7-56}$$

$$H\cdot + H_2O_2 \longrightarrow H_2 + HO\cdot \tag{7-57}$$

$$HO\cdot + H_2O_2 \longrightarrow HO_2\cdot + H_2O \tag{7-58}$$

$$HO\cdot + H_2 \longrightarrow H_2O + H\cdot \tag{7-59}$$

**（2）在 $N_2$ 存在时：**

$$N_2 \longrightarrow 2N\cdot \tag{7-60}$$

$$N\cdot + HO\cdot \longrightarrow NO + H\cdot \tag{7-61}$$

$$NO + HO\cdot \longrightarrow HNO_2 \tag{7-62}$$

$$NO + HO\cdot \longrightarrow NO_2 + H\cdot \tag{7-63}$$

$$2NO + H_2O \longrightarrow HNO_2 + HNO_3 \tag{7-64}$$

$$N\cdot + HO\cdot \longrightarrow NO + H\cdot \tag{7-65}$$

$$N\cdot + H\cdot \longrightarrow NH \tag{7-66}$$

$$NH + NH \longrightarrow N_2 + H_2 \tag{7-67}$$

$$N\cdot + O_2 \longrightarrow NO + O\cdot \tag{7-68}$$

**（3）在氧存在时：**

$$O_2 \longrightarrow 2O\cdot \tag{7-69}$$

$$H\cdot + O_2 \longrightarrow HO\cdot + O\cdot \tag{7-70}$$

$$O\cdot + H_2 \longrightarrow HO\cdot + H\cdot \tag{7-71}$$

$$O\cdot + HO_2 \longrightarrow HO\cdot + O_2 \tag{7-72}$$

$$HO\cdot + HO\cdot \longrightarrow H_2O_2 \tag{7-73}$$

$$O\cdot + H_2O_2 \longrightarrow HO\cdot + HO_2\cdot \tag{7-74}$$

$$2H\cdot \longrightarrow H_2 \tag{7-75}$$

**（4）在有机物存在时：**

$$有机物 + HO\cdot \longrightarrow 产物 \tag{7-76}$$

$$有机物 + H\cdot \longrightarrow 产物 \tag{7-77}$$

$$有机物 + HO_2 \longrightarrow 产物 \tag{7-78}$$

$$有机物 + O\cdot \longrightarrow 产物 \tag{7-79}$$

$$有机物 \longrightarrow 产物 \tag{7-80}$$

由此可见，超声降解有机物本质上也是自由基氧化机理。

## 7.5.2　工艺过程

影响超声氧化降解水中有机污染物效果的因素很多，主要因素有超声频率、超声强度、污水性质、污水温度、污水中溶解气体、污水初始浓度以及反应器结构的影响。

**（1）超声频率的影响**

超声频率是超声波的一个重要参数。从超声降解有机物的机理可知，超声降解有机物是一种物理化学降解过程，主要基于超声空化效应及由此引发的物理和化学变化，主要有三种途径：自由基氧化、高温热解和超临界水氧化。

以自由基氧化为主的降解反应路径分为两步：第一步，空化泡内水蒸气在高温高压下热解，生成 HO· 和 HOO· 自由基；第二步，HO· 和 $HO_2$· 自由基从空化泡中逸出迁移至空化泡气液界面形成 $H_2O_2$ 或直接进入本体溶液中同有机污染物反应。这样，$H_2O_2$ 的生成及有机物的降解不仅取决于空化泡崩溃时释放的能量，还取决于从空化泡中逸出的 HO· 和 $HO_2$· 自由基的数目。低频超声的声周期长，空化泡崩溃持续时间长（20kHz 时为 10～5s，487kHz 时为 10～7s），空化泡共振半径大（20kHz 时为 170μm，487kHz 时为 6.6μm），崩溃强烈，可产生较多的自由基，但是产生的自由基一部分又在空化泡崩溃之前互相结合生成 $H_2O$ 而失活。具体反应为

$$2HO· \longrightarrow H_2O + \frac{1}{2}O_2 \tag{7-81}$$

$$HO· + HO_2· \longrightarrow H_2O + O_2 \tag{7-82}$$

随着超声频率的增大，空化泡脉动增强，碰撞更加迅速，更多自由基从空化泡内逸出，参与有机物的氧化降解反应。由于高频超声声场中空化泡共振半径小，空化强度减弱，这又将削减化学反应式(7-50)～式(7-58) 的发生。因此，以自由基氧化为主的降解反应存在一个最佳操作频率。

以热解为主的降解反应，如果每个空化泡崩溃时释放出足够的能量可断裂有机污染物分子的键，则降解率与超声空化产生的空化泡的数量有关。当超声强度大于空化阈值（使液体产生空化的最低声强或声压幅值）时，随频率增大，声波长缩短，空化泡数量增多，超声降解效率增大。

因此，不同有机物存在各自最佳的超声降解频率。

**（2）超声强度的影响**

声能密度（$W/cm^3$）或声强度（$W/cm^2$）是影响超声降解效果的重要因素。一般而言，当超声频率一定时，超声波强度增加，超声化学效应增强，超声降解反应的速率也相应增加。研究发现，降解速率随声强的增加呈线性增大关系。由于膨胀循环的时间较短，在较高频率超声波的作用下，当超声波的强度较低（即小于空化阈声压）时，较难产生空化作用；但超声波的强度增大到一定程度，即达到或超过声压阈时，就很容易产生空化气泡了，而且空化泡的崩溃也更为猛烈。但并不一定是强度越大效果就越好，因为液体介质中空化气泡的最大半径（$R_{max}$）与压力振幅有关：

$$\frac{p}{p_0} = 1 + \frac{R}{3\frac{R}{R_{max}}}\left(\frac{R_{max}}{R} - 4\right) - \frac{R^4}{3\left(\frac{R}{R_{max}}\right)^4}\left[\left(\frac{R_{max}}{R}\right)^3 - 1\right] \tag{7-83}$$

从式(7-83)可以看出，随着压力振幅的增大，膨胀时空化气泡可以长得很大，以致没有足够的时间溃陷。例如，使用频率为 20kHz 和压力振幅为 $2\times10^5N/m^2$ 的超声波处理水时，其空化气泡的最大半径（$R_{max}$）为 $1.27\times10^{-4}m$。除了计算空化气泡的最大半径外，还可推导出溃陷时间的数学表达式为：

$$\tau=0.915R_{max}\left(\frac{\rho}{p_0}\right)^{0.5} \tag{7-84}$$

式中　$\rho$——液体介质的密度；

$p_0$——大气压。

当 $p_m=p_A+p_h$ 时（$p_m$ 为空化气泡溃陷的瞬时溶液压强；$p_A$ 为振荡声压幅值；$p_h$ 为溶液的静压），可以计算出溃陷时间 $\tau=6.6\mu s$。可见溃陷时间 $\tau$ 比 1/5 循环时间（$10\mu s$）还要短。如果将压力振幅增大到 $3\times10^5N/m^2$ 时，$R_{max}=1.27\times10^{-4}m$，则 $\tau=10.5\mu s$，这时溃陷时间则比 1/5 循环时间（$10\mu s$）还要长。也就是说，在后一种情况下，即使超声波强度较大时，所产生的空化气泡没有足够的时间溃陷，超声化学效应要比前一情况下的超声化学效应小得多。因此，并不是超声波的强度越大越有利于促进化学反应，一般只要求超声波的强度能够在污水中引起足够强的空化作用即可。如超声降解甲胺磷时最适宜的声强为 $80W/cm^2$，随着声强的增加，空化程度增加，甲胺磷的降解率增大，但声能太大，空化气泡会在声波的负相长得很大而形成声屏蔽，反而使系统可利用的声场能量降低，降解速率下降。

同时，降解速率随声强的增大存在一个极大值，超过这一极值后，降解速率随声强的增大而减小。其原因是：当声强增大到一定程度时，介质溶液与产生声波的振动面之间会产生退耦现象，从而降低能量利用率。此外，声强过高时，会在振动表面处产生气泡屏，导致声波衰减。

**（3）污水性质的影响**

污水的性质如黏度、表面张力、pH 值以及盐效应等都会影响其超声空化效果。

污水黏度对空化效应的影响主要表现在两个方面：一方面它能影响空化阈值，另一方面它能吸收声能。当污水黏度增加时，声能在污水中的黏滞损耗和声能衰减加剧，辐射入溶液中的有效能减少，致使空化阈值显著提高，污水发生空化现象变得困难，空化强度减弱，因此黏度太高不利于超声降解。

随着表面张力的增加，空化核生成困难，但它爆炸时产生的极限温度和压力升高，有利于超声降解。当污水中含有少量表面活性剂时，其表面张力会迅速下降，在超声波作用下产生大量泡沫，但气泡爆破时产生的威力很小，因此不利于超声降解。例如，用频率为 1.8kHz、声强为 $5W/cm^2$ 的固定式反应器对污水中的十二烷基苯磺酸钠进行降解，TOC 的去除率不超过 10%。

pH 值对污水的物化性质有较大的影响，进而会影响超声降解的速率。许多研究发现超声降解速率随污水的 pH 值增大而减少。对于含有机酸、有机碱类物质的污水，pH 值对超声降解速率具有更大的影响。超声降解发生在空化核内或空化气泡的气-液界面处，因此污水的 pH 值调节应尽量有利于有机物以中性分子的形态存在并易于挥发进入气泡核内部。对于有机酸和有机碱的超声降解，应尽量在酸性条件下进行，以利于有机物分子以更大的比例分布在气相中；反之，有机物分子以盐的形式，水溶性增加，挥发度降低，使得空化气泡内部和气—液界面处的有机物浓度较低，不利于超声降解。例如，对十二烷基苯磺酸钠的超声降解维持低 pH 值是有利的。

　　除了要考虑有机物分子本身的酸碱性之外，污水最佳 pH 值的确定还需要考虑超声降解机理。例如，氧化过程是以 $H_2O_2$ 的氧化反应为主还是以 HO· 自由基的氧化反应为主，因为 $H_2O_2$ 与 HO· 自由基在最大产生速率时对应的 pH 值是不同的。例如，三氯乙烯水溶液在被氩气饱和的碱性溶液中分解速率最快。

　　在污水中加入盐，能改变有机物的活度性质，改变有机物在气－液界面与液相本体之间的浓度分配，从而影响超声降解速率。例如，在 20kHz 超声波反应器中加入氯化钠，氯苯、对乙基苯酚以及苯酚的降解速率可以分别提高 60%、70% 和 30%，而且反应速率的提高与污染物在水中的分配系数成正比。这是因为加盐后水相中离子浓度增加，更多的有机物被驱赶到气－液界面。因此，无论从优化工艺条件还是从研究反应动力学角度出发，研究污水初始浓度对超声降解反应的影响都很有必要。目前所研究的浓度范围集中在 $10^{-7} \sim 10^{-3}\,mol/L$。许多学者发现降解速率（或速率常数）随污水初始浓度升高而下降，其原因被认为是：对非极性易挥发溶质，当其在污水中的浓度升高时，空化气泡内的溶质蒸气含量增加，导致空化泡温度降低，进而影响反应速率；对非极性难挥发物质，空化点随着浓度升高而趋于饱和，从而降低反应速率。

**(4) 污水温度的影响**

　　污水温度升高，污水的黏滞系数和表面张力下降，蒸气压升高，则空化气泡容易产生。同时，随着温度的升高，压力也升高，则空化气泡崩溃瞬间所产生的最高温度和压力均降低，空化强度减弱而导致污水中有机物的降解效率降低。大多数研究表明，低温时的超声降解效率高于高温。一般把超声降解温度控制在 10～30℃ 范围内。

**(5) 溶解气体的影响**

　　从超声降解理论可知，水中的微小泡核在超声作用下被激化而产生空化效应。空化泡的长大和破裂会产生空化泡内 5200K 的高温和空化泡与水体接触处 1900K 的温度，以及超过 50MPa 的压力，并伴有强烈的冲击波和微射流等现象，从而通过自由基氧化、高温热解和超临界水氧化三种主要途径降解水中的有机污染物。因此，在超声降解过程中，向污水中鼓气，可产生大量空化成核点，有利于降解效率的提高。同时，空化泡中的气体性质对空化泡崩溃影响显著。Hua 等研究发现使用 $Ar/O_2$ 混合气体作为饱和气体超声降解对硝基酚时，可获得比使用单一 Ar 或 $O_2$ 为饱和气体的降解效果好。

　　溶解气体对超声降解速率和降解程度的影响主要有两个方面的原因：一是溶解气体对空化气泡的性质和空化强度有重要的影响；二是溶解气体如 $N_2$、$O_2$ 产生的自由基也参与降解反应过程，因而影响反应机理和降解反应的热力学和动力学行为。超声空化产生的最高温度和压力总是随绝热指数 $\gamma$（$\gamma = c_p/c_v$，$c_p$ 和 $c_v$ 分别为恒压比热容和恒容比热容）的增大而升高。对于单原子气体，$\gamma = 1.67$，而多原子气体（如腔内的空气、水蒸气或有机物蒸气）的绝热指数总小于单原子气体，例如 $N_2$ 饱和的水溶液 $\gamma = 1.33$。可见，在超声降解过程中使用单原子稀有气体总能提高降解的速率和程度，如用 20kHz 的超声波降解溶有 Kr、Ar、He、$O_2$ 四种气体的污水时，由于溶解气体不同，$H_2O_2$ 和 HO· 的生成速率变化约为一个数量级。

**(6) 污水初始浓度的影响**

　　研究污水初始浓度对超声降解反应的影响有利于优化工艺条件。许多研究发现，有机物的降解速率或降解速率常数随初始浓度的升高而下降，对于非极性易挥发溶质，当浓度升高时，空化气泡内溶质蒸汽的含量增加，导致空化气泡温度降低，进而影响反应速率；对于极性难挥发物质，空化点随着浓度升高而趋于饱和，从而降低反应速率。也有学者发现，有机物的降解速率随初始浓度的升高而增大，如 Hua 等的研究表明四氯化碳在低浓度时的降解速率高于高浓度时；陆永生等采用超声波处理含苯污水时，苯的降解速率随浓度的增大而提高。因此采用超声降解有机物时，考察初始浓度对降解效果的影响是必要的。

单独采用超声技术能够去除污水中的某些有机污染物，但处理成本较高，且对亲水性、难挥发有机物的处理效果较差，对 TOC 的去除不彻底，因此常与其他氧化技术联用，以降低处理成本、改善处理效果。

### （7）反应器结构的影响

由于声的传播和产生空化效应的强弱与反应器的结构密切相关，因此良好的反应器设计是降低处理成本的一个有效途径。反应器设计的目的就是在恒定输出功率条件下尽可能地提高超声场强度，增强污水的空化效果。反应器可以是间歇或连续的工作方式，超声波发生元件可以置于反应器的内部或外部，可以是相同频率或不同频率的组合。一般地，双频超声比单频超声的空化效果要好，平行比垂直的效果要好。与双频系统相比，三轴对称的声场能极大地提高声能效率。Seymour 等在反应器设计中采用了聚焦和反射手段，使声能利用率得以提高，采用 640kHz 的超声波辐照酚类物质时，氧化速率比文献报道的最好数据提高了 1 倍。

## 7.5.3　过程设备

超声氧化过程的主要设备是超声波发生器，其作用是把市电转换成与超声波换能器相匹配的高频高流电信号，驱动超声波换能器工作。大功率超声波电源从转换效率方面考虑一般采用开关电源的电路形式，分自激式和它激式两种，自激式电源称为超声波模拟电源，它激式电源称为超声波发生器。随着现代电子技术，特别是微处理器（uP）及信号处理器（DSP）的发展，超声波发生器的功能越来越强大。

超声波发生器主要用于产生一定特定频率的信号，这个信号可以是正弦信号，也可以是脉冲信号，这个特定频率就是超声波换能器的频率，超声波设备中使用到的超声波频率一般为 25kHz、28kHz、35kHz、40kHz 和 100kHz。

比较完善的超声波发生器还应有反馈环节，主要提供两个方面的反馈信号：一是提供输出功率信号，当供电电源（电压）发生变化时，通过功率反馈信号相应调整功率放大器，使得功率放大稳定；二是提供频率跟踪信号，当超声波换能器工作在谐振频率点时其效率最高，工作最稳定，而超声波换能器的谐振频率点会由于装配原因和工作老化后发生漂移，频率跟踪信号可以控制超声波发生器，使超声波发生器的频率在一定范围内跟踪超声波换能器的谐振频率，让超声波发生器在最佳状态工作。

## 7.6　辐射氧化技术与设备

电离辐射产生的 α 粒子、β 粒子、中子、γ 射线、X 射线以及经加速器加速的电子、质子、氘核等，其能量比紫外线高很多倍。辐射作用与最强的化学氧化剂的作用相似，利用辐射技术可以处理不同领域的污水，降低 COD，破坏有毒化合物，灭活微生物，去除重金属离子。辐射法的成本约为常规法的十倍，利用废核燃料元件作辐射源可以达到以废治废、降低成本的目的。

## 7.6.1　技术原理

一般认为，辐射作用于污水时，依次经历 3 个阶段，即物理、物理化学和化学阶段。在物理阶段，水分子中的电子快速吸收辐射能，如果电子得到的能量足以克服水分子核电场的束缚，水分子就解离生成羟基自由基（HO·）、氢自由基（H·）、水合电子（$e_{eq}^-$）和过氧化氢（$H_2O_2$）等。这些次级电子还可以继续解离和激发其他分子，本身逐渐慢化成热电子。如果水分子中的电子得到的能量不足以克服水分子核电场的束缚，电子就从低能态向高能态跃迁，生成激发分子。在物理化学阶段，通过解离、慢电子俘获、离子中和与分解、激发分子的离解、离子-分子反应以及激发分子的双分子反应等各种过程生成自由基和水合电子。在化学阶段，各种活性粒子发生反应。

辐射降解水中的污染物可以通过高能射线与污染物直接作用，也可通过水分子受到高能辐射后产生的羟基自由基（HO·）、氢自由基（H·）、水合电子（$e_{eq}^-$）和过氧化氢（$H_2O_2$）等活性粒子与污染物反应的间接作用，大多数情况下以间接作用为主。水分子受到辐射后，氧化性（羟基自由基 HO· 和过氧化氢 $H_2O_2$）与还原性（氢自由基 H· 和水合电子 $e_{eq}^-$）同时产生，并且浓度相近。因此，有机污染物在辐射过程中，可通过氧化和还原两种路径被降解。

### 7.6.1.1　辐射处理污水的影响因素

影响污水辐射处理效果的因素很多，一般包括以下几个方面。

**（1）吸收剂量**

吸收剂量是影响辐射降解有机物的一个重要因素。辐射处理过程中，污染物浓度随吸收剂量的增加而逐渐降低。吸收剂量越大，污染物的降解效果越好。降解速率一般符合式（7-85）所示的拟一级动力学：

$$-\ln\left(\frac{C}{C_0}\right)=kD \tag{7-85}$$

式中　$C_0$——辐射前污染物的浓度；
　　　$C$——辐射后污染物的浓度；
　　　$D$——吸收剂量，Gy；
　　　$k$——反应速率常数，或称剂量常数，$Gy^{-1}$。

$k$ 值与污染物的初始浓度、污水的 pH 值、污染物的结构和水体中存在的一些阴离子浓度等相关，可表示不同条件下反应速率的快慢。

随着吸收剂量的增大，产生活性粒子的浓度也相应增大，但用于母体化合物降解的辐射化学收率 G 值反而减小。可能的原因是随着吸附剂量的提高，辐射产生的中间产物量逐渐增加，中间产物与母体化合物竞争辐射产生的活性粒子，而且活性自由基之间复合的几率增大，造成母体污染物的辐射化学收率减小。

**（2）剂量率**

除了吸收剂量，剂量率对辐射降解也有一定的影响。不同辐射源产生的射线，其剂量率各不相同，即使同一放射源产生的射线，随着水的深度和距离放射源位置的不同，剂量率也不尽相同。高能电子加速器产生的电子束（electron beam，EB）的辐射剂量率远高于 γ 射线，达到同样的吸收剂量，采用 EB 辐射仅需要几秒钟，而采用 γ 射线需要几分钟到几个小时。剂量率越高，瞬时产生活性粒子的浓度越大，有利于污染物的降解。但是 EB 瞬间产生的大量自由基之间也会发生复合反应而被消除，因此文献报道有关剂量率对污染物降解的影响出现相反的两种结果。

一些研究者认为，高的剂量率有利于污染物的降解。Slegers 等研究表明，应用 EB 辐射（剂量率为 8900Gy/s）降解污水中酒石酸美托洛尔的速率高于 γ 射线辐射（0.089Gy/s），而且检测到的中间产物量较少。Abdou 等研究认为，应用 EB 辐射对水溶液中偶氮染料的脱色率比 γ 射线辐射高 10%～15%，COD 和 TOC 的去除率高 5%～10%。采用 γ 射线辐射时，当剂量率从 97Gy/h 增加到 296Gy/h 时，硫丹（endosulfan）的降解速率常数从 $0.0089Gy^{-1}$ 增加到 $0.0207Gy^{-1}$；剂量率从 64Gy/h 增加到 230Gy/h 时，辐射降解水中四环素的速率常数增加了 17%，降解双酚酸的速率常数增加了 39%。

也有一些研究者认为，低的剂量率有利于污染物的降解。Kurucz 等比较了 EB 与 $Co^{60}$ 分别降解苯、甲苯、苯酚、三氯乙烯、四氯乙烯和氯酚水溶液，在同样条件下，采用高剂量率的 EB 辐射（80kGy/s），六种污染物的降解速率常数是低剂量率的 γ 射线辐射（0.065Gy/s）的 39%～83%。

### (3) 污水 pH 值

污水的 pH 值也是影响辐射降解效果的一个重要参数。不同 pH 条件下，污水辐射前后产生活性粒子的辐射化学收率 $G$ 值不同。在碱性条件下（一般 pH>10），羟基自由基 HO· 与 $OH^-$ 发生式（7-86）所示的反应生成 $O^-$·自由基，其反应活性远低于羟基自由于 HO·。

$$HO· + OH^- \longrightarrow O^-· + H_2O \qquad k=1.2 \times 10^{10} L/(mol·s) \qquad (7\text{-}86)$$

在强酸性条件下（一般 pH<2），水合电子 $e_{eq}^-$ 与 $H^+$ 发生式（7-87）所示的反应转变为氢自由基 H·，

$$e_{eq}^- + H^+ \longrightarrow H· \qquad k=2.3 \times 10^{10} L/(mol·s) \qquad (7\text{-}87)$$

生成的氢自由基 H· 增加了与羟基自由基 HO· 复合反应 [见式（7-88）] 的几率，使羟基自由基 HO· 的浓度降低。

$$HO· + H· \longrightarrow H_2O \qquad k=7.0 \times 10^9 L/(mol·s) \qquad (7\text{-}88)$$

因此，碱性和强酸性条件均不利于污染物的辐射降解。

Guo 等研究表明，在 pH=3～9 时，γ 射线辐射降解水中磺胺嘧啶的去除率为 93%～90%；当 pH=11 时，去除率降低到 87%。Lopez Penalver 等研究 γ 射线辐射降解水中的四环素，在 pH=2 时的降解速率常数最低，在 pH=4～8 时较高，在 pH=10 时又降低。Abdou 等研究 pH=4、7、9 和 11 对 EB 辐射降解偶氮染料直接蓝 4GL 和活性黄 3RF 脱色率的影响，在染料初始浓度为 1.0mg/L、吸收剂量为 7.0kGy、$H_2O_2$ 浓度为 1.2mmol/L 时，将 pH 值由 4 提高到 9，脱色率由 40%～55% 提高到 90%～99%；pH=11 时脱色率又降低到 60%～75%。Criquet 等应用 EB 辐射降解水中的 4-羟基苯甲酸，在吸收剂量为 600Gy 时，4-羟基苯甲酸降解的辐射化学收率 $G$ 值在 pH=3.8～4.5 时为 0.086μmol/J，在 pH=11.0 时减小到 0.031μmol/J。但 Zheng 等研究表明，在同样的吸收剂量下，水中布洛芬的去除率在 pH=1.45 时最高，为 92%，在 pH=11 时减小到

80％。分析原因可能是强酸性条件下产生的氢自由基 H・参与了布洛芬的降解反应。

### (4) 污染物的性质和初始浓度

辐射技术对含苯环类有机污染物的降解效果较好，但若要彻底矿化有机物，需要较高的剂量。因为辐射过程会同时产生强还原性的水合电子 $e_{eq}^{-}$，尤其适用于氯酚、氯苯类氯代有机物的脱氯。

大多数研究都表明，初始浓度越高，污染物的降解速率越慢。一定的辐射剂量下，参与反应的活性粒子数量一定。当目标污染物浓度增加时，相应辐射分解产生的中间产物量增加，这些中间产物与母体污染物竞争自由基反应并消耗大量的自由基，使目标污染物的降解效率下降。Wu 等研究了水溶液中二氯吡啶酸的辐射降解特性，随着二氯吡啶酸浓度的增加，去除率明显下降。在辐射剂量为 5000Gy 时，二氯吡啶酸的浓度由 100mg/L 增加到 400mg/L 时，其去除率由 91％降低到 66％。

需要特别指出的是，初始浓度的增加可能会增加有机物分子与自由基碰撞反应的几率，从而使污染物的初始降解速率和辐射化学收率 $G$ 值增加。Shah 等研究表明，水溶液中硫丹的初始浓度由 0.5μmol/L 增加到 2.0μmol/L 时，硫丹的起始降解速率从 0.0065μmol/(L・min) 线性增加到 0.024μmol/(L・min)，$G$ 值由 0.0036μmol/J 增加到 0.0144μmol/J。

### (5) 阴离子和溶解性有机物

地表水和地下水中存在不同浓度的 $CO_3^{2-}$、$HCO_3^{-}$、$NO_3^{-}$、$NO_2^{-}$、$Cl^{-}$ 和 $SO_4^{2-}$ 等阴离子和腐殖酸等溶解性有机物（dissolved organic matter，DOM），污水处理厂二级生化出水中还存在溶解性微生物产物等溶解性有机碳（dissolved organic carbon，DOC），这些物质与辐射产生的活性粒子发生反应，影响目标有机污染物的降解效率。$CO_3^{2-}$、$HCO_3^{-}$、$NO_2^{-}$ 和 $Cl^{-}$ 与羟基自由基 HO・的反应速率较高，$NO_3^{-}$、$NO_2^{-}$、$SO_4^{2-}$ 与水合电子 $e_{eq}^{-}$ 具有较高的反应活性。研究表明，水中存在的这些阴离子会降低阿糖胞苷、布洛芬和双酚酸等有机物的降解效率。腐殖酸与羟基自由基 HO・具有较高的反应活性，腐殖酸浓度从 1mg/L 增加到 100mg/L 时，γ 射线辐射降解四环素的速率常数由 $1.27 \times 10^{-2} Gy^{-1}$ 减小到 $0.9 \times 10^{-2} Gy^{-1}$；腐殖酸浓度从 1mmg/L 增加到 500mg/L 时，γ 射线辐照降解阿糖胞苷的速率常数由 $0.58 \times 10^{-2} Gy^{-1}$ 显著减小到 $0.06 \times 10^{-2} Gy^{-1}$。

Drzewicz 等比较了水中杀虫剂 2,4-D（2,4-二氯苯氧乙酸）的 EB 辐射降解效率，结果表明，在具有较高的 $HCO_3^{-}$、$NO_3^{-}$ 和 DOC 浓度的水中，2,4-D 的降解速率较低，完全去除所需的剂量约增加 1 倍。Chu 等研究了 γ 射线辐射 3-氯-4-羟基苯甲酸（CHBA）在二级生化出水和去离子水中的降解情况，CHBA 降解的拟一级动力学常数在二级出水中比去离子水中减小 1.7～3.5 倍；在吸收剂量为 $2.5 \times 10^{3} Gy$ 时，二级出水 TOC 的去除率为 13％～19％，低于去离子水中的 37％～57％。

### (6) 载气的种类

在辐射降解机制的研究中，一个常用的方法是向溶液中通入 $O_2$、$N_2$ 和 $N_2O$ 等不同的载气。不同载气饱和条件下，溶液中辐射反应占主导地位的自由基不同，再加上叔丁醇、甲醇等自由基抑制剂的作用，可探索目标污染物与不同自由基之间的化学反应关系。

一般情况下，通入氧气（空气）条件下，污水中的溶解氧与还原性粒子（水合电子 $e_{eq}^{-}$ 与氢自由基 H・）反应，转化为氧自由基 $O_2^{-}$・和 $HO_2$・自由基，因此羟基自由基

$HO\cdot$ 和 $O_2^-\cdot/HO_2\cdot$ 的氧化作用占主导地位。通入的 $N_2$ 或 Ar 不会直接与自由基反应，但会使水中的溶解氧浓度降到几乎为 0，从而消除氧气对反应体系的影响，这时起反应的活性粒子主要是羟基自由基 $HO\cdot$ 和水合电子 $e_{eq}^-$；若再加入羟基自由基 $HO\cdot$ 的抑制剂叔丁醇，起反应的主要粒子就是水合电子 $e_{eq}^-$。通入 $N_2O$ 气体时，$N_2O$ 与水合电子 $e_{eq}^-$ 及氢自由基 $H\cdot$ 反应生成羟基自由基 $HO\cdot$，反应体系中起作用的就是羟基自由基 $HO\cdot$。但 $N_2O$ 气体对人体有毒害作用，一般仅用在机理研究中，通常是向体系中通入氧气或者空气，使整个体系变为氧化状态来提高有机物的降解效率和矿化率。

Yu 等研究 γ 射线辐射降解抗生素头孢克洛（cefaclor）水溶液，吸收剂量为 $2\times10^4$ Gy，单独辐射以及通入 $N_2$、$O_2$ 和 $N_2O$ 气体时，TOC 的去除率分别为 30%、15%、63% 和 90%，据此判断，羟基自由基 $HO\cdot$ 氧化在辐射降解水中头孢克洛中占主要地位。Zona 等研究表明，氧浓度增加有利于 γ 射线辐射降解 2,4-D 水溶液的脱氯和矿化，在氧气饱和溶液中氯离子的释放浓度较高，乙酸和草酸的浓度增加 1.5~3.8 倍，TOC 的去除率由 15% 增加到 36%。Wasim 等研究通入 $O_2$ 和 $N_2$ 对偶氮染料直接红 28 辐射降解的影响，通入 $O_2$ 能提高溶液的脱色和降解效应，在初始浓度为 30mg/L、吸收剂量为 $2.2\times10^3$ Gy 时，通入 $O_2$ 脱色率可达 97%，通入 $N_2$ 脱色率为 87%，染料的辐射降解速率常数在 $O_2$ 氛围下约是 $N_2$ 氛围下的 2.2 倍。Kimura 等的研究结果略有不同，通入 $O_2$、$N_2$ 和 He 时 17-β 雌二醇的降解速率基本一致，只有通入 $N_2O$ 气体时，17-β 雌二醇的浓度和雌激素活性才显著降低。

### 7.6.1.2 辐射处理污水的安全性

辐射处理污水的安全性问题，是辐射技术实际应用于污水处理时必须考虑的重要问题，主要涉及辐射源的安全性、处理过程中人员的辐射防护以及辐射后污水的安全性。

**（1）辐射源的安全性**

污水处理中采用的辐射源分为 2 大类：a. 通过放射性物质衰变产生电离辐射的装置，如放射性核素源等；b. 通过电磁场加速带电粒子至高能量的电气装置，如电子加速器等。实验研究中大多采用 $Co^{60}$ 辐射源，实际污水处理过程大多采用电子加速器。加速器设备制造厂商必须设计出运行简单、可靠的电子束源，并考虑到发生潜在辐射事故的严重后果。因此，在加速器设计时应考虑下列要点：a. 使主加速系统失效的可靠方法；b. 内置加速器参数监控；c. 内置远距离诊断等。

除了一些低能加速器采用自屏蔽装置外（一般小于 1MeV），大部分工业辐射用加速器都需要建设专用的辐照室，用来保证工作人员的安全。辐照室外墙为屏蔽墙，内部分上下两层，上层安装加速器主体部分，下层安装束流引出装置和束下装置。小功率低能加速器可采用自屏蔽设计，即在加速器生产时自身就带有屏蔽壳，屏蔽壳可采用铅或复合材料。

无论核素源还是电子加速器，都有辐射安全防护标准，并且这些辐射装置在工业生产、科学研究中已有广泛应用，有成熟的经验可供借鉴。因此，辐射污水处理中辐射源的安全性可以得到保障。

**（2）处理过程中的辐射防护**

对于辐射防护，必须遵循以下 3 个原则：a. 实践的正当性；b. 剂量限制和潜在照射危害限制；c. 防护与安全最优化。对于污水辐射处理的操作人员，建议采取相应的辐射防护措施：a. 时间防护，缩短受照时间；b. 空间防护，增大人与放射源间的距离；c. 屏蔽防护，利用屏蔽物。只要严格遵照相关的法规要求，辐射处理污水不会对相关人员造成辐射危害。

**(3) 辐射后污水的安全性**

污水辐射处理后是否会产生放射性是人们存在的一个疑虑。一种元素在辐射下，辐射能量将传递给元素中一些原子核，在一定条件下会造成激发反应，引起这些原子核的不稳定，由此而发射出中子并产生辐射，这种由辐射使物质产生的放射性称为感生放射性（是由辐射诱发出来的）。例如，利用中子照射人工制造的放射性同位素 $Co^{59}$，就会产生感生放射源 $Co^{60}$。感生放射性的可能性取决于被辐射物质的性质及所使用的射线能量，若射线能量很高，超过某元素的核反应阈值，该元素应会产生放射性。

目前，辐射加工中允许使用的辐射源包括：$Co^{60}$（$r_1=1.17MeV$，$r_2=1.33MeV$）和 $Cs^{137}$；不超过 10MeV 的加速电子；X 射线源，其能束不超过 5MeV。这些辐射源的能量均小于 10MeV。污水中的基本元素为氢、氮、氧、碳、磷和硫等，大部分元素的核反应能量阈值都在 10MeV 以上，如 $N^{14}$ 的核反应能量阈值大于 10.5MeV，$O^{16}$ 的核反应能量阈值大于 15.5MeV，$C^{12}$ 的核反应能量阈值大于 18.8MeV。因此，辐射处理污水过程中不会产生放射性。在轻元素中，放射性同位素的半衰期极短（仅几秒至几十分钟），即使产生放射性，放射性也会迅速消失。另外，辐射处理污水中所采用的剂量一般都在 10kGy 以下，因此经过辐照处理的出水是安全的。

## 7.6.2 工艺过程

在辐射作用下，水分子会热解生成一系列具有很强活性的产物，如羟基自由基（HO·）、氢自由基（H·）和过氧化氢（$H_2O_2$）等，这些产物能与污水中的任何有机物发生氧化反应，可使它们分解或改性，只是氧化作用的速率不同。因此辐射技术在污水处理领域日渐得到了广泛的应用。

### 7.6.2.1 去除卤代芳香化合物

卤代芳香化合物是污水中的一簇重要污染物，主要包括氯酚类（2-氯酚、5-氯酚和 2，4-二氯酚、2,4,6-三氯酚等）、氯苯类（邻、间、对二氯苯和三氯苯等）和多氯联苯（PCBs）。这类化合物广泛用于农药、医药和染料等有机化学品的合成工业中，具有较高的毒性和"三致"（致畸、致癌、致突变）效应，许多化合物被列为优先控制的有机污染物。这些氯代污染物的毒性随着含氯原子数的增加而增加，目前还没有哪种单一方法可以有效地去除。但辐射产生的活性粒子（包括水合电子 $e_{aq}^-$、氢自由基 H· 和羟基自由基 HO·）可以氧化水相中的芳香卤代化合物。

**(1) 多卤代苯的辐射去除**

图 7-39 所示为 1,2,4-三氯苯在三种不同溶液中的含量与辐射剂量的关系。可以看出，自来水中存在的羟基自由基消除剂碳酸氢根离子对 1,2,4-三氯苯的辐射去除效果影响不大；污水中的固体悬浮粒子在较低辐射剂量时对 1,2,4-三氯苯的辐射去除效果有不利的影响，这是由于固体悬浮粒子对辐射有一定的屏蔽作用造成的，而当辐射剂量大于 600krad 时，这种影响不显著。辐射剂量为 600krad 时，约 90% 的 1,2,4-三氯苯被去除，这说明 1,2,4-三氯苯很容易通过辐射的方法去除。

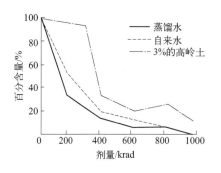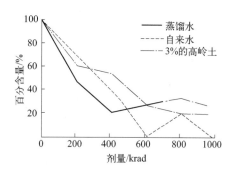

图 7-39　1,2,4-三氯苯的含量与辐射剂量的关系　　图 7-40　1,2,3,5-四氯苯的含量与辐射剂量的关系

图 7-40～图 7-42 为四氯苯的含量与辐射剂量的关系。从这些图可以看出，四氯苯的去除效果与氯取代基在苯环中的位置有关，其中，1,2,3,5-四氯苯的去除效果优于 1,2,3,4-四氯苯和 1,2,4,5-四氯苯的去除效果。对 1,2,3,5-四氯苯来说，辐射剂量为 800krad 时的去除率约为 90%，而 1,2,4,5-四氯苯的去除效果最差，辐射剂量为 800krad 时的去除率只有约 60%。总的来说，辐射去除污水中的四氯苯是有效的。另外，对所有的四氯苯来说，自由基消除剂和固体悬浮粒子的存在对四氯苯的辐射去除效果影响不大。

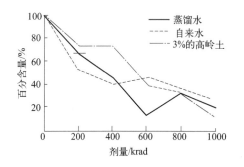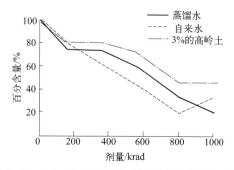

图 7-41　1,2,3,4-四氯苯的含量与辐射剂量的关系　　图 7-42　1,2,4,5-四氯苯的含量与辐射剂量的关系

图 7-43 为溶液中六氯苯的含量与辐射剂量的关系。由于六个氯取代基的缘故，六氯苯的辐射去除效果比其他的氯取代苯的去除效果都差。当辐射剂量为 1Mrad 时，仅 50% 的六氯苯被去除，但与其他处理方法相比，效果还是比较好的。从图 7-43 中还可以看出，自由基消除剂和固体悬浮粒子的存在增加了六氯苯的去除效果，这是一个反常现象，但造成这一现象的原因还不清楚。

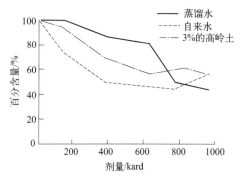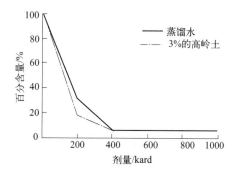

图 7-43　六氯苯的含量与辐射剂量的关系　　图 7-44　联苯的含量与辐射剂量的关系

250

**（2） 卤代联苯的辐射去除**

图 7-44～图 7-47 为溶液中联苯和一氯联苯的含量与辐射剂量的关系。可以看出：氯取代基在不同位置的一氯联苯的去除效果相似，且与未取代的联苯的辐射去除效果相近。当辐射剂量为 400krad 时，几乎所有一氯联苯都被去除，说明这类卤代芳香化合物很容易通过辐射的方法去除。另外，溶液中的自由基消除剂和固体悬浮粒子的存在对这类卤代芳香化合物的辐射去除效果影响不大。

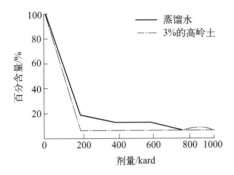

图 7-45　2-氯联苯的含量与辐射剂量的关系

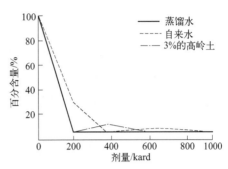

图 7-46　3-氯联苯的含量与辐射剂量的关系

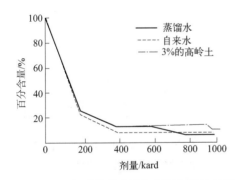

图 7-47　4-氯联苯的含量与辐射剂量的关系

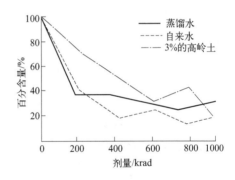

图 7-48　4-溴联苯的含量与辐射剂量的关系

图 7-48 为溶液中 4-溴联苯的含量与辐射剂量的关系。与图 7-45～图 7-47 相比可知，一溴联苯的去除效果比一氯联苯的去除效果差，当辐射剂量为 1Mrad 时，约有 80％的一溴联苯被去除。

图 7-49 为 4,4-二溴联苯的含量与辐射剂量的关系。由于溴取代基的增加，二溴联苯对辐射的敏感度降低，去除效果也较差。当辐射剂量为 1Mrad 时，约有 50％的二溴联苯被去除。总的来说，溶液中自由基消除剂和固体悬浮粒子对二溴联苯的去除效果影响不大，尤其是辐射剂量大于 600krad 时。

图 7-50 为溶液中 4,4-二氯联苯的含量与辐射剂量的关系。与图 7-45～图 7-47 相比可知，随着氯取代基的增加，氯代联苯的去除效果也下降。当辐射剂量为 800krad 时，约 70％的二氯联苯被去除。在较低的辐射剂量时，溶液中固体悬浮粒子增强了二氯联苯的去除效果。另外，与图 7-49 相比，二氯联苯的去除效果优于二溴联苯的去除效果。

图 7-51 为多氯联苯的含量与辐射剂量的关系。与图 7-50 相比可知，多氯联苯的去除效果比二氯联苯的去除效果要差。当辐射剂量为 1Mrad 时，约 40％的多氯联苯被去除。另外，溶液中的自由基消除剂对多氯取代的联二苯的去除效果影响不大，而固体悬浮粒子的存在，则降低了这类卤代芳香化合物的去除效果。

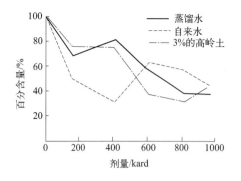

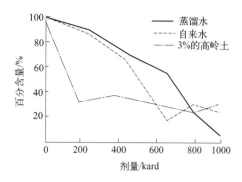

图 7-49　4,4-二溴联苯的含量与辐射剂量的关系　　　图 7-50　4,4-二氯联苯的含量与辐射剂量的关系

图 7-52 为联苯、2-氯联苯和 4-氯联苯的混合物中各组分的含量与辐射剂量的关系。与图 7-44~图 7-47 相比可知，混合物中三种卤代芳香化合物的去除效果与单一溶质溶液的去除效果相近。这一点很重要，因为污水中通常是几种有机物同时存在的。

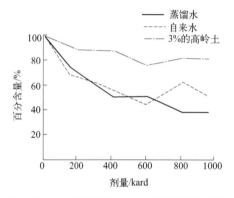

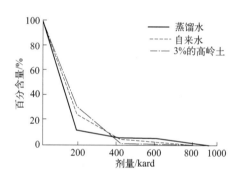

图 7-51　多氯联苯的含量与辐射剂量的关系　　　　图 7-52　联苯、2-氯联苯和 4-氯联苯的混合物中
各组分的含量与辐射剂量的关系

### (3) 卤代蒽的辐射去除

当以水-乙醇为溶剂时，9-溴代蒽和 9-氯代蒽辐射的副产物主要是蒽（An）和二蒽 $An_2$（沉淀）。由于二蒽部分溶解在溶剂中，所以测得的二蒽量只是一个大约值。蒽和二蒽的产生机理可能为：

$$\gamma + H_2O(或\ EtOH) \longrightarrow H_2O^+ \cdot (或\ EtOH^+ \cdot) + e_{aq}^- \qquad (7-89)$$

$$H_2O^+ \cdot (或\ EtOH^+ \cdot) \longrightarrow H_2O(或\ EtOH) + H^+ \qquad (7-90)$$

$$AnX + e_{aq}^- \longrightarrow AnX^- \qquad (7-91)$$

$$AnX^- \longrightarrow An + X^- \qquad (7-92)$$

$$AnX + An \cdot \longrightarrow An_2 \qquad (7-93)$$

$$An + CH_3CH_2OH(或\ Et_3N) \longrightarrow AnH + CH_3CH(\cdot)OH \qquad (7-94)$$

当溶液用氧气饱和时，蒽的分解几乎被完全抑制，这可能是由于氧优先与水合电子反应，从而阻止了水合电子与卤代芳香化合物的反应。

9-卤代蒽的辐射副产物包括二蒽和蒽，而 1-氯蒽辐射的副产物既没有二蒽，也没有蒽。另外，9-卤代蒽辐射后溶液的酸性增加，而 1-氯蒽辐射后溶液的酸性没有增加。这两种现象表明，1-氯蒽在辐射过程中没有发生去卤反应。造成这种结果的原因可能是由于 9-

卤代蒽的自由基负离子在失去氯离子后空阻减少很多，从而有利于反应向形成蒽自由基的方向移动；另一种原因可能是卤代蒽的自由基负离子在失去卤离子后发生杂化，在过渡状态中，9-蒽自由基比 1-蒽自由基更稳定，因此 9-卤代蒽比 1-卤代蒽更容易形成稳定的蒽自由基，从而进一步反应形成蒽和二蒽。9,10-二氯蒽的辐射产物只有蒽，没有二蒽，这可能是由于另一取代基的存在，阻止了二聚体的生成。

当溶剂为乙腈时，无论有水或无水，都没有辐射产物，而在溶液中加入三乙胺后，则有蒽生成。毫无疑问，三乙胺的一个作用是作为氢的来源，但可以肯定它一定还有另外的作用，因为如果没有三乙胺，就没有蒽或二蒽；另外，若在溶液中加入吡啶或氢氧根离子，也可促进蒽的生成。乙腈经辐射后产生乙腈自由基负离子，它能够将卤代蒽转化成卤代蒽自由基负离子，而辐射结果没有产生蒽或二蒽，说明在辐射过程中产生了一些氧化性粒子，这些粒子将卤代蒽自由基负离子转化为卤代蒽的速率大于卤代蒽自由基负离子的分解速率，三乙胺可能捕获了这些氧化粒子，从而使得卤代蒽自由基负离子分离为蒽自由基和卤离子。

### （4）卤代萘的辐射去除

不管溶剂是水-乙醇还是乙腈，卤代萘经辐射后的主要产物是萘，其原因可能是由于卤代萘自由基负离子的分解速率大大高于卤代蒽自由基负离子的分解速率。

1-氯萘自由基负离子的分解速率与 9-溴蒽自由基负离子的分解速率相近，实验证明，若以乙腈为溶剂，1-氯萘的辐射产物也没有萘，只有加入三乙胺，才会产生萘。另外，将辐射后的溶液浓缩，再用气相色谱和质谱分析，发现溶液中存在着相当量的去卤或没有去卤但与溶剂结合的母体。质谱分析结果表明，1-溴萘在水-乙醇中辐射后有 1-羟乙基萘生成。这个溶剂取代物可能的产生机理如图 7-53 所示。

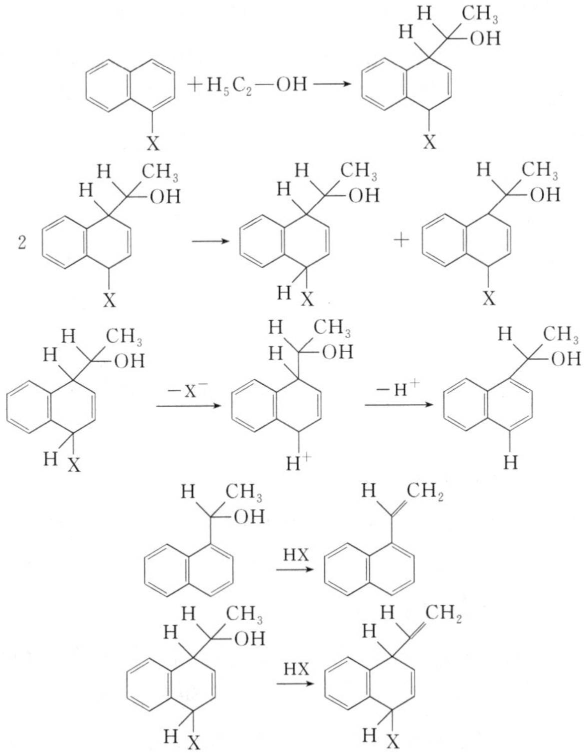

图 7-53

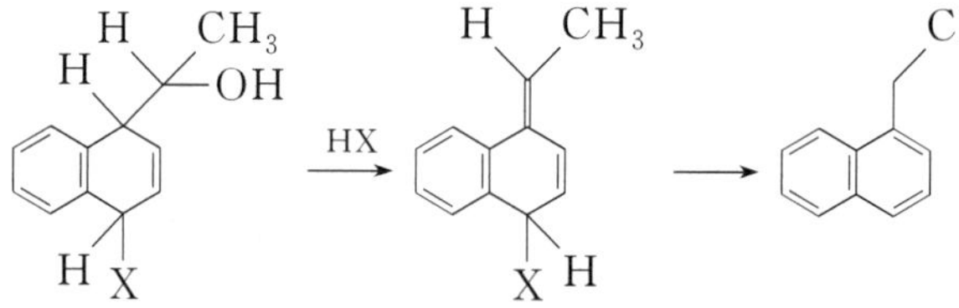

图 7-53 1-羟乙基萘的产生机理

在卤代蒽和卤代萘的辐射去除研究中，发现了一个令人困惑的现象，即相当量的起始物质的丢失，部分起始物消失但没有转化为可以检测到的产物。对于卤代蒽来说，既没有沉淀生成，也没有二蒽生成，因此估计这些起始物转化成某些物质，而气相色谱检测不到这些物质。例如某些起始物的溶剂加成物，由于浓度较低，只有浓缩后才能通过气相色谱检测出来，但由于它们的种类很多，这类物质所涉及的起始物质的总量也就较大，所以这是造成起始物质丢失的一个原因。支持这一观点的证据是，若在辐射前用氧气饱和溶液，则起始物质的回收率大于85%。这是芳香化合物特有的现象，脂肪族化合物如十二烷基溴（1-BrDD）则没有这种现象。

**（5）五氯苯酚的 γ 辐射分解**

五氯苯酚（PCP）的辐解化学产率由分光光度法测定 $[\lambda_{max}=320nm，\varepsilon=6900dm^3/(mol \cdot cm)]$ 并用高效液相色谱仪（HPLC）校测，色谱为 $12.5cmC_{18}$，淋洗液为含有 $0.1\%$ 醋酸的乙醇-水（体积比为 88.2：12），氧化物离子的产率用硫氢酸汞（Ⅱ）法测定。此法为：将污水过滤，滤液辐射作为样品，将一定量的样品用乙醚萃取，以减少酚类化合物的可能影响。水相的氧化物离子用 $Hg(SCN)_2$ 定量反应释放出的 $SCN^-$ 进一步转化为 $[Fe(SCN)_6]^{3-}$，它可方便地用分光光度法测得 $[\lambda_{max}=460nm，\varepsilon=2600dm^3/(mol \cdot cm)]$。溶液中的臭氧浓度由 260nm 处光密度测定。取 $\varepsilon=2900dm^3/(mol \cdot cm)$，剂量由 Ficker 剂量计测出。

当 PCP 为低浓度时，在各种条件下（不同气氛或不同 pH 值）测定了 γ 辐射引发的水中 PCP 的分解。图 7-54 为不同剂量下 γ 辐射 PCP 水溶液的 UV 光谱。在 320nm 处 PCP 显示出一特征峰 $[\varepsilon=6900dm^3/(mol \cdot cm)]$，而大多数取代或非取代酚在此几乎没有吸附常数。因此在 320nm 处吸收常数的减少将定量对应 PCP 的消耗。

如图 7-55 所示，PCP 的消耗与剂量成线性上升关系，最后阶段，当大多数 PCP 已消耗而余下的不可能与产物有效竞争羟基自由基 HO·时，消耗率（G 值）下降。但在相对高剂量下 PCP 仍有可能被 γ 辐射几乎完全地消耗。由图 7-55 的斜率可计算出 PCP 消耗的 G 值。在相对高剂量下，几乎一切氯化物离子（亦即溶于 PCP 起始量）均可被消除掉。

在吸收剂量为 530Gy 时，约消耗了近一半的 PCP（如图 7-55），但 COD 值没有变化。COD 值只有当剂量高到足够消耗几乎全部 PCP 时才显著减少。这说明在初期羟基自由基 HO·引发的 PCP 消耗中苯环的打开可以忽略，虽然存在 $O_2$，这与苯氧自由基对 $O_2$ 的低反应性一致。

**（6）PPCPs 类有机污染物的辐射去除**

PPCPs(Pharmaceuticals and personal care products) 类物质具有较强的持久性、特定的生物活性和生物积累性，在极低浓度下就会引起微生物耐药性、水生生物的雌雄同体和生殖系统紊乱等生态效应，给水体环境和人类健康造成潜在危害。PPCPs 类物质极性高、不易挥发，更容易转移和残留在水体中。

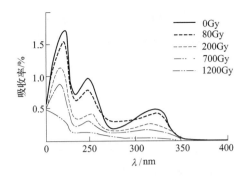

图 7-54　不同剂量下 γ 辐射前后 PCP 水溶液的
UV 光谱

（空气饱和，pH=11，[PCP]=$6.3\times10^{-6}$mol/dm³，
剂量率：0.3~1.6kGy/s）

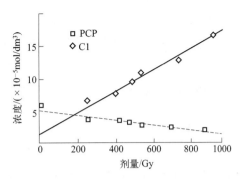

图 7-55　五氯苯酚的消耗及氯化物释放的
依赖关系

（空气饱和，[PCP]$_0$=$6.3\times10^{-6}$mol/dm³，
剂量率：0.3~1.6kGy/s）

大多数的 PPCPs 类物质可被电离辐射完全去除，其中包括泛影酸钠等 X 射线照影剂以及氯贝酸等物质。这些化合物应用臭氧氧化以及其他的高级氧化技术处理效果较差，以泛影酸钠为例，Ternes 等研究表明，臭氧剂量为 15mg/L，单独臭氧、臭氧/$H_2O_2$ 和臭氧/UV 联用对纯水中泛影酸钠的去除效率分别为 14%、25% 和 35%；Real 等应用 Fenton 氧化对其的去除率为 41.5%。而应用电离辐射技术，溶液中氧化性和还原性活性粒子的共存有助于这类污染物的降解，辐照剂量为 12kGy 时，泛影酸钠的去除率可达 90%。

矿化 PPCPs 类物质需较高的剂量。辐射与生物技术联用可提高污染物的矿化率。He 等研究将 EB 辐射作为生物工艺的预处理，去除地表水中的消炎类药物双氯芬酸。辐照 1.0kGy 后采用曝气生物滤池（Biological aerated filter，BAF）处理，在进水双氯芬酸和 TOC 的浓度分别为 10mg/L 和 15mg/L 左右时，采用单独辐射处理，双氯芬酸的去除率可达 100%，但 TOC 的去除率仅为 13%；单独 BAF 处理，双氯芬酸的去除率仅为 3%~18%；EB 和 BAF 联用，TOC 的去除率可提高到 34%，$COD_{Mn}$ 的去除率由单独 BAF 处理的 17.4% 提高到 62.0%。

### (7) 其他毒性有机污染物的辐射去除

苯、苯酚、苯胺及其衍生物、萘等多环芳烃（PAHs）是一类重要的工业原料，广泛用于染料、制药和精细化工等工业，但具有较高的毒性，难以生物降解。电离辐射对这类化合物同样具有较好的去除效果。周涛等应用 9MeV 电子加速器对 2,4-二硝基苯胺、邻硝基苯胺、间氨基酚、2-硝基间苯二酚的水溶液进行辐射降解，溶液的初始浓度均为 100mg/L、吸收剂量为 8kGy 时，4 种化合物的去除效率分别为 98%、89%、57% 和 98%，但 TOC 的去除率仅为 7.8%、8.9%、8.5% 和 4.0%。Nickelsen 应用 EB 辐射降解苯和甲苯水溶液，对于初始浓度分别为 1.3mg/L 和 4.4mg/L 的苯和甲苯溶液，达到 99% 去除率所需的剂量分别为 0.95kGy 和 1.65kGy。Chu 等研究 γ 射线辐射降解水溶液中的萘，在初始浓度为 8~32mg/L、辐射剂量为 3.0kGy 时，萘的去除率可达 98%，TOC 的去除率为 28%~31%。γ 射线辐射同样可有效降解其他 PAHs 类物质，如芴、荧蒽和苯并（a）芘。

Samp 等开展了 EB（1.3MeV）辐射降解饮用水消毒副产物三卤甲烷（THMs）的中试研究，处理量为 1.3m³/h，水中 $CHCl_3$、$CHBrCl_2$、$CHBr_2Cl$ 和 $CHBr_3$ 的初始浓度分

别为 $78\mu g/L$、$12.3\mu g/L$、$3.2\mu g/L$ 和 $168.3\mu g/L$，经过 2kGy 的剂量照射后，除了 $CHCl_3$ 外，其余 3 种物质的浓度均降到检测限以下；吸收剂量提高到 6kGy，$CHCl_3$ 的去除率可达 95％。

### 7.6.2.2　污水灭活

#### （1）杀灭病原体

高浓度有机污水中含有大量的能量和生物价值，是优良的农田肥料和土壤改良剂，但由于含有大量病原体而不能直接利用。用 γ—射线或电子束辐射，解决了上述问题，是一种很有前途的方法。德国、美国已建造了每天处理量达 1500t 污泥的辐射处理设备，我国也对医院污水的辐射处理进行了深入的研究。

#### （2）杀灭藻类

辐射可以杀死污水中的藻类，防止其繁殖生长。在长期放置的污水中会产生绿色的小球藻，采用辐射处理技术，只要达到一定剂量，就可以彻底杀死污水中所有的藻类物质。

### 7.6.2.3　除臭

城市污水本身带有一定的臭味，在微生物的作用下，会产生更加强烈的臭味，直接影响操作环境和操作人员的身体健康，并且对设备腐蚀严重。采用辐射技术，可使污水由强烈臭降低到仅可以察觉到的程度。辐射除臭的主要原因是，它能够破坏和分解一些产生臭味的物质，杀死污水中的各种细菌和藻类，从而消除产生臭味的根源，因此即使放置较长时间，污水也很稳定。

### 7.6.2.4　去除重金属离子

电镀、冶金、电子和化工等行业在生产中常排出含有铅、汞和铬等重金属离子的污水。重金属离子可在土壤中累积，并最终通过它们的水溶性化合物，经由植物或动物进入人体，产生很大危害。污水中的重金属离子一般采用吸附、化学沉淀和离子交换等方法处理。利用辐射技术处理含重金属离子的污水，有两条途径可以实现：

**（1）直接利用辐射技术处理含重金属离子的污水。对于电离辐射可以还原的重金属离子，如 Pb、Hg、Cd、Cr 及其盐类，可以利用辐射将它们还原到较低的氧化态而从溶液中沉淀出来**

通过辐射产生的还原性水合电子 $e_{eq}^-$ 和氢自由基 H·的作用，可以将污水中呈溶解状态的重金属离子还原为不溶性的重金属元素或化合物，经沉淀将其从溶液中去除。Chaychian 等研究采用 EB 和 γ 射线去除污水中的 $Hg^{2+}$ 和 $Pb^{2+}$，对于初始浓度为 1mmol/L 的 $HgCl_2$ 和 $PbCl_2$ 溶液，加入乙醇掩蔽氧化性羟基自由 HO·，在吸收剂量为 3kGy 时 $Hg^{2+}$ 的去除率可达 99.9％以上，而 $Pb^{2+}$ 去除率达到 96％所需的剂量为 40kGy。Ribeiro 等利用 EB 辐射去除工业污水中的各种金属离子，吸收剂量为 100kGy 时，$Al^{3+}$、$Zn^{2+}$、$Fe^{3+}$、$Co^{3+}$ 和 $Cr^{6+}$ 的去除率均在 98％以上。袁守军等研究采用 γ 射线辐射去除污水中的 $Cr^{6+}$，结果表明，酸性条件有利于 $Cr^{6+}$ 的还原。吸收剂量为 15kGy，pH＝2、5 和 7 时 $Cr^{6+}$ 的去除率分别为 86.2％、36.3％ 和 22.2％。向水样中充 $N_2$ 和加入乙醇，均可抑制羟基自由基 HO·的产生，提高 $Cr^{6+}$ 的还原效果。

（2）利用辐射技术制备或改性用于重金属吸附的材料，如纤维、膜的制备等，通过固化、交联与接枝等手段，提高对重金属离子的选择性或吸附容量，从而用于含重金属污水的处理

利用辐射可以合成吸附材料，或对吸附材料进行辐射改性，增强对重金属离子的吸附能力。Ibrahim 等将尼龙、聚酯编织物、涤纶针织物表面涂上厚约 $25\mu m$、含有羧甲基纤维素和丙烯酸的溶液，然后用电子束进行辐射，剂量为 30kGy，使它们发生交联反应。结果发现，这些经过改性的纤维织物能够有效去除水中的 $Cu^{2+}$ 和 $Cr^{3+}$，并且丙烯酸浓度越高，去除效果越好。经过 6％丙烯酸改性后的材料对 $Cu^{2+}$ 的去除率为 24％～42％，对 $Cr^{3+}$ 的去除率为 57％～76％。

### 7.6.2.5 辐射与其他技术的联用强化

辐射对氯酚和 PPCPs 类等难降解有机污染物的去除效果较好，但要实现较高的矿化率需非常高的辐射剂量，运行成本较高。因此，常将辐射技术与 $H_2O_2$、臭氧等技术联用，强化有机物的降解效果，提高有机物的矿化程度，降低辐射剂量。因为羟基自由基 HO· 是无选择性的强氧化剂，在辐射矿化有机物中发挥主要作用，因此，各种强化技术的核心大多是促进辐射过程中羟基自由基 HO· 的产生。

在辐射过程中加入 $H_2O_2$ 是最简单易行的协同处理技术。胡俊等研究表明，采用 $\gamma$ 射线/$H_2O_2$ 联用处理 3-氯酚降解的拟一级动力学常数比单独辐射处理提高近 1 倍。一定量的 $H_2O_2$ 能促进羟基自由基 HO· 的产生，但如果 $H_2O_2$ 加入过量，$H_2O_2$ 也会与羟基自由基 HO· 发生如式（7-95）和式（7-96）所示的反应，反而会消耗掉产生的羟基自由基 HO·，从而降低降低效率。

$$H_2O_2 + HO· \longrightarrow HO_2· + H_2O \qquad k = 2.7 \times 10^7 L/(mol·s) \qquad (7-95)$$

$$HO_2· + HO· \longrightarrow H_2O + O_2 \qquad k = 6.0 \times 10^9 L/(mol·s) \qquad (7-96)$$

Ocampo-Perez 等研究 $H_2O_2$ 浓度对辐射阿糖胞苷（cytarabin）水溶液的影响，$H_2O_2$ 浓度从 $1.0\mu mol/L$ 增加到 $1000\mu mol/L$，阿糖胞苷的降解速率常数 $k$ 从 $5.5 \times 10^{-3} Gy^{-1}$ 增加到 $7.4 \times 10^{-3} Gy^{-1}$，进一步增加至 10mmol/L，降解速率常数 $k$ 反而降低至 $4.6 \times 10^{-3} Gy^{-1}$。

$Fe^{2+}$ 与辐射过程中产生的 $H_2O_2$ 发生 Fenton 反应，从而促进羟基自由基 HO· 产生。$O_3$ 本身在水中分解会产生羟基自由基 HO·，与辐射联用，两者相互促进，可显著提高有机物的降解效率。

辐射与 $O_3$ 联用对水溶液中 4-氯酚的降解具有协同效应，氯酚的降解速率常数为 $0.1016min^{-1}$，相当于单独辐射（$0.0294min^{-1}$）与单独 $O_3$ 氧化（$0.0137min^{-1}$）之和的 2.4 倍；单独辐射（2.0kGy）和单独臭氧（20mg/L）处理 4-氯酚的 TOC 去除率仅为 7％和 14％，两者联用时 TOC 的去除率显著提高到 54％。

Popov 等研究表明，与单独臭氧氧化相比，$\gamma$ 射线与 $O_3$ 联用可显著提高芴氧化降解中间产物 9-芴酮和 9-芴碳酸的去除效率。Kubesch 等的研究表明，EB 与 $O_3$ 联用能提高儿茶酚水溶液毒性的去除，以反应 30min 发光细菌抑制率低于 20％作为脱毒指标，单独 EB 辐射需要的剂量为 10.5kGy，EB 与 $O_3$ 联用需要的剂量小于 7.0kGy，而单独臭氧氧化没有毒性去除作用。

纳米 $TiO_2$ 促进电离辐射的机制与光催化类似。$\gamma$ 射线能激发 $TiO_2$ 的价带电子跃迁，产生光带电子 $e^-$ 和空穴 $h^+$，两者与水中的 $OH^-$ 或者溶解氧反应产生羟基自由基 HO·。而

且，水溶液中产生的羟基自由基 HO· 可能会吸附在 $TiO_2$ 纳米颗粒的表面，延长其存在寿命。

加入过硫酸盐的强化反应机制与上述方法不同。辐射与过硫酸盐（$S_2O_8^{2-}$）联用体系中，主要活性粒子除羟基自由基 HO· 外，还有 $SO_4^-$· 自由基。水合电子 $e_{eq}^-$ 和氢自由基 H· 能与过硫酸酸根反应，产生 $SO_4^-$· 自由基。$SO_4^-$· 自由基的氧化性很强，氧化还原电位达到 2.5~3.1V，但其与有机物的反应主要是通过电子转移机制，具有较强的选择性。Zhang 等研究过硫酸盐强化 γ 射线辐射降解水中的甲氧苄氨嘧啶（trimethoprim，TMP），TMP 的去除率和矿化率随 $S_2O_8^{2-}$ 加入量的增加而增加。在初始 TMP 浓度为 20mg/L、pH=7.13、吸收剂量为 1.0kGy 时，TMP 的矿化率为 17%；加入 $S_2O_8^{2-}$ 浓度为 0.5~2.0mmol/L，TOC 的去除效率可逐渐提高到 35%，TMP 的去除率由 17% 增加到 36%。Roshani 等研究发现，辐射剂量为 30Gy 时，500$\mu$mol/L 的 $S_2O_8^{2-}$ 可将去离子水中布洛芬、黄体酮和苯并三唑的降解率分别提高 17%、36% 和 24%。

## 7.6.3  过程设备

辐射氧化处理过程的主要设备是辐射装置。一套完整的辐射装置包括辐照室、辐射源和传输系统。

**（1）辐照室**

辐射装置内由辐射屏蔽体围封着、进行辐射加工的空间。由于辐射对人体有害，因此在工作状态时必须采取安全连锁措施，人员不能进入辐照室。

**（2）辐射源**

按辐射产生的源头，辐射源有机械源和核素源两类。机械源就是加速器（用于加速电子、质子、重离子等）、X 射线装置、离子注入机、激光辐射装置；核素源就是放射性同位素，如核反应堆产生的 α、β、γ、n、正电子等。目前可供选择的辐射源有 γ 辐射源、电子束辐射源和 X 射线辐射源。

① γ 辐射源：常用的 γ 射线是从 Co 放射性核素中获得的，辐射基本是离散、单能的。γ 射线有较强的穿透力，适合于辐射密度较高、厚度或体积较大的产品，缺点是：源的价格比较贵，辐射利用率较低，需定期补充和考虑废源处理问题。

② 电子束辐射源：是利用电磁场获得的高能电子射线。电子束的穿透力相对于 γ 射线较弱，适合于辐射密度较低、厚度或体积较小的产品。由于电子束单向发射，在能量相对集中、双面辐射和良好的辐射工艺条件下，总能量利用率可高达 60%。图 7-56 所示的供照射污水或污泥用的高能电子束装置就是采用电子加速器作为辐射源的。

③ X 射线辐射源：是用高能电子撞击高原子序数的重金属靶（如钨）而转换产生的。X 射线具有较强的穿透力，适合于辐射密度较高、厚度或体积较大的产品。X 射线束方向集中、效率高、吸收剂量均匀，兼备了 Co 的 γ 辐射源和电子束源的优点，缺点是有效转化率低（约 7%），辐射成本高于电子束。

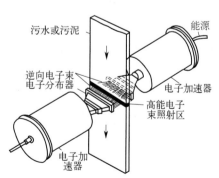

图 7-56  供照射污水或污泥用的高能电子束装置简图

**（3）传输系统**

传输系统可分为 γ 辐射装置传输系统和电子束

辐射装置传输系统。

　　γ 辐射装置传输系统包括三大部分：过源机械（指被辐照物在辐照室内通过放射源区的传送部分）、迷宫输送系统和装卸料输送系统。

　　电子束辐射装置传输系统是将被辐射产品置于链式传递带上，可以加工成各种包装或不同种类的产品。产品在传递带上紧密排列，以得到最大的束流利用率及可重复的剂量分布。传输速度的控制要与电子束流的强度和电子束宽度等参数相匹配，使被辐射产品达到预期的剂量。

# 7.7　微波处理技术与设备

　　微波是一种电磁波，它的频率在 300MHz～300GHz 之间（波长 1mm～1m），比一般的无线电波频率高，也称"超高频电磁波"，具有电磁波的反射、透射、干涉、偏振、衍射以及伴随着电磁波进行能量传输等的波动性。微波在污水污泥处理方面的应用以其独特的效果和优越性得到了人们的高度重视。

## 7.7.1　技术原理

　　微波对污水的作用源自微波的热效应和非热效应。热效应主要是指污水和有机物等具有永久偶极或诱导偶极的物质吸收微波能量，从而使污水温度迅速升高。非热效应是指在微波电磁场中，污水中有机大分子的极化部分定向排列而导致氢键等维持大分子高级结构的次级键断裂，生物分子失活变性。升温和变性使污水中的大分子物质水解变成易分解的小分子物质。

　　微波加热有 3 个特点：

　　① 瞬时性，加热均匀，热量从物质内部产生，不需要从表面传递到内部，热效率高，加热时间短。

　　② 选择性，不同物料的介电性质不同，在微波场中的受热特性差别很大。

　　③ 穿透性，电磁波能够穿透介质内部，因此微波具有穿透能力强的特点。

## 7.7.2　工艺过程

　　微波在污水处理中的应用，主要分为杀灭污水中所含的细菌等病原微生物、去除挥发性有机污染物、诱导催化氧化有机污染物、辅助光催化氧化有机污染物。

### （1）灭活杀菌

　　高浓度有机污水中含有大量的能量和生物价值，是优良的农田肥料和土壤改良剂，但由于含有大量的细菌等病原微生物而不能直接利用。微波能使水的温度快速上升，一方面使细菌所处的环境温度升高，另一方面使细菌细胞体内的水分也同时升温，甚至发生细菌体内蛋白质凝固，因此微波可以实现对污水的快速低温灭菌。

　　微波杀菌的机理大致有热效应和生物学效应两种观点。热效应认为微波能在微生物体内转化为热能，使其本身温度升高，从而使体内蛋白质发生热变性凝固致死；生物学效应认为，细菌、病毒等生物细胞都是由水、蛋白质、碳水化合物、脂肪和无机物等复杂化合物构成的一种凝聚态介质，其中水是生物细胞的主要成分，含量为 75%～85%，细菌的各种生理活动都必须有水参加才能进行，如细菌的生长、繁殖过程等，对各种营养物质的吸收要通过细胞质的扩散、渗透及吸附作用来完成，这些作用都需以水为介质方能进行。在一定强度微波的作用下，菌体会因自身水分子极化而同时吸收微波能升温。由于菌体内的物质是凝聚态介质，分子间的强作用力加强了微波能向热能的转化，从而使细菌体内的蛋白质同时受到无极性热运动和极性转变两方面的作用，空间结构发生变化或破坏而导致变性。蛋白质变性后，其溶解度、黏度、膨胀性、渗透性、稳定性都会发生明显变化，从而使细胞失去生物活性。

微波脉冲杀菌技术是利用微波进行杀菌处理的最新技术，可以在较小的温升内达到良好的杀菌效果。它可以在极短的时间内，采用高于常规微波场能量密度数倍或数十倍的脉冲微波能量照射污水，不但可以杀死细菌，还可大大降低污水的温升和设备的能耗，从而降低杀菌成本。目前采用的微波脉冲杀菌技术主要有两种方法：一是采用瞬时高功率脉冲，将微秒-毫秒级宽度的高压脉冲加在磁控管上，使脉冲功率达到数十千瓦至兆瓦级，污水在极短的时间内受到如此高能量的热波照射，细菌会很快失去生存能力而致灭，其优点是平均功率低、能耗小、杀菌效率高。二是将原有相对幅度较低的连续波微波功率周期性地切断，使之处于毫秒级的持续时间和毫秒级的停断时间的状态。如此往复，细菌的机体会受到周期性的断续作用，若是与细菌自身存在的振荡周期相一致，就可能造成谐振状态，使细菌的细胞膜破坏，细菌致死，从而达到灭菌的目的。

**（2）去除挥发性有机物**

采用微波对污水进行处理时，水分子会吸收微波能并在升温后产生蒸馏作用，将有机污染物大部分蒸馏除去。这一过程所需的温度一般低于100℃，蒸馏进入气相的有机物不会被分解或形成其他副产品。对于那些半挥发性化合物，可采用多级蒸馏法，即重复进行微波辐照，即可除去。

为了增强污水对微波的吸收能力，提高升温速率，可在污水中加入炭屑（平均粒径为10mm）。炭屑对微波有很强的吸收能力，快速吸收微波能量而温度升高的炭粒会迅速将热量传导给周围的污水，使污水的温度也迅速上升，加快上述蒸馏过程的进行并提高有机污染物的去除效率。

一般采用有机污染物的去除效率（DRE）表征微波加热净化的效果，可用下式由实验结果计算出来。

$$DRE = \frac{C_i - C_t}{C_i} \times 100\% \tag{7-97}$$

式中　$C_i$——微波处理前样品中污染物的浓度；

　　　$C_t$——微波处理后样品中污染物的浓度。

**（3）诱导催化氧化有机物**

污水中的许多有机污染物不能直接明显地吸收微波，但可利用某些能强烈吸收微波的"敏化剂"把微波能传递给这些有机物而诱导催化反应，将这些有机物最终降解为二氧化碳和水而实现氧化去除。

微波诱导催化氧化的关键技术是催化剂的制备。当前大多采用活性炭作为催化剂，可在微波辐照下快速处理污水中大多数难以降解的有机物。也有采用其他催化剂的，如以$V_2O_5/TiO_2$为催化剂，用微波辐照将污水中的甲苯氧化成苯甲酸；以改性的活性$Al_2O_3$为催化剂，将含有乙烯砜和一氯均三嗪两个活性基团的雅格素蓝BF-BR进行降解。

**（4）辅助光催化氧化有机物**

Horikoshi等采用图7-57所示的微波辅助无极紫外灯光反应装置，以P-25型$TiO_2$为光催化剂，辅以微波辐照，可将苯酚的去除率从10%提高到50%。这种技术称为微波辅助光催化氧化技术。

微波强化光催化氧化反应的作用机制可能是以下 4 个方面：

① 抑制了催化剂表面空穴电子对的复合。催化剂在微波场的作用下产生更多的缺陷，由于陷阱效应，缺陷将成为电子或空穴的捕获中心，从而降低电子与空穴的复合率。

② 促进了催化剂表面羟基自由基 HO· 的生成。微波辐射使表面羟基的振动能级处于激发态的数目增多，从而使表面羟基活化，进而有利于羟基自由基的生成。羟基自由基数目的增多，又有利于催化活性的提高。Horikoshi 等

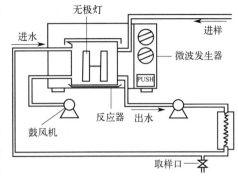

图 7-57　微波辅助无极紫外灯光反应
装置示意图

通过电子旋转共振仪 ESR 发现，增加微波辐射后，催化剂表面 HO· 的数量增加了 20%。

③ 增强了催化剂表面的光吸收。由于微波场对催化剂的极化作用，在表面产生更多的悬空键和不饱和键，从而在能隙中形成更多的附加能级（缺陷能级），非辐射性的多声子过程使光致电子空穴对的生成更容易，从而提高催化剂的光激发电子跃迁概率。有人通过监测微波场作用下 $TiO_2$ 催化剂的漫反射吸收系数 $F(R)$，发现在微波场的作用下，催化剂的吸收系数 $F(R)$ 随时间增加缓慢增强；随着微波场的关闭，催化剂的吸收系数 $F(R)$ 又随时间增加缓慢减小。

④ 促进了水的脱附。在微波场的作用下，水分子间的氢键被打断，抑制了水在催化剂表面的吸附，使更多的表面活性中心能参与反应，从而提高了催化剂的催化活性。

影响微波光催化氧化效果的因素有催化剂加入量、光源、温度、反应器结构，还有微波源强度等。

## 7.7.3　过程设备

微波处理过程的设备相对比较简便，其结构与家用微波炉类似，只是功率较大。产生高能量脉冲微波的关键设备有两个：一是大功率脉冲发生器，二是大功率脉冲磁控管。

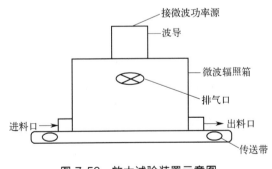

图 7-58　放大试验装置示意图

图 7-58 所示是微波处理装置的结构，主要由波导和微波辐照箱组成。波导的作用是产生并定向发射微波。微波辐照箱的作用是盛放待处理的物料，使其接受微波的辐照，但需保证微波不外泄。

工作时，物料由进料口加入微波辐照箱。对于污水等流态物料，可将其直接泵入均布在微波辐照箱内的塑料管或陶瓷管内，污水在管内流过的同时吸收微波能而得到处理；对于固态物料，则将其连续均匀地施加到传送带上，在被传送带运送的过程中吸收微波能而得到处理。也可将污水分装在微波能透过的容器内，参照固体物料的处理方式进行。处理后的物料则由出料口排出辐照箱。微波的频率与功率强度可根据待处理物料的性质设定。

第8章

# 还原技术与设备

还原技术是通过外加药剂或场作用而使污水中的有毒有害物质发生还原反应而去除。添加药剂的还原技术通常称为化学还原技术，是使污水中的有毒有害物质发生化学还原反应转化为无毒或毒性较小的物质。在外加电场作用下发生还原反应的称为电化学还原技术，通常是采用电解池使污水中的有毒有害物质发生还原反应而去除。

## 8.1 化学还原技术与设备

化学还原是通过投加还原剂，将污水中的有毒物质转化为无毒或毒性较小的物质的方法。常用的还原剂有铁屑、锌粉、硼氢化钠、亚硫酸钠、亚硫酸氢钠、水合肼（$N_2H_4 \cdot H_2O$）、硫酸亚铁、氯化亚铁、硫化氢、二氧化硫等。

### 8.1.1 技术原理

在污水处理中，化学还原法主要用于含铬污水和含汞污水的处理，经常使用的还原剂有金属还原剂和盐类还原剂。

**(1) 金属还原法**

金属还原法是以固体金属为还原剂，用于还原污水中的污染物，特别是汞、铬、镉等重金属离子。常用的金属还原剂有铁、锌、铜、镁等，其中铁、锌因价格便宜而作为首选的药剂。

用铁屑、铁粉处理污水主要利用铁的还原性、电化学性和铁离子的絮凝吸附作用。一般认为铁在处理污水过程中所能达到的处理效果是这 3 种性质共同作用的结果。铁在污水处理工程上的应用形式有铁屑过滤法、铁曝法、铁碳法等，其中铁碳法在处理高浓度 COD、生物难降解污水方面应用广泛。

应用铁屑还原法处理含汞污水时，污水自上而下通过铁屑滤床过滤器，铁屑一般采用旋屑或刨屑，污水中的汞离子与铁屑可进行如下反应：

$$Hg^{2+} + Fe \longrightarrow Hg\downarrow + Fe^{2+} \tag{8-1}$$

$$3Hg^{2+} + 2Fe \longrightarrow 3Hg\downarrow + 2Fe^{3+} \tag{8-2}$$

析出的汞在过滤器底部收集。采用铁屑处理污水中的汞时，污水的 pH 值控制在 6～9 的范围内，能使单位质量的铁置换出更多的汞；pH<5 时，有氧气放出，会影响铁屑的有效表面积；pH 值为 9～11 的含汞污水可用锌粒还原处理。pH 值在 1～10 的范围内可

采用铜屑还原。

**（2）盐类还原法**

盐类还原法是利用一些化学药剂作为还原剂，将有毒物质转化为无毒或低毒物质，并进一步将其除去，使污水得到净化。

在生产实践中，采用盐类还原法处理六价铬时，一般常选用硫酸亚铁作为还原剂和石灰作为碱性药剂，这是因为其价廉易得，经济实用，但石灰中杂质含量较多，产生的泥渣也多。当水量小时，也可以采用氢氧化钠和亚硫酸氢钠，其价格较贵，但泥渣量少。如果有二氧化硫和硫化氢废气时，也可以利用尾气还原法，其特点是以废治废，费用低，设备也简单。

# 8.1.2 工艺过程

污水处理领域中，化学还原法主要用于污水除铬、除汞。

## 8.1.2.1 还原法除铬

电镀、制革、冶炼、化工等工业污水中含有剧毒的 $Cr(VI)$。在酸性条件下（pH<4.2），六价铬主要以 $Cr_2O_7^{2-}$ 形式存在；在碱性条件下（pH>7.6），主要以 $CrO_4^{2-}$ 形式存在，两种形式之间存在以下转换：

$$2CrO_4^{2-} + 2H^+ \rightleftharpoons Cr_2O_7^{2-} + H_2O \tag{8-3}$$

$$Cr_2O_7^{2-} + 2OH^- \rightleftharpoons 2CrO_4^{2-} + H_2O \tag{8-4}$$

六价铬的毒性要比三价铬大 100 倍左右，国家规定，六价铬的最高允许排放浓度为 $0.05mg/L$。

通常把还原法除铬分两步：第一步还原反应是利用六价铬在酸性条件下氧化反应快的特性，用还原剂将 $Cr(VI)$ 还原为毒性较低的 $Cr(III)$。一般如果要求反应时间小于 30min，反应液的 pH 值要小于 3。第二步碱化反应是在碱性条件下将 $Cr(III)$ 生成 $Cr(OH)_3$ 沉淀去除。常用的还原方法有以下几种。

**（1）铁屑（或锌粉）过滤**

查标准氧化还原电势可知，$E^{\ominus}(Fe^{2+}/Fe) = -0.44V$，$E^{\ominus}(Zn^{2+}/zn) = -0.763V$，有较大的负电势，可作为较强的还原剂。工程上常用铁刨花（或锌粉）装入滤柱，处理含铬、含汞、含铜等重金属污水。含铬污水在酸性条件下进入铁屑滤柱后，铁放出电子，产生亚铁离子，可将 $Cr(VI)$ 还原成 $Cr(III)$。化学反应如下：

$$Fe \rightleftharpoons Fe^{2+} + 2e^- \tag{8-5}$$

$$Cr_2O_7^{2-} + 6e^- + 14H^+ \rightleftharpoons 2Cr^{3+} + 7H_2O \tag{8-6}$$

$$Cr_2O_7^{2-} + 6Fe^{2+} + 14H^+ \rightleftharpoons 2Cr^{3+} + 6Fe^{3+} + 7H_2O \tag{8-7}$$

随着反应的不断进行，水中消耗了大量的 $H^+$，使 $OH^-$ 的浓度升高，达到一定的浓度时，发生下列反应：

$$Cr^{3+} + 3OH^- \rightleftharpoons Cr(OH)_3 \downarrow \tag{8-8}$$

$$Fe^{3+} + 3OH^- \rightleftharpoons Fe(OH)_3 \downarrow \tag{8-9}$$

氢氧化铁具有絮凝作用，能将氢氧化铬吸附凝聚在一起，当其通过铁屑滤柱时，即被截留在铁屑孔隙中，这样使污水中的 $Cr(VI)$ 及 $Cr(III)$ 同时被去除，达到排放标准。当铁屑吸附饱和失去还原能力后，可用酸碱再生，使 $Cr(OH)_3$ 重新溶解于再生液中：

$$Cr(OH)_3 + 3H^+ \Longrightarrow Cr^{3+} + 3H_2O \qquad (8\text{-}10)$$

$$Cr(OH)_3 + OH^- \Longrightarrow CrO_2^- + 2H_2O \qquad (8\text{-}11)$$

如果用浓度为 5% 的盐酸作再生液，再生后的残液中含有剩余酸及大量 $Fe^{2+}$，可用来调整原水的 pH 值及还原 $Cr(VI)$，以节省运行费用。

铁碳还原法的处理效果比单用铁要好，这是由于铁碳形成原电池，加速了氧化还原过程。

**（2）硫酸亚铁-石灰还原法**

硫酸亚铁-石灰还原法处理含铬污水具有处理效果好、运行费用低等优点。该法主要是利用 $Fe^{2+}$ 的还原性，在 pH 值小于 3 的条件下将 $Cr(VI)$ 还原为 $Cr(III)$，同时生成 $Fe^{3+}$，反应式同式（8-7）。

当硫酸亚铁投加量大时，水解能降低溶液的 pH 值，可以不加硫酸。当 $Cr(VI)$ 浓度大于 100mg/L 时，可按照理论药剂量 $Cr(VI):FeSO_4 \cdot 7H_2O = 1:16$（质量比）投加；当 $Cr(VI)$ 浓度小于 100mg/L 时，实际用量在 1:(25~32)。碱化反应用石灰乳在 pH 值为 7.5~8.5 的条件下进行中和沉淀。反应式如下：

$$2Cr^{3+} + 3SO_4^{2-} + 3Ca^{2+} + 6OH^- \Longrightarrow 2Cr(OH)_3 \downarrow + 3CaSO_4 \downarrow \qquad (8\text{-}12)$$

$$2Fe^{3+} + 3SO_4^{2-} + 3Ca^{2+} + 6OH^- \Longrightarrow 2Fe(OH)_3 \downarrow + 3CaSO_4 \downarrow \qquad (8\text{-}13)$$

该法的最终沉淀物为铁铬氢氧化物和硫酸钙的混合物。泥渣量很大，回收利用率低，出水色度很高，容易造成二次污染。

**（3）亚硫酸盐还原法**

亚硫酸盐还原法是用亚硫酸钠或亚硫酸氢钠作为还原剂，在 pH=1~3 的条件下还原 $Cr(VI)$，实际投药比为 $Cr(VI):NaHSO_3 = 1:(4~8)$。其处理含铬污水的反应式为：

$$Cr_2O_7^{2-} + 3HSO_3^- + 5H^+ \Longrightarrow 2Cr^{3+} + 3SO_4^{2-} + 4H_2O \qquad (8\text{-}14)$$

$$Cr_2O_7^{2-} + 3SO_3^{2-} + 8H^+ \Longrightarrow 2Cr^{3+} + 3SO_4^{2-} + 4H_2O \qquad (8\text{-}15)$$

$Cr(VI)$ 还原后用中和剂 NaOH、石灰，在 pH=7~9 之间以沉淀形式将 $Cr^{3+}$ 去除：

$$2Cr^{3+} + 3SO_4^{2-} + 3Ca^{2+} + 6OH^- \Longrightarrow 2Cr(OH)_3 \downarrow + 3CaSO_4（用中和剂石灰）\qquad (8\text{-}16)$$

$$Cr^{3+} + 3OH^- \Longrightarrow Cr(OH)_3 \downarrow（用中和剂 NaOH）\qquad (8\text{-}17)$$

用 NaOH 作为中和剂生成的 $Cr(OH)_3$ 沉淀纯度较高，可以通过过滤回收，综合利用。石灰中和时生成的泥量较大，难于综合利用。

**（4）其他方法**

含铬污水处理中还有水合肼（$N_2H_4 \cdot H_2O$）还原法，利用其在中性或微碱性条件下的强还原性直接还原六价铬生成 $Cr(OH)_3$ 沉淀去除。反应方程式为：

$$4CrO_3 + 3N_2H_4 \Longrightarrow 4Cr(OH)_3 \downarrow + 3N_2 \uparrow \qquad (8\text{-}18)$$

### 8.1.2.2 还原法除汞

氯碱、炸药、制药、仪表等工业污水中常含有剧毒的 $Hg^{2+}$。主要的处理方法是将 $Hg^{2+}$ 还原为 Hg 加以分离回收。目前主要的还原剂有硼氢化钠、比汞活泼的金属（铁屑等）和醛类。

**（1）硼氢化钠还原法**

用 $NaBH_4$ 处理含汞污水，可将污水中的汞离子还原成金属汞回收，出水中的含汞量可降到难以检出的程度。为了完全还原，有机汞化合物需先转换成无机盐。硼氢化钠要求在碱性介质中使用，反应如下：

$$Hg^{2+}+BH_4^-+2OH^- \Longrightarrow Hg+3H_2\uparrow+BO_2^- \tag{8-19}$$

图 8-1 为某含汞污水的处理流程。将硝酸洗涤器排出的含汞污水的 pH 值调节到 $7\sim9$，使有机汞转化为无机盐。将 $NaBH_4$ 溶液投加到碱性含汞污水中，在混合器中混合并进行还原反应（此时的 pH 值应控制在 $9\sim11$ 之间），然后送往水力旋流器，可除去 $80\%\sim90\%$ 的汞沉淀物（粒径约为 $10\mu m$），汞渣送往真空蒸馏，而污水从分离罐出来后送往孔径为 $5\mu m$ 的过滤器过滤，将残余的汞滤除。$H_2$ 和汞蒸气从分离罐出来后送到硝酸洗涤器，返回原水进行二次回收。每 $1kgNaBH_4$ 约可回收 2kg 的金属汞。

**（2）金属还原法**

用金属还原汞的过程通常在滤柱内进行。污水与还原剂金属接触，汞离子被还原为金属汞析出。可用作还原剂的金属有铁、锌、锡、铜等，以 Fe 作还原剂为例，其还原反应的方程式如下：

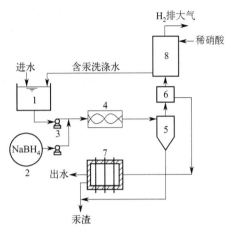

图 8-1　硼氢化钠处理含汞污水
1—集水池；2—$NaBH_4$ 溶液槽；3—泵；
4—混合器；5—水力旋流器；6—分离罐；
7—过滤器；8—硝酸洗涤器

$$Fe+Hg^{2+} \Longrightarrow Fe^{2+}+Hg\downarrow \tag{8-20}$$

$$2Fe+3Hg^{2+} \Longrightarrow 2Fe^{3+}+3Hg\downarrow \tag{8-21}$$

上述反应的发生必须将反应温度严格控制在 $20\sim30℃$ 范围。这是因为温度太高时，容易导致汞蒸气逸出。铁屑还原效果与污水的 pH 值有关，当 pH 值低时，由于铁的电极电势比氢的电极电势低，则污水中的氢离子也将被还原为氢气而逸出：

$$Fe+2H^+ \Longrightarrow Fe^{2+}+H_2\uparrow \tag{8-22}$$

结果使得铁屑的耗量增大，另外，析出的氢包围在铁屑表面，也会影响反应的进行。因此，一般控制溶液的 pH 值在 $6\sim9$ 较好。

## 8.1.2.3　还原法除铜

工业上含铜污水的还原法处理一般用的还原剂有甲醛、铁屑等。甲醛还原法是利用甲醛在碱性溶液中呈强还原性的特性，将 $Cu^{2+}$ 还原成金属 Cu。反应方程式如下：

$$HCHO+3OH^- \Longrightarrow HCOO^-+2H_2O+2e^- \tag{8-23}$$

$$HCOO^-+3OH^- \Longrightarrow CO_3^{2-}+2H_2O+2e^- \tag{8-24}$$

$$Cu^{2+}+2e^- \Longrightarrow Cu\downarrow \tag{8-25}$$

图 8-2 所示是还原法处理电镀含铜污水的工艺流程，药剂槽用于还原电镀液中的铜离子并析出金属铜。实际采用的还原剂为：甲醛（$36\%\sim38\%$）1mL/L，氢氧化钾 1g/L，酒石酸钾钠 2g/L。该还原溶液的 pH 值为 12 左右。氢氧化钾主要用于中和镀液带出的酸性溶液，酒石酸

钾钠则用于络合 $Cu^{2+}$，防止发生式（8-26）所示的副反应而生成 $Cu(OH)_2$ 沉淀。

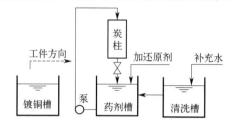

图 8-2 还原法处理电镀含铜污水的工艺流程

$$Cu^{2+} + 2OH^- \Longrightarrow Cu(OH)_2 \downarrow \tag{8-26}$$

还原后的含铜污水经活性炭吸附，再用硫酸溶液清洗，在有氧条件下，使 Cu 再氧化成硫酸铜回收利用。其反应式为：

$$2Cu + 2H_2SO_4 + O_2 \Longrightarrow 2CuSO_4 + 2H_2O \tag{8-27}$$

### 8.1.3 过程设备

因为化学还原过程中往往产生不溶性沉淀物，因此也称其为还原沉淀法。其过程中所用的各类设备均可参考前述化学沉淀技术及设备的相关内容。

## 8.2 电化学还原技术与设备

电化学还原是通过电极和固体/液体界面给液体中的离子或分子提供电子使其发生还原反应，具体地说是在电解质液体中插入正负电极，同时在电解液中补充能够被还原的物质。接通电源后，在负极就会发生还原反应。这时如果连续补充被还原的物质，或者电解液中有大量的这种物质，这个反应就会持续下去。电化学还原用的设备是电解槽。

### 8.2.1 技术原理

电化学还原法在污水处理领域的应用，主要是去除污水中的无机污染物，如重金属离子。

将待处理的污水置于电解槽中，阴极与电源的负极相连，能使污水中的重金属离子直接得到电子被还原，沉积于阴极，可回收利用。此外，在阴极还有 $H^+$ 接收电子还原成氢气，这种新生态的氢气也具有很强的还原作用，能使污水中的某些物质被还原。

$$2H^+ + 2e^- \Longrightarrow H_2 \uparrow \tag{8-28}$$

电化学还原可以将六价铬（$Cr_2O_4^{2-}$ 或 $Cr_2O_7^{2-}$）及五价砷（$AsO_3^-$ 或 $AsO_4^{3-}$）分别还原为 $Cr^{3+}$ 及 $AsH_3$ 后，再回收或除去。

### 8.2.2 工艺过程

电解还原法处理含铬污水常用翻腾式电解槽，电极采用铁电极。由于铁板溶解，金属离子在阴极还原沉积而回收除去。

在电解过程中，铁板阳极溶解产生亚铁离子：

$$Fe-2e^- \rightleftharpoons Fe^{2+} \tag{8-29}$$

亚铁离子是强还原剂，在酸性条件下，可将污水中的六价铬还原成三价铬：

$$Cr_2O_7^{2-}+6Fe^{2+}+14H^+ \rightleftharpoons 2Cr^{3+}+6Fe^{2+}+7H_2O \tag{8-30}$$

$$Cr_2O_4^{2-}+3Fe^{2+}+8H^+ \rightleftharpoons 2Cr^{3+}+3Fe^{3+}+4H_2O \tag{8-31}$$

从上述反应可知，还原 1 个六价铬离子，需要 3 个亚铁离子，理论上阳极铁板的消耗量应是被处理六价铬离子的 3.22 倍（质量比）。

在阴极，氢离子获得电子生成氢气：

$$2H^++2e^- \rightleftharpoons H_2 \uparrow \tag{8-32}$$

此外，污水中的六价铬直接被还原成三价铬：

$$Cr_2O_7^{2-}+6e^-+14H^+ \rightleftharpoons 2Cr^{3+}+7H_2O \tag{8-33}$$

$$Cr_2O_4^{2-}+3e^-+8H^+ \rightleftharpoons 2Cr^{3+}+4H_2O \tag{8-34}$$

从上述反应可知，随着反应的进行，污水中的氢离子浓度因不断消耗而逐渐降低，使 $OH^-$ 离子的浓度增高，污水的碱性逐渐增加，当其达到一定的浓度时，三价铬和三价铁便以氢氧化物的形式沉淀。反应方程式如下：

$$Cr^{3+}+3OH^- \rightleftharpoons Cr(OH)_3 \downarrow \tag{8-35}$$

$$Fe^{3+}+3OH^- \rightleftharpoons Fe(OH)_3 \downarrow \tag{8-36}$$

试验证明，电解时阳极溶解产生的亚铁离子是六价铬还原为三价铬的主要因素，而在阴极直接将六价铬还原为三价铬是次要的。

理论上还原 $1gCr^{6+}$ 需电量 3.09Ah，实际值约为 3.5～4.0Ah。电解过程中投加 NaCl 能增加溶液的电导率，减少电能消耗。但当采用小极距（<20mm）处理低铬污水（<50mg/L）时，可以不加 NaCl。采用双电极串联方法可以降低总电流，节约整流设备的投资。据国内某厂经验，当极距为 20～30mm、极水比为 2～3dm²/L、投加食盐 0.5～2.0g/L 时，将含铬 50mg/L 及 100mg/L 的污水处理到 0.5mg/L 以下时，电耗分别为 0.5～1.0 kW·h/m³ 及 1～2kW·h/m³。

利用电解还原法处理上述污水，效果稳定可靠，操作管理简单，但需要消耗电能和钢材，运行费用较高。这是因为在电解过程中，阳极腐蚀严重，阳极附近消耗大量的 $H^+$，使 $OH^-$ 的浓度变大，进而放电生成氧，容易氧化铁板形成钝化膜，这种不溶性的钝化膜的主要成分为 $Fe_2O_3 \cdot FeO$，其反应式如下：

$$OH^--4e^- \rightleftharpoons 2H_2O+O_2 \tag{8-37}$$

$$3Fe+2O_2 \rightleftharpoons FeO+Fe_2O_3 \tag{8-38}$$

上述两式的综合式为：

$$8OH^-+3Fe-8e^- \rightleftharpoons Fe_2O_3 \cdot FeO+4H_2O \tag{8-39}$$

钝化膜的形成阻碍亚铁离子进入污水中，从而影响处理效果。因此，为了保证阳极的正常工作，应尽量减少阳极的钝化，其主要方法有：a. 定期用钢丝清洗电极；b. 定期交换使用阴、阳极，利用电解时阴极产生 $H_2$ 的撕裂和还原作用，去除钝化膜；c. 投加 NaCl 电解质，不仅可以增加电导率、减少电耗，生成的氯气可以使钝化膜转化为可溶性的氯化铁，NaCl 的投加量一般为 0.5～2.0g/L。

为了加速电解反应，防止沉渣在电解槽中淤积，一般采用压缩空气搅拌。空气用量为 $0.2\sim0.3m^3/(min\cdot m^3\ 水)$。电解生成的含铬污泥含水率高，应在电解槽后设置沉渣和脱水干化设备。干化后的含铬沉渣应尽量综合利用，例如加工抛光石膏，作为铸石原料的附加料等。

电解还原法处理含铬污水的优点是：效果稳定可靠，操作管理简单，设备占地面积小。缺点是：需要消耗电能和钢材，运行费用较高，沉渣综合利用问题有待进一步研究解决。

## 8.2.3  过程设备

电化学还原技术与前述的电化学氧化技术都同属于电化学技术，其主要设备与前述的电化学氧化过程所用的设备完全相同，大多也都是采用电解槽进行。有关电解槽的类型、结构，均可参阅前述电化学氧化技术及设备的相关内容。

用电解还原法去除污水中的铬，常用翻腾式电解槽，一般采用普通钢板为阳极。含铬污水在电解过程中产生的废渣主要为三价铁和三价铬，所以电解槽后应设置沉渣池和沉渣脱水干化设备。干化后的含铬沉渣可加工抛光石膏，也可作为铸石原料的附加料，此法具有处理效果稳定、操作简单、设备占地面积小等优点，但电能消耗大、耗费钢材多、运行费用高。

近年来，由于人们对石墨颗粒、延展型金属、石墨毡、细丝状金属、石墨纤维、网状玻碳的认知进一步加深并将其用作电极材料，使得旋转电极、网状电极、多孔三维电极、填料床电极，得到较快发展并且已经商业化。填充床电极是目前常用的电极。

三维电极的概念还包括流化床和循环式微粒填充床电极，大多数将三维电极用于金属离子的去除，都与床式反应器有关。反应器的阳极可以使用三维电极，也可以是平板电极以利于氧气析出。由于三维电极在稀溶液中既具有较高的比表面积又具有较好的传质效果，因此其处理效率较高。使用该类电极，金属离子的浓度可以在几分钟的停留时间从 $100\times10^{-6}$ 下降到 $0.1\times10^{-6}$。与传统的污水处理系统相比，操作成本也得到了降低。在某些情况下去除效率更高，时空产率增大。

使用填充床电极的技术已经在含铜离子和含汞离子的污水处理过程中得到应用，出水中的金属离子浓度达到 $1\times10^{-6}$ 以下时，能量消耗达到了 $1kW\cdot h/m^3$ 的要求。对于还原能力较弱的金属离子（如锌离子和镉离子）溶液，在低浓度下，由于极氢副反应的存在，电流效率有所下降。

图 8-3 所示为 HB 型含铬污水电解还原法处理装置的外形示意图。该装置主要由电解槽、沉淀槽、过滤槽、可控硅电源整流及控制器构成。阴、阳极均为普通钢板，在直流电的作用下，铁质阳极被溶解而产生的亚铁离子与污水中的 $Cr^{6+}$ 发生还原反应，生成的氢氧化铬和氢氧化铁沉淀分离后，含铬污水即可达标排放。

HB 型含铬污水电解还原处理装置有两个特点：一是将电解还原、沉淀、过滤三道工序组成整体，使处理过程形成一体化；二是采用"小极距"电解槽，运行中无需投加食盐和压缩空气搅拌。处理后沉淀槽出水含悬浮物量一般可为 $10\sim20mg/L$，经过滤后可供一般生产使用。

HB 型含铬污水电解还原处理装置可用于中、小型电镀车间低浓度含铬污水的处理。进水中的 $Cr^{6+}$ 浓度为 50mg/L，pH 值约 4～6，处理后出水中的 $Cr^{6+}$ 浓度为 0.1mg/L，

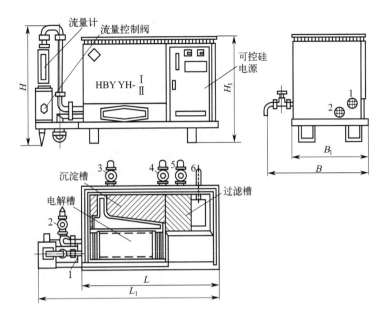

图 8-3　HB 型含铬污水电解还原法处理装置外形示意图

1—污水进口；2—电解槽排泥阀；3—沉淀槽排泥电磁阀；

4—沉淀槽排泥阀；5—过滤槽排泥阀；6—处理水排放阀

处理液的 pH 值约 4~6。对于含铬浓度大于 50mg/L 的污水，可采用加大电流或多台并联运行的方法。

　　HB 型含铬污水电解还原处理装置对工作环境的要求为：温度 -20~40℃；相对湿度 ≤85%，海拔 ≤100m，周围无强磁场及剧烈振动。在此环境下，HB 型含铬污水电解处理装置的电耗约为 $1.0kW \cdot h/m^3$ 污水。

　　HB 型含铬污水电解处理装置在安装时应注意如下几点：

　　① 设备应安放在室内，非冰冻地区在室外使用时应加装顶盖或棚罩。

　　② 设备安放要水平，基础找正后应使设备的水平偏差不大于 ±2mm。电解槽安放地坪应低于四周地面约 100mm。

　　③ 电解槽、整流电源及水泵外壳应用铜线接地，接地线要安装正确，接地面积要充足。

　　④ 连接管道一般可采用硬聚氯乙烯管及管件。

　　图 8-4 所示为 GJH 型含铬污水

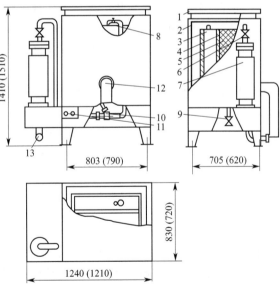

图 8-4　GJH 型含铬污水电解处理装置

1—顶盖；2—外壳；3—溶盐箱；4—电解槽；

5—电极表；6—污水调节器；7—污水流量计；

8—污水溶盐龙头；9—排空阀；10—加盐水射器；

11—接线柱；12—排水管 $DN50$（塑料）；

13—进水管 $DN32$（塑料）

电解处理装置的示意图。该装置由电解槽、可控硅整流器、水射器等组成。电解槽用普通碳钢板做电极，在直流电的作用下，铁质阳极被电解溶析，产生的亚铁离子与污水中的 $Cr^{6+}$ 发生还原反应，生成氢氧化铬和氢氧化铁，经沉淀分离后污水即可达标排放。

GJH 型电解处理装置可用于电镀厂连续处理各种低浓度含铬污水，也可用于含铁氰化钾污水的处理。

采用 GJH 型电解处理装置处理时，进水中的 $Cr^{6+}$ 浓度为 $25\sim50mg/L$，pH 值约 $4\sim6$，处理后出水中的 $Cr^{6+}$ 浓度 $\leqslant0.5mg/L$，处理液的 pH 值约 $6\sim8$。

GJH 型电解处理装置的电解时间、电解液流速和电解工作电压与电极材料有关。当采用钢板做电极时，电解时间为 $3\sim6min$，电解液流速为 $6.5\sim13m/h$，电解工作电压为 $80\sim150V$；当采用碳钢切屑作为电极时，其电解时间为 $3min$，电解液流速为 $13m/h$，电解工作电压为 $120\sim150V$。钢极的消耗量为 $0.18\sim0.35\ kg/m^3$ 污水。电解过程中食盐的投加量为 $0.25\sim0.50kg/m^3$ 污水。

GJH 型电解处理装置的工作环境要求：温度为 $-20\sim40℃$；相对湿度 $\leqslant85\%$，无腐蚀性空气与爆炸尘埃。

GJH 型含铬污水电解处理的工艺流程如图 8-5 所示。处理装置在安装时需注意如下几点：

**图 8-5 GJH 型含铬污水电解处理工艺流程**

① 处理设备应安装在室内，电解槽安放地坪应低于周围地面约 100mm。

② 安装电解槽的填充电极时，隔膜板一定要插到底。当填加碳钢切屑或废钢板时，必须采用防止隔膜板提起或变形的措施。隔膜板不允许有切屑相互搭接等短路现象。

③ 电解槽、整流电源外壳及水泵外壳应用铜线接地，接地面积分别为 $6.0mm^2$ 和 $1.0mm^2$。

④ 连接管道宜采用硬聚氯乙烯管及管件。

# 8.3 光催化还原技术与设备

对于污水中所含的有毒有害金属离子，除了采用前述的化学还原技术和电解还原技术外，还可采用光催化还原技术进行处理。光催化还原技术能够不用另外的电子受体进行操作，操作条件比较容易控制，结构也比较简单，能够把水中包含的无机污染物还原成无毒或弱毒的物质。

## 8.3.1 技术原理

光催化还原技术是在可见光或紫外光作用下，利用光致电子的还原能力而使污水中的金属离子发生还原反应生成弱毒或无毒物质。光催化技术是使用 $n$ 型半导体为催化剂的，

其中 $TiO_2$ 的使用效果最好。

$TiO_2$ 光催化的原理是：$TiO_2$ 吸收一个等于或大于它的带隙能量的光子，能够激发一个价带电子从它的价带跃迁至导带，从而产生电子（$e^-$）和空穴（$h^+$）对。带有负电荷的电子和带有正电荷的空穴，能够与水中的溶解氧（$O_2$）、氢离子（$H^+$）、氢氧根离子（$OH^-$）发生反应生成羟基自由基（$HO·$）、超氧自由基（$O_2^-·$）、单基态氧（$^1O_2$）和双氧水（$H_2O_2$）。为了降低电子空穴的重新结合，一般采用向污水中通入氧气或者空气的方法，氧气能够迅速与电子反应生成超氧自由基，这样也能增强 $TiO_2$ 的污水处理效率。

## 8.3.2　工艺过程

与有机污染物相比，水中无机污染物的种类较少，最常见的主要是重金属离子和氰离子。许多无机物在 $TiO_2$ 表面具有光化学活性，因此采用光催化还原技术可以去除水中的金属离子及其他的无机物。

**（1）金属离子的去除**

许多学者对光催化还原污水中的金属离子进行了研究，研究包括 $Mn^{7+}$、$Cr^{6+}$、$Fe^{3+}$、$Ni^{3+}$、$Hg^{2+}$、$Cu^{2+}$、$Pb^{2+}$、$Ag^+$ 等。Miyaka 等早在 1977 年就进行了用 $TiO_2$ 悬浮粉末光解 $Cr_2O_7^{2-}$ 还原为 $Cr^{3+}$ 的研究。利用二氧化钛催化剂的强氧化还原能力，能够将污水中的汞、铬、铅，以及氧化物等降解为无毒物质。刘淼等直接以太阳光为光源，用 $ZnO/TiO_2$ 处理电镀含 $Cr(Ⅵ)$ 污水，并加入光催化辅助剂，对电镀含铬污水多次处理，使六价铬光致还原为三价铬，再以氢氧化铬形式除去三价铬，达到处理电镀污水的目的。王桂林等利用光催化在柠檬酸根离子存在下，使 $Hg^{2+}$、$Pb^{2+}$ 从含氧溶液中被 $e^-$ 分别还原成 $Hg$、$Pb$ 沉积在 $TiO_2$ 表面；以 $ZnO/WO_3$ 为催化剂，在可见光下照射 110min，可将 100mg/L 的 $Hg^{2+}$ 几乎完全还原。

**（2）无机物的去除**

很多工业行业产生的污水中含有 $CN^-$、$CSN^-$ 等。利用高能量紫外光照射污水，在催化剂的作用下产生具有高还原能力的自由基，自由基与这些有害离子发生还原反应，生成无毒或弱毒的物质。Frank 等研究了以 $TiO_2$ 为催化剂将 $CN^-$ 氧化为 $CNO^-$，再进一步反应生成 $CO_2$、$N_2$ 和 $NO_3^-$ 的过程。Serpone 等报道了用 $TiO_2$ 光催化法从 $Au(CN)_4^-$ 中还原 $Au$、同时氧化 $CN^-$ 为 $NH_3$ 和 $CO_2$ 的过程，指出该法用于电镀工业污水的处理，不但能还原镀液中的贵金属，而且还能消除镀液中氰化物对环境的污染，是一种有实用价值的方法。

## 8.3.3　过程设备

光催化还原技术与光催化氧化技术都同属于光催化技术领域，其主要设备与前述的光催化氧化过程所用的设备完全相同，可参阅前述光催化氧化技术与设备的相关内容。

# 参考文献

［1］ 廖传华，朱廷风，代国俊，等．化学法水处理过程与设备［M］．北京：化学工业出版社，2016.

［2］ 廖传华，王银峰，高豪杰，等．环境能源工程［M］．北京：化学工业出版社，2021.

［3］ 廖传华，张秾浸，冯志祥．重点行业节水减排技术［M］．北京：化学工业出版社，2016.

［4］ 廖传华，李聃，程文洁．污水处理技术及资源化利用［M］．北京：化学工业出版社，2022.